5-7, rue de l'Ecole-Polytechnique, 75005 Paris

http://www.harmattan.fr

ISBN : 978-2-343-10044-9
EAN : 9782343100449

RHIZOBACTÉRIES & PGPR ÉMETTRICES DE COMPOSÉS ORGANIQUES VOLATILS ET IMPLICATION PERMACULTURALE-AGRO-ECOLOGIQUE

Sébastien VARIN

RHIZOBACTÉRIES & PGPR ÉMETTRICES DE COMPOSÉS ORGANIQUES VOLATILS ET IMPLICATION PERMACULTURALE-AGRO-ECOLOGIQUE

L'Harmattan

« La connaissance est le début de l'action ; l'action l'accomplissement de la connaissance. » Wang-Yang-Ming

« Ecouter et choisir entre les avis, voilà le premier pas de la connaissance ; voir et réfléchir sur ce qu'on a vu, voilà le second pas de la connaissance. » Confucius

« La connaissance est la seule chose qui s'accroît lorsqu'on la partage, C'est la connexience. » Sacha Boudjema (4 juin 2013)

AVANT-PROPOS

> *« Lorsque Gregor Samsa s'éveille, un matin, après des rêves agités, il est bel et bien métamorphosé. Doté d'une épaisse carapace d'où s'échappent de pitoyables petites pattes ! Lugubre cocasserie ? »* [Kafka F., 2000. La métamorphose. (David C., traduction et préface), Collection Folio Classique, Edition Galimard, 129p].

Dans la mythologie antique et la littérature, nombreux sont les hommes trop orgueilleux punis pour leur *hybris* (υβρις). En effet, alors qu'ils cherchent à ressembler aux Dieux, à les défier ou à les égaler, une punition et sentence divine ont lieux. Ces punitions entraînent souvent des métamorphoses et génèrent des polymorphes. Les métamorphoses d'Ovide décrivent qu'un « esprit » humain peut-être enferme dans un corps végétal, animal ou minéral.

Par exemple, dans le cas d'animaux : Arachné dans le sixième livre des *Métamorphoses d'Ovide*, se compare à Athéna et est ensuite transformée en araignée. Lycaon, quant à lui, défie Jupiter et remet en doute sa nature divine. Il sera alors transformé en loup. Il est intéressant de remarquer que comme la fable se situe dans le premier livre des *Métamorphoses*, il s'agit également de la première métamorphose humaine.

Contrairement au cinéma, la description des métamorphoses et leurs registres dans la nature sont peu détaillés dans la littérature.

Bien que la métamorphose de lycaon soit assez bien détaillée. L'auteur du moyen-âge (l'*Ovide moralisé)* se contente de deux éléments : les bras devenus cuisses et les vêtements transformes en poils. Le texte latin utilise des verbes qui montrent le changement et la transformation vers 236-237:≪ *in uillos abeunt uestes, in crura lacerti : fit lupus* ≫ Traduction des vers : « *Ses vêtements se convertissent en un poil hérissé ; ses bras deviennent des jambes : il est changé en loup* ». Ovide quant à lui est en effet connu pour la description précise d'un état à un autre des victimes de métamorphoses. Il décrit souvent ce que devient chacune des parties de leurs corps.

« Toute sa rage concentrée dans sa bouche. Sa soif habituelle de carnage se tourne contre les troupeaux. Maintenant encore, il se complaît dans le sang. Ses vêtements se changent en poils, ses bras en jambes. Il devient un loup et conserve encore des traces de son ancienne apparence : même couleur claire des poils, même air farouche, même yeux ardents ; c'est toujours la même image de la férocité ». [Ovide, Les 16 Métamorphoses, I, traduit par C. Bertagna].

Par exemple dans le cas de végétaux, refusant les avances d'Apollon (parfois Priape), la nymphe Daphné (parfois Dryopé) est à bout de force. Elle succombe à la fatigue de cette fuite rapide face au dieu, et tourne ses yeux vers l'eau de Pénée. Elle demande de l'aide à son père :

« Elle pâlit, épuisée par la rapidité d'une course aussi violente, et fixant les ondes du Pénée : « S'il est vrai, dit-elle, que les fleuves participent à la puissance des dieux, ô mon père, secourez-moi ! ô terre, ouvre-moi ton sein, ou détruis cette beauté qui me devient si funeste" ! À peine elle achevait cette prière, ses membres s'engourdissent ; une écorce légère presse son corps délicat ; ses cheveux verdissent en feuillages ; ses bras s'étendent en rameaux ; ses pieds, naguère si rapides, se changent en racines, et s'attachent à la terre : enfin la cime d'un arbre couronne sa tête et en conserve tout l'éclat ». [Ovide, Les 16 Métamorphoses, I, Apollon et Daphné, Daphné (I, 452-567), 543].

Ainsi, de grands poètes comme Ovide (Naissance : 20/03/43 av J.C. ; Décès : 17ou18 après J.C) aux grands scientifiques comme Leonard De Vinci (Naissance : 15/04/1452 ; Décès : 2/05/1519) dans son *Codex Atlanticus* jusqu'aux périodes de classifications systématiques du monde du vivant, par exemple la phyllotaxie, morphotypes et la phylogénétique. De tout temps, dans chaque civilisation et aussi monstrueux que soit-il, l'Homme s'intéresse à la Forme et au Phénotype des Etres vivants. Ces recherches ont parfois entraîné des périodes sombres dans l'Histoire de l'espèce humaine avec la théorie obsolète des races au XVIIIème siècle qui est toujours d'actualité avec la xénophobie. C'est pourquoi, le thème de la Forme et du Phénotype est un sujet à ne pas prendre avec légèreté et souvent tabou.

De la Forme au Phénotype

La forme d'un objet n'est pas seulement intéressante du point de vue visuel ou esthétique. Elle a un impact sur ses propriétés mécaniques & physiques, et dans le cas des plantes, sur ses propriétés biochimiques, physiologiques, écologiques donc sur sa Fitness jusqu'à l'initiation de nouvelles perceptions du monde pour les animaux grâce aux modifications fonctionnelles. Les physiciens étudient depuis longtemps ces propriétés qui forment le domaine de la résistance des matériaux, de la mécanique. Où, ils étudient les déformations et modifications de matériaux sous diverses contraintes et perturbations. Sans trop s'éloigner des concepts et méthodes de mathématiques et géométriques actuelles. De plus, les botanistes, naturalistes et écologues ont réalisé un travail colossal de classification de la biodiversité notamment sur la base des formes grâce à la géométrie depuis des siècles.

Mais, la plupart des êtres vivant montrent tous une grande Plasticité généralement par exemple morphologique au cours de leur croissance et développement. Pour les plantes, c'est un moyen supplémentaire pour s'adapter au milieu environnant car, elles sont immobiles à la suite de leur enracinement ; pour les insectes, c'est un moyen d'accéder à de nouveaux environnements par la mise en place de nouvelles fonctions biologiques comme les ailes permettant le vol libre.

Cadrons le sujet et commençons par quelques définitions. Selon le dictionnaire Petit Larousse :

1) La Forme (n.f. ; *forma*) est I1. la Manière d'être extérieure, configuration des corps, des objets ; aspect particulier. Organisation des contours d'un objet, structure, configuration. 2. Structure expressive, plastique de l'œuvre d'art. II. 1. Mode, modalité selon lesquels quelque chose d'abstrait se présente, peut exister.

De nombreuses disciplines existent pour étudier la « Forme ». Par exemple, nous avons la géométrie. En botanique, la phyllotaxie est souvent abordée et étudié comme approche des formes dans le monde végétale. D'après le dictionnaire Petit Larousse, la Phyllotaxie (n.f.) (syn. Foliation) est 1. la Disposition des feuilles sur la tige. Elle étudie l'ordre dans lequel sont disposés les organes végétaux de chaque côté ou autour d'un axes, en particulier comment sont implantés les bourgeons, les feuilles ou les rameaux sur les tiges.

2) Le Phénotype (n.m. ; gr. *Phainein,* montrer, et *tupos*, marque) est : i) l'ensemble des somatiques apparents d'un individu, qui expriment l'interaction du génotype et du milieu ; ii) l'expression visible des gènes ; iii) l'ensemble de caractères anatomiques, physiologiques et antigéniques permettant d'identifier et de classer chaque type d'individu comme les bactéries ou virus.

3) La Plasticité (n.f.) 1. Caractéristique d'une matière très malléable. Qualité sculpturale. 2. Possibilité pour quelqu'un de s'adapter avec souplesse à une situation nouvelle. 3. Aptitude d'un tissu lésé à se reconstituer.

Qualité de ce qui est plastique, malléable. Qualité de ce qui est souple, modifiable. Qualité sculpturale d'une œuvre d'art. Propriété d'un solide dans le domaine des déformations permanentes. Théorie dont l'objet est d'expliquer et de prévoir le comportement du solide dans cet état de déformation.

4) Plastique (adj. Latin *plasticus*, du grec *plastikos,* qui concerne le moulage). I.1. Se dit de toute substance pouvant être mise en œuvre et façonné par modelage ou par moulage ; malléable. Qui concerne les « caractères » purement formels d'une œuvre, dans le domaine des arts plastiques (jeu des lignes, des formes, des couleurs). II.1. Qui vise à donner des corps, des objets une représentation, une impression esthétiques. III. Se dit des substances qui prennent part à l'édification et à la croissance des différentes parties des organismes vivants (Carbone, hydrogène, oxygène, azote et, dans une moindre mesure, soufre et phosphore).

Forces & Mécanismes forgeant le Phénotype

La forme optimale d'un individu pour un environnement donnée est le résultat de plusieurs phénomènes concomitants : les **« forces ou mécanismes » d'informations & de communications biologiques** (l'information génétique & biologique portée par l'individu), **les « forces ou mécanismes » génétiques** (l'information génétique portée par l'individu ; le génome & déterminisme génétique ; dynamique génétique : mutation, épigénétique, crossing-over, acétylation-méthylation, etc. ; les gènes de croissance, développement et embryogenèse : gènes homéotiques, ontogénétiques, etc.) ; **les « forces ou mécanismes » de croissances et développements** (photo-tropisme, gravi-tropisme, chimiotactisme, les méristèmes, mort cellulaire comme la senescence et l'apoptose, etc.), **les « forces ou mécanismes » biochimiques, physiologiques et nutritionnelles** (l'auto-assemblage et l'auto-organisation, métabolisme, le contrôle permanent exercé par des processus de rétroactions, hormones, hubs nutritionnels, carences, déficiences, toxicités, homéostasies et environnements internes de l'organisme en lien étroit avec l'environnement externe), **les « forces ou mécanismes » physiques intrinsèque à l'organisme** (les lois physiques et mécaniques qui interviennent dans la régulation, la croissance et le développement de la structure (comme les parois cellulaires, membrane cellulaire et pression osmotique dans les vacuoles et tissus conducteurs et liquides par exemple, dans un tissu, certaines cellules grossissent plus vite que d'autres cellules auxquelles elles sont accolées, cela crée des contraintes mécanismes et des frottements.), cinématique et dynamique (photo-tropisme, gravi-tropisme, chimiotactisme), et thermo dynamisme, physique quantique (comme dans les microtubules potentiellement le siège de la « Conscience » (Hameroff S, 1998).

A partir de là, soit l'ensemble des différents niveaux d'organisation de l'individu (moléculaire, cellulaire, tissulaire, etc.) tente de maintenir une homogénéité, soit au contraire l'hétérogénéité est amplifiée. Ainsi, nous n'observons pas un phénotype stable dans le temps mais, un phénotype qui se modifie.

Cependant, la diversité et la variabilité au sein d'une population sont des facteurs structurants, et il est tentant d'extrapoler cette hypothèse à d'autres populations que celles des cellules végétales. Par exemple, la texture lisse ou gaufrée d'une feuille serait le résultat de disparités élémentaires et contrôlées par l'ensemble des cellules. Si les tiges sont droites, les feuilles sont plates, et un tissu est lisse, ce n'est pas obligatoirement la conséquence d'une croissance cellulaire uniformément et de même vitesse. Cela est probablement dû à l'existence d'une « rétroaction » permanente. La croissance non uniforme des cellules végétales est amplifiée lorsqu'il s'agit de créer des nouveaux organes comme les feuilles ou les fleurs. L'hétérogénéité est nécessaire dans la construction de l'ensemble de l'individu, dans ce cas nous parlons de croissance. Par ailleurs, le développement est la mise en place de fonctions particulières associées à ces tissus, organes, systèmes et appareils.

Donc, le Phénotype résulte des interactions étroites entre les forces et mécanismes physico-chimiques et biologiques présentent dans l'environnement interne de l'individu (intracellulaire et tissulaire, microbiotes, etc.) et externe (Ecosystemes, Biotopes, biomes) qui régissent l'expression de l'information génétique portée par le support d'information génétique comme l'ADN, l'ARN, etc.

Alors, Pourquoi certains individus présentent-ils des phénotypes similaires mais, avec des génotypes différents ? Comme la confusion régulièrement faite entre le persil (*Petroselinum crispum* (Mill.) Nymann ex A.W. Hill 1925 ; Genre : *Petroselinum*, Famille : *Apiaceae*, Ordre : Apiales) et la petite cigüe (*Aethusa cynapium* L., 1753, Genre : *Aethusa*, Famille : *Apiaceae*, Ordre : Apiales).

Et, Pourquoi des génotypes identiques (Clones) présent-ils des phénotypes différents ?

La Nature imprévisible dans ces formes Im-Parfaites

Le vivant a ceci de remarquable par rapport au monde « inerte », que chaque cellule, chaque être est en constante interaction avec ce qui l'entoure, et s'adapte ou tente de s'adapter. C'est la théorie de l'évolution de Darwin.

La particularité du monde vivant est incroyable. Il est autonome et en même temps dépendant de son environnement. Chaque cellule est un espace relativement clos et ouvert sur le monde dans laquelle elle se développe, crois, évolue. Elle échange en permanence avec l'extérieur de la matière, de l'énergie et de l'information. Ce sont les bases conceptuelles de la biochimie et de l'écologie. Ainsi, des flux d'aliments et substances diverses, d'énergies, des signaux de communications, sensorielles et des dialogues moléculaires ont lieu au sein de cette cellule. Ainsi, comme le déclare Lamber & Rezsöhazy, (2007) et Dumont (2014), le concept récent de Plasticité montre comment un organisme vivant, sous l'influence de son monde extérieur, tend à changer de forme tout en restant cohérent.

Comme le dit si bien Dumont (2014) dans sa synthèse sur les formes géométriques dans le règne végétal : « *La beauté du végétal se situe dans l'espace entre ordre logique et perturbation. L'arbre n'est pas régulier au point d'être ennuyeux, et il n'est pas biscornu au point d'être informe* » [Dumont, 2014].

Ainsi, la « Forme » d'un organisme vivant est la conséquence et le résultat visuel macroscopique, de la somme d'évènements et d'interactions moléculaires, cellulaires, tissulaires, organismiques et systémiques, d'individus et de populations complexes au sein d'un environnement identifié et défini.

Le flux d'informations multiples qui circulent au niveau microscopique s'inscrit dans un environnement qui est lui-même un système complexe hors équilibre, mais qui permet de faciliter la création d'un équilibre et de générer de l'ordre par le Vivant. Pour aborder ces questions, de nouvelles méthodes d'analyses de propriétés physiques constituantes, biochimiques, physiologies, éco-physiologiques, d'écologies fonctionnelles, d'écologie sont nécessaires.

Les flux de matières et d'énergies au sein d'un organisme peuvent être abordés par l'étude du développement ou de croissance. Certaines étapes du développement des systèmes biologiques peuvent être approchées par une problématique d'interface dynamique et d'auto-organisation. Ainsi, elles font le fruit de modélisations par des approches pluridisciplinaires à partir de domaines variés tel que des modèles géométriques et mathématiques, physiques, biochimiques, physiologiques. Dans le cas des modèles physiques, la solidification des matériaux, les milieux élastiques, les milieux excitables, (etc.) servent souvent de point de départ pour poser une vision mathématique du développement. Alors, la morphogenèse est comprise comme un phénomène d'instabilité, et généralement par une transition non-linéaire.

Les nouveaux champs de recherches multidisciplinaires sont nombreux. Ils se placent à la croisée de nombreuses disciplines, mathématiques, informatiques, physiques des matériaux et biochimie, génétique, physiologies végétales et animales, écologiques.

Aujourd'hui, les caractéristiques fonctionnelles des êtres vivants, que l'on nomme les traits d'Histoire de Vie « Trade off », traits fonctionnels, sont pour une grande part des caractéristiques et des formes morpho-anatomiques quantifiés par la géométrie. Un large éventail de chercheurs s'intéresse à ces formes géométriques chez les plantes. Citons par exemple, les agronomes et les agroforestiers qui cherchent à optimiser et améliorer : 1) la qualité et 2) les productions végétales, et les informaticiens et infographistes qui tentent de représenter les plantes d'une manière réaliste ou d'installer des réseaux de communications efficaces.

De ce fait, le problème de la Forme et notamment du Phénotypes ne sont pas des épiphénomènes inconsistants car, il participe à l'essence même des choses et à la compréhension de notre Monde. La « Forme » d'un objet vivant correspond à la terminologie de la vision du « Phénotype » au travers de l'outil d'invention « Humaine » : les mathématiques ; et des senseurs d'observations des formes présentées par la nature que sont les yeux, les appareils optiques (microscope) et d'exploration du monde vivant. Quant au « Phénotype », il est bien la résultante d'une information biologique en interaction entre le déterminisme génétique, l'auto-organisation pour une adaptation aux conditions d'un environnement. La « Forme » de la plante est le fruit de l'observation du « Phénotype » qui est le résultat d'une machinerie à la fois complexe en équilibre constant entre rigidité et souplesse.

La biologie pose aujourd'hui des défis multidisciplinaires et stimule les innovations en instrumentation, en techniques de calculs et en modélisation.

Les avancées de la biologie contemporaine et l'émergence de nouvelles disciplines, telle l'Eco-Evo-Devo viennent encore bouleverser et approfondir notre compréhension du vivant (Lambert & Rezsöhazy, 2007) car, à toutes les échelles, la constitution du vivant se fonde sur une caractéristique fondamentale et transversale : la Plasticité.

Cette Plasticité est une condition nécessaire pour que la vie apparaisse, se maintienne et puisse évoluer. Ainsi, comme le signal Lamber & Rezsöhazy (2007), nous découvrons cette étonnante capacité que peuvent avoir certains composants à s'in-former (recevoir une forme) et à se dé-former, tout en gardant unité et cohérence.

Pour montrer l'omniprésence de cette propriété et toute la fécondité du concept de Plasticité, de nombreux auteurs convient les lecteurs à des voyages au cœur des gènes, génomes, embryons, appareils & systèmes, organismes, des espèces et populations. Ainsi, les recherches actuelles montent un incroyable foisonnement d'idées, d'interactions et de projets.

Mais, parfois certaines informations sont erronées ou absentes et induisent des confusions. Ces confusions introduisent des erreurs de principes de bases et obscurcissent le concept de la Plasticité.

J'ai clarifié le concept de la Plasticité qui nous permet d'apprécier, comme le signal si bien Lambert & Rezsöhazy (2007) et Dumont (2014), cette révolution conceptuelle et nous conduit au seuil d'une nouvelle philosophie de la Vie. La Vie comme forme « libre d'elle-même », fluide et malléable, équilibre dynamique entre robustesse et vulnérabilité, résistance et fragilité (Lambert & Rezsöhazy, 2007).

Un grand débat houleux et sujet à discorde

A ce jour, les débats suscités par la « Plasticité du vivant » sont nombreux. Cette question de la Plasticité est loin d'être anecdotique et constitue un sujet brulant dans le monde de la recherche en biologie, biologie évolutive et pose un nouveau regard sur le rôle de la génétique et du concept despotique et généocentriste : de la notion de « gène » & de génome.

Pour certain le séquençage du génome humain aurait expliqué tous les maux de l'homme. Or, ce n'est pas le cas. Nous nous sommes aperçus que la génétique et le génome expliquaient une faible partie du problème.

A la suite d'une confusion fondamentale entre « l'**information** » génétique et le « **support** » de l'information génétique mêlée à la notion d'**évolution**. De nombreux chercheur ce sont placés des œillères qui présentaient la voie où « le gène explique tout » : le tout ADN. Mais, le problème est réellement plus complexe.

Intéressons-nous aux faits concrets :

- i) La métamorphose du stade larvaire au stade adulte montre bien qu'un même génotype peut se traduire en deux phénotypes différents. Une chenille et un asticot ne ressemble pas à un papillon ni à une mouche. Bien que le génome soit identique les Formes et Phénotypes sont modifiés et différents (Ontogenèse).
- ii) Certaines espèces se métamorphosent sous l'effet d'un changement de milieu ou d'un milieu changeant. Par exemple, lors de modifications des contraintes, perturbations tel les variations alimentaires, d'éclairement, de température et d'humidité (Acclimatation). Ces perturbations modifient les couleurs et motifs les ailes de papillons (Polyphénisme et polymorphisme génétique), les couleurs et comportement des criquets, les inflorescences des angiospermes et également présente chez des clones (épigénétique). Dans de nombreux cas les chercheurs ont réussi à reproduire artificiellement et à expliquer ces transformations par un contrôle des conditions environnementales absolues et en condition de production de biomasse maximale qui n'est pas obligatoirement la « croissance optimale » ou de « Fitness maximal » d'un individu.
- iii) Les anomalies de naissance sont un bon exemple d'aléas hors de portée du mécanisme de sélection naturelle. Certes, le génome et les mécanismes de croissance & de développement ont un rôle important mais, l'environnement semble être l'orchestre et maître d'œuvre (en d'autres termes : le Coupable).
- iv) Le contraste entre la versatilité de nombreuses espèces et « l'immuabilité » génétique et morphologique des espèces comme le Ginkgo ou le Cœlacanthe. Selon les espèces, les mécanismes de contrôles du phénotype serait plus ou moins strict. Ce n'est pas un hasard si les espèces aux phénotypes les plus stables de l'évolution sont aussi celles qui résistent le mieux aux radiations entrainant des mutations comme le

scorpion. La structure même du support de l'information génétique n'est pas un hasard. Le coefficient de Chargaff (ou rapport GC) et le pourcentage AT/GC semblent être un atout évolutif pour stabiliser le phénotype adapté à un environnement précis et stable via la présence d'un plus grand nombre de liaisons hydrogènes lors d'un fort taux de GC au niveau génétique. Ce choix adaptatif fixe de manière plus durable l'information génétique sur un support biologique plus stable et moins sujet aux aléas du temps et de l'environnement.

- v) et les mécanismes induisant un chaos (une Stochasticité) aux différents niveaux d'organisation du vivant ont également un grand rôle à jouer comme l'impact aléatoire du stress oxydants et des mutations.

Donc, le génotype n'est pas la seule explication et n'explique pas à lui seul l'ensemble des phénotypes variés et multiples que l'on retrouve dans l'environnement. Le Génotype semble être à la disposition de l'Environnement. Et, comme le dit Varin (2009) le Phénotype est le reflet du Génotype au travers du miroir de l'Environnement.

Ainsi, la Plasticité est conditionnée par la capacité d'un même génotype à produire différents phénotypes selon, le miroir de l'environnement (Varin, 2009). Finalement, le miroir environnemental peut avoir plusieurs facettes et projeter différents phénotypes pour un même génotype.

De nouvelles disciplines : les gènes et le génome n'explique pas tous dans la forme

Il y a quelques dizaines d'années, la découverte de gènes responsables du développement de la forme des organismes vivants a initié une nouvelle discipline dans le champ de la biologie. La mutation de ces quelques gènes particuliers provoque des modifications importantes dans la forme globales de la plante ou de l'animal.

Les gènes particulièrement responsables de la forme de la plante ou de l'animal sont appelés des gènes homéotiques. Ces gènes homéotiques et boites homéotiques « ou gènes chefs d'orchestres », en lien avec la différentiation cellulaire et l'épigénétique, déterminent le plan d'organisation d'un être vivant (Ontogénétique). Or, il semble que ces gènes soient presque identiques chez des espèces très éloignées dans la lignée de l'évolution. Cela confirme d'une part l'existence d'espèces communes à l'origine d'autres espèces dans l'arbre phylogénétique. Cela indique d'autre part que de petites modifications dans la séquence de ces successions nucléotidiques « gènes » peuvent avoir des effets très important sur la morphologie finale de l'organisme. Ces différences peuvent être provoquées, au cours de l'ontogénèse (onto & morphogénèse), par une simple variation de la période pendant laquelle de tels gènes sont exprimés (Phénologie).

Donc, l'étude comparée de ces quelques gènes sur des organismes très variés, que cela soit dans le monde animal ou le monde végétal, apporte des connaissances à la fois sur le développement d'une plante, d'un insecte ou mammifère et sur l'évolution du monde vivant dans son ensemble.

Le temps est venu. Nous pouvons à présent parler d'Eco-évo-devo. Il s'agit de l'un des courants de pensées les plus dynamiques en biologie de l'évolution au début du XXIe siècle. Ces nouveaux champs de recherches sont appelés : i) Evo-Dévo, contraction de l'expression anglaise *evolutionary developmental biology* en français : biologie « génétique » évolutive du développement ; et ii) Eco-Dévo, contraction de l'expression anglaise *ecological developmental biology* en français biologie du développement écologique.

Le principal objectif de la **biologie évolutive du développement écologique**, aussi connu comme « éco-évo-dévo », est de découvrir les règles qui sous-tendent les interactions entre l'environnement, les gènes, et le développement d'un organisme et d'intégrer ces règles dans la théorie évolutionniste. Elle se situe à l'intersection entre la génomique, la phylogénie moléculaire, l'embryologie et la génétique du développement.

Au sein de l'éco-évo-dévo, certains concepts clefs et émergents sont clarifiés à ce jour. Ces concepts montrent que l'environnement est une source et un inducteur de variations génotypiques et phénotypiques pour de multiples niveaux d'organisation biologique, tandis que le développement agit comme un régulateur qui peut masquer, la libération, ou créer de nouvelles combinaisons de variations. La sélection naturelle peut ensuite corriger cette variation, donnant lieu à de nouveaux phénotypes. Dans l'approche « éco-évo-dévo », la combinaison des approches génomiques et écologiques va enrichir mutuellement ces deux domaines. Enfin, il faut noter que ce perfectionnement conceptuel n'est pas la seule manière d'améliorer notre compréhension de l'évolution, des mécanismes génétiques sous-jacents aux réponses des organismes à leurs milieux naturels.

Un reproche largement ignoré : La Plasticité axée sur une vision environnementale

L'étude des formes (Conséquence) et les explications qui permettent son induction (Causes) connaissent un renouveau scientifique. Depuis l'augmentation de la puissance informatique qui a lieu depuis les années 1980, nous disposons d'analyses statistiques, d'images et les modélisations informatiques poussées. De plus, des nouveaux outils techniques d'explorations fonctionnelles sont mis à contribution comme : i) des banques mutants (OGM), ii) des banques de phénotypes et d'écotypes, iii) des outils d'imagerie comme l'IRMS, la microscopie confocale ou à fluorescence (autrefois, nous pouvions observer au microscope électronique uniquement des cellules mortes. Maintenant, la microscopie sur tissu vivant permet d'étudier *in vivo* les zones en croissance, à savoir les méristèmes), iii) et les techniques d'explorations fonctionnelles et de phénotypages.

Par exemple, en 2009, deux prix ont été attribués à une équipe de chercheurs (INRA, CNRS, pour leurs travaux intitulés « Comment les plantes acquièrent-elles leur forme ? » (Hamant *et al.,* 2008). Pour comprendre le monde du vivant, les équipes sont maintenant pluridisciplinaires. **Cette équipe composée de chercheurs français, américains et suédois, pilotée par des chercheurs lyonnais de l'INRA, en collaboration avec l'ENS de Lyon, le CNRS, l'Université Claude Bernard Lyon I et l'Université Paris 7, a mis en lumière un mécanisme fondamental de la morphogénèse des plantes. Au terme d'un travail interdisciplinaire combinant expérimentation et modèles informatiques. Ces chercheurs ont montré que les forces physiques générées par des tissus en croissance déterminent l'orientation du cytosquelette des cellules. Celui-ci, à son tour, contrôle la forme des cellules et détermine en grande partie celle de la plante (Hamant *et al.,* 2008).**

Les expériences consistent à modifier localement les champs de contraintes, les forces et les tensions sur les cellules, et à observer comment les protéines des microtubules réagissent en modifiant leur orientation dans l'espace. Généralement, ces études sont menées sur la célèbre dicotylédone modèle *Arabidopsis thaliana* L. Heynh. (Arabette des dames) et monocotylédones modèle *Brachypodium distachyon* (L.) P. Beauv.

Aux yeux de nombreux chercheur et du grand public qui ont lu le gène Egoïste de Dawkins (Dawkins, 1976 ; Dawkins & Jones-Gordin, 2003), la théorie synthétique de l'évolution a comme seul point de départ les mutations génétiques aléatoires, dont les effets sur les organismes sont soumis à la loi de la sélection naturelle. Dans ce schéma et cette vision génocentrique, l'évolution fonctionne à sens unique.

A ce jour, l'environnement est maintenant au centre du schéma et influence beaucoup d'autres niveaux. Donc, entre acquis et inné, la différence devient infime car, on pourrait presque dire que le « gène propose et l'environnement dispose ».

Le lien entre génotype et phénotype passe par une succession d'étapes critiques. Ces étapes ont lieu de préférence durant la phase embryonnaire parfois à l'âge adulte. En gros, elles ont lieu lors des phases de structuration & de mise en place, renouvellement et maintenance de la Forme donc du Phénotype ou « morphotype ». Il s'agit des mécanismes de *développement* et de la *croissance* durant laquelle se joue un enchevêtrement complexe d'interactions entre tous les niveaux et dont émerge l'incroyable plasticité du phénotype. On est à l'opposé de ce qu'affirmait Dawkins (1990) pour qui « *les détails du développement embryonnaire environnemental, aussi intéressants qu'ils soient, sont inutiles du point de vue de l'évolution* » [Dawkins, 1990].

Dans ce dessin, le pouvoir des gènes est considérablement atténué. Comme le signale Denis Noble (Noble *et al.*, 2007), on pourrait remplacer la sentence de Dawkins par son contraire, ce serait tout aussi arbitraire :« *Les gènes sont aujourd'hui piégés en grandes colonies, enfermés dans des êtres hautement intelligents, façonnés par le monde extérieur, communiquant avec lui par des processus complexes par lesquels, aveuglément, comme par magie, la fonction émerge. Ils sont en vous et en moi ; nous sommes le système qui permet à leur code d'être lu* » [Noble *et al.*, 2007].

Mais, d'une manière générale, ces études semblent toujours axées de manière génocentrique. Et, c'est le reproche anticipé que Darwin ce fit bien avant Noble ou Dawkins. Il se reprocha de ne pas avoir mis suffisamment de poids sur l'importance de l'action directe de l'environnement sur la génération du phénotype.

Ainsi, dans le cadre de l'écologie fonctionnelle et de l'écophysiologie, la Plasticité étudie la variation et l'amplitude de la variation de forme du phénotype que peut développer un génotype (Génome) pour un individu ou une population en fonction de différents environnements (Varin, 2009). Elle détermine la frontière de l'élasticité du phénotype et constitue le pivot permettant un saut génétique ou fixation génétique initiant une Evolution étroitement lié à un écosystème (Environnement). Elle constitue un point de connexion ou chainon manquant avec l'Eco-évo-devo.

Rhizobacteries & PGPR émettrices de composés organiques volatiles et implication Permaculturale-Agro-écologique

Ce livre largement illustré est consacré à une approche moderne du concept de la Plasticité et des processus qui permettent aux plantes de développer un phénotype. Il aborde une facette environnementale peu abordée à ce jour, celui des rhizobactéries et rhizobacteries promotrice de croissance des plantes (PGPR) en lien avec la nutrition minérale des plantes.

Le livre comprend, en guise d'introduction générale, un exposé schématique de l'environnement de vie des plantes : le Sol (chap. 1). Ces généralités, sont accessibles au lecteur plus ou moins averti des problèmes posés par les notions de sol vivant, de Plasticité et de la genèse du Phénotype donc des formes. Elle lui servira d'introduction aux autres parties beaucoup plus spécialisés comportant le rôle de la microflore du sol dans la croissance et le développement des plantes notamment la partie racinaire (chap. 2) et la notion de promotion de croissance des plantes et dans le cas particulier du façonnage du système racinaire des plantes (chap. 3). Ces aspects scientifiques fondamentaux permettent de renforcer les technologies de la rhizoingénierie et sélections génétiques paysannes, et les concepts de Permaculture et agro-écologies modernes initiant une nouvelle révolution verte.

Cette étude est basée sur une rétrospective de la Plasticité. Elle se focalise sur un exemple simple, celui des plantes modèles. Par ailleurs, elle lève un problème majeur concernant l'implication de la communication, du dialogue moléculaire inter-espèces et de la neurobiologie végétale dans le façonnage du phénotype. Elle présente un lien très étroit entre le génotype et l'environnement même en dehors du concept de l'évolution. Cela, Darwin l'avait bien signalé. Mais, ces propos étaient restés sans suite à ce jour. Ce lien étroit entre le façonnage du phénotype et le dialogue moléculaire environnementale est présenté dans le tome 4.

Dans ce livre, j'ai eu recours le plus souvent possible à une représentation sous forme de schéma issue des articles d'origine pour ne pas dénaturer les idées transmises par les auteurs nommés. En revanche, lorsqu'il était nécessaire pour clarifier et classer les données abstraites dont certains sont issue de plusieurs disciplines, j'ai été amené à former des figures synthétiques. Donc, j'ai concentré un maximum d'informations tous en réduisant les figures à leur strict minimum. De même, les aspects historiques exhaustifs et les notions philosophiques de base qui me semblaient particulièrement indispensable ont été regroupés dans l'avant-propos et développé au moment où ils étaient nécessaires. De plus, pour une navigation rapide dans le livre un résumé en français et en anglais de chaque chapitre et associé à leurs plans d'organisation.

Ce travail émane en grande partie des activités de recherches que j'ai effectuées depuis ce jour. Il forme mon héritage : un mémoire et un bilan des connaissances scientifiques acquit sur ce sujet. Il me permettra de tourner la page et de m'ouvrir la porte à une nouvelle vie dans ce monde de changements globaux qui caractérise la fin du XXème et ce début de XXIème siècle (Changements environnementaux, de paysages, d'économiques, de politiques voir de civilisations). Où, l'Homme devra faire preuve d'une grande plasticité comportementale pour survivre.

Mon intention première a été de rendre l'étude de la Plasticité accessible à tous, à des non-spécialistes de cette question et à un lectorat scientifique très large : aux artistes, philosophes, aux simples passionnés, aux étudiants des classes préparatoires et des premiers et seconds cycles de l'université, candidats aux concours du CAPES et de l'agrégation, ainsi qu'à leurs enseignants en agronomie, pharmacie et différentes disciplines de la biologie, de la chimie, des mathématiques et de la physique.

Sébastien Varin

« Nous ne pouvons simplifier à l'extrême des phénomènes complexes. » Auteur anonyme

RÉFÉRENCES

Dawkins R., 1976. The Selfish Gene. *Oxford University Press,* 74p.

Dawkins R., Jones-Gorlin N., 2003. Le gène égoïste. *Odile Jacob*, 200p.

Dumont E., 2014. La géométrie dans le monde végétal. *Les éditions Ulmer.* 191p.

Hamant O., Heisler M., Jönsson H., Krupinski P., Uyttewaal M., Bokov P., Corson F., Sahlin P., Boudaoud A., Meyerowitz A.M., Couder Y., Traas J., 2008. Developmental patterning by mechanical signals in *Arabidopsis. Science*, 12.

Hameroff S., 1998. Quantum compuntation in brain microtubules? The Penrose-Hameroff 'Orch OR' model of consciousness. *Phil. Trans. R. Soc. Lond.* A 356, 1869-1896.

Lambert D., Rezsöhazy R., 2007. Comment les pattes viennent au serpent : essai sur l'étonnante plasticité du vivant. *Champs Fammarion,* 412p.

Noble D., Ojeda C., Assadas V., 2007. La musique de la vie : La biologie au-delà du génome [The music of life : Biology beyond the genome]. Edition Seuil. Collection Scienc. Ouv. 34-35.

Varin S., 2009. Plasticité fonctionnelle du trèfle blanc en réponse à la disponibilité en soufre. Spécialité : Physiologie, Biologie des Organismes, Populations (écologie fonctionnelle et biotechnologie), *Ecole Doctorale Normande de Chimie-Biologie, Thèse de doctorat de l'université de Caen,* 213p.

CHAPITRE 1

Interaction Sol-Plante

« Nous savons au moins ceci : la terre n'appartient pas à l'homme ; l'homme appartient à la terre. Toutes choses se tiennent comme le sang qui unit une même famille. Tout ce qui arrive à la terre, arrive aux fils de la terre. Ce n'est pas l'homme qui a tissé la trame de la vie : il en est seulement un fil. Tout ce qu'il fait à la trame, il le fait à lui-même. » Chef Seattle, chef amérindien de la tribu des Duwamish (1754-1866)

Résumé

Les agriculteurs en Agro-écologies ou agriculture biologiques et Permacultures apportent au sol une attention toute particulière car, ils considèrent que de l'équilibre de ce milieu vivant et complexe dépend de celui des plantes, des micro-organismes, des animaux et des hommes. Ainsi, l'agro-écologie repose sur une cohérence milieu-système très forte, où le contexte pédoclimatique a une grande importance.

C'est à ce compartiment vivant, mais mal connu, qu'est consacrée cette synthèse bibliographique. Elle aborde les thèmes suivants : i) Les propriétés du sol, en lien avec les pratiques de fertilisations organiques ; ii) La biodiversité fonctionnelle des sols ; iii) Les racines, qui sont au cœur du fonctionnement de la rhizosphère ; iv) La rhizosphère et sa faune et flore.

Mots clefs : *Litière, sol, rhizosphère, faune, flore, microorganisme, plant, racine, architecture du système racinaire.*

Abstract

Farmers in Agro-ecology, biological agriculture and Permaculture bring soil and rhizosphere one special attention, because they considered that the balance of living and complex environment depends on plants, microorganisms, animals and humans. Thus, agroecology was based on a very strong coherence soil-medium of culture- ecosystem, where the pedocilmatic context is very important.

This is living compartment but unfamiliar. This literature review covers the following topics: i) soil properties related to organic fertilization practices ii) Functional soil biodiversity; iii) roots and root system architecture, which are at center of operating to the rhizosphere iv) the rhizosphere and its fauna and flora.

Key words: *Litter, soil, rhizosphere, fauna, flora, microorganism, root, root system architecture.*

Rappel

Ecologie fonctionnelle : étude des fonctions des organismes isolés ou en interaction avec leur milieu (écosystème), dans un environnement naturel ou modifié par l'homme.

Ecophysiologie : étude de la physiologie des organismes vivants en fonction des facteurs écologiques.

Facteurs édaphiques : Facteurs liés aux caractéristiques géologiques et physico-chimiques du substrat dans un milieu terrestre, aux propriétés physico-chimiques de l'eau dans un milieu aquatique. Conditions environnementales déterminées par les caractéristiques physiques, chimiques et biologiques du sol plus que par le climat. La science étudiant les facteurs édaphiques est l'édaphologie.

Le sol, en tant que facteur édaphique, est un élément permanent de l'environnement et pour de nombreuses espèces. Il est caractérisé par sa texture (granulométrie) et par sa structure (agencement déterminant la compacité). Certaines de ses propriétés sont constantes tout au long de l'année : présence de sable ou de rochers, plages argileuses ; d'autres sont soumises à des variations saisonnières, en particulier celles qui sont liées à la dynamique du facteur hydrique : hygrotrophie instantanée, taille des fentes sur sols argileux.

Communauté : Une communauté est une interaction d'organismes partageant un environnement commun.

Liste des abréviations

Al : Aluminium
C : Carbone
^{11}C : Isotope stable 11 du carbone
^{13}C : Isotope stable 13 du carbone
^{14}C : Isotope stable 14 du carbone
CO_2 : Dioxyde de carbone
COV : Composés Organiques Volatils
Cu : Cuivre
Fe : Fer
H^+ : Ion proton
HCN : Cyanure
HCO_3^- : Ion bicarbonate
Mn : Manganèse
N : Azote
N_2 : Diazote
NH_4^+ : Cation ammonium
NO_3^- : Anion nitrate
NUE : Nitrogen Use Efficiency
OH^- : Ions hydroxyle
P : Phosphate
Pb : Plomb
PGPR : Plante Growth Promoting Rhizobacteria-Rhizobacteries promotrices de la croissance des plantes
SRL : Specific Root Length- longueur racinaire spécifique
Zn : Zinc

CHAPITRE 1

Interaction Sol-Plante

Introduction

L'agriculture a longtemps considéré **le sol,** et le considère encore souvent, comme un simple **support de végétation et un réservoir de nourriture**. Cette synthèse bibliographique montre que le sol est bien plus que cela. Il est le **lieu d'une intense activité biologique** et le témoin privilégié **d'équilibres et d'interrelations** entre les **végétaux**, via leurs **racines** et les **organismes vivants du sol**. Il est donc bien dommage de s'affranchir de cette aide naturelle et gratuite pour la production végétale. Car, le sol a une influence non négligeable sur le phénotype et le rendement des plantes. Nous savons que certaines pratiques agricoles sont plus néfastes que d'autres et, de plus en plus, nous avons les moyens de les orienter vers une meilleure préservation et un développement durable de cette « fertilité » naturelle.

La notion de sol vivant est synonyme à nos yeux de sol fertile. Dans nos champs ou sous nos pieds, les racines forment un enchevêtrement parfois dense. Elles ancrent le végétal à son substrat et ont d'autres fonctions, comme l'exploration et l'exploitation minérale du sol ayant pour but l'alimentation de la plante en eau et en éléments nutritifs. Ce que l'on connaît moins, c'est la faculté dont possèdent les racines à impliquer les organismes qui cohabitent avec elles dans le sol. Ces organismes sont des bactéries, champignons et invertébrés. Ils forment une micro faunes et flores microbiennes dans le sol. **Tout un réseau de communications existe sous nos pieds**. Toutes ces relations servent à la plante, à sa nutrition comme à sa protection. Les mécanismes et les relations mis en jeu dans le sol sont quasiment aussi complexes et aussi riches que l'est la biodiversité au-dessus de sa surface.

Les parties aériennes de la plante sont constituées des tiges, feuilles, fleurs et des fruits. Ces organes sont bien connus et étudiés. En revanche, les **racines sont la face cachée du végétal** tel « l'iceberg dans l'océan arctique ». Pour autant, c'est bien là que se jouent la fertilité d'un sol, la vie et la production d'une plante.

L'agriculture « écologiquement intensive : AEI » comme peut le définir Parmentier (2009) et Griffon (2013) est l'art de rendre un sol vivant et fertile. Ce concept a était réellement démontré à petite et moyenne échelles avec l'avènement de la Permaculture dans les années 1970-1980 (Mollison & Holmgren, 1986 ; Mollison, 1986) et l'agroécologie par Pierre Rabhi. Si on a beaucoup parlé des vers de terre ou autres « gros » acteurs comme fortement impactés par le travail mécanique, l'activité fine du sol l'est certainement tout autant. Il faut noter que tout part des racines. Au démarrage ce sont elles qui attirent la vie du sol. Elles créent la rhizosphère et les équilibres biologiques qui en découlent. Par ailleurs, il ne faut pas oublier qu'un sol est vivant à partir du moment où se développe, à sa surface, **une végétation diversifiée et surtout, vivante**. Il faut minimiser les périodes sans végétation. Une bonne méthode de cultures introduit **des systèmes racinaires variés**, via **la diversification et les mélanges d'espèces végétales, dans le temps comme dans l'espace, en couvert végétal comme en culture.**

Sans oublier le **rôle des espèces formant le couvert végétal** et les espèces clefs de communautés végétales comme les légumineuses (Varin *et al.,* 2009). Les Fabacées sont essentielles dans l'agroécosystème en tant que fixateur d'azote et parfois de soufre (Varin *et al.,* 2009). Outre le bénéfice apporté par la fixation symbiotique de l'azote de l'air, on sait qu'elles sont richement mycorhizées au même titre que les graminées tel le ray-grass ou *Brachypodium*. Ces fabacées sont de véritables dopeurs de la vie biologique des sols, au vu de l'énergie et minéraux qu'elles injectent dans le système. Ce qui justifie leur appellation d'engrais vert. Au contraire, le colza, la betterave sont dépourvues de mycorhizes. Il est logique de ne pas abuser de ces espèces. Pour autant, il ne faut pas les exclure. Bien qu'elles ne soient pas mycorhizées, elles ont d'autres atouts. **Elles attirent et développent leur propre flore microbienne**. Tout est **une question d'équilibre** dans l'utilisation des végétaux constituant la communauté.

Cette formidable complexité et logique écologique de la rhizosphère et du sol reste à étudier. Même si le milieu est éminemment complexe, l'objectif global de l'agriculteur reste

simple : produire et recycler un maximum de matière végétale vivante et diversifiée, avec le minimum de périodes de ruptures et de perturbations physiques et chimiques. Mais également de permettre au XXIème siècle de mettre en place de nouveaux chemins ou itinéraires techniques permettant de fortes productions avec moins d'intrants, moins de pesticides et plus de diversités biologiques tel que mis en avant par Parmentier (2009). La mise en place de cultures mixtes, associations ou co-cultures plantes-plantes, plantes-bactéries est fortement envisageable.

Cette synthèse bibliographique a pour but de mieux comprendre ce qui se passe sous nos pieds et dans l'agro-écosystème par exemple prairial. La racine n'a pas uniquement un rôle d'ancrage du végétal ou d'absorption passive de l'eau et des sels minéraux présents dans la solution du sol. Le lombrique (ou ver de terre) n'est pas le seul à creuser des galeries et décomposer les matières organiques. La racine joue également ce rôle, même si tous les mécanismes ne sont pas encore connus. Le rôle du développement racinaire a donc un effet à plus ou moins long terme sur les rendements agricoles futurs que ce soit en influencent la rhizosphère ou la croissance de la plante à valoriser. Donc, le développement de ce compartiment végétal dépend de la rhizosphère et de l'environnement tellurique mais également de ses actions sur l'environnement périphérique. Ainsi, il influence le rendement agricole de cette même plante.

I. Le SOL

I.1. Définition du « SOL » et de ses composants

Par sol, on entend « les horizons extérieurs des roches naturellement modifiés par l'influence mutuelle de l'eau, de l'air et des organismes vivants et morts ; c'est un corps naturel indépendant et variant. » (Dokouchaev, 1883) (Figure. 1). D'autres auteurs considèrent qu'il s'agit du produit de l'altération, du remaniement et de l'organisation des couches supérieures de la croûte terrestre sous l'action de la vie, de l'atmosphère et des échanges d'énergie qui s'y manifestent (Aubert & Boulaine, 1980). Par ailleurs, d'après la Société suisse de pédologie (1997), le sol est « la couche la plus externe, marquée par les êtres vivants, de la croûte terrestre. Il est le siège d'un échange intense de matière et d'énergie entre l'air, l'eau et les roches. Le sol, en tant que partie de l'écosystème, occupe une position-clef dans les cycles globaux de matières ». Il est à l'interface entre la lithosphère, l'atmosphère et l'hydrosphère (Alexander, 1977) et sert de support à une partie de la biosphère (Gobat, 1998, 2003) (Figure. 1). Il s'agit donc d'une structure à quatre dimensions (espace, temps) dans laquelle persistent et transitent (Figure. 2): i) les résultats et les produits de l'altération des roches superficielles de la Terre ; ii) les matières organiques mortes ou vivantes de la biomasse associée à cette couche superficielle ; iii) les éléments provenant de l'atmosphère, soit accidentellement, soit de façon cyclique (Boulaine, 1988).

Figure 1. Proportion des principaux composants du sol en volume (White, 2006).

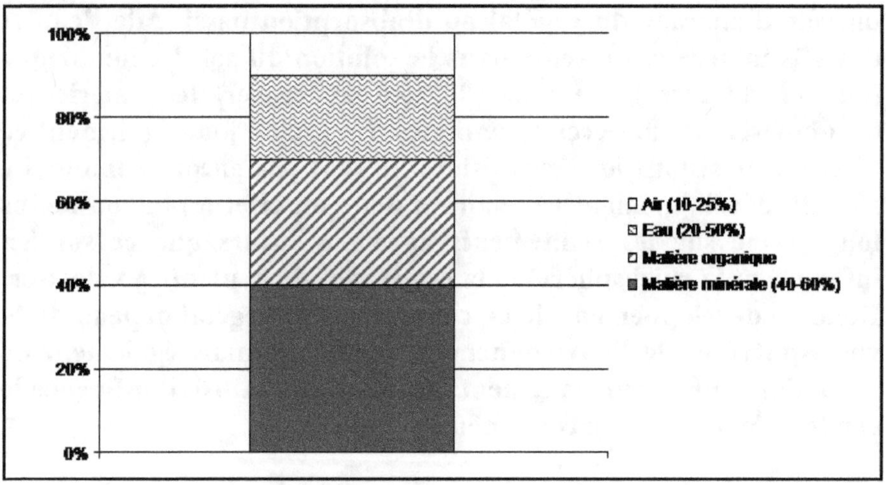

Figure 2. Le sol est un système écologique complexe (d'après Gobat, 1998).

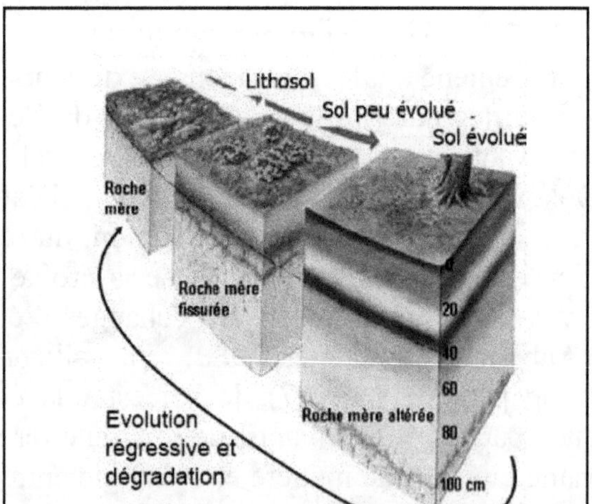

Le sol est une formation naturelle de surface, à propriétés essentiellement dynamiques, souvent différencié en couches distinctes, à constituants minéraux et/ou organiques généralement meubles, résultant de la transformation d'une roche mère sous l'influence de divers processus physiques, chimiques, physico-chimiques et biologiques, et différant de cette roche mère par certains caractères morphologiques, physiques, chimiques et biologiques (Delecour, 1981). C'est un carrefour aux multiples rôles. Toute approche scientifique du sol se doit d'être fonctionnelle. Le sol est avant tout un carrefour d'une grande complexité et aux multiples rôles (Figure. 1). Le sol est : i) un support naturel pour les végétaux, pour les êtres vivants, ii) un lieu de stockage des matières organiques et minérales, et un réservoir d'éléments nutritifs, iii) un régulateur des échanges dans l'écosystème et une usine de transformation de la matière organique.

Le sol peut être considère comme une « matière composite poreuse complexe » servant de « matrice support de vie ».

Il est constitué de trois composants majeurs : i) la composante solide constitué des fractions minérales et de matières organiques ; ii) la composante liquide c'est-à-dire le solvant de la vie : l'eau ; et iii) la composante gazeuse : l'air. Au sein de ces trois composantes majeures se développent des organismes vivants (Alexander, 1977) (Figure. 3). Les matières organiques et minérales s'organisent de manières à créer des vides occupés par de l'air et de l'eau que l'on nomme : les pores.

Figure 3. Présentation des phases de formation dans l'espace et le temps du sol. ; 1/ Formation de petites particules minérales (A, L, S) avec ou sans modifications minéralogiques : **Altération, Formation d'une altérite ;** 2/ Incorporation de matière organique provenant de la décomposition de la MO fraîche : **Formation du complexe argilo-humique ;** 3/ Transfert de matière variés : **Développement du Sol et des Horizons (climax)** (d'après Gobat, 1998).

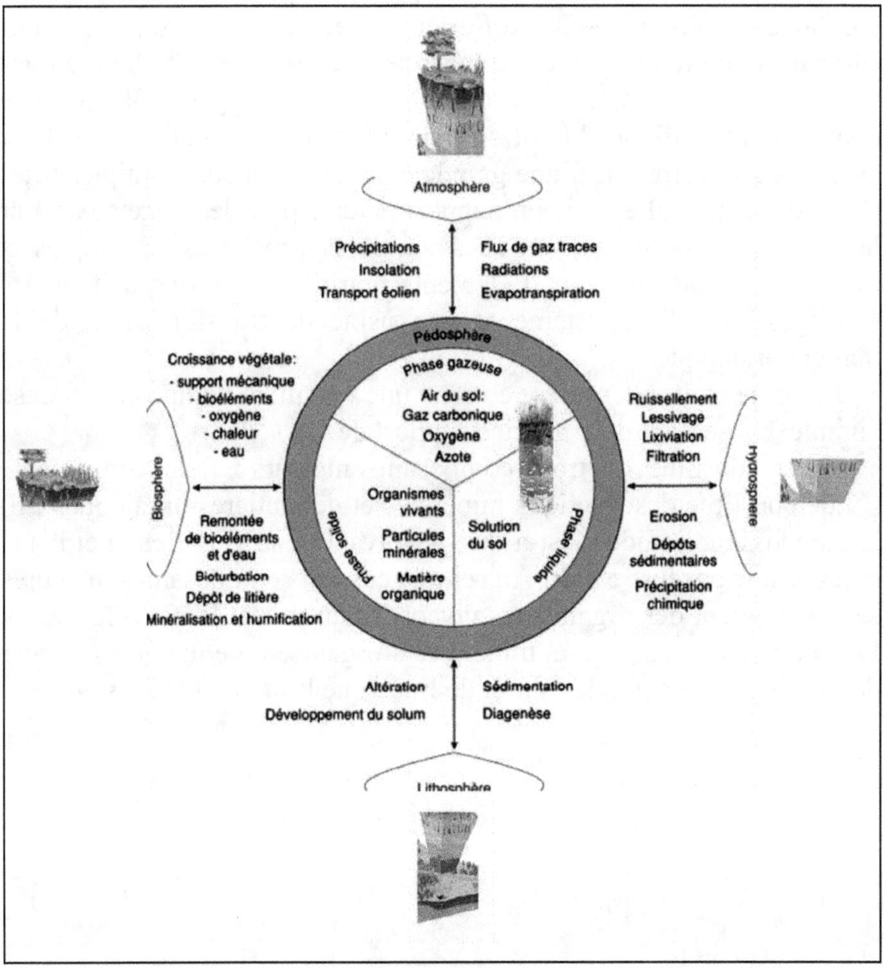

I.1.1. Structure physico-chimique du sol

I.1.1.1. Composante solide

La composante solide est constituée des deux fractions respectivement la fraction minérale et organique.

La fraction minérale dépend du type de roche mère sur lequel le sol s'est formé. Elle résulte principalement de l'action de deux phénomènes physiques comme l'alternance chaud/froid, le vent ou l'eau qui désagrège physiquement la roche mère (Best, 1995 ; Gobat,

2003). Elle fractionne la roche en morceaux de tailles de plus en plus faibles. Les particules générées conservent leurs natures minéralogiques initiales (Gobat, 2003). L'altération due au solvant de la vie c'est-à-dire l'eau, associée ou non aux gaz comme l'oxygène (O_2), le dioxyde de carbone (CO_2) et aux acides organiques (Gobat, 2003) provoque une transformation des minéraux primaires associé à une formation de minéraux secondaires (comme l'argile) dont l'ensemble constitue le complexe d'altération (Duchaufour, 1977).

Cette fraction est constituée de particules de tailles différentes, classées selon leur diamètre : la fraction grossière (>2mm) et la terre fine (<2mm) (sables, limons et argiles). La proportion relative des éléments de la terre fine détermine la texture conditionnant la structure d'un sol. Les argiles sont le résultat de l'altération des roches par hydrolyse des minéraux silicatés (Gobat, 2003). Les minéraux argileux formés sont des phyllosilicates, constitués de feuillets organisés en couches. Certaines argiles sont capables d'expansion lors de l'hydratation de leurs couches interfoliaires (Gobat, 2003). Une autre composante de la réactivité des particules argileuses est leur surface spécifique disponible. Plus elle est élevée, plus leur réactivité sera prédominante (Alexander, 1977). L'adsorption de molécules et ions à la surface des argiles augmente avec leur surface disponible par unité de masse (White, 2006). Par ailleurs, les phyllosilicates argileux sont des colloïdes possédant d'autres propriétés qui influencent la structure, la porosité ou la capacité d'échanges ioniques du sol. En effet les argiles sont chargées électronégativement, sont hydrophiles, mais aussi lipophiles présentant un pouvoir de dispersion et de floculation. Ces propriétés varient suivant les structures minéralogiques et les surfaces développées respectives, régissent la formation d'agrégats, cimentent les particules et favorisent l'habitat microbien (Gobat, 2003).

La matière organique (MO), grâce à ses propriétés physicochimiques, participe à la structuration du sol et interagit avec les particules qui y sont présentes. La matière organique provient des déchets des organismes, de leurs sécrétions ou des tissus morts, et majoritairement de débris végétaux (cellulose, hemicellulose, lignine, tanins) (Chenu, 1993). La litière est constituée de l'ensemble des matières organiques encore intactes ou peu transformées (Figure. 4a). Ces composés organiques humifiées sont séparés en trois fractions suivant leur solubilité : les acides fulviques très solubles à tout pH, les acides humiques insolubles à pH acide, et l'humine insoluble. Les acides fulviques sont électronégatifs et ont la capacité de complexer les cations. Les acides humiques forment des complexes avec les argiles, les minéraux, et ions métalliques ainsi qu'avec les composés organiques hydrophobes (Parent & Velegol, 2004). Ils forment les composés argilo-humiques. Des composés lipidiques (acides gras, cires, résines) et azotés (ADN, chitine, muréline, urée, amines, protéines) sont également présents dans le sol. Ces composés proviennent des bactéries, plantes ou animaux. Ils peuvent se fixer à des composés humifiés (Gobat, 2003) ou à des colloïdes minéraux.

Figure 4. a) Coupe schématique des couches superficielles du sol. Les différents horizons de la litière (d'après Delecour, 1981). **b)** L'horizon : produit de l'évolution sur le terrain, description + analyses → horizons de références → processus fondamentaux → pédogenèses et classification. **c)** présentation d'un macroagrégats, d'un microagrégat et du complexe argilo humique (Gobat, 1998).

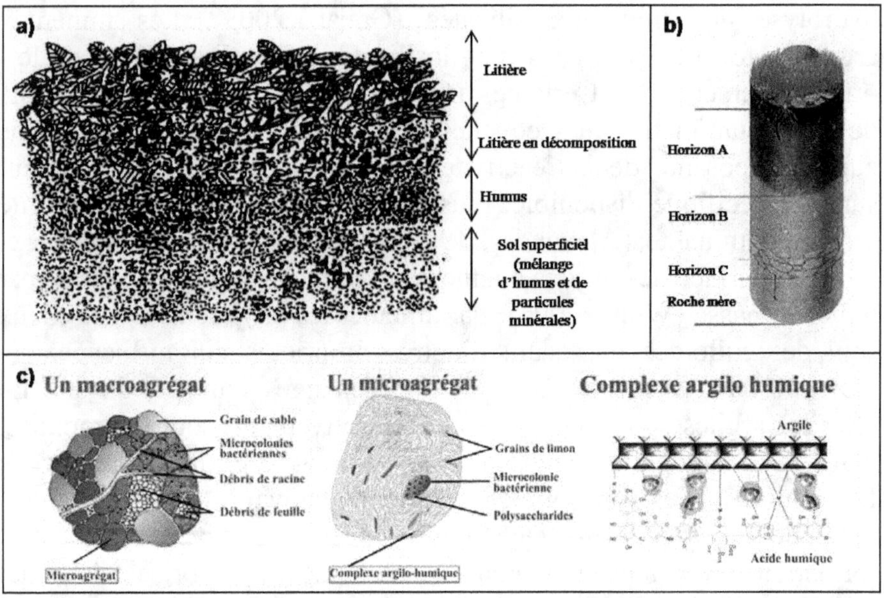

I.1.1.2. Composante liquide

L'eau est retenue et circule dans le sol par un réseau de pores. Ces pores forment un réseau aqueux discontinu, sauf quand le sol est saturé. Ils contiennent des substances inorganiques ou organiques dissoutes dans la solution du sol qu'ils véhiculent. Et, ils présentent une phase gazeuse.

L'eau circule librement par gravité dans les macro-pores de diamètres supérieurs à 10μm. Les macro-pores sont constitués de l'espace libre présent entre les agrégats et l'intérieur des macro-agrégats (Robert, 1992). Le sol est comparable à un tamis moléculaire ou gel d'exclusions associé à des propriétés physico-chimiques d'adsorptions et absorptions. Il peut jouer un rôle de chromatographie à propriétés variées, à multiples phases aqueuses et hydrophobes. Par ailleurs, une partie de l'eau est fortement retenue par capillarité à l'intérieur des micropores (<10 µm) (Robert, 1992). Les micro-pores sont constitués par l'espace libre à l'intérieur des micro-agrégats. La disponibilité de l'eau résulte de la combinaison des potentiels matriciels et osmotiques. Ainsi, l'immobilisation potentielle et la rétention de l'eau sont importantes dans les microporosités. Elles sont dues à un potentiel hydrique matriciel élevé chez ce type de porosités. Lors de fortes pluies, les microporosités du sol sont dans un état d'humidité supérieur aux macro-porosités. Les micro-organismes du sol ont une niche écologique très dépendante de l'eau qui y est présente. La disponibilité en nutriments et l'intégrité des membranes bactériennes nécessitent que la solution du sol soit largement disponible et circulante (Ranjard & Richaume, 2001).

I.1.1.3. Composante gazeuse

La diffusion des gaz et de l'air dépend également de la distribution de l'espace poreux au sein de la matrice « sol ». La diffusion des gaz est faible dans les micropores (Baver, 1961). La proportion relative de liquide et de gaz affectent les phénomènes de micro-aerobioses, aérobioses et anaérobioses. Elle dépend de la saturation et de la circulation de l'eau à l'intérieur du réseau des pores (Robert, 1992). Dans ces microenvironnements, des conditions anaérobies persistantes sont rapidement générées par le faible renouvellement de l'atmosphère (Baver, 1961). Ainsi, la survie des bactéries dépend de leur capacité à respirer alternativement différentes molécules minérales en remplacement de l'O_2 ou à réaliser une fermentation. Philippot (1996) a montré que les zones anaérobies internes d'un agrégat sont préférentiellement colonisées par des populations bactériennes capables d'utiliser le nitrate comme accepteur finale d'électron de leur chaine respiratoire (respiration nitrique).

I.1.2. Structure physique du sol

Lorsque l'on regarde une coupe de sol formant un *continuum* appelée horizon. Le sol présente de nombreux niveaux d'organisation. Chaque niveau a une stabilité variable. L'horizon pédologique illustre une mosaïque de microenvironnements caractéristiques d'un sol (Gobat, 1998) (Figure. 4b). Ces environnements diffèrent par leurs propriétés physiques, chimiques et biologiques. Le volume des espaces présent dans le sol dépend principalement de la taille, de la forme et de la stabilité des agrégats que de la présence de particules minérales (Ranjard & Richaume, 2001).

Les agrégats du sol sont des assemblages hétérogènes de particules organiques et minérales. Ils se distinguent par leurs tailles. Nous pouvons identifier : i) les macro-agrégats (>250µm) et ii) les micro-agrégats (<250µm) (Tisdall, 1982) (Figure. 4c).

Les macro-agrégats sont formés par enchevêtrement des hyphes fongiques et des racines de plantes avec des associations temporaires de micro-agrégats, de minéraux et de particules de matières organiques principalement (Oades, 1984).

Les micro-agrégats sont formés par des processus microbiens. Ils sont présents à l'intérieur des macro-agrégats. La stabilité de la structure est dépendante d'agents liants organiques (Tisdall, 1982). Les perturbations physiques du sol s'expliquent généralement par une diminution des macro-agrégats. Les produits de dégradation que sont les micro-agrégats deviennent des unités élémentaires de constructions utilisables pour le prochain cycle de formation des macro-agrégats (Oades, 1984 ; Six, 1999, 2000).

I.2. Evolution des litières racinaires, génération et structuration du sol prairiale

En prairie, l'accumulation de matières organiques dans le sol a lieu dans plusieurs compartiments caractérisés par un temps de résidence du C (Balesdent *et al.*, 1995). Avant la stabilisation à long terme, le C s'accumule dans des fractions de matières organiques « jeunes » composées pour partie d'un compartiment microbien où le C est fixée sous forme de la biomasse organique (et ses dérivés). Ce C est métabolisé par la faune et la flore présente dans le sol. La partie restante du C s'accumule dans un *continuum* de fractions particulaires. Ce sont les agrégats. Le long de ce continuum, la litière racinaire évolue depuis les débris les plus grossiers et libres jusqu'aux fractions les plus fines agrégées du sol (Agren & Bosatta, 1985 ; Mellilo *et al.*, 1989). Les résidus les plus grossiers (>200µm) constituent la matière organique particulaire (*Particulate Organic Matter*). Elle est constituée de tissus végétaux reconnaissables. Elle sert de support physique où se développent de la biomasse microbienne que l'on considère constitutive (Fahey, 1983). Les matières organiques particulaires s'organisent le long d'un gradient de fermentescibilité décroissante et leur C:N varie entre 20 et 30, pour des résidus issus de racines (Loiseau & Soussana, 1999). Ces particules sont dites libres car, non agrégées avec la phase minérale du sol (Hassink, 1995), ce qui les rend séparables de la phase minérale par un simple lavage à l'eau. En revanche, en dessous de 200µm. Les particules sont agrégées à la phase minérale et constituent des agrégats stables à l'eau. On parle d'agrégats de matières organiques (*Aggregated Organic Matter*). Leur C:N (autour de 10) est bas, du fait de la perte cumulée de CO_2 et d'un enrichissement relatif en N (Loiseau & Soussana, 1999). Leur fermentescibilité est faible à cause de la part croissante de composés humifiés et stabilisés (Loiseau & Soussana, 1999).

II. SOL VIVANT : Relation racine et sol

II.1. Cycle du carbone (C), de l'azote (N) et Facteurs permettant la production de la litière lors de la génération des sols

Les cycles C et N, lors de la décomposition des litières, dépendent de la gestion et de l'environnement des grandes cultures ou des prairies. Mais, ils sont également tributaires de deux paramètres : i) la **nature des espèces** notamment végétales et microbiennes pendant l'incubation des litières. La nature de l'espèce végétale incubée est un premier facteur spécifique constituant la litière. La plante agit par l'intermédiaire des traits spécifiques ou caractéristiques fonctionnelles relatifs à la litière ; ii) Un deuxième facteur est fonction de la nature de l'espèce vivante **en croissance et développement** présente pendant l'incubation de la litière. En effet, la présence de **plantes en croissance** altère la dynamique de décomposition, par ralentissement (Dormaar, 1990) ou accélération du phénomène de dégradation de la MO (Van der Krift *et al.*, 2002).

L'évolution conjointe de la litière et de la matière organique des sols conditionne la disponibilité en N et autres éléments dans le sol. Ce qui est un facteur essentiel de la nutrition et de la croissance du couvert. La disponibilité en N régit alors la compétition entre les espèces et leur croissance. Cette dynamique de compétitions entre espèces végétales en lien avec les micro-organismes du sol détermine la nature des litières foliaires et racinaires. Ainsi, l'évolution des litières racinaires rétro-agit à terme sur les quantités et qualité de litière apportées au sol. Le turnover racinaire a une implication majeure sur la dynamique des écosystèmes par le biais de l'évolution des communautés végétales (Wedin & Tilman, 1990 ; Berendse, 1994 ; Aerts 1997 ; Van der Krift *et al.*, 2001). Donc, la croissance et le développement des racines ont un rôle important à ce niveau..

II.2. Impact des espèces végétales sur la fertilité des sols

Différentes théories concernant l'impact des espèces végétales sur la fertilité des sols sont proposées dans la littérature. Elles soutiennent l'hypothèse de rétroactions (*feed back*) positives ou négatives agissant sur cette fertilité (Wedin & Tilman, 1990 ; Tateno & Chapin, 1997).

Une rétroaction positive des espèces sur le sol a lieu en milieux fertiles quand les espèces dominantes présentent : i) un turnover rapide de leurs organes associés à ii) un faible recyclage des nutriments. Cela fournit une litière de bonne qualité au sol.

Par ailleurs, la litière à décomposition rapide permet une forte disponibilité des nutriments dans le sol. Cette situation est bénéfique aux espèces à croissance rapide, très demandeuses en nutriments et à recyclage interne faible (Aerts, 1989). Le cas de figure opposé est possible. En milieu pauvre, les espèces à croissance lente et à recyclage interne efficace apportent au sol une litière faiblement décomposable. Cette litière ne favorisera pas une minéralisation importante. Tateno & Chapin (1997) prétendent que cette condition aura pour conséquence une faible disponibilité des nutriments dans le sol. Si l'on suit la logique de cette théorie, les milieux riches seront de plus en plus riches et les milieux pauvres de plus en plus pauvres.

D'un autre côté, les espèces à croissance rapide réduisent la concentration en N dans leurs organes grâce à une efficience d'utilisation de l'azote (*Nitrogen Use Efficiency* : NUE) forte ce qui induit une rétroaction négative dans le milieu. En conséquence, ces espèces supplémentent le sol avec une litière de mauvaise qualité. Cette litière, dont le taux de minéralisation par les microorganismes est faible, va contraindre la croissance de la plante. Parallèlement, pour une quantité égale d'N absorbé, l'espèce à croissance lente, aura une quantité d'N moins diluée c'est-à-dire une faible NUE. Elle apportera au sol une litière de bonne qualité. Cette rétroaction négative peut expliquer la coexistence sur un même sol d'espèces à stratégies contrastées en provoquant une convergence vers un point optimal de la croissance des espèces présentes. (Chapin, 1980 ; Tateno & Chapin, 1997).

II.3. Impact de l'activité et de la nature racinaire sur la litière du sol

Les matériaux couramment employés dans les études de dégradation des litières sont les résidus de culture, les feuilles d'arbres et les feuilles d'herbacées. Mais, peu d'études sont consacrées à la décomposition des racines ou à l'impact des systèmes racinaires sur la dégradation des litières jusqu'au sol superficiel.

Récemment, la morphologie et la croissance racinaire sont prises en compte dans l'évaluation de la qualité de la litière qui a un impact direct sur la disponibilité en nutriment pour les plantes et leurs développements. Par conséquent, un impact certain des racines existe sur les rendements agricoles.

Actuellement, l'arrivée d'équipements spécifiques permet d'étudier les parties souterraines végétales comme les rhizotrons, scanner et logiciels d'analyses d'images des racines (WinRhizo, EZ Rhizo, etc.). Ces nouvelles technologies permettent de mesurer la production, le turnover (Fitter *et al.*, 1998), la morphologie et le développement des racines. Elles permettent d'accéder à des variables facilement mesurables de la morphologie racinaire comme la longueur et le diamètre racinaire (Craine *et al.*, 2001 ; Silver & Miya, 2001 ; Varin, 2009 ; Personneni, 2004), la densité des tissus (Ryser, 1996 ; Wahl & Ryser, 2000 ; Craine *et al.* 2001), la longueur racinaire spécifique (*Specific Root Length* : SRL) (Ryser & Lambers, 1995 ; Ryser, 1996 ; Craine *et al.*, 2001) et la surface d'échange (Sullivan *et al.*, 2000). Ainsi, Les espèces à gros diamètre (>5mm) se décomposent moins vite que celles dont le diamètre est inférieur à 5mm (Silver & Miya, 2001).

Par conséquent, la morphologie racinaire peut, seule ou combinée avec leur qualité chimique, influencer la vitesse de décomposition de la litière et de la rhizosphère. De ces constats, on peut faire l'hypothèse que, la morphologie des racines, en contrôlant les contacts entre résidus et micro-organismes, agit sur la culture et ses rendements via la vitesse de décomposition des substrats (Angers & Recous, 1997).

II.4. La rhizodéposition permet à la plante de moduler sa rhizosphère

La survie des plantes dans leur environnement dépend de leur capacité à percevoir les changements de cet environnement et à le moduler en leur faveur dans les limites de leur capacité. En absence d'engrais industriels, les plantes ont besoin des micro-organismes du sol pour leur nutrition minérale comme les bactéries fixatrices, nitrifiantes, ou PGPR. La rhizodéposition du C et de l'N permet à la plante de gouverner la taille, l'activité et la structure de la biomasse microbienne (Grayston *et al.*, 1998a ; Paterson *et al.*, 2006). En dehors des interactions spécifiques et, particulièrement celles impliquant les racines et les micro-organismes symbiotiques, cette stimulation de l'activité microbienne est souvent bénéfique pour la plante. Elle augmente la minéralisation et la disponibilité en azote (N ; Lipson *et al.*, 2001), en phosphore (P ; Richarson *et al.*, 2001) et en soufre (S ; Vong *et al.*, 2007).

Cette microflore stimulée se compose majoritairement de bactéries qui sont les consommateurs primaires du C libéré par les racines. Ces bactéries constituent la base du réseau trophique de la rhizosphère qui est également constitué de protozoaires, de champignons mycorhiziens et d'algues unicellulaires (Figure. 8b). L'utilisation d'isotopes stables du C et de l'N a également démontré le rôle essentiel joué dans le cycle des nutriments du sol par la microfaune représentée essentiellement par des arthropodes et des nématodes (Ruf *et al*,. 2001 ; Bazot *et al*., 2005). Ces caractéristiques donnent à la rhizosphère sa dimension de plateforme particulièrement dynamique et complexe d'échanges d'ordres trophiques et signalétiques, qui résultent des interactions ayant lieu au carrefour de la plante, du sol et de la biomasse microbienne tellurique (Grayston *et al.*, 1996 ; Bais *et al.*, 2006).

II.5. Quantification du C rhizodéposé

L'estimation précise des flux de C entre la plante, le sol, l'atmosphère et en incluant la rhizodéposition, a été obtenue : i) soit grâce au marquage du CO_2 atmosphérique par les isotopes ^{14}C, ^{13}C ou ^{11}C apportés en marquage continu ou en pulses de courte durée ; ii) soit en utilisant les variations des abondances naturelles en ^{13}C (Kuzyakov & Domanski, 2000). Cette estimation des flux de C provenant des racines nécessite la dissociation du CO_2 issu de la propre respiration de la plante et, du CO_2 issu de la respiration des micro-organismes du sol ayant utilisé pour ce faire une partie des composés rhizodéposés, appelés rhizodépôts (Todorovic *et al.*, 2001 ; Kuzyakov & Larionova, 2005).

Dans une revue critique sur diverses Poacées, Kuzyakov & Larionova (2005) ont calculé que le CO_2 dérivé des racines provenait pour 48% de la respiration racinaire et pour 52% de la respiration microbienne des rhizodépôts. Chez les céréales, en particulier chez le blé (*Triticum aestivum* L.) et l'orge (*Hordeum vulgare* L.), entre 20 et 30% de la fraction de C total assimilé sont transférés sous la surface du sol (Kuzyakov & Domanski, 2000). Ils sont répartis pour moitié dans les racines, pour un tiers dans la respiration de la rhizosphère (c.-à-d. respiration racinaire et respiration microbienne des rhizodépôts), et le reste est intégré dans la biomasse microbienne et dans la matière organique du sol (Tableau. I). Donc, il y a environ 1500kg par ha de C transféré sous la surface du sol (Tableau. II). Cette estimation atteint 30 à 50% soit 2200kg.ha^{-1} de C chez les espèces prairiales. De plus, la répartition est la même entre les trois pools de C souterrain (Kuzyakov & Domanski, 2000) (Tableau. II). Après avoir analysé un panel de 43 études isotopiques, Nguyen (2003) aboutit aux mêmes résultats. 34% du C net fixé est transféré sous la surface du sol. La moitié de ce C est perdue par les racines soit 17%. En moyenne 12% sont perdus par l'effet de la respiration rhizosphérique et le reste est intégré au sol. C'est-à-dire 5%.

Tableau I. Quantités de C transféré vers le sol par quelques poacées exprimées en pourcentage du C assimilé. Exemple de céréales comme le blé, l'orge et de graminées prairiales tel le ray-grass anglais et la fétuque des prés (*Festuca pratensis L.),* (d'après Kuzyakov & Domanski, 2000).

Espèce	Carbone total souterrain (1+2+3+4)	Converti en CO_2 (1+2)	Respiration racinaire (1)	Exsudats/respiration microbienne (2)	Racines (3)	Sol (4)
Blé	26	10	7	2	7	3,5
Orge	17	14	13,5	0,9	12,5	2,3

Espèce	Carbone total souterrain (1+2+3+4)	Converti en CO_2 (1)	Exsudats racinaires (2)	Racines (3)	Sol (4)
Ray-grass anglais	29	10	4,6	6	4,9
Fétuque des prés	35	19	-	12	3,7

Tableau II. Quantités de C transféré vers le sol par des Poacées (A : céréales ; B : espèces prairiales) lors d'expérimentations utilisant des traceurs isotopiques (d'après Kuzyakov & Domanski, 2000).

	Plantes	Période	kg C ha^{-1}	Références (*in* Kuzyakov et Domanski, 2000)
A	Blé	25 semaines	1300	Keith *et al.*, 1986
	Blé	Période de végétation*	1000-1500	Martin et Puckridge, 1982
	Blé	63 jours 63 jours	1765 1790	Martin et Merckx, 1992 Martin et Merckx, 1993
	Blé	153 jours	2300	Johnen et Sauerbeck, 1977
	Blé	Période de végétation*	1200-2900	Whipps, 1990
	Blé	Période de végétation*	1000-1600	Knof, 1985
	Blé	167 jours	480	Gregory et Atwell, 1991
	Orge	167 jours	580	
	Blé et orge	Période de végétation*	1460-2250	Swinnen *et al.*, 1995
	Orge	127 jours	1650	Jensen, 1993
	Moyenne		**1500**	
B	*Lolium perenne*	112 jours	2800	Kuzyakov *et al.*, 2000a
	Lolium perenne	95 jours	500-650	Kuzyakov *et al.*, 1999
	Lolium perenne	Période de végétation*	840-1660	Van Ginkel *et al.*, 1997
	Différentes sortent de Poacées prairiales	Période de végétation*	2451-4432	Saggar *et al.*, 1997
	Différentes sortent de Poacées prairiales	5 mois	1000	Warembourg et Paul, 1997
	Moyenne		**2200**	

*ce terme est utilisé quand insuffisamment de données sont disponibles sur la période de végétation.

II.6. Micro-organisme et cycle de l'azote

Bien que l'N, sous forme d'ions, soit beaucoup plus mobile que le phosphore, de nombreux micro-organismes sont impliqués dans son cycle. L'implication va de la forme organique de l'azote jusqu'à sa forme ionique, sous forme de nitrate et d'ammonium, qui est assimilable par les racines. La figure 5 résume les nombreuses interactions entre la plante, ses racines et les micro-organismes qui interviennent dans le cycle de l'azote. On voit que l'azote sous forme ionique est assimilé par les bactéries et la forme organique peut l'être également. On peut voir que les micro-organismes sont eux-mêmes stimulés par les exsudats racinaires. Ils les dégradent et les utilisent comme substrat de croissance et développement. Cette figure indique l'importance des catégories microbiennes fixatrices du diazote gazeux, soit par voie symbiotique (genre *rhizobium*) chez les légumineuses, soit par des bactéries libres (diazotrophes) comme certaines PGPR. On comprend aussi que les apports extérieurs d'azote (engrais) viennent plus ou moins perturber une telle organisation (Varin *et al.* 2010 ; Waligora & Vian, 2010).

Figure 5. Micro-organismes et cycle de l'azote (Waligora & Vian, 2010).

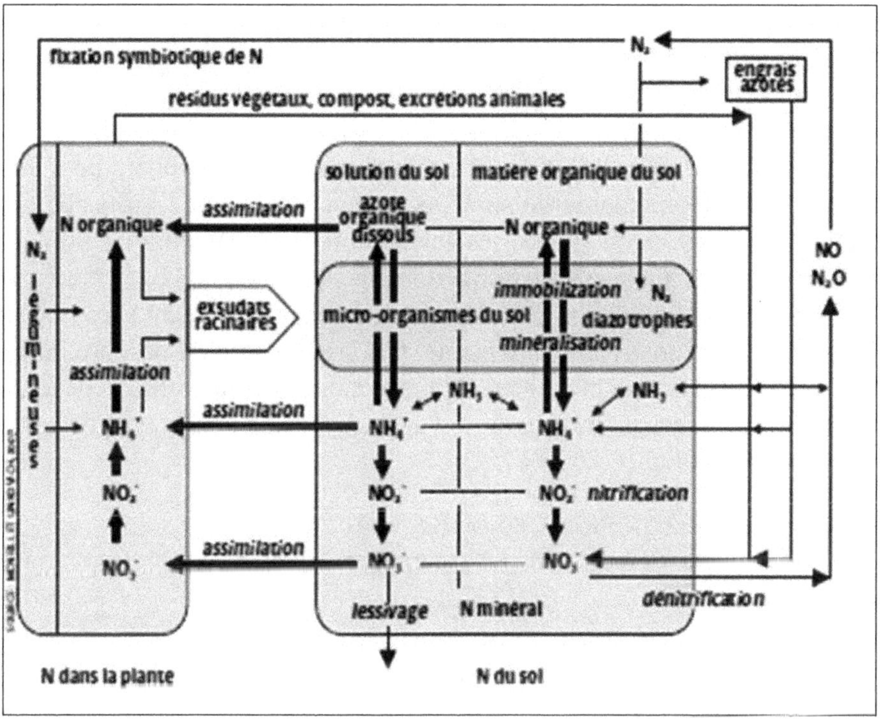

III. Concept de la RHIZOSPHERE et processus dépendant du fonctionnement des racines

III.1. Définition de la rhizosphère

En prairie, le milieu d'incubation des litières est contrôlé en permanence par l'action du couvert : une part importante de l'effet « milieu » sur la décomposition des litières résulte de l'activité des racines vivantes. C'est l'effet « rhizosphère ». Certains auteurs ont montré que l'effet du « milieu d'incubation » des litières était quelquefois plus déterminant que la qualité du résidu pour la décomposition (Seastedt *et al.,* 1992). La rhizosphère est décrite aux travers de nombreux travaux du début du 20ème siècle comme la région de « la matrice du sol » où la micro-flore (biomasse et activité microbienne) est stimulée par les racines de la plante (Hiltner, 1904 ; Rovira & Davey, 1971).

Hiltner (1904) a défini pour la première fois le terme rhizosphère. Il l'utilisait pour décrire la stimulation de la biomasse microbienne dans la région du sol située à l'interface sol–racine. Pinton *et al.* (2007) propose un schéma conceptuel décrivant la définition de cette rhizosphère (Figure. 6). La progression des recherches en écologie a montré que la rhizosphère inclut bien plus de phénomènes que les seules interactions microbiennes avec la plante (Hinsinger, 1998 ; Darrah, 1991). Cette définition a été reprise par Hinsinger (1998). Depuis, le terme **rhizosphère** a pris un sens plus général : « *elle est définie comme le volume de sol soumis à l'influence de l'activité racinaire* » (Hinsinger, 1998 ; Darrah, 1991, 1993). En d'autres termes, la rhizosphère peut être définie comme le volume de sol directement placé sous l'influence des racines vivantes et où des fortes interactions existent entre le sol, les racines et les micro-organismes (Cheng *et al.*, 2003). Certains la définissent comme la zone de sol qui reste la plus solidement accrochée à la racine lorsqu'on arrache une plante. Cet argument n'est pas faux mais, la zone d'influence de la racine est plus étendue que cela. Elle dépend du type de plante, de son stade et de son activité mais, aussi du type de sol et de sa fonctionnalité.

Figure 6. Concept de la rhizosphère (Pinton *et al.*, 2007).

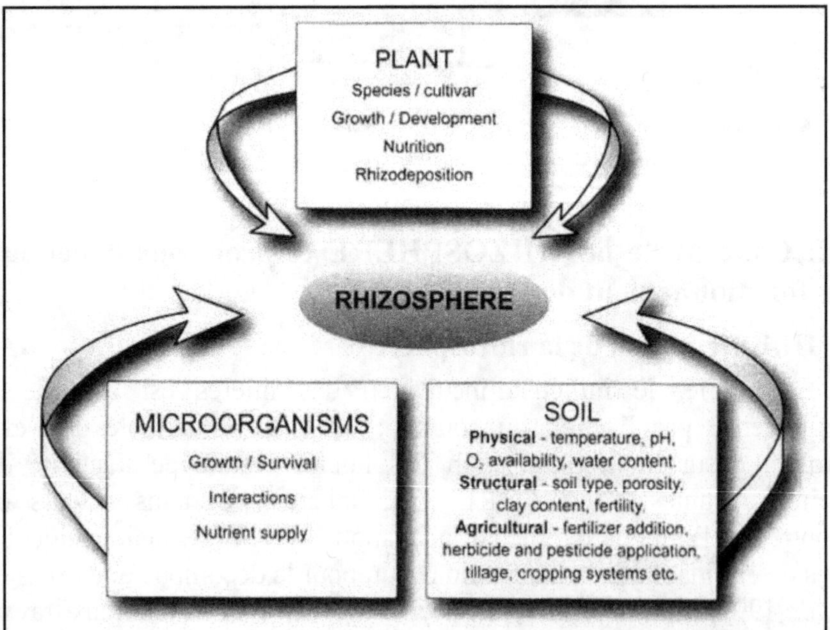

Dans certains cas, comme sous une prairie, le sol peut être considéré comme presque totalement rhizosphérique. Les interactions racines/micro-organismes sont donc dépendantes de l'espèce végétale (Cheng *et al.*, 2003). Ce volume de sol varie avec la nature des plantes, en particulier l'extension du système racinaire et ses propriétés de surfaces, les éléments nutritifs considérés et les propriétés physiques du sol (Nye,1986 ; Alloway, 1995). Pour les éléments peu mobiles, la rhizosphère se limite au(x) premier(s) millimètre(s) de sol situé(s) autour des racines (Hinsinger, 1998). La rhizosphère est le lieu d'activités microbiologiques et biochimiques intenses en raison de la stimulation de la microflore par le flux de C exsudé par les racines. Les racines sont capables de mobiliser les métaux contenus dans les phases solides du sol, par modification des concentrations ioniques de la rhizosphère, du potentiel rédox, et du pH ou formation de complexes organo-métalliques (Mench, 1990 ; Alloway, 1995 ; Hinsinger 1998 ; Mc Laughlin *et al.*, 1998 ; Hinsinger, 2001a).

Par exemple, les racines de la plante dont l'activité d'absorption de l'eau et des ions engendrent de forts gradients de potentiels hydriques et des changements d'acidité ou d'alcalinité de la rhizosphère (Darah, 1991). Ces gradients et changements affectent directement la micro-flore à son voisinage (Darah, 1991). Dans cette région, les nutriments solubles comme le nitrate et les composés volatils sont présents à quelques millimètres de la surface de la racine, et les nutriments non mobiles comme le phosphate à moins d'un millimètre. L'extension spatiale de la rhizosphère est variable. Elle dépend de la structuration, de la taille des particules, du contenu en eau, et de la capacité tampon du sol (Darrah, 1993 ; Nye, 1984).

III.2. Activité rhizosphèrique

Dans ce concept, il faut noter une propriété importante des plantes. Il s'agit de leurs capacités à modifier la rhizosphère au cours de leurs croissances. Une plante peut modifier sa rhizosphère par l'assimilation de certains ions et par le relargage d'autres ions et de photosynthétats qui stimulent la microflore (Rovira, 1965). L'activité racinaire change les propriétés physico-chimiques de la rhizosphère de différentes manières, classables en trois fonctions biologiques, résumées dans la figure 7. :

a) Acquisition des nutriments.

- L'adsorption/absorption d'éléments minéraux et de l'eau par les racines.
- Régulation du pH et équilibre redox (capacité tampon) (Marschner *et al.,* 1987).

b) Régulation de la rhizosphère.

- La respiration racinaire et microbienne fait varier les teneurs et pressions partielles d'O_2 et CO_2 dans la rhizosphère par rapport au sol nu (Hϕjberg & Sϕrensen, 1993), les processus bactériens anaérobies, comme la dénitrification, y seront favorisés (Ghiglione *et al.,* 2000).
- La composition et la qualité/quantité des dépôts racinaires influencent notamment la qualité de la microflore (Darrah, 1991) et des polysaccharides batériens impliqués dans la structuration du sol au voisinage des racines (humine microbienne, agrégats ; Forster, 1990) comme les exsudats racinaires.

c) Structuration et exploration du sol.

- La structure du sol est elle-même impliquée dans la circulation de l'eau ou la solution du sol et les échanges ioniques entre le sol et la plante (Dakora *et al.,* 2002).
- L'exploration des sols par les racines (aspect mécanique).

Figure 7. Interactions physico-chimiques et biologiques simplifiées existantes dans la rhizosphère (Varin, 2015).

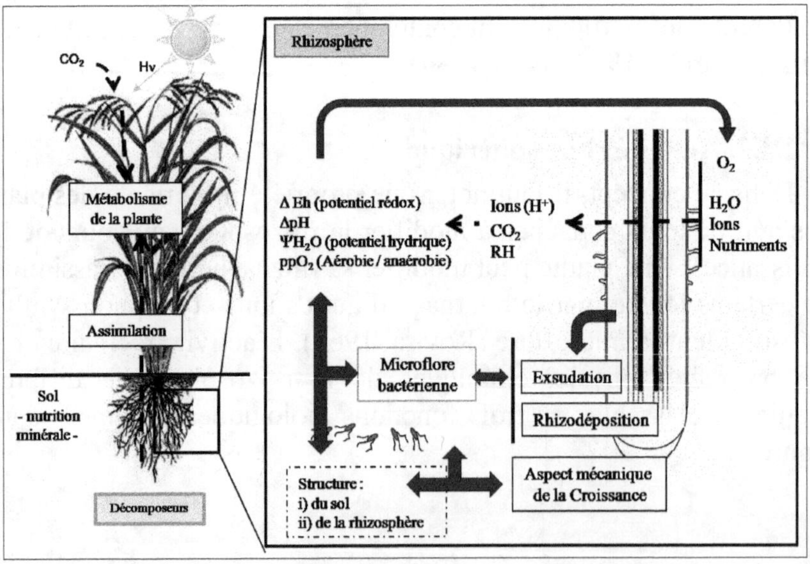

Ainsi, suivant le type de plante et de sol, la rhizosphère peut clairement se matérialiser comme un manchon de sol adhérant à la racine (Figure. 8). Dans la rhizosphère, au sens strict, on distingue : l'endorhizosphère (intérieur de la racine), le rhizoplan (surface racinaire), l'exorhizosphère ou sol rhizosphèrique (sol lié à la racine par opposition au sol distant) (Figure. 8a) (Godat *et al.,* 2003). On peut par extension identifier le sol adhérent et le sol non adhérent (Figure. 9) comme le défini Lesuffleur (2007). Par ailleurs, les caractéristiques chimiques et biologiques de la rhizosphère diffèrent de celles du sol non adhérent. Elle constitue un milieu complexe où sol, plantes et microorganismes sont en perpétuelles interactions.

Figure 8. a) Présentations des sept espaces d'évolutions des microorganismes qui constituent la rhizosphère ; **b)** exemple du réseau trophique de la rhizosphère et du sol.

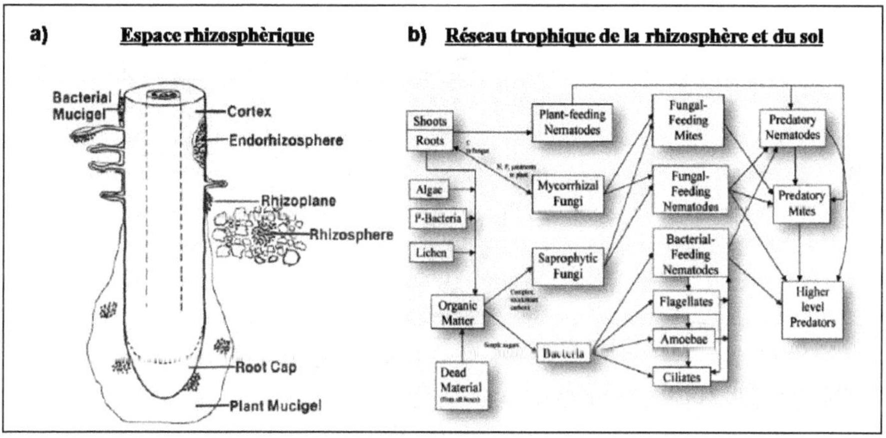

Figure 9. Définition physique et expérimentale de la rhizosphère dans le cas de *Arabidopsis thaliana* L. Heynh Col-0 & *Brachypodium distachyon* (L.) P. Beauv. 21-1. a) système racinaire avec son sol rhizosphérique, b) système racinaire débarrassé de son sol rhizosphérique (Varin, 2015).

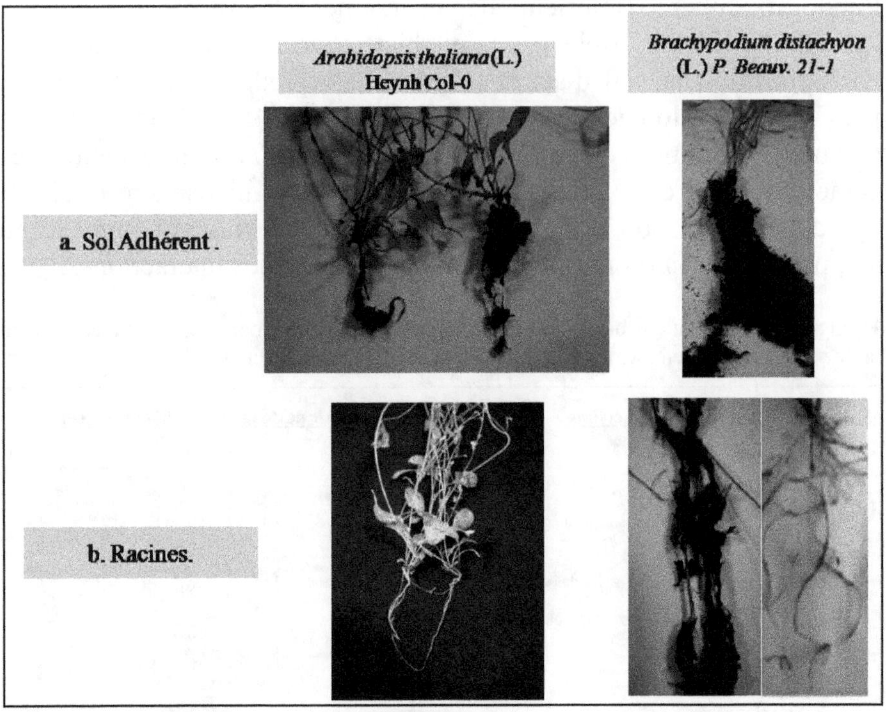

III.3. Rhizodéposition

On peut admettre que la zone de sol entourant la racine est déterminée par la racine elle-même. C'est la racine qui organise « sa propre rhizosphère » en modifiant les propriétés physico-chimiques de cette dernière et sa composition biologique à travers deux mécanismes majeurs : l'acidification via l'émission de protons (ions H^+) et l'exsudation racinaire (Cf.21).

La rhizodéposition est définie comme l'ensemble des composés libérés par les racines (Lynch & Whipps, 1990 ; Marschner, 1995). Ces derniers sont classés en différents groupes suivant leur mode d'excrétion (Lynch & Whipps, 1990 ; Kuzyakov, 2002). On distingue généralement quatre groupes (Figure. 7 ; Tableau. III) et son regroupé dans les 3 fonctions biologiques cités précédemment :

Les exsudats sont des composés solubles dans l'eau, de petites tailles et de faibles poids moléculaires (Marschner, 1995), issus du processus de photosynthèse, comme les sucres simples/photoassimilats, les acides aminés (Lesuffleur.,2007), les acides organiques, les enzymes, des phénols, les phytosidérophores, des flavonoïdes, les stérols, les hormones, ou encore des vitamines (Bertin *et al.*, 2008) (Tableau. III). Ils sortent de la racine sans faire intervenir le métabolisme énergétique. Ils suivent le gradient de concentration entre le cytosol de la racine et la solution du sol. La part des exsudats est la plus importante dans la rhizodéposition (Kuzyakov & Demin, 1998 ; Gobat *et al.*, 2003 ; 2004). L'ensemble de ces exsudats racinaires ou rhizodéposition, correspond à environ 5 à 30 % des produits de la photosynthèse, soit entre 1 et 3 tonnes de $C.ha^{-1}.an^{-1}$ (Waligora & Vian, 2010).

1. Les substances excrétées sont les composés de poids moléculaire le plus élevé (Marschner, 1995) (Figure. 10), comme le mucilage, les polymères de carbohydrates ($Cn(H_2O)n$) et les enzymes. Pour être libéré dans le sol, ils dépendent de processus métaboliques permettant d'aller contre les gradients de potentiels électrochimiques et chimiques (Lynch & Whipps, 1990 ; Kuzyakov, 2002). Les mucilages sont composés à 95%, de sucres (polysaccharides) et à 5% de protéines. Ce sont essentiellement des produits carbonés issus de la photosynthèse (Figure. 7 ; Tableau. III) (Waligora & Vian, 2010). Le mucilage (matériel gélatineux formé de polysaccharides), les ectoenzymes et autres protéines sont les principaux exsudats racinaires de poids moléculaires élevés. Ces molécules ont diverses fonctions biologiques dont la protection des zones apicales des racines, le prélèvement des éléments nutritifs (restriction ou stimulation), l'amélioration des contacts sol racine et la formation d'agrégats dans la rhizosphère (Marschner, 1995).
2. Les lysats et cellules desquamées-exfoliées : libérés quand les cellules s'autolysent. Ils incluent les cellules desquamées de la coiffe et les membranes cellulaires. Elles constituent une réserve de C à plus ou moins long terme pour les micro-organismes présent en périphérie de la racine.
3. Les gaz : comme l'éthylène et le CO_2, et d'autres composés volatils.

Figure 10. Présentation d'une racine primaire de maïs de 1 mm de diamètre. La sécrétion de mucilage a été photographiée au bout de 1 min puis 3 puis 9, dans une solution d'eau (Waligora & Vian, 2010).

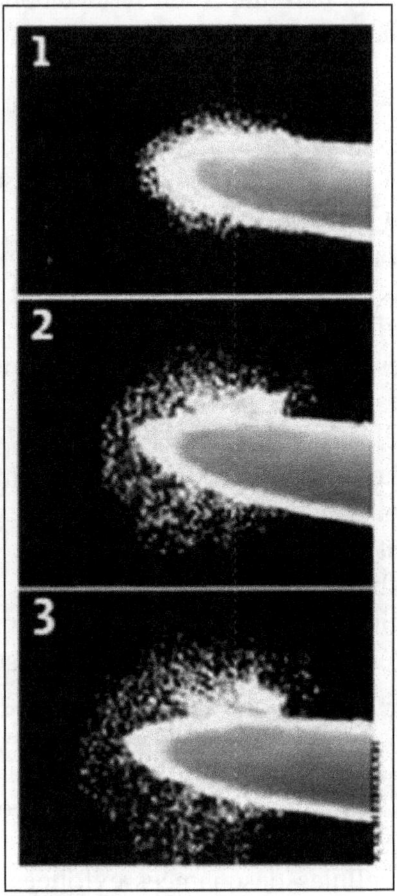

Tableau III. Composés organiques libérés dans les exsudats racinaires (Bertin *et al.*, 2003).

Class of Compounds	Single components	Functions
Carbohydrates	Arabinose, glucose, fructose, galactose, maltose, raffinose, rhamnose, ribose, sucrose, and xylose	Provide favorable environment for the growth of microorganisms
Amino acids and amides	All 20 proteinogenic amino acids, aminobutyric acid, homoserine, cystathionine, mugineic acid phytosiderophores,	Inhibit nematodes and root growth of different plant species
Aliphatic acids	Formic, acetic, butyric, propionic, maleic, citric isocitric, oxalic, fumaric, malonic, succinic, maleic, tartaric, oxaloacetic, pyruvic, oxaloglutaric, glycolic, shikimic, acetonic, valeric, gluconic	Plant growth regulation and inhibition
Aromatic acids	*p*-hydroxybenzoic, caffeic, *p*-coumeric, ferulic, gallic, gentisic, protocatechuic, salicylic, sinapic, syringic	Stimulation depending on concentration
Miscellaneous phenolics	Flavanol, flavones, flavanones, anthocyanins, isoflavonoids	Plant growth inhibition or stimulation depending on concentration
Fatty acids	Linoleic, linolenic, oleic, palmitic, stearic	Plant growth regulation
Sterols	Campestrol, cholesterol, sitosterol, stigmasterol	Plant growth regulation
Enzymes and Miscellaneous		Unknown

– Remarque :

L'**excrétion** (du verbe excréter) désigne l'action par laquelle des substances sécrétées (des déchets d'un métabolisme pour la plupart) d'un organisme vivant sont rejetés au-dehors sous forme de solides, liquides, gaz ou mucus.

L'excrétion a comme finalité de rejeter à l'extérieur de l'organisme des substances toxiques ou devenues inutiles. Des hormones et molécules importantes pour le marquage du territoire peuvent néanmoins conférer des fonctions importantes aux fèces, à l'urine et à certains mucus.

La **sécrétion** est une action conduisant une cellule à envoyer dans le milieu extracellulaire une substance (hormone, neurotransmetteur, glycoprotéines).

Le processus de **sécrétion** implique la fusion de vésicules (contenant la substance à sécréter) avec la membrane cytoplasmique (ou membrane plasmique) de la cellule, libérant ainsi le contenu de la vésicule à l'extérieur de la cellule. Par extension, la *sécrétion* désigne aussi le produit sécrété.

IV. Impact des activités racinaires dans la rhizosphère

IV.1. Changement des paramètres physico-chimiques dans la rhizosphère

Ces changements correspondent au premier effet de l'activité racinaire. Il s'agit du prélèvement des nutriments, en particulier d'azote minéral et d'eau. Par l'absorption, les racines vivantes appauvrissent la solution du sol en eau et nutriments (Nicolardot *et al.*, 1995, Craine *et al.*, 2001). Cet effet compétiteur de la plante pour l'eau et les nutriments, vis-à-vis des microorganismes et des plantes proches, a été mis en cause pour expliquer l'effet négatif de la présence d'une plante vivante sur la vitesse de dégradation d'une litière par rapport à une incubation en sol nu (Martin, 1987).

Les changements des paramètres physico-chimiques, induits par les racines dans la rhizosphère, peuvent influencer les processus impliqués dans la rétention des ions par les minéraux et la matière organique par exemple le cuivre (Cu), ou d'autres traces d'éléments métalliques (Hinsinger, 2001a).

IV.1.1. Changement des concentrations ioniques dans la rhizosphère

Le prélèvement de l'eau et des nutriments par la plante entraîne une augmentation ou une diminution des concentrations en ions de la solution du sol rhizosphèrique (Hinsinger, 1998, 2001a). Les éléments présents en grandes quantités dans cette solution du sol, comme le calcium ou le magnésium, sont transférés à l'interface sol-racine par un flux de masse qui est souvent supérieur à la demande (Lorenz *et al.,* 1994 ; McLaughlin *et al.,* 1998). Ces ions peuvent s'accumuler dans la rhizosphère et conduire dans les sols calcaires à des précipités de carbonates de calcium, autour des racines (Jaillard, 1985). A l'inverse, les éléments présents en faible quantité dans la solution du sol, comme le cas des métaux traces, sont par la même occasion transférés par ce flux de masse, mais en quantité insuffisante par rapport au prélèvement de la plante (Hinsinger, 1998).

IV.1.2. Changement de pH et acquisition des nutriments au sein de la rhizosphère

Le prélèvement des nutriments par les racines peut affecter le pH du sol. Le pH peut être modifié par l'activité d'échanges ioniques (absorption, assimilation) des racines. Pour maintenir leur neutralité électrique, les plantes doivent compenser leur absorption ionique par une excrétion de charges électriques au niveau racinaire. Quand elles prélèvent davantage de cations que d'anions, les racines compensent ce déséquilibre de charge électrique en relâchant dans la rhizosphère un excès de charges positives sous forme de protons (H^+). Cette décharge protonique entraîne une acidification du milieu. Dans le cas contraire, quand la plante prélève davantage d'anions que de cations, les racines relâchent des ions hydroxyles (OH^-) ou bicarbonates (HCO_3^-) (Römheld, 1986 ; Hinsinger, 2001a).

Parmi les nutriments, l'azote est l'élément nutritif prélevé en plus grande quantité par la plante (Marschner, 1995). Il peut être prélevé sous forme d'anion nitrate (NO_3^-), sous forme de cation ammonium (NH_4^+) ou, pour les légumineuses en association avec des bactéries fixatrices, sous forme neutre de diazote (N_2). Il joue un rôle majeur sur le bilan des charges de la plante (Römheld, 1986 ; Hinsinger, 1998). De nombreuses études montrent que les plantes qui prélèvent de l'ammonium ou de l'azote moléculaire acidifient leur rhizosphère alors que celles qui prélèvent de l'azote sous forme de nitrate tendent à l'alcaliniser (Römheld, 1986). Cependant, certaines plantes, de la famille des brassicacées comme le colza, des polygonacées comme le sarrasin qui n'est pas une graminée, ou des fabacées comme le lupin, peuvent excréter des protons (Hinsinger, 1998). Par conséquent, ces familles acidifient la rhizosphère malgré une nutrition nitrique (Hinsinger, 1998).

Certains auteurs ont montré que ce flux de protons excrétés par les plantes diffère selon les conditions de nutrition. En plus de la forme d'azote prélevée, en cas de déficience en certains éléments nutritifs, la plante libère un flux de protons plus important que lorsqu'elle se trouve en condition optimale de croissance. Cette augmentation du flux de protons peut alors être interprétée comme une stratégie mise en place par la plante pour acquérir des nutriments. Hinsinger (1998) a rapporté une stimulation de l'excrétion de protons pour le colza déficient en P. Römheld *et al.* (1984) ont observé que le flux de protons du tournesol est multiplié par six en cas de déficience en Fe. D'ailleurs, l'excrétion de protons en réponse à une carence en Fe constitue un des processus mis en jeu par les plantes, excepté les graminées, dite « stratégie I » pour l'acquisition du Fe (Marschner & Römheld, 1994). Des acides organiques peuvent être excrétées dans la rhizosphère par les racines de colza (Hinsinger, 1998) et de maïs (Mench *et al.*, 1988). Cependant, en terme de bilan d'échanges anions - cations, ces acides organiques excrétés sous forme anioniques puisqu'ils sont dissociés au pH du cytoplasme, contribuent pour moins de 0,3% à l'acidification de la rhizosphère (Nye, 1986 ; Hinsinger, 1998), hormis dans des cas d'exceptions comme chez le lupin blanc où la contribution est plus importante (Dinkelaker *et al.*, 1989).

Par ailleurs, la respiration racinaire augmente la pression partielle de CO_2 dans la rhizosphère, contribuant une fois encore à son acidification (Hinsinger, 1998). La contribution de ce dernier phénomène à l'acidification rhizosphérique est particulièrement importante dans les sols calcaires ou dans les sols à faible diffusion du CO_2 comme les sols tassés ou hydromorphes (Nye, 1986). Dans un sol carbonaté, les équations d'équilibres CO_2/HCO_3 contribuant à l'acidification du sol sont les suivantes :

CO_2 (g) + $H_2O \rightleftharpoons H_2CO_3$ (pKa = 1.46)

$H_2CO_3 \rightleftharpoons HCO_3^- + H^+$ (pKa = 6.36)

Ainsi, en sols acides ($pH<pKH_2CO_3$), l'acide carbonique n'est pas dissocié et la contribution de la respiration racinaire à l'acidification de la rhizosphère est alors négligeable. Ces mécanismes qui induisent des changements de pH dans la rhizosphère peuvent provoquer la dissolution de certains minéraux comme les carbonates, oxydes, phosphates, silicates et libérer les éléments traces immobilisés dans ces minéraux. Il est important de souligner que la plante n'acidifie pas toujours sa rhizosphère, surtout lorsqu'elle pousse sur un sol acide où les risques de toxicité dus à Al, Mn voire H^+ sont importants et où certains éléments nutritifs sont très peu mobiles par exemple le P qui est fortement fixé aux oxydes de Fer et d'Aluminium (Marschner, 1995).

Youssef & Chino (1989) ont mis en évidence la capacité des plantes à s'adapter aux conditions de pH du sol. Une même espèce végétale peut induire une augmentation du pH rhizosphérique d'un sol initialement acide ou induire au contraire une diminution du pH rhizosphérique d'un sol initialement alcalin. Enfin, l'acidification et l'alcalinisation ne sont pas forcément homogènes tout le long de la racine (Jaillard *et al ;* 1996). Tout dépend de la localisation précise de l'absorption de cations ou d'anions et par la suite de l'exsorption correspondante (Hinsinger 1998).

Finalement, en modifiant le pH de la rhizosphère, les espèces végétales peuvent affecter la chimie et la biodisponibilité des éléments traces ou non en raison des implications du pH dans de multiples réactions chimiques du sol (dissolution/précipitation, adsorption/désorption, chélation) difficilement identifiables les unes des autres.

IV.1.3. Changement des conditions rédox de la rhizosphère

Nous avons vu que les conditions rédox jouent un rôle important dans le sol au niveau des équilibres de dissolution/précipitation des oxydes comme le Fe et Mn. D'après Hinsinger (1998), l'impact de l'activité réductrice des plantes est limité au sol situé dans le voisinage immédiat de la surface des racines. En effet, l'activité réductrice des racines est liée à des systèmes enzymatiques de type réductase au niveau des membranes des cellules racinaires (Marschner, 1995). Par exemple, il est à noter que cette activité, combinée à l'excrétion des protons, est stimulée en situation de carence en Fe. Cette situation peut se manifester notamment en sols calcaires chez la plupart des plantes hormis les graminées qui possèdent une stratégie différente d'acquisition du Fe (Marschner, 1995).

IV.2. Exsudats racinaires : carburant de la vie biologique des sols

Grayston *et al.* (1998) ont montré que les racines vivantes sont capables de fournir des exsudats fermentescibles comme des sucres, des acides carboxyliques et des acides aminés. L'exsudation peut être considérée comme un « défaut d'étanchéité » des racines jeunes. Kusyakov & Domanski (2000) montrent que les quantités de carbone entrant dans le sol via l'exsudation sont proportionnelles au carbone assimilé par photosynthèse, soit environ 4.7%. Une hypothèse considère qu'il s'agit d'un trop-plein de photosynthétisats par des organes à pleine maturité, les sources étant alors plus importantes que les puits (Figure. 11a). Cette dernière hypothèse est confortée par les résultats de ces auteurs (Kusyakov & Domanski 2000). De plus, Hodge *et al.* (1997) ont montré que les assimilas photosynthétiques récents sont la source principale des exsudats. Ils ont également montré que le taux d'exsudation et la composition des éléments exsudés diffèrent selon les espèces. L'exsudation est un phénomène dépendant des traits d'espèces (Grayston *et al.*, 1998 ; Van der Krift *et al.*, 2001). La quantité d'exsudats semble proportionnelle à la biomasse et au diamètre racinaire.

Figure 11. Effet d'amorçage de la dégradation des matières organiques dans la rhizosphère notion de *Priming effect into rhizosphere*. a. Dynamiques annuels de la matière organique du sol (SOM : *Soil Organic Matter)*, telle qu'expliquées par la théorie RPE (*Rhizosphere Priming Effects)* et humification des résidus végétaux dominants dans la SOM à des périodes différentes ; **b.** Types de rhizodépôts, croissances microbiennes, des processus des turovers des cycles C et N, et effets d'amorçage rhizosphère (RPE : *Rhizosphere Priming Effects*) au court de la croissance des racines. La RPE et les changements de la quantité de micro-organismes (MO) par rapport à une terre en jachère est indiqué sur la droite (une forte teneur en C décomposable est signalée); **c.** Schématisation de l'effet d'amorçage associé aux interactions non additives entre la croissance des racines et la décomposition de la matière organique du sol (MOS) : (a) accélération de la décomposition de la MOS - effet d'amorçage positif, (b) retard de décomposition SOM - effet d'amorçage négatif (Kuzyakov *et al* .,2000 ; Kuzyakov, 2002).

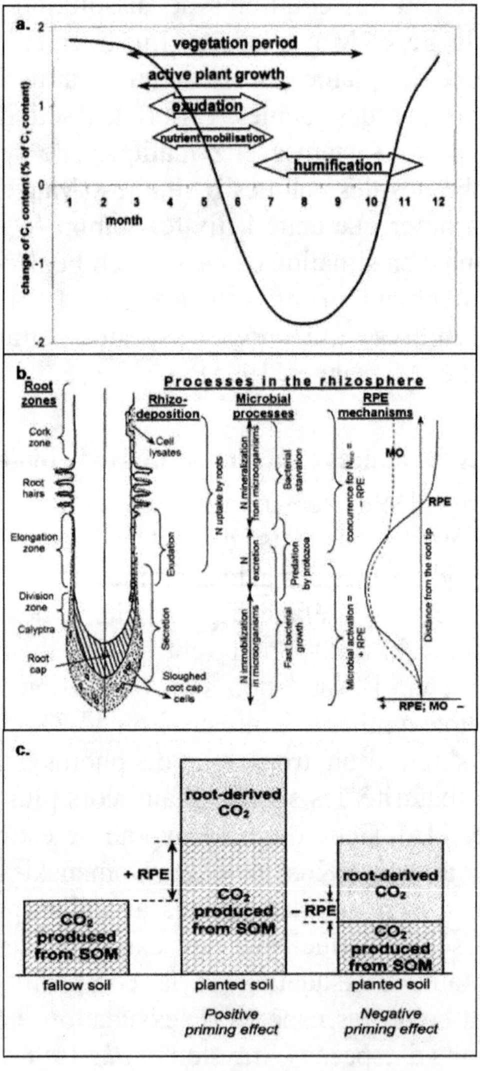

Ces exsudats ont trois rôles majeurs : i) Un rôle mécanique comme lubrifiant. Ils permettent la protection de la coiffe de la racine, zone fragile comportant les cellules du méristème apical. Ce méristème est à l'origine de l'élongation de la racine ; ii) L'agrégation physique des particules d'argile comme pourrait le faire une colle ; et iii) correspond à une ressource énergétique pour les habitants du sol (Figure. 11b ; Kuzyakov, 2002). C'est un carburant, rapidement et facilement assimilé par de nombreux organismes du sol.

On peut noter que les exsudats et substances sécrétées constituent les deux fractions majeures, en plus des cellules exfoliées de la coiffe racinaire ou desquamées. D'après Waligora & Vian (2010), certaines études annoncent que la rhizodéposition représente 40% des entrées de carbone dans le sol. La rhizosphère représente donc une part importante de l'assimilation photsynthètique de la plante (Lynch & Whipps, 1990). 30 à 60% du carbone net fixé par la plante est transféré aux racines (Darrah, 1996), dont 4% à 70% peuvent être relargué dans la rhizosphère (Lynch & Whipps, 1990). Les plantes prèrennes investissent davantage de leur productivité dans le matériel racinaire que les plantes annuelles. Ceci peut être relié à leur besoin de supporter des périodes prolongées de stress (El-Shatnawi *et al.,* 2001). Les graminées investissent entre 10 et 50% des photosynthétats dans l'exsudation racinaire (Paterson *et al.,* 1997), et le transfert de carbone dans le sol par *lolium perenne* (graminée perenne) est chiffré entre 8% et 28% du carbone assimilé (Kuzykov *et al.,* 1999).

La rhizodéposition peut varier de manière importante tant au niveau qualitatif que quantitatif selon la zone racinaire considérée (Darrah, 1991 ; Kuzyakov, 2002 ; Figure. 12). Elle génère des habitats et ressources hétérogènes pour les microorganismes du sol (Stanton, 1988 ; Kuzyakov, 2002). Ces rhizodépots sont plus ou moins disponibles pour les microorganismes en tant que source de C au voisinage de la racine. Les exsudats (groupe 1) sont utilisés par les microorganismes en quelques heures (Kuzyakov & Demin, 1998). Leur solubilité dans l'eau, leur mobilité, ainsi que leur incorporation rapide dans les cellules microbiennes impliquent un effet qualitatif et quantitatif des exsudats sur la micro-flore de la rhizosphère (Schenk, 1976), et par conséquent sur le changement du taux de décomposition de la matière organique du sol dans l'environnement direct de la racine (« rhizosphere priming effect », Kuzyakov, 2002). Les rhizodépots du groupe 2 et 3 et plus particulièrement les parois cellulaires et les molécules de poids moléculaires élevés, sont assimilés et utilisés moins rapidement par les microorganismes.

Figure 12. Schéma simplifié d'une racine fine et des rhizodépots en fonction de la structure racinaire (Varin, 2015 d'après Aragno & Tarnawski, 2002b).

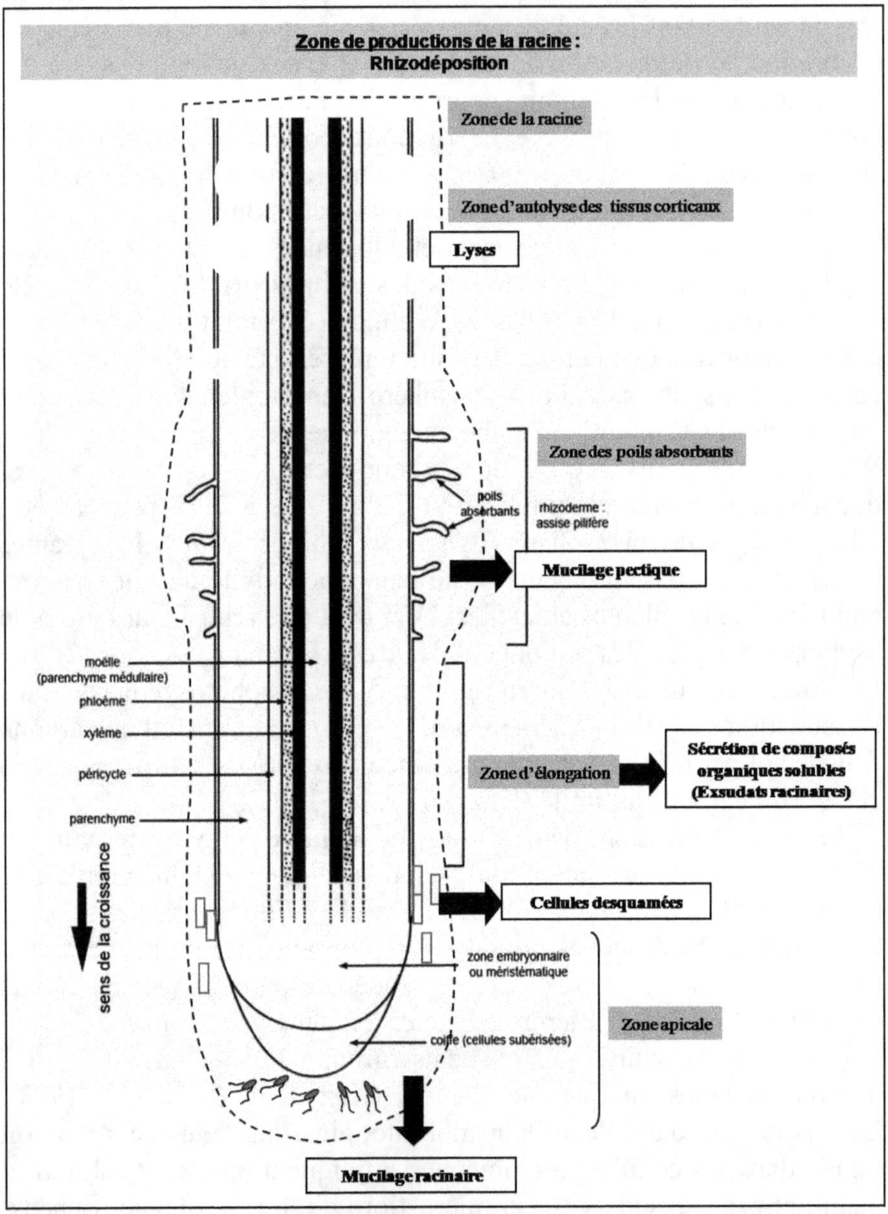

Ces substances carbonées solubles dans la zone rhizosphérique accélèrent significativement la décomposition de la matière organique du sol. Il s'agit d'un « priming effect » (Helal & Sauerbeck, 1986 ; Liljeroth *et al.*, 1994) (Figures. 11c & 13 ; Aragno & Tarnawski, 2002b ; Kuzyakov, 2002). Il est défini comme étant « un surplus de décomposition de la matière organique du sol sous l'effet d'amendements organiques frais » (Bingeman, 1953). Cependant, Dalenberg *et al.* (1989), Wu *et al.* (1993), Shen & Bartha (1997), Fontaine *et al.* (2004) montrent que l'incorporation d'éléments plus complexes (litières, cellulose, pailles) a un effet positif sur l'activité des décomposeurs de matières organiques du sol.

Figure 13. Hypothèse du mécanisme dominant l'effet d'amorçage (PE : *Priming Effects*) dans la rhizosphère sous différentes combinaisons de matière carboné décomposable (Cdec) et Nmin dans le sol. (Abréviations : MO : micro-organismes (*microorganisms*), SOM : matière organique du sol (*Soil Organic Matter*)) (Kuzyakov, 2002).

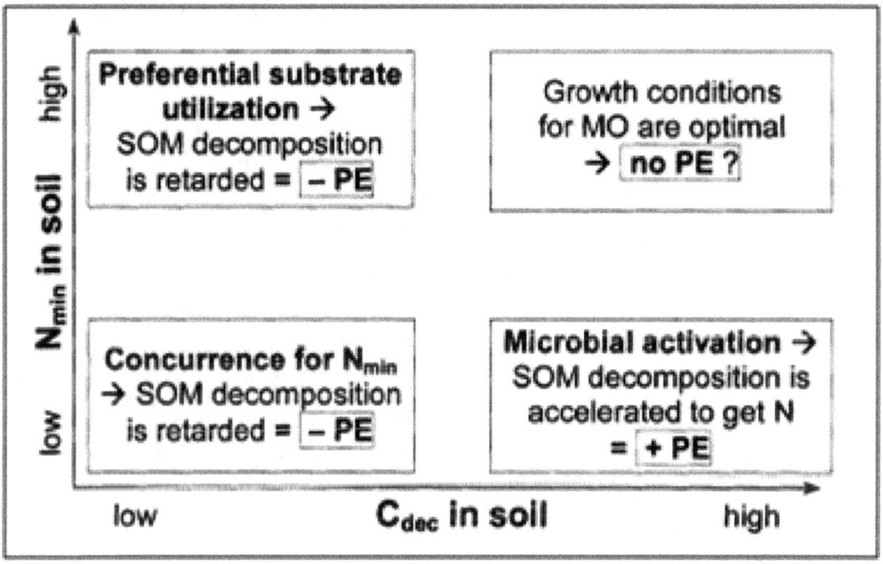

L'exsudation de composés organiques par les racines des plantes est à l'origine d'une forte stimulation de la microflore rhizosphérique. Or, ces exsudats sont difficilement quantifiables et identifiables. En effet, ces composés sont très rapidement dégradés par la micro-flore du sol et des composés similaires sont également produits par ces mêmes micros organismes (Römheld, 1991). Les exsudats racinaires stimulent le développement et la prolifération des organismes vivants en périphérie de la racine. On estime, par exemple, que la densité de la population bactérienne tellurique est située entre 10^8 et 10^{10} cellules bactériennes par gramme de sol (Waligora & Vian, 2010) ou environ 10µg d'ADN microbien par gramme de sol (Fiche Outil M4 Plateforme Genosol INRA de Dijon). Si les exsudats stimulent le développement des micro-organismes, en retour, ceux-ci stimulent l'exsudation racinaire, faisant de ce milieu une zone dynamique où l'activité biologique y est intense. En effet, à partir des exsudats racinaires, se forment de véritables chaînes alimentaires avec les bactéries puis les champignons. Ils forment la flore du sol. Viennent ensuite les consommateurs comme les nématodes, les protozoaires. Ces organismes forment la faune du sol. Tous ces organismes ne sont pas attirés par les mêmes compositions d'exsudats.

Si la racine oriente et stimule en quantité un cortège microbien, elle l'oriente également en « qualité ». La plante sélectionne donc les populations bactériennes présentes dans sa rhizosphère. Les micro-organismes constitutifs de la rhizosphère sont ensuite impliqués dans divers mécanismes comme : i) La solubilisation d'éléments nutritifs facilitant leur absorption par la plante ; ii) La synthèse de substances de croissance (hormones) ; iii) Le biocontrôle (protection contre les pathogènes ou, à l'inverse, attaque des racines) (Vincent & Coderre, 1992). iv) La fixation d'azote atmosphérique par des bactéries spécifiques chez les légumineuses (mode de fixation symbiotique) ou la fixation libre par d'autres bactéries, comme le genre *Azotobacter*.

Notons aussi que le renouvellement permanent des microorganismes rhizosphériques représente une source non négligeable de nutriments pour la plante via l'émission de composés carbonés facilement assimilables lors de leur mort. L'aide apportée par les micro-organismes s'avère particulièrement précieuse lorsque les éléments nutritifs sont plus difficiles à absorber parce que « piégés » au niveau du sol. Les micro-organismes ont donc un rôle favorable à long-terme pour la vie des végétaux comme réserve alimentaire et mobilisateurs de nutriments externe à la plante.

IV.3. Exsudation de molécules chélatrices des métaux dans la rhizosphère

Les sucres, les acides organiques, phénoliques et acides aminés représentent les exsudats de poids moléculaires faibles (Marschner, 1995). Les anions organiques exsudés comme le citrate, malate et oxalate (bases conjugués des acides organiques) ont la capacité de complexer des métaux et d'augmenter la mobilité de Fe, Mn, Cu, Pb et Zn (Hinsinger, 1998 ; Mench *et al.*, 1988 ; Marschner, 1995 ; Jones, 1998). Une fonction et une zone de complexassion sont localisables en périphérie de la racine. Parmi les ligands organiques, l'oxalate et le citrate présentent de fortes constantes de stabilité avec des métaux tels que Fe, Cu, Pb et Zn (Mench *et al.*, 1988 ; Hinsinger, 2001a). Ces ligands sont capables de dissoudre les oxydes et de contribuer à satisfaire la demande en ions métallique de la plante. Par exemple

Jones (1998) démontra un effet sur l'acquisition du fer facilité en pH acide. L'excrétion de tels acides organiques au même titre que des protons peut être stimulée en réponse à une déficience nutritionnelle, telle qu'elle peut se manifester pour le P ou le Fe en sol calcaire (Marschner, 1995 ; Hinsinger, 1998 ; Jones, 1998). Parallèlement, les graminées déficientes en Fe libèrent des acides aminés non protéinogènes, appelés phytosidérophores (Takagi, 1976 ; Zhang *et al.*, 1989) qui sont douées de propriétés de chélations du Fe. La méthionine est le précurseur de la biosynthèse de ces phytosidérophores tels que l'acide muginéique (Figure. 14) et ses analogues (Takagi *et al.*, 1984 ; Mori *et al.*, 1987 ; Takagi *et al.*, 1988 ; Klair *et al.*, 1996).

Figure 14. Acide mugineique. C'est un acide organique excrété par les racines de quelques graminées : l'acide avenique de l'avoine (*Avena sativa* L.), l'acide 2'-deoxymugineique du blé (*Triticum aestivum* L.), l'acide 3-hydroxymugineique du seigle (*Secale cereale* L.), et l'acide distichonique (5) de l'orge à bière (*Hordeum vulgate* L. var. distichum), etc. L'acide Mugineique et pseudo-mugineique semblent généralement excrété par les graminées dans des conditions de carence en fer. Il provoque une solubilisation du fer présent dans l'environnement de la racine et favorise son prélèvement par la plante (Sugiura *et al.* 1984).

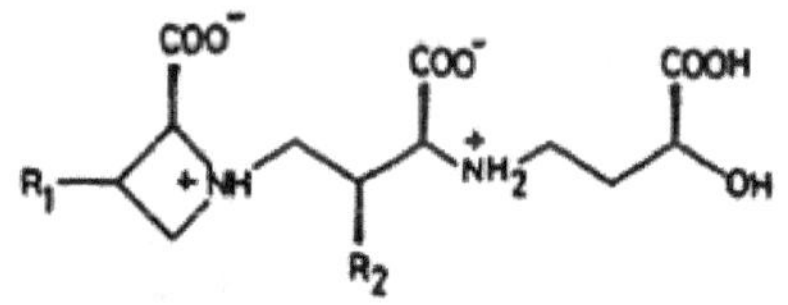

1 $R_1 = H$, $R_2 = OH$

3 $R_1 = R_2 = H$

4 $R_1 = R_2 = OH$

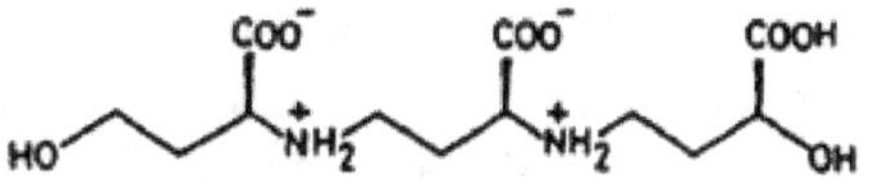

2

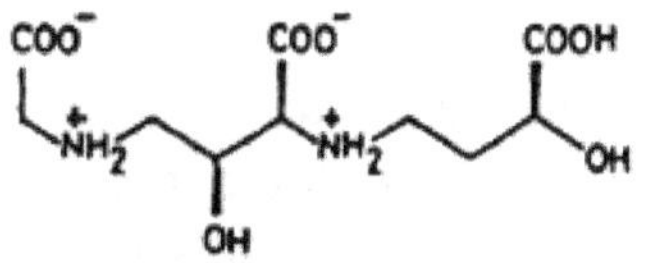

5

IV.4. Produits rhizodéposés pas desquamation

Aux exsudats s'ajoutent les produits rhizodéposés issus de la desquamation des racines ou par la perte des poils absorbants. Ils fournissent de l'énergie facilement utilisables par les micro-organismes du sol et ont un effet accélérateur de la décomposition de la litière (Mary *et al.*, 1993). Personeni (2007) l'a défini plus simplement. Cet effet noté « priming effect », comme le définit Kuzyakov *et al.* (2000, 2002), correspond à tout surplus de minéralisation ou accélération de la vitesse de décomposition crées par la présence d'une plante (Figure. 11c). A l'opposé, la fourniture d'exsudats ou de rhizodépôts ne favorise pas forcément la décomposition de la matière organique du sol. Même si, les microorganismes utilisent uniquement ces nutriments au détriment de la décomposition de la matière organique du sol. De plus, la plante peut exsuder des composés inhibiteurs de l'activité des micro-organismes de la rhizosphère (Weidenhamer, 1996).

V. Interaction entre plante et microorganismes

Les racines de la plante, via la rhizodéposition, sont une source clef d'énergie et de nutriments pour les microorganismes présents dans la rhizosphère (Whipps, 2001). Par conséquent, nous pouvons voir la rhizosphère comme une « île dans un océan ou un oasis dans le désert ». Un dénombrement bactérien du tissu racinaire montre une concentration allant jusqu'à 10^9 bactéries par grammes de racines. Ce qui représente des populations de bactéries 5 à 15 fois plus élevées dans la rhizosphère que dans le sol non adhérent (Azcon & Ocampo, 1981 ; Same *et al.,* 1983 ; Goddard *et al.,* 2001). La présence de certaines espèces bactériennes peut-être stimulée à hauteur de 100 fois ou plus dans le sol rhizosphérique comparé au sol non rhizosphérique. De même, il a été montré que le taux de réplication de certaines bactéries peut être augmenté. Les populations microbiennes présentent dans la rhizosphère profitent des exsudats racinaires et colonisent les racines (Azcon & Ocampo, 1981 ; Same *et al.,* 1983 ; Goddard *et al.,* 2001). Les microorganismes qui interviennent dans l'environnement de la rhizosphère pourraient aussi utiliser les composés mineurs des rhizodépots ou émis par la racine tels les hormones, flavonoïdes, composés phénoliques. Ils exploitent ces composés comme signaux qui guident leurs mouvements vers la surface racinaire et élicitent les changements dans l'expression de gènes appropriés à cet environnement (Bauer & Caetano-Anolles, 1990). Les bactéries particulièrement bien adaptées à la vie dans la rhizosphère sont appelées rhizobactéries. Les rhizobactéries qui colonisent les racines peuvent être : i) Saprophytes ; iii) Commensale ; ii) Pathogènes-Délétères (DRB : *Deleterious RhizoBacteria*), c'est les cas des bactéries pathogènes (Suslow & Schroth, 1982) ; iii) Bénéfiques, c'est le cas des bactéries qui favorisent la croissance de la plante (PGPR : *Plant Growth Promoting Rhizobacteria*) (Lemanceau *et al.*, 2007).

Les PGPR peuvent affecter la nutrition de la plante par fixation d'azote atmosphérique, par la solubilisation de minéraux comme le P, par la production de sidérophores qui solubilisent et séquestrent le fer (Glick, 1995), ou encore par la structuration du sol rhizosphèrique (Alami *et al.*, 1999). Elles peuvent modifier la morphologie et la physiologie racinaire par la production de régulateur de croissance à de très faibles concentrations, comme les hormones (Arshad & Frankenberg, 1998 ; Persello-Cartieaux *et al.*, 2003). La modification des équilibres hormonaux de la plante peut également améliorer la nutrition de la plante par exemple l'auxine stimule la production de racines secondaires et de poils absorbants. Les PGPR peuvent également agir dans la protection de la plante par production de métabolites secondaires tels les antibiotiques, l'HCN et les sidérophores ou composés organiques volatils (COV ou VOC :*Volatile Organic Componds*) (Lemanceau *et al.*, 2007). Un dialogue moléculaire entre plante et bactérie se met en place au sein de la rhizosphère. Certaines rhizobactéries affectent la croissance de la plante par plus d'un de ces mécanismes (Figure. 15 ; Ahmad *et al.*, 2008). Elles utilisent leurs différentes capacités à promouvoir la croissance sur différents stades du cycle de développement de la plante (Bowen & Rovira, 1999). Ces microorganismes peuvent augmenter l'assimilation et la translocation des nutriments dans les jeunes plantes. Ils peuvent également entrer en compétition pour les nutriments du sol avec des plantes plus âgées (Bowen & Rovira, 1999 ; Hu *et al.*, 2001).

Figure 15. Présentation des différents intervenants dans la promotion de croissances des plantes et positionnement du rôle potentiel joué par les COV dans cette promotion de croissance (d'après Ahmad *et al.*, 2008).

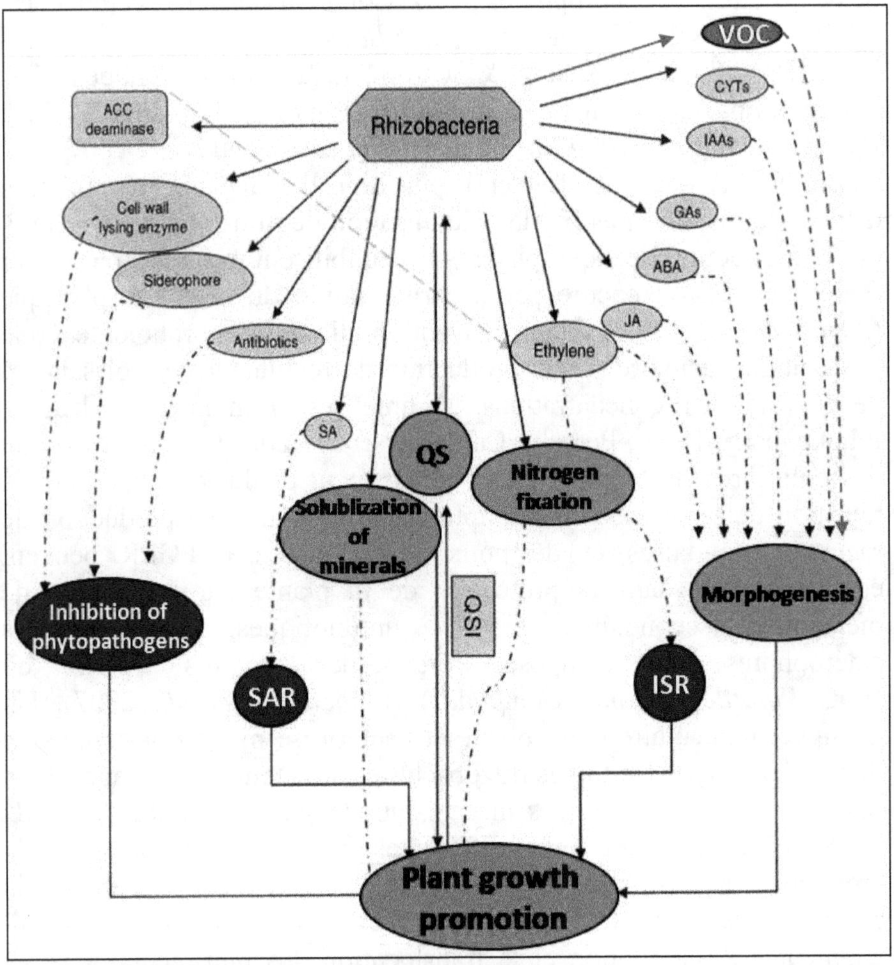

Les bactéries du genre *Pseudomonas* sont particulièrement bien adaptées à la rhizosphère (Rainey, 1999). Les *Pseudomonas* spp. sont souvent utilisées comme modèle de rhizobactérie (Sorensen, 2001). Elles constituent une part importante, jusqu'à 10%, de la microflore rhizosphérique cultivable (Kragelund *et al.,* 1996) et présente de nombreuses activités PGP impliquées dans la compétence racinaire sont décrites chez certaines souches (Voisard *et al.,* 1989 ; Blumer & Hass, 2000 ; Glick, 1995). Par ailleurs, des études de microscopies électroniques et l'utilisation de souches marquées ont montré une distribution non uniforme des bactéries sur la racine. Lugtenberg *et al.* (1999) montrent que la souche de *Pseudomonas* WCS365 peuple densément les espaces de jonctions entre les cellules épidermiques racinaires, certaines parties de la surface épidermiques, et les sites d'apparition de racines, c'est-à-dire des sites présumés de l'exsudation.

Cependant, le fonctionnement de la rhizosphère reste mal connu en dépit de son importance écologique notamment son implication dans les cycles biogéochimiques du carbone, de l'azote, du soufre et du phosphore, et sa répercussion sur la croissance et la santé de la plante. Ainsi, seuls quelques pourcent des microorganismes associés aux plantes sont cultivables et identifiés, cette fraction connue de la microflore végétale représentant tout de même plusieurs milliers d'espèces bactériennes cultivables.

Conclusion

La décomposition des litières racinaires et la qualité des sols des agroécosystèmes, comme les prairies, est tributaire de deux types de facteurs liés à l'espèce : a) la qualité de la litière foliaire et racinaire produite par les espèces végétales et b) l'activité rhizosphérique. La rhizosphère est une zone privilégiée d'interaction entre les microorganismes, la plante et le sol. Elle est le siège d'une activité importante qui a des répercussions sur la diversité des organismes, le taux de renouvellement « turn-over » et l'activité des populations bactériennes résidentes. En retour, ces répercutions modifient l'environnement racinaire et l'équilibre entre plante et le sol. Il ne faut pas oublier le rôle important joué par les racines et la nature de la plante dans la génération du sol et la mobilisation des populations microbiennes qui favorisent la dégradation de la litière. Ainsi, l'activité rhizosphèrique est étroitement liée à la structure et au développement des racines qui sont influencés sur trois niveaux. Les trois niveaux sont les suivant : i) génétique, ii) hormonal de la plante et iii) l'environnement de développement du végétal (sol, climat, activité biologique du sol et influences humaines).

D'un point de vue pratique, l'agriculteur peut jouer sur l'environnement de développement du végétal qui est le troisième pilier pour augmenter le rendement agricole. Ce point de contrôle rend le milieu de vie de la plante plus favorable pour elle. Ainsi, l'agriculteur modifie et influence le fonctionnement du sol qui est considéré comme un des environnements complexes de la biosphère. Il est un réservoir majeur de diversité microbienne. Dans le sol, les perturbations modifient en permanence la structure ces communautés bactériennes. Pourtant, l'étude de ces communautés est complexe. Puisque, hors de la matrice sophistiquée du sol, ces espèces bactériennes ont un faible taux de cultivabilité. L'isolement cellulaire de ces espèces sur milieu synthétique et l'extraction d'ADN sont difficiles et variables. Seule une meilleure connaissance des composants biotiques et abiotiques du sol, des interactions entre bactéries et les environnements comme la rhizosphère, sera en mesure de permettre d'optimiser les techniques de biotechnologie comme l'extraction de l'ADN des bactéries, l'exploitation des bactéries PGPR sur des cultures de plantes d'intérêts, et d'accéder à une fraction plus importante de la diversité génétique de ces communautés bactériennes.

Par ailleurs, La structure du sol est très importante car, plus ou moins propice à la progression de l'apex de la racine. Aussi, les racines de dicotylédones sont plus fortes que celles des graminées. Elles pénètrent plus facilement dans un sol compact. D'une manière générale, la racine est en équilibre dynamique entre les fractions biodisponibles, bioaccessibles des éléments chimiques et leur localisation physique par rapport aux organismes vivants présent dans le sol (Semple *et al.,* 2004) (Figure. 16). De plus, la racine suit le chemin de plus faible résistance mécanique. C'est-à-dire celui qui demande le moins d'énergie. Les fentes physiques, galeries créées par des vers de terre ou d'autres racines, et les pores sont privilégiés dans la prospection racinaire (Figure. 16). La présence de zones tassées représente un des freins principaux au cheminement de la racine. La meilleure des structures du sol est une architecture composée de zones fermes avec des agrégats stables de 2 à 3 mm. Cette dimension permet de mobilisés la plupart des nutriments. Le meilleur des sols pour favoriser l'exploration racinaire est celui qui est pourvu d'une intense vie biologique, permettant un accès optimal aux nutriments.

Figure 16. Diagramme conceptuel illustrant les fractions biodisponibles et bioaccessibles d'un élément chimique dans le sol en fonction de sa localisation physique par rapport aux organismes vivants (Semple *et al.*, 2004).

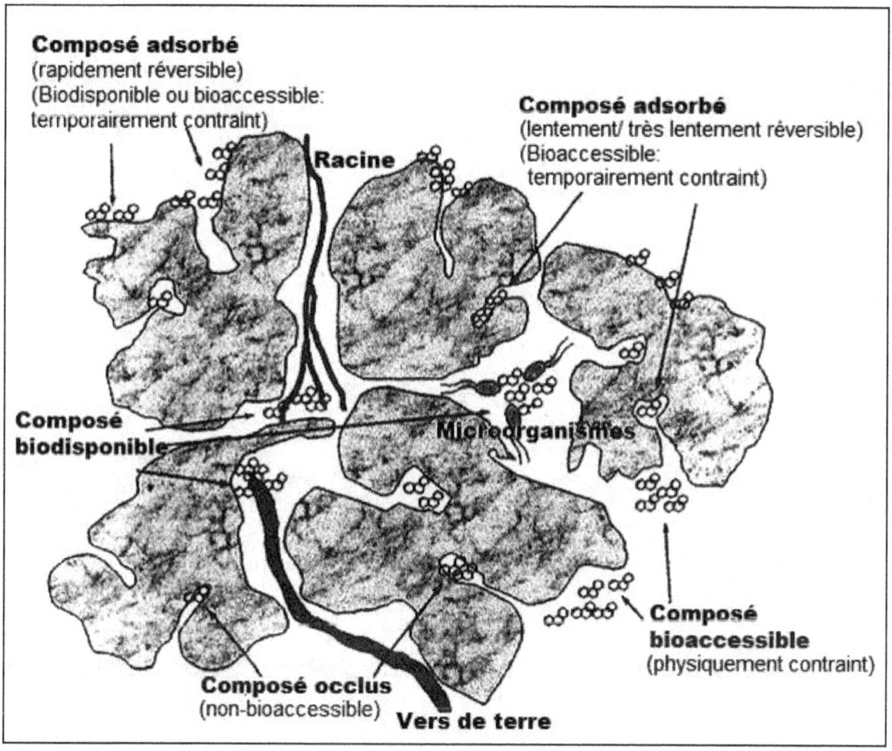

Dans une bonne partie des expérimentations, l'effet rhizosphèrique n'est pas pris en compte dans l'étude de la dégradation des litières et formation du sol qui est réalisée en laboratoire ou en sol nu. **Il est donc important de pouvoir dissocier les impacts respectifs de la nature de la litière et de la nature de la rhizosphère (Van der Krift *et al.*, 2001) et d'étudier la réponse plastique des parties souterraines des végétaux au sein de cette rhizosphère et sous l'influence des micro-organismes qui y sont présent tel les bactéries PGPR.** L'étude de la plasticité dépend de traits fonctionnels pertinents classer en fonctions biologiques caractérisant le fonctionnement du végétal. Cette étude bibliographique permet de dresser un début de tableau regroupant les caractéristiques fonctionnelles rhizosphériques intéressantes à quantifier dans le cadre de travaux de recherches scientifiques (Tableau. IV).

Tableau IV. Listes des fonctions biologiques et traits fonctionnels types utilisés dans de nombreux travaux pour une analyse de la plasticité de la plante, l'architecture de son système racinaire et de la rhizosphère qui lui est associée. (Les articles présentés sont des illustrations de travaux. Pour des soucis de simplicité, seul les références abrégées seront citées) (Varin, 2015).

TRAITS FONCTIONNELS	d'après les références
Anatomie et Histologie de la chevelure racinaire	
Above ground Biomass (Dma), Aeral biomass (Kg.ha-1), Aerial mass (feuille) (mg), Age of laterale root, Allongement racinaire (mm), Angle of root tip barrier (degrees), Average density (root/cm), Average Dry Weight of Haulm (mg), Average Dry Weight of root (mg), Average Hair number per mm2 of leaf abaxial, Average Hair number per mm2 of leaf adaxial, Average pericycle cell sizes (µm), Average root diameter (mm), Average root length (cm), Average root mass (g), Average root number, Cell area, Cell number, Coleoptile node axiale root % total root system, Coleoptile node axiale root number axial roots, Coleoptile node axiale root Total length (cm), Coleoptile root, Colonization (% root length), counts (CPM), Cross sectional area (CSA of axile roots), Depth (m), Deep root weigth (g), Diffusivity of root (10-10.m2.s-1), Distance (mm), Distance from apex (mm), Distance from primary root base (cm), Distance to first emerged lateral, Dry mass to fresh mass ratio in above-ground organs (DM/Fma), Elongation rate of root (cm.d-1), Flowering time (DAG), Fluorescence intensity, Freish Weight (mg/sedling), Freish Weigth (g.plant-1), Fresh Weight (g), Fully expanded leaves shoot height (mm), FV/Fm, Hypocotyls length (mm), Hypocotyls reduction (%), Initialisation (cm), LAI (Leaf area index), Lateral length (mm), Lateral root density (Nb.cm-1 primary root), Lateral root dformation from lateral root primordia (%), Lateral root frequences (%), Lateral root initiations (cm), Lateral root length (cm), Lateral root number, Lateral root primordia per plant, Lateral Roots per cm of root length (mm), Laterale root length, Leaf nod axiale roots, leaf node root, Leaf surface, Leaf Weight Ratio (LWR), Length of the six lengest lateral roots (mm), Longeur, LR density, LRD (Lateral Root Density) = LRN/LRL (nb roots. Mm-1), LRL (Total Lateral Root Length) (mm), LRN (Lateral root number) (nb of root), LRs per mm primary root, Maen size, Maen xylem vessel (CSA), Main steam leaf number, Main stem leaves, Mature root, Root hair, Max root length (cm), Mean lateral root length, Mean longst root length (mm), Mean Root hair length, Meristem density (mm-1), Nb of lateral root, Nb of LR/seedling, Nb of visible Latérale Root, Nombre de racine adventives, Nombre de racine laire, Nombre de racine liaire, Number grain, Number of lateral root longer, Number of lateral roots (LR), Number of leaves, number of passes, Number of primordia from root tip to first emerged lateral, Number of primordia per cm from root tip to first emerged lateral, Number of roots (au-arbitrary unit), Number of stelar cells, Number of xylem vessels, Number or density of primordia (au per cm), Primary root length (cm), Steam, Total cells, Total lateral root length (cm)	Banchio et al. (2009), Barhoumi et al. (2010), Barhoumi et al. (2010), Benfey et al. (1993), Boyer & Silh (2004), Chen et al. (2009), Contesto et al. (2008), De Angelis et al. (2008)b, Deak & Malamy (2005), Douds (2002), Ehdaie et al. (2010), Falik et al. (2003), Ferguson & Beveridge (2009), Forde (2009), Frommel et al. (1991), Gutierrez-Luna et al. (2010), Hirel et al. (2007), Inselsbacher et al. (2009), Kaï & Piechulla (2009), Kulka (2008), Leblanc et al. (2008), Linkohr et al. (2002), Little et al. (2005), Lopez-Bucio et al. (2005), Loudet et al. (2002), Loudet et al. (2005), Mac Gregar et al. (2008), Malamy (2005), Mantelin et al. (2006), Mudgil et al. (2009), Naiman et al. (2009), Niewland et al. (2009), Peret et al. (2007), Rauh et al. (2002), Remans et al. (2006), Reynolds & Antonio (1996), Ryu et al. (2003), Rost (2010), Shane et al. (2003), Souty (1987), Strader et al. (2010), Tranbarger et al. (2003), Ticconi et al. (2004), Unger & Kaspar (1994), Vogel (2010), Wahl et al. (2001), Watt et al. (2009), Weerasinghe et al. (2009), Wener et al. (2010), Wener et al. (2010), Yaxley et al. (2001), Zhang & Forde (2000), Zhang et al. (2007), Zhang et al. (2008)
Aspect mecanique croissance racinaire	
Force de croissance de la racine seminale	Souty (1987)
Croissance/Growth	
Croissance	
RGR, NAR, SLA, LMR, Biomass, Biomass Partitioning, Root/Shoot ratio, Dark germination (%), Growth promotion effect, % plant lets with root = f(t), % seedling that arnest, Dry Weight (mg), Plant biomass (g), Plant Biomass Allocation, plant FN relative to control (%), Pourcentage % plant survival, Grain Weight (g), Grain weight per plant, Grain yield (Kg.ha-1)	Benfey et al. (1993), Blom et al. (2011), Contesto et al. (2008), Deak & Malamy (2005), Ehdaie et al. (2010), Frommel et al. (1991), Kulka (2008), Naiman et al. (2009), Reynolds & Antonio (1996), Ryu et al. (2003), Varin (2009), Vogel (2001), Vogel (2010), Walters et al. (2009), Zhang et al. (2008)
Developpement racinaire	
SRL (m g-1), C sur N racinaire, Densité racinaire (g sec/g frais), Diamètre moyen des racines (µm), Durée de vie des racines (dj), Durée de vie des racines (jours), Longueur spécifique des racines, Root Frech, Root hair length (µm), Root tip, Days from coleoptile emergence, 24h and 72h Neo élongated primary	De Angelis et al. (2008)b, Douds (2002), Leblanc et al. (2008), Personneni (2004), Wahl et al. (2001), Watt et al. (2009)
Genetique	
gene de developpement	Mudgil et al. (2009)
Plasticity	
Genetic variability (VG) in the density and length of pateral root in both the primary and lateral root	Hirel et al. (2007)

Tableau IV. Suite.

TRAITS FONCTIONNELS	d'après les références
Caractéristiques biochimiques & écophysiologiques du Développement de la racine	
Capacité potentiel pour la compétition	
Root mass	Varin (2009)
Acquisition des nutriments	
Acquisition et transport de l'eau	
Water acquisition and transport, Yw (Mpa), Yw cortex (Mpa), Yw dans le phloem (Mpa), Yw dans le xylem (Mpa)	Boyer & Silh (2004), Mac Gregar et al. (2008)
Relative Water content (%), Root Water Content (Root WC) (mL.gDW-1), Root water mass (mg), Shoot water mass (mg), Water flux density (g.cm-2.h-1), Water flux efficiency (ggd.wt-1.h-1)	Frommel et al. (1991), Beauclair et al. (2009), Barhoumi et al. (2010), Rewald et al. (2011)
Acquisition de l'azote	
N content/root, N derived from fertiliser (NdfF), Nodule mean length, % nodules with leghaemoglobin, Root NO3- influx, Total influx (µmol 15N.h-1.g-1 root DW), Total N, Total N percentage (% DM), Total N plant (mg), Acquisition N, Cumulative N (µg.g-1DW), Hight affinity influx (µmol 15N.h-1.g-1 root DW), Level N, N leaf/plant, N of visible Latérale Root, N uptake, N, P, K Booting (mg), N, P, K Grain (mg), N, P, K Plant (mg), N, P, K Root, Stem, Grain (mg), N, P, K Tillering (mg), N/C ratio, N2 fix, Ndfa, Nitrate concentration of root (µmol.g-1 root FW), Nitrate concentration of shoot (µmol.g-1 shoot FW), Nitrate content (nmol.mg-1DM), Nitrate uptake (µmol.g-1FW), NR (nitrate reductase), NUE, ions in roots, Parametre d'absorption / Transport nitrate	Barhoumi et al. (2010), Ehdaie et al. (2010), Fernandez & Galvan (2007), Forde & Lea (2007), Herridge et al. (2008), Hirel et al. (2007), Leblanc et al. (2008), Little et al. (2005), Loudet et al. (2003), Renams et al. (2006), Reynolds & Antonio (1996), Ticconi et al. (2004), Tranbarger et al. (2003), Varin (2009)
Acquisition du phosphate	
Total P (nmol.root tip), Xylem sep phloem sep [P] (mM), concentration [P], concentration [P] in root (mg.g-1 DM)	Shane et al. (2003), Ticconi et al. (2004)
Acquisition du soufre	
S content/root	Varin (2009)
Acquisition des ions minéraux	
Concentration [ions] (Ca, Cd, Cu, Fe, K, Mg, Mn, Mo, Na, Ni, P, S, Zn) (mM), Ion concentrations (mM), KCl, Minerale content (mg.g-1DW), NaCl	Banchio et al. (2009), Deak & Malamy (2005), Mantelin et al. (2006), Herman et al. (2010), Wener et al. (2010),
Potosynthèse & Bioluminescence	
Percentage of open stomata (%), PFD (Level of photon flux density), Photosynthese, Photosynthèse (effective quantum yield of PS II), RIE (radiation interception efficiency), Stomatal conductance (mole H2O.m-2.s-1), Bioluminescence (RLU), Chlorophyll content (mg Chl.g-1 FW), Chlorophylle content (SPAD unites), Percentage of open stomata (%), PFD (Level of photon flux density), Fluorescence intensity, FPSII = PAR (µmol photon.m-2.s-1), FV/Fm, Luminescence intensity (counts/seedling * 1000)	Frommel et al. (1991), Beauclair et al. (2009), Blom et al. (2011), Chen et al. (2009), Frommel et al. (1991), Hirel et al. (2007), Wahl et al. (2001), Wener et al. (2010), Zhang et al. (2008)
Digestibilité de la plante	
Digestibilité des PA et PS	
Cellulase, cellulose, celluloses/hémicellulose, DE intake (digestible energy (DE) intake) values (Mcal d-1), Hemi/cellulose, Holocellulose, Leaf, Hemi cellulose Leaf Steam, cellulose Leaf Steam, lignin-Leaf Steam, esterified-Leaf Steam, concentration (p coumarine acid; ferulic aid; nitrobenzen oxidation)-Leaf Steam, Lignin	Contesto et al. (2008), Hirel et al. (2007), Rubin (2008), Vega-Sanchez & Ronald (2010), Vogel (2001), Vogel (2010)
Digestibilité de la racine	
Digestibility of root, Digestibility of shoot, disgestibility, Rdt Esterified by : P coumaric acid, fumaric acid, nitrobenzen oxidation, Rdt ethanol après fermentation, Values (Mcal/d)	Rubin (2008), Vega-Sanchez & Ronald (2010), Vogel (2001)
Métabolisme du développement	
Métabolisme primaire	
Potentiel production énergie	
FI UptakeShoot/Root Ratio (nmol.g-1.min-1), plant FN relative to control (%), Plant FN/Plant FN contrôle * 100, Potentiel production bioenergie, concentration [ATP] (nM)	Blom et al. (2011), Rubin (2008), Ticconi et al. (2004), Weerasinghe et al. (2009)
Phyto-hormones & Développement de la racine	
Enzymes (sesquiterpene synthase), Relative acropetal auxine transport, Relative basipetal auxine transport, Root ABA (µmol.g-1 FW), Shoot ABA (µmol.g-1 FW), ar (Caryophyllene), AVG, BA, SA, JA, IAA, ABA, COR (ng.gFW-1), concentration [ABA] in plant media (µM), Ga in root (GA19, GA20, GA29, GA8), GA into : Root-Top-Intermediate-Tips-Laterals, GA Level GA1-GA20 (pg.g-1 FW wt), GABA, arginine, proline, Gal, Hormones of development	Barhoumi et al. (2010), Chen et al. (2009), Forde & Lea (2007), Leblanc et al. (2008), Mudgil et al. (2009), Schmelz et al. (2003), Vogel (2001), Yaxley et al. (2001), Zhang et al. (2008)
Oses, sucres & Développement de la racine	
Sucrose (Sacc), Ara, Ara/glc, Citrate exsudation (pmol.g-1 FW.s-1; nmol.m-1 root.s-1), dextrose, D-Glc, hexose/pentoses, Mannitol, NAA (acétylaminosuccinate)	Deak & Malamy (2005), Kulka (2008), Mac Gregar et al. (2008), Mudgil et al. (2009), Mudgil et al. (2009), Peret et al. (2007), Rubin (2008), Shane et al. (2003), Vega-sanchez & Ronald (2010), Vega-Sanchez & Ronald (2010), Vogel (2001)
Proteine racinaire	
Prot (nitrogenase), legHb, Hb	Varin (2009)
Acide aminé racinaire	
Totale free amino acids minus (µmol.g-1FW), Free amino acids concentration (µmol.g-1 FW), Free amino acids content (nmol.mg-1DM), Free glutamine, (µmol.g-1FW), Glutamate, aaN, aaS	Forde & Lea (2007), Loudet et al. (2003), Mantelin et al. (2006), Tranbarger et al. (2003), Varin (2009)
Régulation osmotique de l'architecture du système racinaire	
Osmolality of root, Osmotic regulators of root system architecture	Deak & Malamy (2005), Rewald et al. (2011)
Dosage enzymatique racinaire	
GAT/GAD/ASAT/GS, GDH, Glutamine synthetase / glutamate synthase,	Forde & Lea (2007)
Métabolisme secondaire	
COV émit dans la rhizosphère par les racines ou microorganismes	
production ethanol, Terpene of root, Total essential oil, VOCs of root analysis (analyse des COV racinaires), ABA, VOCs (µg.gFW-1; mg), 1-hexanal, Endosmotic (in) and exosmotic (out) permeability value (µm.s-1), enzymes (sesquiterpene synthase), Ethanol, Ethylacetate, Ethylene, Ethylene production (µmol.h-1), Fatty acid & Methylester, glycerin, Ind (Indole), indole, IVDMD, oils, pentadecane	Banchio et al. (2009), Blom et al. (2011), Chen et al. (2004), Fernandez & Galvan (2007), Gutierrez-Luna et al. (2010), Hochholdinger et al. (2004), Inselsbacher et al. (2009), Kulka (2008), Kaï & Piechulla (2009), Mac Gregar et al. (2008), Malamy (2005), Peret et al. (2007), Ryu et al. (2003), Rubin (2008), Schmelz et al. (2003), Steeghs et al. (2004), Sur et al. (2009), Vega-Sanchez & Ronald (2010), Vogel (2010), Zhang et al. (2007)
Génétique du Développement de la racine	
Quantite relative RNA de transporter, Relative "gen:--" expression, Relative expenssion level of RNA, Shoot/Root ration = relative mRNA level (%), T DNA amorce, V/V0 = volume initial of protoplaste, genes	Mantelin et al. (2006), Mac Gregar et al. (2008), Remans et al. (2006), Mudgil et al. (2009), Wener et al. (2010)

Tableau IV. Suite.

TRAITS FONCTIONNELS	d'après les références
Colonisation de la rhizosphère	
Caractéristiques Biologiques	
Colonization (% root length), Total cells	Bloosfeld & Gansert (2007), Douds (2002), DeAngelis et al. (2008)ab, Herman et al. (2010), Kaur et al. (2009), Mantelin et al. (2006), Ryu et al. (2003), Tunbull et al. (2001), Thekkiniath et al. (2010), Unger & Kaspar (1994), Zhang et al. (2007), Leblanc et al. (2008), Walters et al. (2009),
Bacterial growth (A620nm), Growth promotion effect (CFU.root-1), Bacteria density of root	
Bacteria density (CFU.g-1 dw soil; CFU.g-1 dw root; Log10 CFU.g-1 dw soil; Log10 CFU.g-1 dw root)	
Caractéristiques physico-chimiques	
Fluorescence of each	
pH rhizosphere	
Caractéristiques biochimiques	
Soil enz activity, Fluorescence of each, 16s RNA PCR, Chitinase activity, Protease activity, QS signal abondance, Total cells, N/soil in rhizosphere, N/soil in bulk, Soil water metric potential (Mpa), CO_2 relase (µg CO_2.g soil-1;H-1), QS signal abondances of bacteria, Chitinase activity of soil, Protease activity of soil, N level (µgN.g-1 root; µgN.g-1 soil)	Unger & Kaspar (1994), Douds (2002), DeAngelis et al. (2008)ab, Kaur et al. (2009)
COV of bacteria PGPR	Ryu et al. (2003), Farag et al. (2006)
Plant response of bacteria 8d after inoculation = relative m RNA level (%), Activity of enzyme (U.mg proteins), Exoglucanase activity (FPA), Endoglucanase ativity (CMC), Activity of enzyme (units: g.g-1 root FW wt), Percentage decrease in viscosity, Flavonoïd, pectinase activity (PEC), Phenyl adenine ammonia lyase activity (PAL), Peroxidase activity (Po), Root exsudats, root flaonoïd, CCM root exsudat, CCM root extracts	Ryu et al. (2003), Tunbull et al. (2001), Mantelin et al. (2006), Thekkiniath et al. (2010)
% rhynchosporium infection in plant (%), Cinamy Alcohol Dehydrogenase (CAD) activity (pKatal.mg protein), Bacteria density (CFU.g-1 dw soil; CFU.g-1 dw root; Log10 CFU.g-1 dw soil; Log10 CFU.g-1 dw root), pH rhizosphere, Sonde RNA, ACC (Aminocyclopropane Carboxylic acid), Chitinase activity	Turnboll et al. (2001), Bloosfeld & Gansert (2007), Zhang et al. (2007), Leblanc et al. (2008), Walters et al. (2009), Herman et al. (2010)
Sol et litière racinaire	
$\delta^{13}C$ (‰), initial quantity (gDM m–2), C:N: Carbon to Nitrogen, ratio and %N: nitrogen concentration (% of DM), WSC: water soluble compounds, Hcell : hemicellulose, Cell: cellulose, Li: lignin. Data are expressed in percent of the total C of the sample. PP:Total phenolics (mg g-1 DM). RP: root phytomass (>10 mm); POMc: coarse particulate organic matter, between 1 and 10mm; POMf: fine POM between 0.2 and 1 mm; AOMc: aggregated OM between 0.05 and 0.2mm.	Personneni (2004)

Par exemple, dans mes expérimentations réalisées entre 2011-2013, nous ne voulions pas de contact entre les bactéries telluriques type PGPR et les plantes. Cette absence de contact est nécessaire pour observer et quantifier l'effet des COV émis pas ces microorganismes du sol. Il était nécessaire d'utiliser : i) des compartiments physiques, ii) un substrat de culture stérile ou non et, iii) de prendre en considération les caractéristiques de la rhizosphère. Les technologies que j'ai mises au point pour mener à bien des expérimentations traitant de ce sujet sont présentées dans le tableau V.

Tableau V. Technologies mises aux points pour la réalisation de co-cultures bi compartimentées permettant la culture de bactéries telluriques type PGPR et les plantes modèles tous en conservant l'absence de contact entre les deux partenaires.

Technologies de co-cultures bi compartimentées réalisées	Concept-technologique			Mise au point			Réalisation d'un projet expérimentale			Plante modèle	
	Oui	Non	Cause	Oui	Non	Cause	Oui	Non	Cause	*Arabidopsis*	*Brachypodium*
En dissociant physiquement le milieu de culture plant (litière ou substrat) et le milieu de croissance des bactéries PGPR émetteurs des COV de manière macroscopique											
cultures *in-vitro*											
Boite de Pétri bi-compartimentée	X			X			X			X	X
Micro-écosystèmes	X			X				X			X
Culture végétale en Réacteur											
Bioréacteurs en série microorganisme-plante avec influx et reflux gazeux	X			X	X	Début de mise au point, réalisée en parties dissociées		X		X	X
Des micro-écosystèmes à compartiment microscopique via la création de micro-macro agrégats synthétique.											
cultures *in-vitro*											
Micro-écosystèmes à rhizosphère synthétique	X			X				X			X

Nous pouvons donc réaliser des co-cultures bi compartimentés soit : i) en dissociant physiquement le milieu de culture plante (litière ou substrat) et le milieu de croissance des bactéries PGPR émettrices des COV de manière macroscopique. J'ai réalisé des cultures : a) *in-vitro* en boite de Pétri bi-compartimentée verticales à atmosphère commune, b) des micro-écosystèmes ; c) des bioréacteurs et rhizotrons en série microorganisme-plante avec influx et reflux gazeux issus de cultures bactériennes ou par insufflation de COV identifié chimiquement. Ou bien, ii) des micro-écosystèmes à rhizosphère synthétique présentant des compartiments microscopiques grâce à la création de micro-macro agrégats synthétiques via des billes d'alginates simple ou doubles couches séquestrant les bactéries PGPR et complémenté ou non de substrat stérile *in-vitro*. Ce sol synthétique *in-vito* permet une co-culture en micro-écosystème ou rhizotron tout en conservant les caractéristiques écologique et physique proche du sol et en maintenant l'absence de contact entre bactéries et plante.

RÉFÉRENCES BIBLIOGRAPHIQUES

Les références citées dans les articles de ce manuscrit ne sont pas reprises dans cette bibliographie.

A

Aerts R., Berendsc F., Klerk N.M., Bakker C., 1989. Root production and root turnover in two dominant species of wet heathland. *Oecologia* 81, 374-378.

Aerts R., Bakker C., De Caluwe H., 1992. Root turnover as determinant of the cycling of C, N, and P in a dry heathland ecosystem. *Biogeochemistry* 15, 175-190.

Aerts R.,1997. Climate, leaf litter chemistry and leaf litter decomposition in terrestrial ecosystems : a triangular relationship. *Oikos* 79, 439-449.

Agren G.I., Bosatta E., 1987. Theoretical analysis of the long-term dynamics of carbon and nitrogen in soils. *Ecology* 68, 1181-1189.

Alami Y., Champolivier L., Merrien A., Heulin T., 1999. The role of rhizobium sp., a rhizobacterium that produces exopolysaccharide in the aggregation of rhizospherical soil of the sunflower: Effects on plant growth and resistance to hydric constraints. *Oci-Oleagineux Crops Gras Lipides* 6, 524-528.

Alexander M., 1977. Introduction to soil microbiology, second edn. *United States of America: John Wiley & Sons, Inc.*

Alloway B.J., 1995. Heavy metals in soils. *Second Edition, Blackie Academic & Professional, London,* 368p.

Ahmad I., Pichtel J., Hayat S., 2008. Plant-Bacteria interactions. *Wilzy-VCH, Weiheim, Germany,* 309p.

Angers D.A., Recous S., 1997. Decomposition of wheat straw and rye residues as affected by particle size. *Plant and Soil* 189, 197-203.

Aragno M., Tarnawski S., 2002. Microbial communities in the rhizosphere: structures and processes. *Bulletin de la société Suisse de Pédologie* 26, 21-25.

Aragno M., Tarnawski S., 2002. La plante : une intermédiaire essentiel entre le CO2 atmosphérique et le carbone du sol. *Bulletin de la Société Suisse de Pédologie* 26, 5 9.

Arrouays D., Deslais W., Daroussin J., Balesdent J., Gaillard J., Dupouey J.L., Nys C., Badeau V., Belkacem S., 1999. Carbon stocks in french soils : which estimates ? *C.R. Acad. Agric. Fr.* 85(6), 278-292.

Arshad M., Frankenberger W.T., 1998. Plant growth-regulating substances in the rhizosphere : Microbial production and functions. *Advances in Agronomy* 62, 45-151. Academic Press Inc: San Diego.

Artursson V., Finlay R.D., Jansson J.K., 2005. Combined bromodeoxyuridine immunocapture and terminal-restriction fragment length polymorphism analysis highlights differences in the active soil bacterial metagenome due to Glomus mosseae inoculation or plant species. *Environ Microbiol.* 7, 1952-1966.

Asuming-Brempong S., Gantner S., Adiku S.G.K., Archer G., Edusei V., Tiedje J.M., 2008. Changes in the biodiversity of microbial populations in tropical soils under different fallow treatments. *Soil Biol Biochem.* 40, 2811-2818.

Aubert G., Boulaine J., 1980. La pédologie. PUF-Que-sais-je, Paris, 127p.

Azcon R., Ocampo J.A., 1981. Factors affecting the Vesicular-Arbuscular Infection and Mycorrhizal Dependency of 13 Wheat Cultivars. *New Phytologist* 87, 677-685.

B

Bais H.P., Weir T.L., Perry L.G., Gilroy S., Vivanco J.M., 2006. The role of root exudates in rhizosphere interactions with plants and other organisms. *Annu Rev Plant Biol* 57, 233-266.

Bazot S., 2005. Contribution à l'étude de l'allocation des photoassimilats récents dans la plante et la rhizosphère chez une graminée pérenne *(Lolium perenne* L.). Thèse de l'Institut National Polytechnique de Lorraine, 174 p.

Balesdent J., Balabane M., 1996. Major contributions of roots to soil carbon storage inferred from maize cultivated soils. *Soil Biology & Biochemistry* 28, 1261-1263.

Balesdent J., Girardin C., Grably M., Guillemot J., Mariotti A., Pétraud J.P., Picot C., 1995. Réponse des matières organiques des sols aux changements atmosphériques globaux. I. Compartimentation du carbone organique des sols cultivés. *Dossiers Environnn. INRA* 8, 71-85.

Bardgett R.D., Mawdsley J.L., Edwards S., Hobbs P.J., Rodwell J.S., Davies W.J., 1999. Plant species and nitrogen effects on soil biological properties of temperate upland grasslands. *Functional Ecology* 13(5), 650-660.

Bauer W.D., Caetanoanolles G., 1990. Chemotaxis, Induced Gene-Expression and Competitiveness in the rhizosphere. *Plant and Soil* 129, 45-52.

Baver L.D., 1961. Soil Physics. *John Wiley and Sons, New York.*

Berendse F., Elberse W.T., 1989. Competition and nutrient losses from the plant. Causes and consequences of variation in growth rate and productivity of higher plants. H. e. A. Lambers. The Hague, Netherlands, SPB Academic Publishing, 269-284.

Berendse F., 1994. Litter decomposability - a neglected component of plant fitness. *Journal of Ecology* 82(1), 187-190.

Berg B., 2000. Litter decomposition and organic matter turnover in northern forest soils. For. *Ecol. Manage.* 133, 13-22.

Berg B, Staaf H., 1980. Decomposition rate and chemical changes of Scots pine needle litter. II. Influence of chemical composition. In Structure and function of northern coniferous forests: an ecosystem study. Edited by T.Persson. Ecol. Bull. (Stockholm) 32, 373-390.

Best M., 1995. Classification of rocks and their abundances on the earth. *In rocks physics and phase relation: a handbook of physical contents*. 1-7.

Bertin C., Yang X., Weston L.A., 2003. The role of root exudates and allelochemicals in the rhizosphere. *Plant and Soil* 256: 67–83.

Bending G.D., Turner M.K., 1999. Interaction of biochemical quality and particle size of crop residues and its effect on the microbial biomass and nitrogen dynamics following incorporation into soil. *Biology and Fertility of Soils* 29(3), 319-327.

Bending G.D., Turner M.K., Burns I.G., 1998. Fate of nitrogen from crop residues as affected by biochemical quality and the microbial biomass. *Soil Biology & Biochemistry* 30(14), 2055-2065.

Billès G., Bottner P., 1981. Effet des racines vivantes sur la décomposition d'une litière racinaire marquée au 14C. *Plant and Soil* 62, 193-208.

Billès G., Bottner P., Gandais-Riollet N., 1988. Effet des racines de graminées sur la minéralisation nette de l'azote du sol. *Rev. Ecol. Biol. Sol* 25(3), 261-277.

Billès G., Gandais-Riollet N., Bottner P., 1986. Effet d'une culture de graminées sur la décomposition d'une litière végétale, marquée au 14C et 15N, dans le sol, en conditions controlées. *Acta Oecol., Oecol. Plant* 7(3), 273-286.

Bingeman C.W., Varner J.E., Martin W.P., 1953. The effect of the addition of organic materials on the decomposition of an organic soil. *Soil Science Society American proceedings* 29, 692-696.

Binkley D., Giardina C., 1998. Why do tree species affect soils? The warp and woof of tree-soil interactions. *Biogeochemistry* 42, 89-106.

Blair J.M., 1988. Nitrogen, sulfur and phosphorus dynamics in decomposing deciduous leaf litter in the southern appalachians. *Soil Biology & Biochemistry* 20(5), 693-701.

Blumer C., Haas D., 2000. Mechanism, regulation, and ecological role of bacterial cyanide biosynthesis. *Archives of Microbiology* 173, 170-177.

Borneman J., Skroch P.W., O'Sullivan K.M., Palus J.A., Rumjanek N.G., Jansen J.L., Nienhuis J., Triplett E.W., 1996. Molecular microbial diversity of an agricultural soil in Wisconsin. *Appl Environ Microbiol.* 62, 1935-1943.

Borneman J., Triplett E.W., 1997. Molecular microbial diversity in soils from eastern Amazonia: evidence for unusual microorganisms and microbial population shifts associated with deforestation. *Appl Environ Microbiol.* 63, 2647-2653.

Bosatta E., Agren G.I., 1985. Theoretical analysis of decomposition of heterogeneous substrates. *Soil Biology & Biochemistry* 17, 601-610.

Bosatta E., Agren G.I., 1991. Dynamics of carbon and nitrogen in the organic matter of the soil: a generic theory. *American Naturalist* 138(1), 227-245.

Boulaine J., 1988. Histoire des pédologues et de la science des sols. INRA. 297p.

Bowen G.D., Rovira A.D., 1999. The rhizosphere and its management to improve plant growth. *Advance in Agronomy* 66, 1-102. Academic Press Inc: San Diego.

Bryant D.M., Holland E.A., Seastedt T.R., Walker M.D., 1998. Analysis of litter decomposition in an alpine tundra. *Canadian Journal of Botany - Revue Canadienne de Botanique* 76(7), 1295-1304.

C

Cambardella C.A., Elliott E.T., 1993. Methods for Physical Separation and Characterization of Soil Organic Matter Fractions. *Geoderma* 56(1-4), 449-457.

Chapin F.S. III., 1980. The mineral nutrition of wild plants. *Ann. Rev. Ecol. Syst.* 11, 233-260.

Cheng W., Coleman D.C., 1990. Effect of living roots on soil organic matter decomposition. *Soil Biology & Biochemistry*. 22(6), 781-787.

Chenu C., 1993. Clay or sand polysaccharide associations as models for the interface between micro-organisms and soil: water related properties and microstructure. *Geoderma.* 56.

Cheng W., Johnson D.W., Fu S., 2003. Rhizophere effects on decomposition : controls of plant species, phenology, and fertilization. *Soil Science Society of American Journal* 67, 1418-1427.

Christian J.M., Wilson S.D., 1999. Long-term ecosystem impacts of an introduced grass in the northern Great Plains. *Ecology* 80, 2397-2407.

Christensen B.T., Sorensen L.H., 1985. The distribution of native and labelled carbon between soil particle size fractions isolated from long-term incubation experiments. *Journal of Soil Science* 36, 219-229.

Cho J.C., Tiedje J.M., 2000. Biogeography and degree of endemicity of fluorescent Pseudomonas strains in soil. *Appl Environ Microbiol.* 66, 5448-5456.

Cornelissen J.H.C., 1996. An experimental comparison of leaf decomposition rates in a wide rage of temperate plant species and types. *Journal of Ecology* 84, 573-582.

Cornelissen J.H.C., Thompson K., 1997. Functional leaf attributes predict litter decomposition rate in herbaceous plants. *New Phytologist* 135(1), 109-114.

Craine J.M., Froehle J., Tilman D.G., Wedin D.A., Chapin F.S., 2001. The relationships among root and leaf traits of 76 grassland species and relative abundance along fertility and disturbance gradients. *Oikos* 93(2), 274-285.

Craine J.M., Wedin D.A., Chapin F.S., Reich P.B., 2003. Relationship between the structure of root systems and resource use for 11 North American grassland plants. *Plant Ecology* 165(1), 85-100.

D

Dakora F.D., Phillips D.A., 2002. Root exsudates as mediators of mineral acquisition in low-nutrient environments. *Plant and soil* 245, 35-47.

Dalenberg J.W., Jager G., 1989. Priming effect of some organic additions to 14C-labelled soil. *Soil Biology & Biochemistry* 21(3), 443-448.

Darrah P.R., 1991. Models of rhizosphere. 1. Microbial-population Dynamics around a root Releasing Soluble and Insoluble Carbon. *Plant and Soil* 133, 187-199.

Darrah P.R., 1991. Models of rhizosphere. 2. A quasi 3-Dimensional Simulation of the Microbial Population Dynamics around a Growing Root Releasing Soluble Exudates. *Plant and Soil* 138, 147-158.

Darrah P.R., 1993. The rhizosphere and plant nutrition : a quantitative appoach. *Plant and Soil* 155/156, 1-20.

Darrah P.R., 1996. Rhizodeposition under ambient and elevated CO_2 levels. *Plant and Soil* 187, 265-275.

Davies M.G., Smith K.A., Vinten A.J.A., 2001. The mineralisation and fate of nitrogen following ploughing of grass and grass-clover swards. *Biology and Fertility of Soils* 33, 423- 434.

Delecour F., 1981. Initiation à la Pédologie. *Service de la Science du Sol. Faculté des Sciences Agronomiques de l'État, Gembloux.*

Dinkelaker B., Römheld V., Marschner H., 1989. Citric acid excretion and precipitation of calcium citrate in the rhizosphere of white lupin (*Lupinus albus* L.). *Plant Cell and Environment* 12, 285-292.

Dormaar J., 1990. Effect of active roots on the decomposition of soil organic materials. *Biology and Fertility of Soils* 10, 121-126.

Dokuchaev V.V., 1883. Russian Chernozem. *In Selected Works of V.V. Dokuchaev,* Israel Program for Scientific Translations Ltd. (for USDA-NSF), S. Monson, Jersalem, 1967. (Translated from Russian into English by N. Kaner), Vol. 1, p. 14–419. Moscow, 1948.

Duchaufour P., 1977. Pédogénèse et classification. *Paris: Masson S.A.*

Dukes J.S., Field C.B., 2000. Diverse mechanisms for CO_2 effects on grassland litter decomposition. *Global Change Biology* 6, 145-154.

E

Eissenstat D.M., Yanai R.D., 1997. The ecology of root lifespan. *Advances in Ecological Research* 27, 1-60.

Eckstein R.L., Karlsson P.S., Weih M., 1999. Research review. Leaf life span and nutrient resorption as determinants of plant nutrient conservation in temperate-artic regions. *New Phytologist* 143, 177-189.

El-Shatnawi M.K.J., Makhadmed I.M., 2001. Ecophysiology of plant-rhizosphere system. *Journal of Agronomy and Crop Science* 187, 1-9.

F

Fahey T.J., 1983. Nutrient dynamics of aboveground detritus in lodgepole pine (Pinus contorta ssp. latifolia) ecosystems, southeastern Wyoming. *Ecological monographs* 53, 51-72.

Fiche Outil M4. Biomasse Moléculaire Microbienne du sol. Un indicateur d'abondance des microorganismes. Plateforme Genosol – INRA de Dijon. 4p.

Fierer N., Bradford M.A., Jackson R.B., 2007. Toward an ecological classification of soil bacteria. *Ecology.* 88, 1354-1364.

Fitter A.H., Graves J.D., Self G.K., Brown T.K., Bogie D.S., Taylor K., 1998. Root production, turnover and respiration under two grassland types along an altitudinal gradient : influence of temperature and solar. *Oecologia* 114, 20-30.

Fog K., 1988. The effect of added nitrogen on the rate of decomposition of organic matter. *Biol. Rev.* 63, 433-462.

Fontaine S., Bardoux G., Abbadie L., Mariotti A., 2001. Cellulose input to soil with low nutrient content had negative effect on soil carbon due to priming effect. In 11th Nitrogen Workshop, Reims, France, 9-12 September 2001, p83.

Fontaine S., Bardoux G., Benest D., Verdier B., Mariotti A., Abbadie L., 2004. Mechanism of the priming effect in a savanah soil amended with cellulose. *Soil Science Society of American Journal* 68(1), 125-131.

Foster R.C., 1988. Microenvironments of soil microorganisms *Biology and fertility of soils* 6, 189-203.

Franzluebbers A.J., Hons F.M., Zuberer D.A., 1995. Tillage and crop effects on seasonal soil carbon and nitrogen dynamics. *Soil Science Society of American Journal* 59(6), 1618-1624.

G

Gale W.J., Cambardella C.A., Bailey T.B., 2000. Surface residue- and root-derived carbon in stable and unstable aggregates. *Soil Science Society of American Journal* 64, 196-201.

Garay A.H., Matthew C., Hodgson J., 2000. The influence of defoliation height on dry-matter partitioning and CO_2 exchange of perennial ryegrass miniature swards. *Grass and Forage Science* 55, 372-376.

Gastal F., Saugier B., 1986. Alimentation azotée et croissance de la fétuque élevée. I.- assimilation du carbone et répartition entre organes. *Agronomie* 6(2), 157-166.

Gillon D., Joffre R., Ibrahima A., 1994. Initial litter properties and decay rate: a microcosm experiment on Mediterranean species. *Canadian Journal of Botany* 72, 946-954.

Girvan M.S., Bullimore J., Pretty J.N., Osborn A.M., Ball A.S., 2003. Soil type is the primary determinant of the composition of the total and active bacterial communities in arable soils. *Appl Environ Microbiol.* 69, 1800-1809.

Glick B.R., 1995. The enhancement of plant growth by free-living bacteria. *Canadian Journal of Microbiology* 41, 109-117.

Gobat J., Aragno M., Matthey W., 2003. Le sol vivant, second edn. *Lausanne: Presses polytechniques et universitaires romandes.*

Gobat J.M., Aragno M., Matthey W., 1998. Le Sol vivant. *Collection Gérer l'Environnement N°14. Presses Polytechniques et Universitaires Romandes.*

Gobat J.M., Aragno M., Matthey W., 2004. The living Soil. Fundamentals of Soil Science and Soil Biology. Science Publishers, Inc., USA: Lausanne, Suisse.

Goddard V.J., Bailey M.J., Darrah P., Lilley A.K., Thompson I.P., 2001. Monitoring temporal and spatial variation in rhizosphere bacterial population diversity: A community approach for the improved selection of rhizosphere competent bacteria. *Plant and Soil* 232, 181-193.

Gorissen A., Cotrufo M.F., 1999. Elevated carbon dioxide effects on nitrogen dynamics in grasses, with emphasis on rhizosphere processes. *Soil Science Society of America Journal* 63(6), 1695-1702.

Gorissen A., Cotrufo M.F., 2000. Decomposition of leaf and root tissue of three perennial grass species grown at two levels of atmospheric CO_2 and N supply. *Plant and Soil* 224(1), 75-84.

Grayston S.J., Campbell C.D., Lutze J.L., Gifford R.M., 1998b. Impact of elevated CO_2 on the metabolic diversity of microbial communities in N-limited grass swards. *Plant Soil* 203, 289-300.

Grayston S.J., Vaughan D., Jones D., 1996. Rhizosphere carbon flow in trees, in comparison with annual plants: the importance of root exudation and its impact on microbial activity and nutrient availability. *Appl Soil Ecol* 5, 29-56.

Grayston S.J., Wang S., Campbell C.D., Edwards A.C., 1998. Selective influence of plant species on microbial diversity in the rhizosphere. *Soil Biology & Biochemistry* 30(3), 369-378.

Grayston S.J., Wang S.Q., Campbell C.D., Edwards A.C., 1998. Selective influence of plant species on microbial diversity in the rizhosphere. *Soil Biol Biochem.* 30, 369-378.

Griffon M. 2013. Qu'est-ce que l'agriculture écologiquement intensive? Edition Quae. 221p.

Grundmann G.L., Debouzie D., 2000. Geostatistical analysis of the distribution of NH(4)(+) and NO(2)(-)-oxidizing bacteria and serotypes at the millimeter scale along a soil transect. *FEMS Microbiol Ecol.* 34, 57-62.

Grundmann G.L., 2004. Spatial scales of soil bacteria diversity - the size of a clone. *FEMS Microbiol Ecol.* 48, 119-127.

H

Hadas A., Feigenbaum S., Sofer M., Molina J.A.E., Clapp C.E., 1993. Decomposition of nitrogen-15-labeled wheat and cellulose in soil: modelling tracer dynamics, *Soil Science Society of American Journal* 57(4), 996-1001.

Hassink J., Bouvman L.A., Zwart K.B., Brussaard L., 1993. Relationships between habitable pore space, soil biota and mineralization rates in grasslands soils. *Soil Biol Biochem.* 25, 47-55.

Hassink J., 1995. Decomposition rate constants of size and density fractions of soil organic matter. *Soil Science Society of American Journal* 59(6), 1631-1635.

Hattori T., 1988. Soil aggregates as microhabitats of microorganisms *Biology and fertility of soils.* 6, 189-203.

Helal H.M., Sauerbeck D.R., 1986. Effects of plant roots on carbon metabolism of soil microbial biomass. *Z. Pflanzenernaehr. Bodenkd.* 149, 181-188.

Hiltner L., 1904. Uber neuere Erfahrungen und problem aufdem Gebiet der Bodenbakteriogie und unter besonderer Berücksichtigung und Brachte. *Arbeiten der Deutschen Landwirtschaftlichen Geselischaft* 98, 59-78.

Hinsinger P., 1998. How do plant roots acquire mineral nutrients? *Chemical processes involved in the rhizosphere. In: Advances in Agronomy* 64, 225-265.

Hinsinger P., 1998. How do plant roots acquire mineral nutrients? *Chemical processes involved in the rhizosphere. Advances in Agronomy* 24, 225-265.

Hinsinger P., 2001a. Bioavailability of trace elements as related to root-induced chemical changes in the rhizosphere. In *Trace Elements in the Rhizosphere* (G.R. Gobran, W.W. Wenzel & E. Lombi Eds.), CRC Press LCC, Boca Raton, Florida, USA, 25-41.

Hinsinger P., 2001b. Bioavailability of soil inorganic P in the rhizosphere as affected by root-induced chemical changes.- A review.- *Plant and Soil* (in press).

Hobbie S.E., 1992. Effects of plant-species on nutrient cycling. *Trends on Ecology and Evolution* 7(10), 336-339.

Hodge A., Paterson E., Thornton B., Millard P., Killham K., 1997. Effects of photon flux density on carbon partitioning and rhizosphere carbon flow of Lolium perenne. *Journal of Experimental Botany* 48(315), 1797-1805.

Hojberg O., Sorensen J., 1993. Microgradients of microbial oxygen-consumption in a barley rhisphere model system? *Applied and Environmental Microbiology* 59, 431-437.

Hooper D.U., Vitousek P.M., 1998. Effects of plant composition and diversity on nutrient cycling. *Ecological Monographs* 68, 121-149.

Hopkins D.W., Chudek J.A., Shiel R.S., 1993. Chemical characterization and decomposition of organic matter from two contrasting grassland soil profiles. *Journal of Soil Science* 44, 147-157.

Hu S., Chapin F.S., Firestone M.K., Field C.B., Chiarello N.R., 2001. Nitrogen limitation microbial decomposition in a grassland under elevated CO_2. *Nature* 409, 188-191.

I

Institut Wallon asbl., 2003. Atlas de Wallonie. Ministère de la Région Wallonne, Direction Générale de l'Aménagement du Territoire, du Logement et du Patrimoine.

J

Jaillard B., Plassard C., Hinsinger P., 2001. Techniques for measuring root-induced pH changes in the rhizosphere. *In: Soil Acidity Handbook,* (Z. Rengel; eds), Marcel Dekker, USA, (in press).

Jaillard B., Ruiz L., Arvieu J.C., 1996. pH mapping in transparent gel using color indicator videodensitometry.- *Plant and Soil* 183, 1-11.

Jaillard B., 1985. Activité racinaire et rhizostructures en milieu carbonaté.- *Pédologie* 35, 297-313.

Janssen P.H., 2006. Identifying the dominant soil bacterial taxa in libraries of 16S rRNA and 16S rRNA genes. *Appl Environ Microbiol.* 72, 1719-1728.

Jenkinson D.S., Rayner J.H., 1977. The turnover of soil organic matter in some of the Rothamsted Classical Experiments. *Soil Science* 123, 298-305.

Jenkinson D.S., 1990. The turnover of organic carbon and nitrogen in soil. *Phil. Trans. R. Soc. Lond.,* B 329, 361-368.

Jones D.L., 1998. Organic acids in the rhizosphere – a critical review.- *Plant and Soil* 205, 25-44.

Jossi M., Fromin N., Tarnawski S., Kohler F., Gillet F., Aragno M., Hamelin J., 2006. How does elevated pCO_2 modify total and metabolically active bacterial communities in the rhizosphere of two perennial grasses grown in field conditions? *Microbiology and Ecology* 55, 339-350.

K

Kabata-Pendias A., Pendias H., 1992. Trace elements in soils and plants.- *2nd Edition, CRC Press, Boca Raton, Florida,* 365p.

Kalburtji K.L., Mosjidis J.A., Mamolos A.P., 1999. Litter dynamics of low and high tannin sericea lespedeza plants under field conditions. *Plant and Soil* 208(2), 271-281.

Keyser P., Kirk T.K., Zeikus J.G., 1978. Ligninolytic enzyme system of *Phanerochaète chrysosporum* synthesized in the absence of lignin in response to nitrogen starvation. *Journal of Bacteriology* 135, 790-797.

Klair S., Hider R.C., Adams M.Z., Leigh R.A., 1996. Studies of iron transport in wheat using synthetic phytosiderophores.- *Journal of Plant Nutrition* 19, 1295-1307.

Kragelund L., Leopold C., Nybroe O., 1996. Outer membrane protein heterogeneity within *Pseudomonas fluorenscens* and *p. Putida* and use of OprF antibody as a probe for rRNA homology group I pseudomonads. *Applied and Environmental Microbiology* 62, 480-485.

Kuzyakov Y., 2002. Review: Factors affecting rhizosphere priming effects. *Journal of Plant Nutrition and Soil Science* 165, 382-396.

Kuzyakov Y., Domanski G., 2000. Carbon input by plants into the soil. Review. *Journal of Plant Nutrition and soil Science* 163 (4), 421-431.

Kuzyakov Y., Larionova A.A., 2005. Root and rhizomicrobial respiration: A review of approaches to estimate respiration by autotrophic and heterotrophic organisms in soil. *J Plant Nutr Soil Sci* 168, 503-520.

Kuzykov Y., Demin V., 1998. CO_2 efflux by rapid decomposition of low molecular organic substance in soils. *Sciences of Soils* 3, 2.

Kuzyakov Y., Kreyzschmar A., Stahr K., 1999. Contribution of *Lolium perenne* rhizodeposition to carbon turnover of pasture soil. *Plant and Soil* 213, 127-136.

L

Ladd J.N., Amato M., Grace P.R., Van Veen J.A., 1995. Simulation of 14C turnover through the microbial biomass in soils incubated with ^{14}C labelled plant residues *Soil Biology & Biochemistry* 27, 777-783.

Lambers H., Poorter H., 1992. Inherent variation in growth rate between higher plants: a search for physiological causes and ecological consequences. *Advances in Ecological Research* 23, 189-261.

Larsson K., Steen E., 1988. Changes in mass and chemical composition of grass roots during decomposition. *Grass Forage Science* 43, 173-177.

Lauber C.L., Strickland M.S., Bradford M.A., Fierer N., 2008. The influence of soil properties on the structure of bacterial and fungal communities across land-use types. *Soil Biol. Biochem.* 40, 2407-2415.

Lauber C.L., Hamady M., Knight R., Fierer N., 2009. Pyrosequencing-based assessment of Soil pH as a predicator of soil bacterial community structure at the continental scale. *Appl Environ Microbiol.* 75, 5111-5120.

Lavelle P., Blanchart E., Martin A., Martin S., Spain A., Toutain F., Barois I., Schaefer R., 1993. A hierarchical model for decomposition in terrestrial ecosystems-Application to soils of the humid tropics *Biotropica* 25(2), 130-150.

Lesuffleur F., 2007. Rhizodéposition à court terme de l'azote et exsudation racinaire des acides aminés par le trèfle blanc (*Trifolium repens* L.). *Doctorat de l'université de Caen. France,* 260p.

Lemanceau P., Bakker P., Raaijmakers J., Bloemberg G., Höfte M., Cooke B.M., 2007. New Perspectives and Approches in Plant Growth-Promoting Rhizobacteria Research. *Reprinted from European Journal of Plant Pathology, volume 119, N°3 Eds springer,* 365p.

Liljeroth E., Kuikman P., Van Veen J.A., 1994. Carbon translocation to the rhizosphere of maize and wheat and influence on the turnover of native soil organic matter at different soil nitrogen levels. *Plant and Soil* 161, 233-240.

Lipson D.A., Raab T.K., Schmidt S.K., Monson R.K., 2001. An empirical model of amino acid transformations in an alpine soil. *Soil Biol Biochem* 33, 189-198.

Loiseau P., Soussana J.F., 1999. Elevated [CO_2], temperature increase and N supply effects on the turnover of below-ground carbon in a temperate grassland ecosystem. *Plant and Soil* 210, 233-247.

Lorenz S.E., Hamon R.E., McGrath S.P., 1994. Differences between soil solutions obtained from rhizosphere and non-rhizosphere soils by water displacement and soil centrifugation.- *European Journal of Soil Science* 45, 431-438.

Lugtenberg B.J., Dekkers L.C., 1999. What makes *Pseudomonas* bacteria rhizosphere competent? *Environmental Microbiology* 1, 9-13.

Lynch J.M., Whipps J.M., 1990. Substrate flow in the rhizosphere. *Plant and Soil* 129, 1-10.

M

Magid J., Jensen L.S., Mueller T., Nielsen N.E., 1997. Size-density fractionation for in situ measurements of rape straw decomposition - an alternative to the litterbag approach. *Soil Biology & Biochemistry* 29(7), 1125-1133.

Martin J.K., 1987. Effects of plants on the decomposition of ^{14}C-labelled soil organic matter. *Soil Biology & Biochemistry* 19(4), 473-474.

Martiny J.B., Bohannan B.J., Brown J.H., Colwell R.K., Fuhrman J.A., Green J.L., Horner-Devine M.C., Kane M., Krumins J.A., Kuske C.R., Morin P.J., Naeem S., Øvreås L., Reysenbach A.L., Smith V.H., Staley J.T., 2006. Microbial biogeography: putting microorganisms on the map. *Nat Rev Microbiol.* 4, 102-112.

Marschner H., 1995. Mineral nutrition of higher plants. *Second Edition, Academic Press*, San Diego, 889p.

Marschner H., Romheld V., Cakman I., 1987. Root-induced changes of nutrient availability in the rhizosphere. *Journal of Plant Nutrition* 10, 1175-1184.

Marschner H., Römheld V., 1994. Strategies of plants for acquisition of iron. *Plant and Soil* 165, 261-274.

Mary B., Fresneau C., Morel J.L., Mariotti A., 1993. C-Cycling and N-Cycling During Decomposition of Root Mucilage, Roots and Glucose in Soil. *Soil Biology & Biochemistry* 25(8), 1005-1014.

Mary B., Recous S., Darwis D., Robin D., 1996. Interactions between decomposition of plant residues and nitrogen cycling in soil. *Plant and Soil* 181(1), 71-82.

Mary B., Recous S., Robin D., 1998. A model for calculating nitrogen fluxes in soil using N-15 tracing. *Soil Biology & Biochemistry* 30(14), 1963-1979.

Mc Laughlin M.J., Smolders E., Merckx R., 1998. Soil-root interface: Physicochemical processes. *In Soil Chemistry and Ecosystem Health. Soil Science Society of America, Madison, Wisconsin, USA.* Special Publication 52, 233- 277.

Mench M., 1990. Transfert des oligo-éléments du sol à la racine et absorption. *Compte Rendu de l'Académie de Agriculture Française* 76, 17-30.

Mench M., Fargues S., 1995. Metal uptake by iron-efficient and inefficient oats. *Iron Nutrition in Soils and Plants (J. Abadia ed.), Kluwer Academic Publishers, Dordrecht, The netherlands,* 217-223.

Mench M., Morel J.L., Guckert A., Guillet B., 1988. Metal binding with root exudates of low molecular weight. *Journal of Soil Science* 39, 521-527.

Melillo J.M., Naiman R.J., Aber J.D., Linkins A.E., 1984. Factors controlling mass loss and nitrogen dynamics of plant litter decaying in Northern streams Bull. *Marine Science* 35(3), 341-356.

Melillo J.M., Aber J.D., Linkins A.E., Ricca A., Fry B., Nadelhoffer K.J., 1989. Carbon and nitrogen dynamics along the decay continuum: Plant litter to soil organic matter. *Plant and Soil* 115, 189-198.

Molina J.A.E., Clapp C.E., Shaffer M.J., Chichester F.W., Larson W.E., 1983. NC Soil, a model of nitrogen and carbon transformations in soil: description, calibration and behaviour. *Soil Science Society of American Journal* 47, 85-91.

Mollison B., Holmgren D., 1986. Permaculture Tome 1. Une agriculture pérenne pour l'autosuffisance et les exploitations de toutes tailles. Edition pour la France et les pays francophones, *Edition Debard,* 182p.

Mollison B., 1986. Permaculture Tome 2. Aménagements pratiques à la campagne et en ville. Traduction française de François Couplan. Equilibre, 196p.

Moorhead D.L., Westerfield M.M., Zak J.C., 1998. Plants retard litter decay in a nutrient-limited soil : a case of exploitative competition ? *Oecologia* 113, 530-536.

Mori S., Nishizawa N., Kawai S., Sato Y., Takagi S., 1987. Dynamic state of mugineic acid and analogous phytosiderophores in Fe-déficient barley. *Journal of Plant Nutrition* 10, 1003-1011.

Mueller T., Jensen L.S., Hansen S., Nielsen N.E., 1996. Simulating soil carbon and nitrogen dynamics with the soil-plant-atmosphere system model DAISY. *In: Evaluation of Soil Organic Matter Models*, (D.-S. Powlson, P. Smith, J.-U. Smith, eds). Springer Verlag, 275-282.

Muller A.K., Westergaard K., Christensen S., Sorensen S.J., 2002. The diversity and function of soil microbial communities exposed to different disturbances. *Microb Ecol.* 44, 49-58.

Mummey D.L., Stahl P.D., 2004. Analysis of soil whole and inner microaggregate bacterial communities. *Microb Ecol.* 48, 41-50.

Murty D., Kirschbaum M.F.U., McMurtrie R.E., McGilvray A., 2002. Does conversion of forest to agricultural land change soil carbon and nitrogen? *Global Change Biology.* 8, 105-123.

N

Nicolardot B., Denys D., Lagacherie B., Cheneby D., Mariotti M., 1995. Decomposition of N-15- labelled catch-crop residues in soil. Evaluation of N mineralisation and plant-N uptake potentials under controlled conditions. *European Journal of Soil Science* 46(1), 115-123.

Nicolardot B., Recous S., 2001. Matières organiques et activités biologiques des sols cultivés: décomposition des résidus : une affaire d'histoire culturale et de travail du sol. *Perspectives agricoles* 272, 49-54.

Nguyen C. 2003. Rhizodeposition of organic C by plants: mechanisms and controls. *Agronomie* 23, 375-396.

Noguez A.M., Arita H.T., Escalante A.E., Forney L.J., Garcia-Oliva F., Souza V., 2005. Microbial macroecology: highly structured prokaryotic soil assemnlages in a tropical deciduous forest. *Global Ecol. Biogegr.* 14, 241-248.

Norby R.J., Cotrufo M.F., Ineson P., ONeill E.G., Canadell J.G., 2001. Elevated CO_2, litter chemistry, and decomposition: a synthesis. *Oecologia* 127(2), 153-165.

Nunan N., Daniell T.J., Singh B.K., Papert A., McNicol J.W., Prosser J.I., 2005. Links between plant and rhizoplane bacterial communities in grassland soils, characterized using molecular techniques. *Appl Environ Microbiol.* 71, 6784-6792.

Nunan N., Ritz K., Crabb D., Harris K., Wu K.J., Crawford J.W., Young I.M., 2001. Quantification of the in situ distribution of soil bacteria by large scale imaging of thin sections of undisturbed soil. *FEMS Microbiol Ecol.* 37, 67-77.

Nunan N., Wu K., Young I.M., Crawford J.W., Ritz K., 2002. In situ spatial patterns of soil bacterial populations, mapped at multiple scales, in an arable soil. *Microb Ecol.* 44, 296-305.

Nusslein K., Tiedje J.M., 1999. Soil bacterial community shift correlated with change from forest to pasture vegetation in a tropical soil. *Appl Environ Microbiol.* 65, 3622-3626.

Nye P.H., 1981. Changes of pH across the rhizosphere induced by roots. *Plant and Soil* 61, 7-26.

Nye P.H., 1984. On estimating the uptake of nutriments solubilized near root or other surfaces. *Journal of Soils Sciences* 35, 469-445.

Nye P.H., 1986. Acid-base changes in the rhizosphere. *Advances in Plant Nutrition* 2, 129-1253.

O

Oades J.M., 1984. Soil organic matter and structural stability: mechanisms and implications for management. *Plant Soil.* 76, 319-337.

P

Pansu M., Sidi H., 1987. Cinétique d'humification et de minéralisation de mélanges sols résidus végétaux. *Science du Sol* 25(4), 247-265.

Parent M.E., Velegol D., 2004. *E. coli* adhesion to silica in the presence of humic acid. *Colloids Surf B Biointerfaces.* 39, 45-51.

Parmentier B., 2009. Nourrir l'humanité-Les grands problèmes de l'agriculture mondiale au XXIème siècle. *Editions la découverte 2007-2009,* Paris, 293p.

Parfitt R.L., Salt G.J., 2001. Carbon and nitrogen mineralisation in sand, silt, and clay fractions of soils under maize and pasture. *Australian Journal of Soil Research* 39(2), 361-371.

Parton W.J., Stewart J.W.B., Cole C.V., 1988. Dynamics of C, N, P and S in grassland soils : a model. *Biogeochemistry* 5: 109-131.

Paterson E., Gebbing T., Abel C., Sim A., Telfer G., 2006. Rhizodeposition shapes rhizosphere microbial community structure in organic soil. *New Phytol* 173, 600-610.

Paterson E., Hall J.M., Rattray E.A.S., Griffiths B.S., Ritz K., Killham K., 1997. Effect of elevated CO_2 on rhizosphere carbon flow and soil microbial processes. *Global Change Biology* 3, 363-377.

Persello-Cartieaux F., Nussaume L., Robaglia C., 2003. Tales from the underground: molecular plant-rhizobacteria interactions. *Plant Cell and Environment* 26, 189-199.

Personeni E., 2004. Dynamique du carbone et de l'Azote lors de la décomposition in situ de litières racinaires de graminées prairiales. *Doctorat de l'Université de Paris VI,* 170p.

Personeni E., Nguyen C., Marchal P., Pagès L., 2007. Experimental evaluation of an efflux-influx model of C exudation by individual apical root segments. *Journal of Experimental Botany* 58(8), 2091-2099.

Phillipot L., Renault P., Sierra J., Henault C., Clays-Josserand A., Chenu C., Chaussod R., Lensi R., 1996. Dissimilatory nitrite-reductase provides a competitive advantage to Pseudomonas sp. RTC01 to colonise the centre of soil aggregates. *FEMS Microbiol Ecol.* 21, 175-185.

Pinton R., Varanini Z., Nannipieri P., 2007. The Rhizosphere, Biochemistry and organic substances at the soil-plant interface. *CRC Press, Boca Raton, FL, USA,* 447 p.

Postma J., van Veen J.A., Walter S., 1989. Influence of different initial soil moisture contents on the distribution and population dynamics of intriduced *Rhizobium leguminosarum* biovar *trifolii. Soil Biol. Biochem.* 21, 437-442.

Prescott C.E., 1995. Does nitrogen availability control rates of litter decomposition in forests? *Plant and Soil* 169, 83-88.

Prescott C.E., Corbin J.P., Parkinson D., 1992. Immobilization and availability of N and P in the forest floors of fertilized Rocky Mountain coniferous forests. *Plant and Soil* 143, 1-10.

R

Rainey P.B., 1999. Adaptation of *Pseudomonas fluorescens* to the plant rhizosphere. *Environmental Microbiology* 1, 243-257.

Rajendhran J., Gunasekaran P., 2008. Strategies for accessing soil metagenome for desired applications. *Biotechnol Adv.* 26, 576-590.

Ramette A., Tiedje J.M., 2007. Biogeography: an emerging cornerstone for understanding prokaryotic diversity, ecology, and evolution. *Microb Ecol.* 53, 197-207.

Ranjard L., Richaume A., 2001. Quantitative and qualitative microscale distribution of bacteria in soil. *Res Microbiol.* 152, 707-716.

Ranjard L., Richaume A., Jocteur Monorozier L., Nazaret S., 1997. Response of soil bacteria to Hg(II) in relation to soil caracteristics and cell location. *FEMS Microbiol Ecol.* 321-331.

Rappe M.S., Giovannoni S.J., 2003. The uncultured microbial majority. *Annu Rev Microbiol.* 57, 369-394.

Richardson A.E., Hadobas P.A., Hayes J.E., 2001. Extracellular secretion of *Aspergillus* phytase from *Arabidopsis* roots enables plants to obtain phosphorus from phytate. *Plant J* 25, 641-649.

Ritz K., McNicol W., Nunan N., Grayston S., Millard P., Atkinson D., Gollotte A., Habeshaw D., Boag B., Clegg C.D., Griffiths B.S., Weatley R.E., Glover L.A., McCaig A.E., Prosser J.I., 2004. Spatial strucutre in soil chemical and microbiological properties in an upland grassland. *FEMS Microbiol Ecol.* 49, 191-205.

Rovira A.D., 1964. Interactions between plant roots and soil microorganisms. *Annual Review of Microbiology* 19, 241-266.

Rovira A.D., Davey C.B., 1971. Biology of rhizosphere. *In: The Plant Root and its Environment,* University Press of Vrginia, Charlotteville, 158-213.

Römheld V., 1986. pH-Veränderungen in der Rhizosphäre verschiedener Kulturpflanzenarten in Abhängigkeit vom Nährstoffangebot- *Potash Rev.* 55, 1-8.

Römheld V., 1991. The role of phytosidérophores in acquisition of iron and other micronutrients in graminaceous species : an ecological approach. *Plant and Soil* 130, 127-134.

Römheld V, Müller C., Marschner H., 1984. Localization and capacity of proton pumps in roots of intact sunflower plants. *Plant Physiology* 76, 603-606.

Robert M., Chenu, C., 1992. INtercations between soil minerals and micro-organisms, in Stotzky. G., Bollag, J.M. (Eds) *Soil Biochemestry* 307-404.

Ruf A., Kuzyakov Y., Lopatovskaya O., 2001. Carbon fluxes in sol food webs of increasing complexity revealed by ^{14}C labelling and ^{13}C natural abundance. *Soil Biol Biochem* 38, 2390-2400.

Rykiel E.J., 1985. Towards a definition of ecological disturbance. *Aus J Ecol.* 10, 361-365.

Ryser P., Lambers H., 1995. Root and leaf attributes accounting for the performance of fast- and slow-growing grasses at different nutrient supply. *Plant and Soil* 170, 251-265.
Ryser P., 1996. The importance of tissue density for growth and life span of leaves and roots: a comparaison of five ecologically contrasting grasses. *Functional Ecology* 10(6), 717-723.
Ryser P., Notz R., 1996. Competitive ability of three ecologically contrasting grass species at low nutrient supply in relation to their maximal relative growth rate and tissue density. *Bulletin of the Geobotanical Institute ETH* 62, 3-12.
Ryser P., Urbas P., 2000. Ecological significance of leaf life span among Central European grass species. *Oikos* 91(1), 41-50.

S

Sala O.E., Chapin F.S. 3rd, Armesto J.J., Berlow E., Bloomfield J., Dirzo R., Huber-Sanwald E., Huenneke L.F., Jackson R.B., Kinzig A., Leemans R., Lodge D.M., Mooney H.A., Oesterheld M., LeRoy Poff N., Sykes M.T., Walker B.H., Walker M., Wall D.H., 2000. Global biodiversity scenarios for the year 2100. *Science.* 287, 1770-1774.
Same B.I., Robson A.D., Abbot L.K., 1983. Phosphorus, soluble carbohydrates and endomyccorhizal infection. *Soil Biology and Biochemistry* 15, 593-597.
Schenk N.G., 1976. Microorganisms and Root development and Function. *Soil and Crop Science Society, Madison, FL.*
Schomberg H.H., Steiner J.L., 1999. Nutrient dynamics of crop residues decomposing on a fallow no-till soil surface. *Soil Science Society of America Journal* 63(3), 607-613.
Seastedt T.R., Parton W.J., Ojima D.S., 1992. Mass loss and nitrogen dynamics of decaying litter of grasslands: the apparent low nitrogen immobilisation potential of root detritus. *Canadian Journal of Botany* 70(2), 384-391.
Semple K.T., Doick K.J., Jones K.C., Burauel P., Craven A., Harms H., 2004. Defining bioavailability and bioaccessibility of contaminated soil and sediment is complicated. *Environmental science & technology* 38, 228A-31A.
Shen J., Batha R., 1997. Priming effect of glucose polymers in soil-based biodegradation tests. *Soil Biology & Biochemistry* 29(8), 1195-1198.
Silver W.L., Miya R.K., 2001. Global patterns in root decomposition: comparisons of climate and litter quality effects. *Oecologia* 129(3), 407-419.
Singh B.K., Millard P., Whiteley A.S., Murrell J.C., 2004. Unravelling rhizosphere-microbial interactions: opportunities and limitations. *Trends Microbiol.* 12, 386-393.
Singh B.K., Munro S., Potts J., Millard P., 2007. Influence of grass species and soil type on rhizosphere microbial community structure in grassland soils. *Appl. Soil Ecol.* 36, 147-155.
Singh B.K., Tate K.R., Kolipaka G., Hedley C.B., Macdonald C.A., Millard P., Murrell J.C., 2007. Effect of afforestation and reforestation of pastures on the activity and population dynamics of methanotrophic bacteria. *Appl Environ Microbiol.* 73, 5153-5161.
Singh B.K., Nazarie L., Munro S., Anderson I., Campbell C.D., 2006. Use of multiplexterminal restriction fragment lenght polymorphism for rapid and

simultaneous analysis of different components of the soil microbial community. *Appl Environ Microbiol.* 72, 7278-7285.

Singh B.K., Dawson L.A., McDonald C.A., Buckland S.M., 2009. Impact of biotic and abiotic interaction on soil microbial communities and functions: A field study. *App. Soil Ecol.* 41, 239-248.

Six J., Elliot E.T., Paustian K., 1999. Aggregate and soil organic matter dynamics under conventional and no-tillage systems. . *Soil Sci Soc Am J.* 63, 1350-1358.

Six J., Elliot E.T., Paustian K., 2000. Soil macroaggregate turnover and microaggregate formation: a mechanism for C sequestration under no-tillage agriculture. *Soil Biol Biochem* 32, 2099-2103.

Six J., Guggenberger G., Paustian K., Haumaier L., Elliott E.T., Zech W., 2001. Sources and composition of soil organic matter fractions between and within soil aggregates. *European Journal of Soil Science* 52(4), 607-618.

Soltner D., 1996. Les Bases de la Production végétale. Tome 1 : le sol. *Collection « Sciences et Techniques agricoles » - « Le Clos Lorelle », Saint-Gemmes-sur-Loire.*

Sϕrensen J., Jensen L.E., Nybroe O., 2001. Soil and rhizosphere as habitats for *Pseudomonas* inoculants: New knowledge on distribution, activity and physiological state derived from micro-scale and single-cell studies. *Plant and Soil* 232, 97-108.

Sowerby A., Blum H., Gray T.R.G., Ball A.S., 2000. The decomposition of *Lolium perenne* in soils exposed to elevated CO_2: comparisons of mass loss of litter with soil respiration and soil microbial biomass. *Soil Biology & Biochemistry* 32(10), 1359-1366.

Stanton N.L., 1988. The underground in grasslands. *Annual Review of Systematic and Ecology* 19, 573-589.

Sugiura Y., Nomoto K. 1984. Phytosiderophores Structures and Properties of Mugineic Acids and Their Metal Complexes. *Structure and Bonding* 58, 109-122.

Sullivan W.M., Jiang Z.C., Hull R.J., 2000. Root morphology and its relationship with nitrate uptake in Kentucky bluegrass. *Crop Science* 40(3), 765-772.

Suslow T.V., Schroth M.N., 1982. Role of deleterious rhizobacteria as minor pathogens in reducing crop growth. *Phytopathology* 72.

Swift M.J., Heal O.W., Anderson J.M., 1979. Decomposition in Terrestrial Ecosystems. Blackwell, Oxford.

T

Takagi S., 1976. Naturally occurring iron-chelating compounds in oat- and rice root washings. I. Activity measurement and preliminary characterization. *Soil Science and Plant Nutrition*, 22, 423-433.

Takagi S., Nomoto K., Takemoto T., 1984. Physiological aspect of mugineic acid, a possible phytosiderophore of graminaceous plants. *Journal of Plant Nutrition* 7, 469- 477.

Takagi S., Kamei S., Yu M., 1988. Efficiency of iron extraction from soil by mugineic acid family phytosiderophores. *Journal of Plant Nutrition* 11, 643-651.

Tarlera S., Jangid K., Ivester A.H., Whitman W.B., Williams M.A., 2008. Microbial community succession and bacterial diversity in soils during 77,000 years of ecosystem development. *FEMS Microbiol Ecol.* 64, 129-140.

Tateno M., Chapin F.S., 1997. The logic of carbon and nitrogen interactions in terrestrial ecosystems. *American Naturalist* 149(4), 723-744.

Taylor B., Parkinson D., Parsons W., 1989. Nitrogen and lignin content as predictors of litter decay rates: a microcosm test. *Ecology* 70, 97-104.

Ter Heerdt G.N.J., Bakker J.P., De Leeuw J., 1991. Seasonal and spatial variation in living and dead plant material in a grazed grassland as related to plant species diversity. *Journal of Applied Ecology* 28, 120-127.

Tiedje J.M., Assuming-Bremppong S., Nusslein K., Marsh T.L., Flynn S.J., 1999. Opening the black box of soil microbial diversity. *Appl. Soil Ecol.* 13, 109-122.

Tilman D., 1990. Mechanisms of plant competition for nutrients: the elements of predictive theory of competition. *Perspectives on Plant competition*, 117-141.

Tisdall J.M., Oades J.M., 1982. Orgabic matter and water-stable aggregates in soils. *J Soil Sci.* 33, 141-163.

Titus B.D., Malcolm D.C., 1987. The effect of fertilization on litter decomposition in clearfelled spruce stands. *Plant and Soil* 100, 297-322.

Todorovic C., Nguyen C., Robin C., Guckert A., 2001. Root and microbial involvement in the kinetics of ^{14}C-partitioning to rhizosphere respiration after a pulse labelling of maize assimilates. *Plant Soil* 228, 179-189.

Trinsoutrot I., 1999. Influence de la qualité biochimique et de la teneur en azote de résidus de colza (*Brassica napus* L.) sur les biotransformations du carbone et de l'azote au cours de leur décomposition dans le sol. *Université Claude Bernard, Lyon, Lyon I,* 114-117.

Trinsoutrot I., Recous S., Bentz B., Linères M., Chèneby D., Nicolardot B., 2000. Biochemical quality of crop residues and carbon and nitrogen mineralisation kinetics under non limiting nitrogen conditions. *Soil Science Society of American Journal* 64, 918-926.

V

Van der Krift K., Berendse F., 2001. The effect of plant species on soil nitrogen mineralisation. *Journal of Ecology* 89(4), 555-561.

Van der Krift K., Kuikman P.J., Berendse F., 2002. The effect of living plants on root decomposition of four grass species, *Oikos* 96, 36-45.

Van der Krift T.A.J., Berendse F., 2002. Root life spans of four grass species from habitats differing in nutrient availability. *Functional Ecology* 16(2), 198-203.

Van der Krift T.A.J., Kuikman P.J., Moller F., Berendse F., 2001. Plant species and nutritionalmediated control over rhizodeposition and root decomposition. *Plant and Soil* 228(2), 191-200.

Van Ginkel J.H., Gorissen A., Van Veen J.A., 1996. Long-term decomposition of grass roots as affected by elevated atmospheric carbon dioxide. *Journal of Environmental Quality* 25(5), 1122-1128.

Van Kessel C., Horwath W.R., Hartwig U., Harris D., Luscher A., 2000. Net soil carbon input under ambient and elevated CO_2 concentrations: isotopic evidence after 4 years. *Global Change Biology* 6, 435-444.

Van Vuuren M.M., Van Der Eerden L.J., 1992. Effects of three rates of atmospheric nitrogen deposition enriched with ^{15}N on litter decomposition in a heathland. *Soil Biology & Biochemistry* 24(6), 527-532.

Varin S., 2009. Plasticité fonctionnelle du trèfle blanc en réponse à la disponibilité en soufre. Spécialité : Physiologie, Biologie des Organismes, Populations (écologie fonctionnelle et biotechnologie), *Ecole Doctorale Normande de Chimie-Biologie, Thèse de doctorat de l'université de Caen.* 213p.

Varin S., Cliquet J.B., Personneni E., Avice J.C., Lemauviel-Lavenant S., 2010. How does sulphur availability modify N acquisition of white clover (*Trifolium repens* L.) ? *Journal of Experimental Botany* 61(1), 225-234.

Vertès F., Laurent F., Recous S., Leterme P., Kerveillant P., Mary B., 2001. Measurement of C and N mineralisation following grazed grassland destruction. *In 11th Nitrogen Workshop, Reims, France, 9-12 September 2001,* p371.

Verville J.H., Hobbie S.E., Chapin F.S., Hooper D.U., 1998. Response of tundra Ch4 and Co2 flux to manipulation of temperature and vegetation. *Biogeochemestry.* 41, 215-235.

Vincent C., Coderre D., 1992. La lutte biologique. *Tec & Doc*, 702p.

Voisard C., Keel C., Haas D., Défago G., 1989. Cyanide production by Pseudomonas fluorescens helps suppress black root rot of tobacco under gnotobiotic conditions. *The EMBO Journal* 8, 351-358.

Vong P.C., Piutti S., Bénizri E., Slezack-Deschaumes S., Robin C., Guckert A., 2007. Watersoluble carbon in roots of rape and barley: impacts on labile soil organic carbon, arylsulphatase activity and sulphur mineralization. *Plant Soil* 294, 19-29.

W

Wahl S., Ryser P., 2000. Root tissue structure is linked to ecological strategies of grasses. *New Phytologist* 148(3), 459-471.

Waligora C., Vian J.F., 2010. Relations racine et sol : Un monde de communications et d'équilibres. *Techniques culturales simplifiées* 57, 18-28.

Wardle D.A., Barker G.M., Bonner K.I., Nicholson K., 1998. Can comparative approaches based on plant ecophysiological traits predict the nature of biotic interactions and individual plant species effects in ecosystems ? *Journal of Ecology* 86(3), 406-420.

Wedin D.A., Tilman D., 1990. Species effects on nitrogen cycling: a test with perennial grasses. *Oecologia* 84, 433-441.

Weidenhamer J.D., 1996. Distinguish resource competition and chemical interference: overcoming the methodological impasse. *Agronomy Journal* 88(6), 866-875.

White R.E., 2006. Principles and practice of soil science. The soil as a natural resource. . *Fourth edn: Blackwell Publishing.*

Whipps J.M., 2001. Microbial interactions and biocontrol in the rhizosphere. *Journal of Experimental Botany* 52, 487-511.

Lynch J.M., Whipps J.M., 1990. Substrate flow in the rhizosphere. *Plant and Soil* 129, 1-10. and *In: The Rhizosphere and Plant Growth* (D.-L. Keister, P.-B. Cregan, eds), Dordecht: Kluwer, 15-24.

Wieder R.K., Lang G.E., 1982. A critique of the analytical methods used in examining decomposition data obtained from litter bags. *Ecology* 63(6), 1636-1642.

Wilson P.J., Thompson K., Hodgson J.G., 1999. Specific leaf area and leaf dry matter content as alternative predictors of plant strategies. *New Phytologist* 143(1), 155-162.

Wu J., Brookes P.C., Jenkinson D.S., 1993. Formation and destruction of microbial biomass during the decomposition of glucose and ryegrass in soil. *Soil Biology & Biochemistry* 25(10), 1435- 1441.

Y

Youssef R.A., Chino M., 1989. Studies on the behavior of nutrients in the rhizosphere. I. Establishment of a new rhizobox system to study nutrient status in the rhizosphere. *Journal of Plant Nutrition* 10, 1185-1195.

Z

Zhou J., Xia B., Treves D.S., Wu L.Y., Marsh T.L., O'Neill R.V., Palumbo A.V., Tiedje J.M., 2002. Spatial and resource factors influencing high microbial diversity in soil. *Appl Environ Microbiol.* 68, 326-334.

CHAPITRE 2

Rôle de la microflore du sol dans la croissance, le développement des plantes et des racines

> *« Beaucoup veulent changer le monde ; mais peut veulent changer ce qu'il y a en eux-mêmes. »* Léon Tolstoï, écrivain russe, (1928-1910)

Résumé

Dans le sol, les microorganismes représentent la majorité des organismes vivants et constituent une importante part de la diversité génétique de la planète.

Les microorganismes peuvent jouer un rôle important dans la stimulation des défenses naturelles des plantes et dans l'amélioration de sa croissance. Il semblerait qu'à chaque système plante-agent pathogène et plante-microorganisme bénéfique-agent pathogène correspond un dispositif de défense particulier et d'amélioration de la croissance.

En effet, grâce à leur étroite relation avec leur hôte et leurs effets bénéfiques sur ce dernier, les microorganismes notamment les bactéries présentent un intérêt particulier en lutte biologique et agro-écologie durable intensive.

Dans une optique d'agro-écologie durable, l'étude de l'effet de ces microorganismes sur la croissance et le développement de la plante est d'une importance capitale.

Ces connaissances permettront de comprendre : i) Comment les contraintes, perturbations biotiques ou abiotiques du sol influencent la biodiversité microbienne tellurique, leurs rôles, fonctions et activités dans la rhizosphère et litière? Et, ii) qu'elles sont leurs impacts sur les plantes, la structuration des groupes fonctionnels et communautés végétales qui sont associés à ces bactéries du sol ou ces groupes fonctionnels des rizobactéries ?

Mots clefs : *Sol, rhizosphère, micro-organisme, plante, intéraction, agro-écologie.*

Abstract

In soil, microorganisms represent the majority of living organisms and are an important part of the genetic diversity on the planet.

The microorganisms can played an important role in stimulating the natural defenses of plants and improve growth of plants. It seems that every system of plant-pathogen agent and plant-beneficial microorganism-pathogenic agent corresponded to a device of specific defense and a promoting growth of plants.

In fact, due to their close relationship with their host and their beneficial effects on the latter, microorganisms including bacteria present one particular interest in biological control and the intensive sustainable agro-ecology.

In a target agro-ecologic, the study of effect of these microorganisms on growth and development of plants is paramount importance.

This knowledge will include: i) How does soil constraints, biotic or abiotic disturbance affect telluric microbial biodiversity, roles, functions and activities in the rhizosphere and litter? And, ii) what are their impacts on plants, the structure of plant communities and functional groups that are associated with these soil bacteria or these fonctionnel groups of rhizobacteria?

Key words: *Soil, rhizosphere, microorganism, plant, interaction, agro-ecology.*

Liste des abréviations

ABA : Acide abscissique
ACC : Aminocyclopropane carboxylate
acd : accelerated cell death
AFP : Anti-Freeze Proteins
AIA : Acide indole-3-acétique (auxine)
Aux : Auxine
avr : protéine d'avirulence
BABA : Acide DL-3-amino-n-butyrique ou acide β-amino butyrique
BCA : Bio Control Agent
BR : Brassinostéroïdes
BTH : Acide benzo-(1,2,3)-thiadiazole-7- carbothioïque

Ca^{2+} : Ion calcium
CBF : Cold Binding Factor
CH_4 : Méthane
CK : Cytokinines
CO_2 d : Dioxyde de carbone
COV : Composés Organiques Volatils
DAMPs : Dammage-Associated Molecular Pattern
DAPG : 2,4-diacetylphloroglucinol
DAPG : 2,4-diacetylphloroglucinol
dnd : defense, no death
EDS : Enhanced disease suceptibility
ePGPR : PGPRs extracellulaires
ET : Ethylene
ETI : Effector-Triggered Immunity-Immunité secondaire
ETS : Effector-Triggered Susceptibility
GA : Gibbérellines
H^+ : Proton
H_2O_2 : Peroxyde d'hydrogène
H_2O_2 : Peroxyde d'hydrogène
$HO_2^{\cdot -}$: Radicalhydroperoxyle
INA : Acide 2,6- dichloroisonicotinique
iPGPR : PGPRs intracellulaires
ISR : Resistance Systémique Induite
ISR : Resistance Systémique induite
JA : Acide jasmonique ou jasmonate
K^+ : Cation Potassium
LOX : Lipoxygenase
LPS : Lipopolysaccharides
LTP : Lipid Transfer Protein
MAMPs : Microbial-Associated Molecular Pattern
MAP : Mitogen-Activated Protein
MAPKKK : MAPK kinase kinase
MAPKs : Mitogen-Activated Protein Kinases
MeJA : Methyljasmonate (en solution aqueuse) ou acide méthyl jasmonique
NADP : Nicotinamide Adénine Dinucléotide Phosphate
NahG : Salicylate hydroxylase
NO : Monoxyde d'azote
NPR-1 : Non-expressor of PR-1
$OH^{\cdot}$: Radicalhydroxyle
OPDA : Acide 12-oxo-phytodiènoïque

PAL : phénylalanine ammonia-lyase
PAMPs : Pathogenic-Associated Molecular Pattern
PCR : Polymerase Chain Reaction
PGPB : Plant Growth Promoting Bacterium
PGPF : Plant Growth Promoting Fungus
PGPM : Plant Growth Promoting Microorganism
PGPR : Plant Growth Promoting Rhizobacteria-Rhizobacterie Promotrices de la croissance des plantes
PGPY : Plant Growth Promoting Yeast
PR : Pathogenesis Related
PRRs : Pattern-Recognition Receptor
PTI : PAMP Triggered Immunity-Immunité primaire
R : Protéine de résistance
RH : Réaction d'hypersensibilité
ROS : Reactive Oxygen Species-espèce reactive de l'oxygène
SA : Acide salicylique
SAR : Resistance Systèmique Acquise
SAUR : small auxin up RNA
SID : Salicylic-acid-induction deficient
STS : stilbène synthase
UV : Radiation ultraviolette
UV : radiations ultraviolettes

CHAPITRE 2

Rôle de la microflore du sol dans la croissance, le développement des plantes et des racines

Introduction. Une quête constante d'amélioration des rendements

En agriculture, la quête constante de l'amélioration de la productivité et d'une réduction des coûts ont eu des incidences négatives à plusieurs niveaux. A la suite d'importants bouleversements culturels et agricoles, la qualité de l'environnement a été particulièrement touchée. L'eau a été contaminée par une utilisation intensive de produits phytosanitaires et d'engrais de synthèse. Des résidus nocifs pour la santé sont isolés des aliments issus de l'agriculture. Par la présence de monoculture des appauvrissements des sols, des réductions de la biodiversité et perturbations de la vie microbienne sont démontrés.

Sur la base de ce constat, le concept d'agro-écologie a été développé dans le but d'apporter des alternatives à des méthodes agricoles dangereuses pour notre environnement et notre santé. Altieri (1986), un des pionniers de ce concept, a défini l'agro-écologie comme étant « *une science intégrée qui cherche à comprendre les flux d'énergie, d'information et de matière dans les agroécosystèmes en vue d'optimiser les extrants tout en minimisant l'utilisation d'intrants extérieurs et en évitant l'exploitation minière ou polluante des ressources naturelles* ». L'objectif de l'agro-écologie est de garantir un développement agricole durable et compétitif, nécessaire pour couvrir des besoins croissants, tout en respectant l'environnement afin de récolter des aliments sains et de préserver les écosystèmes comme le présente Parmentier (2009). L'objectif final est de s'orienter vers une agriculture permaculturale et agro-écologie intensive de sorte de faire face aux nouvelles attentes de la société du XXIème siècle. Cette agro-écologie intensive constitue l'un des grands défis de notre civilisation. Pour atteindre ces objectifs, trois axes de recherches sont pour le moment en plein essor : les compléments et alternatives aux intrants et à la lutte chimique.

Les compléments à la résistance naturelle-La lutte chimique

A ce jour, Plusieurs méthodes de lutte contre les maladies existent pour renforcer la résistance naturelle des plantes (Figure. 1). Le développement des maladies est principalement limité ou stoppé par l'utilisation massive et combinée de produits phytosanitaires. Depuis la fin de la seconde guerre mondiale, la lutte chimique s'est révélée être une méthode de lutte performante et indispensable pour combattre les agents pathogènes (Leroux, 2003 ; Pezet *et al.*, 2004). Or, leurs efficacités sont largement démontrées. Mais, les pesticides présentent de nombreux inconvénients (Figure. 2). En effet, l'utilisation massive des pesticides a engendré l'apparition de souches pathogènes multi-résistantes, contre lesquelles les produits actuels sont devenus peu efficaces voir inefficaces. Certains produits présentent également une toxicité aigüe ou chronique pour l'utilisateur, le consommateur (traces de résidus), l'environnement (pollution des sols, rivières et nappes phréatiques) et les organismes non cibles (Gerhardson, 2002 ; Heil & Walters, 2009 ; Cus *et al.*, 2010 ; Komarek *et al.*, 2010), ces derniers pouvant jouer un rôle important dans la stimulation des défenses naturelles des plantes. En Octobre 2007, le Grenelle de l'environnement a préconisé comme objectif de réduire de moitié l'usage des pesticides dans le cadre du projet Ecophyto 2018 (www.agriculture.gouv.fr). De plus, il n'existe plus de traitements chimiques disponibles sur le marché pour lutter contre certaines maladies. Dans le but de réduire leur utilisation, d'autres techniques sont de plus en plus employées comme la prophylaxie, la transgénèse ou la lutte biologique et lutte biologique intégrée.

Figure 1. Les compléments à la résistance naturelle des plantes.

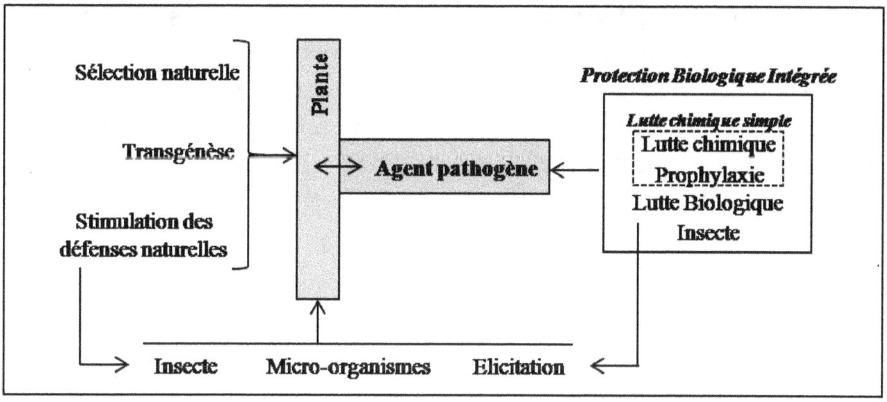

Figure 2. Les problématiques de la lutte chimique (d'après Gerhardson, 2002 ; Morissey *et al.*, 2004 ; Compant *et al.*, 2005a ; Avis *et al.*, 2008).

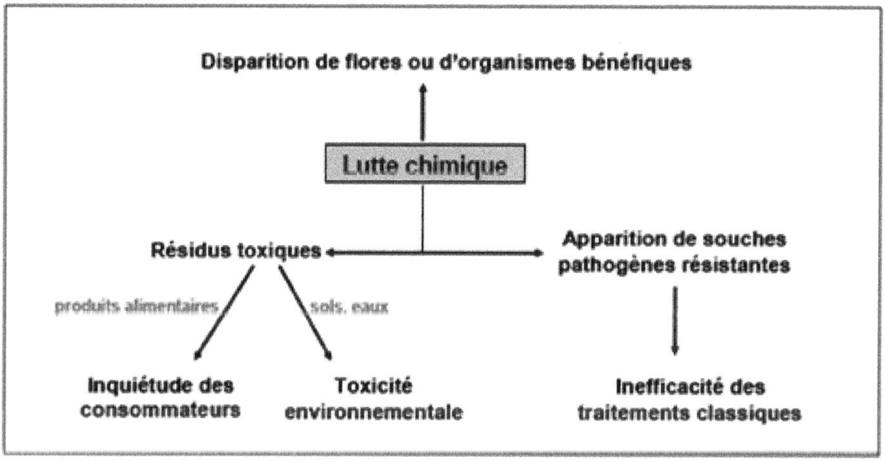

Les alternatives aux produits phytosanitaires

Le sol contient également des êtres vivants appartenant à chacun des grands groupes du vivant : bacteria, archeabacteria, et eucarya. Nous allons nous intéresser plus particulièrement aux bactéries, même si les autres groupes participent également à la structuration du sol et interagissent avec les bactéries et les plantes. Dans le sol, les microorganismes représentent la majorité des organismes vivants et constituent une importante part de la diversité génétique de la planète. Il a été estimé qu'un gramme de sol contenait de 10^{10} à 10^{11} bactéries (Horner-Devine *et al.*, 2003), de 6000 à 50000 espèces bactériennes (Curtis *et al.*, 2002) et jusqu'à 200 m d'hyphes fongiques (Leake *et al.*, 2004). De nombreux micro-organismes endophytes ont été isolés à partir de diverses plantes (Tableau. I & II). En effet, grâce à leur étroite relation avec leur hôte et leurs effets bénéfiques sur ce dernier, ils présentent un intérêt particulier en lutte biologique (Backman & Sikora, 2008). Il faut noter que les champignons endophytes ont été très étudiés ces dernières années du fait de leur capacité à synthétiser de nombreux métabolites secondaires (Schulz *et al.*, 2002 ; Suryanarayanan *et al.*, 2009). Les mycorhizations assistées sont réalisées en routine dans les pépinières.

Tableau I. Exemples de micro-organismes endophytes.

	Souche	Plante hôte	Références
Bactéries	*Alcaligenes sp.*	Citronnier	Araujo et al. (2001)
	Bacillus sp.	Citronnier	Araujo et al. (2001)
	Bacillus sp.	Maïs	Bayman (2007) ; Rijavec et al. (2007)
	Bacillus spp. EPB22	Bananier	Harish et al. (2009)
	Complexe Burkholderia cepacia, Enterobacter sp.,Pantoea sp., Kluyvera sp., Klebsiella sp.	Canne à sucre	Mendes et al. (2007) ; Magnani et al. (2010)
	Curtobacterium flaccumfaciens	Citronnier	Araujo et al. (2001)
	Enterobacter asburiae JM22	Coton	Quadt-Hallmann et al. (1997)
	Enterobacter cloacae	Citronnier	Araujo et al. (2001)
	Frigoribacterium sp.	Maïs	Bayman (2007) ; Rijavec et al. (2007)
	Microbacterium sp.	Maïs	Bayman (2007) ; Rijavec et al. (2007)
	Ochrobactrum sp.	Riz	Verma et al. (2004) ; Gyaneshwar et al. (2001)
	Paenibacillus sp.	Maïs	Bayman (2007) ; Rijavec et al. (2007)
	Pantoea agglomerans	Eucalyptus	Ferreira et al. (2008)
	Pantoea sp.	Maïs	Bayman (2007) ; Rijavec et al. (2007)
	Pantoea sp.	Riz	Verma et al. (2004) ; Gyaneshwar et al. (2001)
	Phyllobacterium sp. (EBBLQ01)	Epimedium brevicornu	He et al. (2009)
	Pseudomonas fluorescens Pf1	Bananier	Harish et al. (2009)
	Rhizobium sp.	Riz	Verma et al. (2004) ; Gyaneshwar et al. (2001)
	Rhizobium sp.	Trèfle blanc	Varin (2009)
	Serratia marcescens	Riz	Verma et al. (2004) ; Gyaneshwar et al. (2001)
	souche non-identifiée	Tabac	Mastretta et al. (2009)
	Sphingomonas sp.	Maïs	Bayman (2007) ; Rijavec et al. (2007)
Champignons	*Cladosporium sp.*	Pin	Ganley et al. (2008)
	Cladosporium sp.	Citronnier	Araujo et al. (2001)
	Colletotrichum gloesporioides	Citronnier	Araujo et al. (2001)
	Colletotrichum sp., Fusarium sp., Penicillium sp.	Caféier	Vega et al. (2009)
	Glomus intraradices	*Medicago truncatula*	Liu et al. (2007)
	Guignardia citricarpa	Citronnier	Araujo et al. (2001)
	Nemania sp.	Pin	Ganley et al. (2008)
	Piriformospora indica	Orge	Waller et al. (2005)
	Rhytismataceae sp.	Pin	Ganley et al. (2008)
	Trichoderma asperellum T34	*Arabidopsis thaliana* L. (Arabette)	Segarra et al. (2009)
	Trichoderma sp.	Cacaoyer	Mejia et al. (2008) ; Bailey et al. (2009)

Tableau II. Espèces de PGPR et leur capacité à fixer le N_2 atmosphérique dans certaines plantes (Bhattacharyya & Jha, 2012).

PGPR	Relationship to host	Host crops	Sample references
Azospirillum sp.	Rhizospheric	Maize	Garcia de Salamone et al. (1996)
		Rice	Malik et al. (1997)
		Wheat	Boddey et al. (1986)
Azoarcus sp.	Endophytic	Kallar grass	Hurek et al. (2002)
		Sorghum	Stein et al. (1997)
Azotobacter sp.	Rhizospheric	Maize	Pandey et al. (1998)
		Wheat	Mrkovacki and Milic (2001)
Bacillus polymyxa	Rhizospheric	Wheat	Omar et al. (1996)
Burkholderia sp.	Endophytic	Rice	Baldani et al. (2000)
Gluconacetobacter sp.	Endophytic	Sorghum	Isopi et al. (1995)
		Sugarcane	Boddey et al. (2001)
Herbaspirillum sp.	Endophytic	Rice	James et al. (2002)
		Sorghum	James et al. (1997)

De plus, les microorganismes jouent un rôle clef et influencent un grand nombre des processus des différents écosystèmes incluant l'acquisition des éléments nutritifs pour les plantes (Smith & Read, 2008 ; Sprent, 2001), les cycles bio-géochimiques comme celui de l'azote (Kowalchuk & Stephen, 2001) ou du carbone (Högberg *et al.*, 2001) et la structure du sol (Rillig & Mummey, 2006). Cependant, alors qu'il est largement reconnu que les microorganismes jouent un rôle indispensable dans les cycles bio-géochimiques, leurs impacts sur la productivité et la diversité des plantes sont encore mal compris.

Dans une optique d'agro-écologie durable, l'étude de l'effet de ces microorganismes sur la croissance et le développement de la plante est d'une importance capitale. Ces connaissances permettront de comprendre : Comment les contraintes, perturbations biotiques ou abiotiques du sol influencent la biodiversité microbienne tellurique, leurs rôles, fonctions et activités dans la rhizosphère? Et, qu'elle est leurs impacts sur la structuration des groupes fonctionnels et communautés végétales qui sont associés à ces bactéries du sol?

I. Microorganisme, Rhizosphère & Sol

I.1. Les bactéries dans le sol

Depuis longtemps, en écologie microbienne tellurique, l'importance de la variabilité des espaces présents dans le sol est reconnue. La distribution des microorganismes dans la matrice « sol » est décrite à des échelles allant de quelques millimètres à plusieurs mètres (Grundmann & Debouzie, 2000 ; Nunan *et al.*, 2002). On définit différents « micro-écosystèmes » au sein du sol. Des différences de populations bactériennes sont associées à des tailles différentes de particules de sol ou des fractions d'agrégats. Mummey *et al.* (2004) ont démontré une stratification spatiale de la flore bactérienne tellurique suivant sa localisation à l'intérieur et/ou à l'extérieur des micro-agrégats. Le fractionnement des micro-agrégats du sol par des irradiations UV permet de comparer les structures de communautés bactériennes à des niveaux écologiques pertinents de la « micro-échelle » (Mummey, 2004).

A ce niveau écologique, l'organisation de la structure matricielle du sol fournit différents habitats dans lesquels les bactéries indigènes sont distribuées de manières hétérogènes (Ranjard & Richaume, 2001). Les bactéries sont localisées soit dans les pores du sol qui représentent jusqu'à 50% du volume total du sol, soit enlisées dans l'argile (Foster, 1988 ; Grundmann, 2004). La distribution des bactéries dans le sol est hétérogène. L'abondance de distribution des bactéries est plus grande dans les micro-pores (Ranjard & Richaume, 2001). Le diamètre maximum des pores les plus fréquemment colonisés par les bactéries est estimé entre 2.5 µm et 9 µm. Ce cas correspond aux textures fines et grossières du sol (Hattori, 1988 ; Postma, 1989). 80% des bactéries sont préférentiellement localisées dans la partie interne des micro et macro-porosités, quel que soit le type de sol (Hattori, 1988 ; Ranjard *et al.,* 1997).

Les bactéries localisées dans les macro-pores sont sujettes à des alternances plus intenses entre sécheresses et inondations. Leur survie dépend de leurs capacités à s'adapter aux fluctuations des conditions d'humidités. La dessiccation d'un sol conduit à une diminution du nombre total de bactéries localisées dans la partie extérieure par rapport à celle présente à l'intérieur de l'agrégat (Hattori, 1988). La microporosité à l'intérieur de micro-agrégats stables est préférentiellement colonisée. Ces environnements présentent une combinaison de conditions favorables pour la vie bactérienne. Ils forment de vrais micro-écosystèmes telluriques. Pour la plupart des sols, les micro-agrégats sont les habitats les plus favorables pour la croissance des bactéries telluriques. Les régions internes des micro-agrégats constituent un habitat relativement stable et isolé pour les microorganismes. Ces micro-écosystèmes sont caractérisés par une pression de prédation faible, une disponibilité d'eau relativement stable et de forts gradients de diffusions, et une faible disponibilité de nutriments et d'oxygène (Hattori, 1988 ; Ranjard, 1997). Ces micro-agrégats protègent les bactéries qui les colonisent de la dessiccation et d'autres substances solubles toxiques exogènes. Il est probable que les microorganismes habitant l'intérieur des micro-agrégats contribuent peu à l'ensemble des activités microbiennes mesurables. Ces microorganismes peuvent cependant jouer un rôle clé dans le fonctionnement de l'écosystème dans des environnements anoxiques et en aidant à la formation et à la stabilisation des agrégats (Mummey, 2004). Mummey *et al.* (2004) ont montré que ces cellules peuvent être classées comme des ultra-microbactéries d'un volume de $0.1 \mu m^3$. Elles utilisent préférentiellement des sucres comme substrats de croissance. Une petite taille et un métabolisme simple peuvent être un avantage pour la vie à l'intérieur des micro-agrégats. Hassink *et al.* (1993) ont montré une corrélation positive entre la taille bactérienne et le volume des pores.

La localisation des bactéries à l'intérieur de la matrice « sol » est donc un facteur clef affectant la survie, l'activité et les fonctions écologiques de ces micro-organismes. Pour élucider les fonctions écologiques de la rhizosphère, il est fondamental de déterminer la structure des communautés bactériennes dans l'espace que constitue la matrice « sol » et la rhizosphère. L'identification des populations microbiennes associées à la rhizosphère ou au sol et leurs niches écologiques au sein du sol est importante dans l'etude de ces populations.

I.2. Microorganismes : agents décomposeurs

Le turnover de la matière organique et le cycle des nutriments sont réalisés par l'activité des micro-organismes du sol (Personneni, 2004). Les décomposeurs constituent une communauté complexe formée des microbes et de la faune du sol. La microfaune et la faune du sol participent à la dégradation des résidus végétaux comme les protozoaires, arthropodes, insectes, etc. Elles jouent notamment un rôle de fragmentation des résidus organiques qui augmente la surface de contact des résidus exposés à la dégradation microbienne. La richesse spécifique des microbes du sol est encore mal définie mais plusieurs milliers d'espèces interviendraient dans un sol donné (Swift *et al.*, 1979). Une des causes de l'extrême diversité microbienne pourrait être la spécificité des microbes dans leur activité de décomposition. Différentes escadrilles microbiennes se succèdent au fur et à mesure de la disparition des composés les plus dégradables. Chaque substrat conditionnerait le développement d'un type de microorganismes pourvu d'un équipement enzymatique approprié. Les vagues successives du développement des microbes sont le résultat de la compétition entre souches microbiennes qui deviennent tour à tour dominantes sans pour autant éliminer immédiatement les autres espèces (Swift *et al.*, 1979).

La spécificité substrat-microorganisme fait intervenir de nombreux mécanismes. Ainsi, les composés carbonés facilement dégradables favorisent les microorganismes à croissance rapide. Au contraire, les composés polymérisés qui requièrent la production d'enzymes spécifiques sélectionnent les microbes pourvus d'un équipement enzymatique qui ne leur permet pas d'avoir une croissance rapide. Ladd *et al.* (1995) prennent en compte deux types de biomasse séparées spatialement, une liée aux résidus et une autre liée à la matière organique du sol. L'abondance et l'activité de ces micro-organismes sont à la fois sous l'influence de variables environnementales comme le type de sol, pH, le taux d'humidité relative et sont dépendantes du couvert végétal vivant comme le type d'espèces, l'âge du couvert végétale (Grayston *et al.*, 1998).

I.3. Facteurs influençant la structure des communautés bactériennes telluriques

Beaucoup de paramètres biotiques et abiotiques interviennent pour modeler la structure des communautés bactériennes des sols tant en termes de diversité que d'effectifs (Hassink, 1993 ; Borneman *et al.*, 1996 ; Borneman & Triplett, 1997). La dynamique des communautés bactériennes est très importante. L'écosystème « sol–rhizosphère » sont soumis en permanence à des perturbations et contraintes qui vont avoir de profondes répercussions sur la structure des communautés.

A ce jours, il n'est pas possible de prendre en compte l'ensemble des paramètres influençant la microflore tellurique et leurs interactions au sein du sol et de la rhizosphère (Tarlera *et al.*, 2008). Toutefois, un certain nombre d'études ont identifié les facteurs influant la structure de ces communautés bactériennes. Nous pouvons mentionner les facteurs biotiques comme les exsudats racinaires, les dialogues moléculaires présents dans la rhizosphère.

Pour comprendre les changements de structure des communautés bactériennes, il est nécessaire de prendre en compte différents paramètres incluant : i) le groupe taxonomique de chaque espèce (Lauber *et al.,* 2008) ; ii) le niveau de résolution phylogénétique avec lequel sont étudiées les communautés par exemple *Pseudomonas* (Cho

& Tiedje, 2000) ; iii) leurs environnements d'évolutions et niches écologiques.

I.4. Facteurs abiotiques du sol

Nous savons que la structure des communautés bactériennes et sa composition peuvent varier considérablement suivant l'espace dans laquelle elles évoluent (Martiny *et al.*, 2006 ; Ramette & Tiedje, 2007). Ces communautés dépendent également de nombreux facteurs (Noguez, 2005). De multiples études suggèrent que les caractéristiques des sols (Girvan *et al.*, 2003 ; Singh *et al.,* 2006) conditionnent la distribution spatiale de ces communautés (Nunan *et al.*, 2005 ; Ritz, 2004) et leurs fonctionnements. Les facteurs physicochimiques les plus importants dans le modelage de la structure des communautés microbiennes sont : i) le pH qui influence fortement la composition des *Acidobacteria* et des *Actinobacteria.* Il est l'un des forts prédicateurs de la composition des communautés bactériennes et de leur diversité ; ii) la disponibilité en nutriments, la solubilité des métaux qui sont fortement dépendante de la nature du sol (Muller *et al.*, 2002), le contenu en carbone (Asuming-Brempong, 2008) et en azote (Fierer *et al.*, 2007), l'humidité des sols, la salinité (Rajendhran & Gunasekaran, 2008) ; iii) les variations climatiques (Lauber, 2009) et changements globaux comme l'augmentation en dioxyde de carbone CO_2 et en composés organiques volatils (COV ou « *volatile organic compounds* » : VOC) de l'atmosphère ; iv) les modifications physiques mécaniques du sol dù à la prospection du sol par les racines et croissance racinaire.

I.5. Effet du temps et du mode d'exploitation des sols

Au cours du temps, le sol subit des changements. La complexité générale du sol est ainsi augmenté (Nunan, 2001 ; Zhou *et al.*, 2002). Tarlera *et al.* (2009) montrent que la formation sol favorise le développement de communautés bactériennes spécifiques à ce type de sol. Les changements d'utilisation des terres comme la conversion des forêts en pâturages ou monocultures, est fréquent. Ce bouleversement dans le mode d'exploitation des sols affecte la biodiversité et le fonctionnement des écosystèmes terrestres (Sala *et al.*, 2000). Les techniques d'exploitations des sols et les espèces végétales cultivées altèrent plus ou moins fortement les propriétés physicochimiques, mécaniques des sols et ont un impact significatif plus ou moins à long terme sur le carbone disponible dans les sols, le contenu en nutriments, la texture du sol et son pH (Murty, 2002). La variabilité des facteurs édaphiques à travers différentes utilisations des terres peut avoir un effet significatif sur la structure des communautés bactériennes (Lauber, 2008) et végétales.

Les communautés bactériennes telluriques sont dominées par 5 groupes majeurs *Acidobacteria, Actinobacteria, Proteobacteria, Bacteroidetes et Firmicutes* (Janssen, 2006). L'effet d'une perturbation sur les communautés bactériennes dépend de sa durée et de sa spécificité. Après une perturbation transitoire, le système peut retrouver son état initial, tandis qu'une perturbation permanente résulte en un nouvel état altéré (Rykiel, 1985). Les perturbations ayant un mode d'actions spécifiques altèrent seulement quelques groupes d'organismes comme le groupe des *Proteobacteria* qui réagit sensiblement au changement des teneurs en carbone présent dans le sol (Asuming-Brempong, 2008). Par ailleurs, les perturbations non spécifiquement affectent un grand nombre de bactéries (Muller *et al.*, 2002).

II. Interaction entre plante & microorganismes

II.1. Facteurs biotiques (exsudats racinaire, N, C)

Il a été montré que les plantes peuvent avoir un impact identique ou même supérieur à celui des facteurs abiotiques, tel que le climat, dans le contrôle du fonctionnement des écosystèmes terrestres mais, aussi au niveau de la structure des communautés bactériennes du sol (Verville, 1998). La présence de plantes augmente significativement l'humidité du sol, la biomasse et la respiration microbienne (Singh, 2009). Elle joue sur la croissance des communautés bactériennes des sols. Elles influent sur les propriétés abiotiques mais également biotique du sol. Elles provoquent des changements profonds au sein de la communauté bactérienne du sol. Il a été observé que beaucoup de plantes sélectionnent des groupes de micro-organismes spécifiques via l'exsudation de composés racinaires dans la rhizosphère (Figure. 3 ; Jorquera *et al.,* 2011).

Figure 3. Sélection des groupes de micro-organismes spécifiques par les plantes et technique d'identification des communautés microbiennes ; **(a)** Conception expérimentale pour le dépistage du gène codant la phytase produite par les bactéries de la rhizosphère comme les spores de *Bacillus* et d'autres bactéries formant des endospores (EFB) cultivables et isolées de sol de pâturages. **(b)** l'électrophorèse d'ADN d'un gène de cysteine phytase, histidine acide phosphatase, purple acide phosphatase, et b-propeller phytases (BPP) amplifiée par PCR sur colonie à partir d'EFB (isole à 72 à 86h). **(c)** La croissance de *Bacillus* sélectionné utilisant une phytates (PUB) sur le milieu permettant le dépistage de la phytase (PSM). Les colonies sont visualisées sous UVB dans le cas des *pseudomonas* (à gauche). La zone claire sur gélose indique la présence d'une phytates utilisable après isolement. **(d)** Confirmation du gène BPP dans des PUB issus San Pablo de Tregua (SPT). L, échelle moléculaire, C-, le contrôle négatif. Les flèches noires indiquent les amplicons du gène BPP et fragment de 500 pb de l'échelle (Varin, 2015 d'après Jorquera *et al.*, 2011).

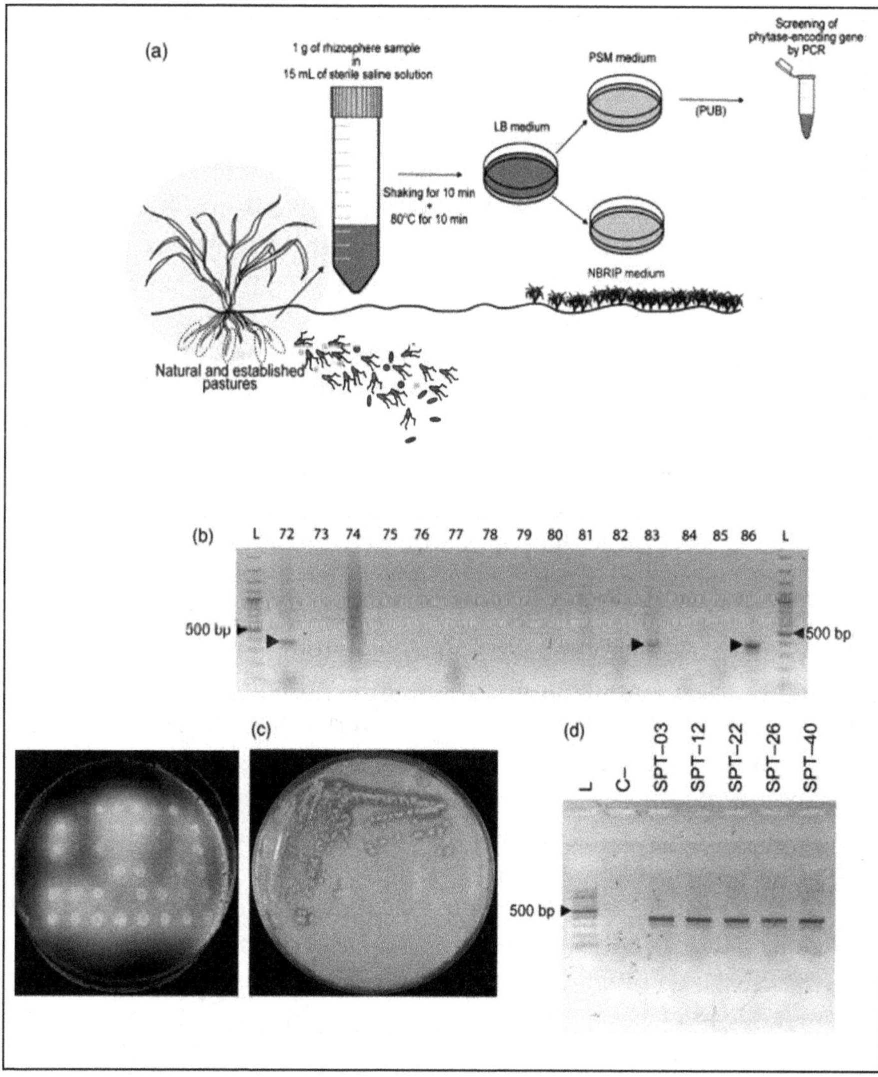

II.2. Interaction plantes micro-organismes dans la rhizosphère

Les micro-organismes sont très abondants dans le sol et particulièrement actifs dans la rhizosphère en liaison avec l'exsudation de C organique pour les racines. C'est précisément la stimulation de leur activité qui a fait émerger le concept de rhizosphère (Hiltner, 1904 cité dans Hinsinger, 1998). Ils ont des effets négatifs, positifs ou neutres sur la croissance racinaire des plantes, en fonction des espèces de plantes et des conditions environnementales. Au travers de processus similaires à ceux décrits pour les racines, ils peuvent modifier la spéciation et la disponibilité de certains nutriments comme le nitrate et le phosphate, c'est le cas des azotobactéres de la rhizosphère, ou ions métalliques comme le Cu (Kabata-Pendias & Pendias, 1992).

Depuis plus d'un siècle, la compréhension des interactions plantes-microorganismes dans la rhizosphère a suscité l'intérêt de nombreux chercheurs. Hiltner (1904) fut le premier à définir la rhizosphère comme étant la zone de sol entourant la racine qui est directement ou indirectement influencée par cette dernière et qui présente une forte activité microbienne. La rhizosphère est le siège de nombreuses interactions entre les plantes et les divers microorganismes associés. La dynamique de ces interactions peut être représentée par une boucle de rétroaction comme celle décrite par Lemanceau *et al.* (2006). Cette boucle dynamique peut-être décrite en quatre points :

1) Les plantes transforment l'énergie lumineuse en énergie chimique et la stockent temporairement sous forme de liaisons chimiques riches en énergie dans des molécules organiques par le processus de photosynthèse. La photosynthèse conduit à une accumulation d'énergie d'origine solaire dans les végétaux chlorophylliens (production biologique primaire) et soutient le fonctionnement des écosystèmes en convertissant l'énergie lumineuse et les éléments minéraux en matières organiques utilisables par les niveaux trophiques supérieurs. Une partie significative des photosynthétats de la plante est directement libérée dans le sol sous forme de molécules organiques appelées « rhizodépôts ». Ces rhizodépôts représentent de 5 à 40% des produits de la photosynthèse (Nguyen, 2009). La plante modifie donc l'environnement rhizosphérique en libérant divers composés dans les rhizodépôts.

2) La densité des populations de la microflore associée aux racines est significativement plus élevée dans la rhizosphère que dans le sol nu (Curl & Truelove, 1986 ; Lemanceau & Heulin, 1998 ; Morgan *et al.*, 2005 ; Van Loon, 2007). Ces modifications quantitatives de la

microflore, ou « effet rhizosphère », s'accompagnent également de modifications qualitatives.

En effet, la diversité et la structure des communautés microbiennes dans la rhizosphère (Cardon & Gage, 2006 ; Garbeva *et al.*, 2008 ; Kowalchuk *et al.*, 2010 ; Latour *et al.*, 2009 ; Lemanceau *et al.*, 1995) et leur activité métabolique (Bending, 2003 ; Nannipieri *et al.*, 2008 ; Pinton *et al.*, 2001) diffèrent de celles du sol nu. Les populations aptes à percevoir les variations de l'environnement rhizosphérique et à adapter leur physiologie, tirent profit de la perturbation et sont favorisées. Les composés organiques exsudés par les plantes dans la rhizosphère activent différents groupes de microorganismes et augmentent leur prolifération (Bais *et al.*, 2006).

3) Les rhizodépôts constituent donc un élément majeur de perturbation de la microflore tellurique qui en retour, influence la croissance et la santé des plantes et donc, à nouveau, l'émission des rhizodépôts. La microflore rhizosphérique est naturellement constituée d'un assemblage complexe de microorganismes procaryotes et eucaryotes (Cardon & Gage, 2006 ; Kent & Triplett, 2002). Parmi ces microorganismes, certains sont présents dans la rhizosphère sans que leurs influences sur le développement des végétaux ne soient connues (microorganismes commensaux), certains sont favorables aux plantes (mutualistes) alors que d'autres ont des effets délétères sur les plantes (parasites et phytopathogènes). La croissance, la santé des plantes et leur diversité sont donc influencées par la diversité des populations microbiennes présentes dans la rhizosphère (Bloemberg & Lugtenberg, 2001 ; Lemanceau, 1992 ; Van der Heijden *et al.*, 2008 ; Weller *et al.*, 2002 ; Whipps, 2001). Les rhizodépôts jouent un rôle actif dans la régulation des interactions mutualistes et parasites/pathogènes, entre les plantes et les microbes du sol (Hirsch *et al.*, 2003).

Du fait de l'importance du coût énergétique que représente la libération de rhizodépôts pour la plante et de la forte densité de microorganismes bénéfiques pour leur croissance et leur santé dans la rhizosphère, il a été suggéré que la plante influencerait la structure et l'activité des communautés microbiennes en favorisant les populations qui lui sont bénéfiques (Cook *et al.*, 1995 ; Lynch, 1987). Afin de tirer parti de cette situation et ainsi, optimiser les interactions favorables à la croissance et la santé des plantes et développer des pratiques agricoles plus respectueuses de l'environnement et moins consommatrices d'intrants de synthèse, il est nécessaire de mieux connaître les mécanismes d'interactions entre les plantes et les microorganismes de la rhizosphère.

Actuellement, l'utilisation de microorganismes pour améliorer la croissance et la santé des plantes repose principalement sur l'inoculation. Les microorganismes, tels que les champignons mycorhizogènes (Elhassan *et al.*, 2010 ; Gianinazzi *et al.*, 2010) et les bactéries fixatrices d'azote (Bhattacharjee *et al.*, 2008 ; Elhassan *et al.*, 2010), représentent un potentiel important pour l'amélioration de la croissance des plantes et la lutte biologique contre les maladies d'origine tellurique. La variabilité des résultats obtenue par l'utilisation d'organismes vivants est souvent supérieure à celle obtenue par l'application de produits de synthèses. De meilleures connaissances des mécanismes d'interactions plantes-microorganismes permettraient d'envisager de développer des pratiques autres que l'utilisation d'inoculants comme, par exemple, favoriser des populations déjà présentes dans la rhizosphère et qui sont bénéfiques pour les plantes.

Deux catégories d'effets bénéfiques des microorganismes sur les plantes peuvent être distinguées (Van der Heijden *et al.*, 2008) : (i) les effets directs *via* les organismes microbiens associés à la racine qui mettent en place des relations mutualistes avec les plantes et (ii) les effets indirects *via* l'action des microorganismes vivant librement dans la rhizosphère qui modifient les taux d'approvisionnement en éléments nutritifs et la répartition des ressources.

Dans cette association positive, les plantes fournissent le carbone nécessaire à la croissance microbienne et les microorganismes en retour fournissent des éléments majeurs tels que l'azote, le phosphore et une protection contre les attaques des pathogènes ou parasites (Singh *et al.*, 2004).

4) De nombreux travaux montrent que les exsudats pourraient initier et coordonner les interactions biologiques permanentes positives ou négatives entre les racines et les autres organismes du sol dans la rhizosphère, et ainsi jouer le rôle actif de messagers dans la communication racine-racine et racine-micro-organisme (Figure. 4) (Walker *et al.*, 2003 ; Bais *et al.*, 2004a, 2006).

Figure 4. Représentation schématique des possibles interactions (positives ou négatives) rhizosphériques où les exsudats racinaires et la communication plante-rhizosphère jouent un rôle. Les flèches indiquent le sens de l'échange de composés. (Abréviations : PGPRs : bactéries promotrices de la croissance des plantes ou « *Plant Growth-Promoting Rhizobacteria* » ; MVA : mycorhizes à vésicules et arbuscules ou VAM : « *Vesicular Arbuscular Mycorrhizae* » ; QS : « *Quorum Sensing* ») (Bais *et al.*, 2006).

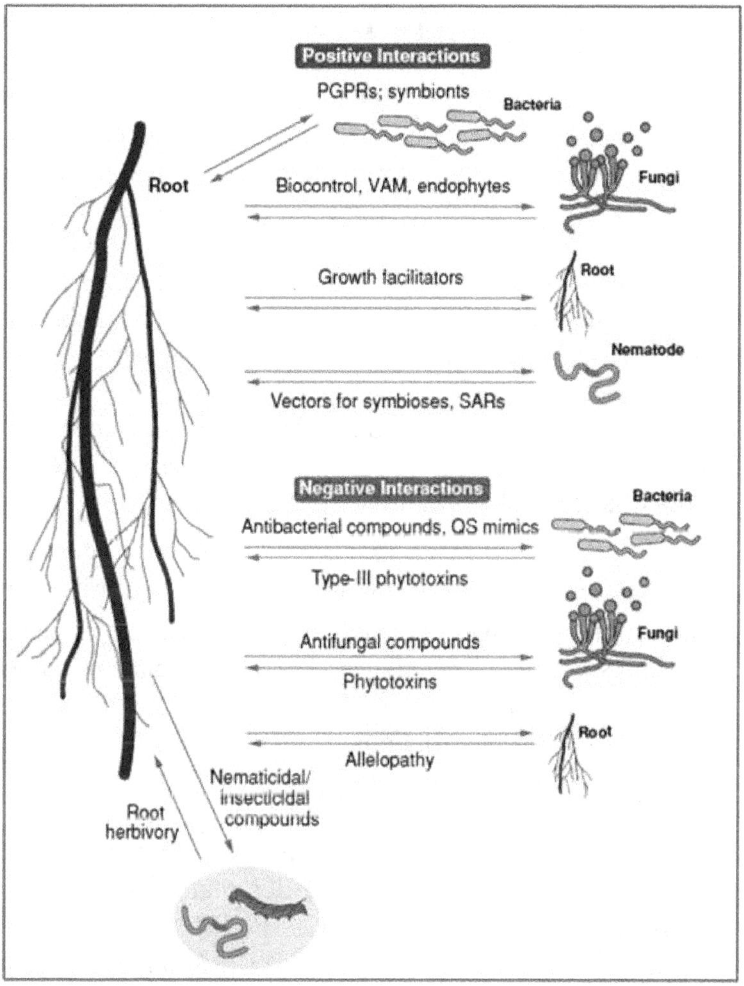

Ces composés sont surtout des métabolites secondaires tels que des flavonoïdes et des protéines spécifiques telles que des lectines. Les exsudats permettent également aux plantes de réguler la biodisponibilité de nombreux éléments minéraux. Ces composés peuvent agir sur la plante qui les a libérés, sur les plantes voisines, ou sur l'ensemble de la microflore ou de la faune du sol. Les rôles d'ordre trophique signalétique ou des composés exsudés ou émis par les plantes ou bactéries seront traités séparément.

Lors de modifications du couvert végétal, des changements significatifs sont démontrés dans les structures des communautés bactériennes telluriques. Ces changements sont induits par la végétation. Ils agissent sur des groupes universels de bactéries (Grayston *et al.*, 1998 ; Nusslein & Tiedje, 1999 ; Tiedje, 1999) et des groupes fonctionnels de bactéries (Singh *et al.*, 2007) et plantes. On peut considérer ce mécanisme de sélection comme un asservissement ou co-sélection entre plantes-bactéries ou bactéries-plantes. Au niveau du rhizoplan des graminées, Singh *et al.* (2008, 2007) avaient montré que la communauté fongique influence également la structure de la communauté bactérienne. Par ailleurs, de précédents résultats avaient montré qu'un champignon *Glomus mossae* (Murty, 2002) avait un impact direct sur la structure de la communauté bactérienne au niveau des racines de plantes (Artursson *et al.*, 2005). De plus, les champignons ont un rôle essentiel dans l'alimentation et la structuration des communautés végétales.

Dans la rhizosphère, ces trois communautés « champignons, bactéries et plantes » ont une vie intimement liée qu'il ne faut pas négliger lors d'étude en laboratoire.

II.3. Interaction entre les plantes et les micro-organismes du sol

Les interactions positives existant entre les plantes et les micro-organismes du sol font intervenir les exsudats racinaires concernent essentiellement les symbioses mycorhiziennes, les symbioses avec les bactéries fixatrices d'N et les relations avec les bactéries PGPR, alors que les interactions négatives portent surtout sur la défense des plantes contre les pathogènes.

Un certain nombre d'études récentes montrent que certaines bactéries du sol stimulent la croissance des plantes sans pour autant former de symbiose, ce sont les bactéries PGPR. Nous pouvons citer par exemple, l'étude de Schippers et al. (1987) sur les pommes de terre en relation avec la PGPR *Pseudomonas* (Figure. 5). Les mécanismes impliqués ne sont pas clairement élucidés (Gray & Smith, 2005). Le premier mécanisme qui a été proposé pour expliquer le gain de croissance de la plante est l'enrichissement de la rhizosphère en N par les bactéries libres fixatrices de l'N atmosphérique. Le second mécanisme proposé est la stimulation du métabolisme hormonal de la plante (Tableau III) (Steenhoudt & Vanderleyden, 2000). Ainsi, le genre *Azospirillum* sécrète des phytohormones telles que l'auxine, des cytokinines et des gibbérellines (Steenhoudt & Vanderleyden, 2000).

Les bactéries pourraient également exploiter les exsudats racinaires pour former ces régulateurs de croissance. Ainsi, Jaeger *et al.* (1999) ont observé chez l'avoine barbue (*Avena barbata* L.) une exsudation significative de tryptophane par l'apex racinaire, où la microflore considérée dans cette étude est significativement plus abondante. Cela suggère que ce précurseur de l'auxine pourrait être utilisé par les bactéries pour synthétiser cette hormone et activer la croissance des plantes (Bais *et al.*, 2006). Certaines rhizobactéries aident également les plantes à se prémunir de maladies causées par des champignons ou des bactéries en produisant des métabolites antifongiques ou antibiotiques ou en formant un biofilm protégeant les racines de l'infection par le pathogène (Bais *et al.*, 2004b).

Figure 5. Situation hypothétique de la rhizosphère des pommes de terre cultivées dans le sol. Dans ce cas, la pomme de terre est souvent colonisée par des bactéries. La bactérisation est fonction des racines et de la présence des rhizobactéries favorisant la croissance des plantes (PGPR : *plant growth-promoting rhizobacteria*). La production de sidérophores par les *Pseudomonas* favorisant la croissance végétale (PGPP : *plant growth-promoting pseudomonads*) et leur capacité à utiliser les sidérophores produits par les rhizobactéries délétères (DRB : *deleterious rhizobacteria*) interfèrent avec l'acquisition du fer par les DRB. La diminution résultant de la disponibilité en fer pour le DRB interdit la production de HCN à partir du composé X. Y et Z représentent les voies métaboliques ne conduisant pas à la production de HCN (Schippers *et al.*, 1987).

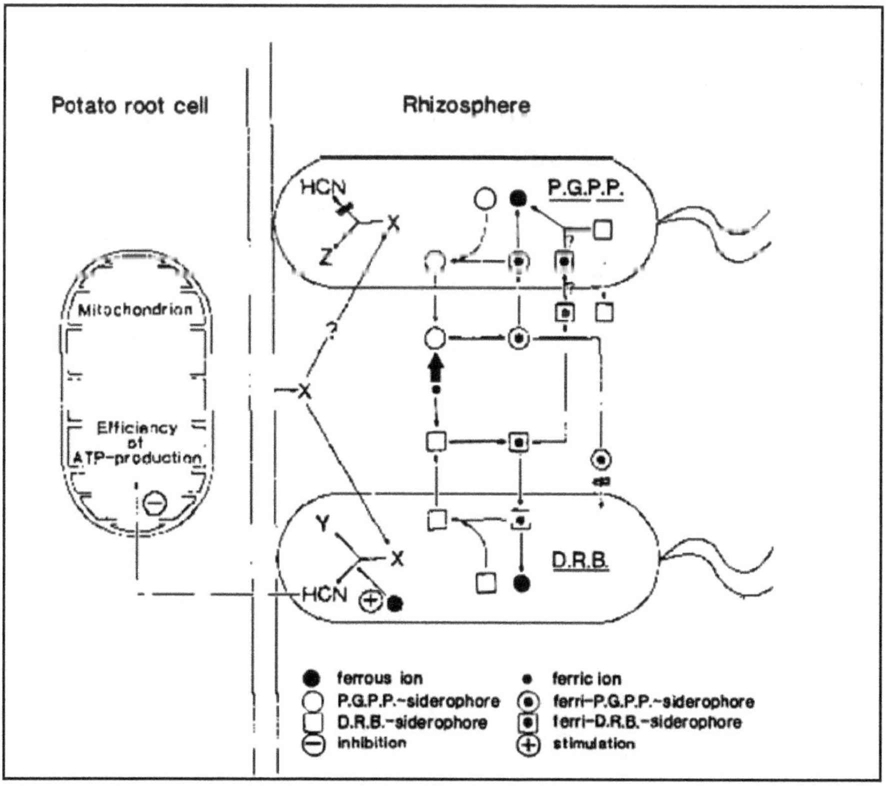

Tableau III. Souches de PGPR efficaces en tant que producteur de phytohormones pour de nombreuses plantes (Bhattacharyya & Jha, 2012).

Hormone produced	PGPR	Host	References
IAA	*Aeromonas veronii*	Rice	Mehnaz et al. (2001)
	Agrobacterium sp.	Lettuce	Barazani and Friedman (1999)
	Alcaligenes piechaudii	Lettuce	Barazani and Friedman (1999)
	Azospirillum brasilense	Wheat	Kaushik et al. (2000)
	Bradyrhizobium sp.	Radish	Antoun et al. (1998)
	Comamonas acidovorans	Lettuce	Barazani and Friedman (1999)
	Enterobacter cloacae	Rice	Mehnaz et al. (2001)
	Rhizobium leguminosarum	Radish	Antoun et al. (1998)
Cytokinin	*Paenibacillus polymyxa*	Wheat	Timmusk et al. (1999)
	Pseudomonas fluorescens	Soybean	Garcia de Salamone et al. (2001)
	Rhizobium leguminosarum	Rape & lettuce	Noel et al. (1996)
Gibberellin	*Bacillus* sp.	Alder	Gutierrez-Manero et al. (2001)

D'autres bactéries possèdent, selon un modèle élaboré par Glick *et al.* (1998), la machinerie enzymatique pour lever l'inhibition de croissance causée par une forte production d'éthylène chez certaine espèce de plantes (Figure. 6). L'éthylène est synthétisé *in planta* à partir du 1-aminocyclopropane-1-carboxylate (ACC ; Adams & Yang, 1979). Certaines bactéries PGPR appartenant aux genres *Pseudomonas* (Belimov *et al.*, 2002) et *Methylobacterium* (Madhaiyan *et al.*, 2006), produisent une ACC désaminase qui hydrolyse l'ACC exsudé par les racines et réduit la formation d'éthylène chez le colza (*Brassica napus* L.) et la navette d'été (*Brassica campestris* L.). Cela a pour conséquence de favoriser le développement racinaire de ces espèces. Les produits de la réaction, ammonium et α-cétoglutarate, peuvent de surcroît être utilisés par les bactéries mais, aussi par les plantes (Belimov *et al.*, 2002).

Figure 6. Représentation schématique du mode d'action d'une bactérie PGPR se liant soit à la graine, soit à la racine. Elle en diminue la concentration en éthylène et empêche par la même occasion l'inhibition de l'élongation racinaire par l'éthylène. Les flèches indiquent les étapes chimiques ou physiques et les symboles : ⊥ indique l'inhibition, → indique une activation ou effet positif. (Abréviations : IAA : acide indol-acétique ; ACC : acide 1-aminocyclopropane-1-carboxylique ; AdoMet : S-adenosyl-méthionine ; α KB : α-cétobutyrate) (Glick *et al.*, *1998*).

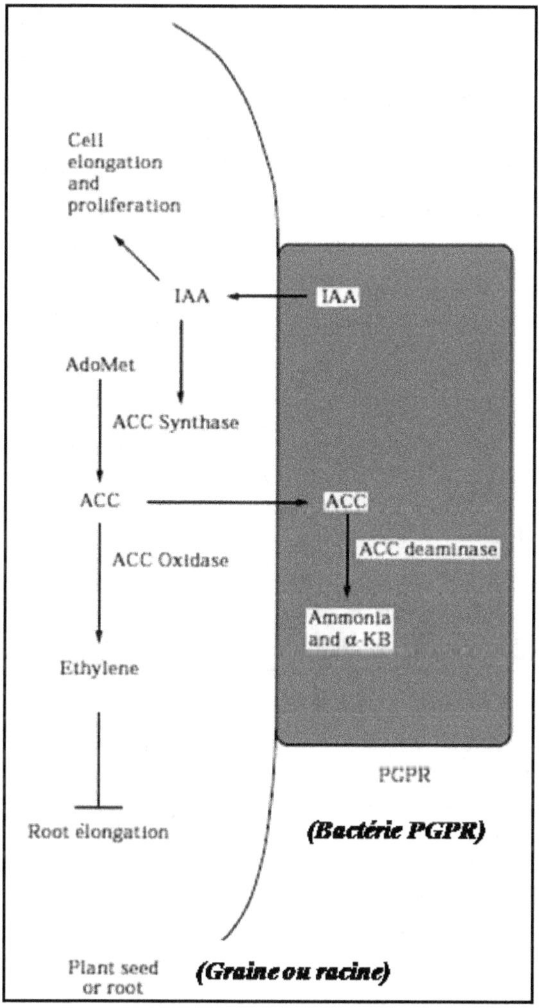

Les interactions biochimiques entre les racines et ces bactéries sont moins spécifiques que celles qui impliquent des symbioses. Les exsudats racinaires, et en particulier les sucres et les acides aminés, attirent les bactéries par chimiotactisme à la surface des racines. Ils stimulent notamment la mobilité flagellée de certaines bactéries PGPR comme *Pseudomonas fluorescens*, ce qui permet à ces dernières de coloniser la rhizosphère (de Weert *et al.*, 2002).

III. Généralités sur les PGPR

III.1. Les micro-organismes bénéfiques

Une autre alternative à l'utilisation des pesticides et des intrants fertilisant les cultures consiste à utiliser de microorganismes bénéfiques. Ce sont essentiellement des champignons, bactéries et levures. Bakker *et al.* (2003) les classent selon qu'ils interagissent directement ou indirectement avec la plante. Récemment, Avis *et al.* (2008) ont proposé les termes « *Plant Growth Promoting Microorganism* » (PGPM) pour les micro-organismes qui agissent sur la plante, et « *Bio Control Agent* » (BCA) pour ceux qui agissent sur les agents pathogènes (Figure. 7). Cependant, il est très fréquent qu'un micro-organisme bénéfique puisse être à la fois un PGPM et un BCA. En raison de leurs effets bénéfiques sur leurs plantes hôtes, ils suscitent un très grand intérêt en agriculture (Morrissey *et al.*, 2004 ; Morgan *et al.*, 2005).

Figure 7. A. Classification des micro-organismes bénéfiques. (Abréviations : BCA : biocontrol agent ; PGPM : plant growth-promoting microorganism ; PGPB : plant growthpromoting bacterium ; PGPF : plant growth-promoting fungus ; PGPY : plant growth-promoting yeast PGPR : plant growth-promoting rhizobacterium ; iPGPR : PGPR endophyte ; ePGPR : PGPR épiphytes) (d'après Lugtenberg *et al.*, 2001 ; Compant *et al.*, 2005a ; Bent, 2006 ; El-Tarabily & Sivasithamparam, 2006 ; Avis *et al.*, 2008). **B.** Relations phylogénétiques entre les différents groupes des protéobactéries contenant les genres bactériens actuellement ou anciennement (en gras) catégorisé comme PGPR et associés aux *Pseudomonas* (Bossis *et al.*, 2000 ; adapté de Kersters *et al.*, 1996).

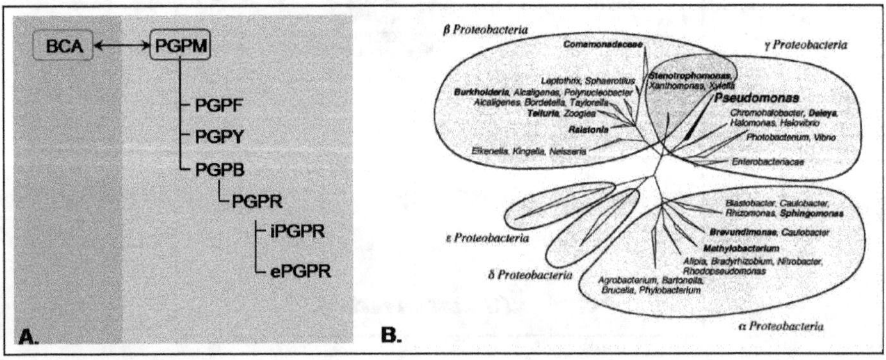

III.2. Effets bénéfiques directs des microorganismes sur la croissance et la santé des plantes

Parmi les organismes à effets bénéfiques directs, différents microorganismes de la rhizosphère mettent en place des associations symbiotiques avec les plantes et peuvent stimuler leur productivité et leur diversité. Les associations symbiotiques entre les plantes et les microorganismes fixateurs d'azote, tels que les bactéries appartenant au groupe des Actinomycètes et à la famille des *Rhizobiaceae*, sont parmi les plus connues. Ces dernières, collectivement désignées par le terme « *rhizobia* », sont particulièrement bien étudiées. Elles établissent des relations symbiotiques avec les plantes appartenant pour la plupart à la famille des fabacées particulièrement importante dans la production agricole (Bloemberg & Lugtenberg, 2001 ; Figure. 8a). Cette symbiose entre les rhizobia et les légumineuses, se caractérise par la formation sur les racines hôtes, d'organes symbiotiques appelés nodosités dans lesquelles ces bactéries se logent (Dénarié *et al.*, 1992 ; Franssen *et al.*, 1992 ; Perret *et al.*, 2000). L'association symbiotique permet aux rhizobia de bénéficier d'un micro-habitat favorable dans lequel ces bactéries ont accès aux substrats carbonés issus de la photosynthèse.

Figure 8a. Etapes simplifiées de la mise en place de la symbiose fixatrice d'azote entre les rhizobia et les racines des légumineuses (d'après *Evolution* © 2007 Cold Harbor Laboratory Press).

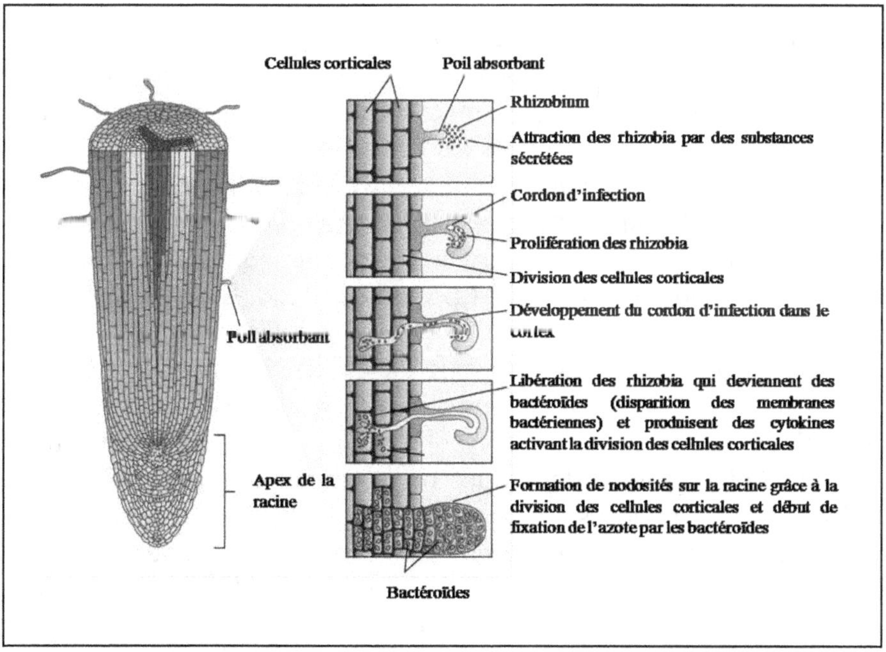

En échange, les bactéries réduisent l'azote atmosphérique en ammonium et le rendent, directement assimilable par les plantes hôtes. Les bactéries fixatrices d'azote sont des régulateurs importants de la productivité des plantes, incapables d'utiliser l'azote atmosphérique sans ces microorganismes. De plus, l'azote, le phosphore et le potassium sont des éléments principaux limitant la croissance des plantes (Chapin, 1980). Dans certains habitats dominés par les légumineuses, par exemple la savane, les prairies et les forêts tropicales, les symbiotes bactériens fixateurs d'azote peuvent contribuer à la fourniture d'une part significative de l'azote annuellement utilisé par les plantes par exemple jusqu'à 20% ; Van der Heijden *et al.*, 2006a). Ces auteurs ont également montré que ces bactéries symbiotiques influenceraient la composition des communautés et la diversité des plantes. On estime que 15000 espèces de légumineuses forment des associations symbiotiques avec les bactéries fixatrices d'azote (Sprent, 2001). La présence de ces symbiotes ou leur apparition dans les habitats non colonisés, favorise la croissance et la capacité concurrentielle de leurs plantes hôtes. Cela influencerait indirectement, la succession de la végétation (Vitousek & Walker, 1989), la productivité des plantes (Spehn *et al.*, 2002), la capacité d'invasion des plantes (Parker *et al.*, 2006), la composition des communautés et la diversité des plantes (Van der Heijden *et al.*, 2006a).

Parmi les microorganismes produisant des effets directs, les champignons mycorhizogènes constituent un autre groupe très étudié de symbiotes de plantes. Les mycorhizes résultent de l'association entre les racines des plantes et les champignons du sol (appartenant aux phyla des *Glomeromycota*, des *Ascomycota* et des *Basidiomycota*). Plusieurs catégories d'associations mycorhiziennes ont été décrites sur la base de critères morphologiques, fonctionnels et évolutifs (Brundrett, 2002, 2004 ; Smith & Read, 2008 ; Figure. 8b). Une classification récente définit 5 types d'associations correspondant aux (i) endomycorhizes à arbuscules, (ii) ectomycorhizes, (iii) endomycorhizes à pelotons intracellulaires des *Orchidaceae*, (iv) mycorhizes éricoïdes ou endomycorhizes à pelotons des *Ericaceae* et (v) mycorhizes sub-épidermiques ou ectendomycorhizes (Brundrett, 2004). Les symbioses mycorhiziennes sont des associations à bénéfices réciproques fournissant aux plantes des éléments nutritifs limitant, tels que le phosphore, le cuivre, le fer et le zinc, en échange de carbone. Dans certains cas, il a été montré que le champignon pouvait conférer à la plante une résistance au stress hydrique (Abo-Ghalia & Khalafallah, 2008 ; Futai *et al.*, 2008 ; Subramanian *et al.*, 2006, Peng *et al.*, 2011) ainsi qu'une protection contre certaines maladies d'origine tellurique (Futai *et al.*, 2008 ; Pozo *et al.*, 2002 ; Van Wees *et al.*, 2008), se traduisant par une amélioration de la croissance de la plante, ou dans d'autres cas, par une amélioration de leur fécondité (Brundrett, 2004 ; Calvaruso *et al.*, 2010 ; Richardson *et al.*, 2009).

Figure 8b. Principales formes de mycorhizes associées aux racines des plantes supérieures (d'après Halle, 2008).

Les ectomycorhizes sont caractérisées par la non-pénétration des filaments du champignon dans les cellules et la formation d'un 'manteau' autour des racines. Les filaments externes sont figurés longitudinalement et les filaments intercellulaires sont figurés en coupe transversale. Chez les endomycorhizes, certains des filaments du champignon pénètrent à l'intérieur des cellules des racines : les endomycorhizes à arbuscules qui sont les plus courantes et les endomycorhizes à pelotons des orchidées et des éricales. Les ectendomycorhizes sont caractérisées par un manteau et par la pénétration des filaments à l'intérieur des cellules sous forme de pelotons.

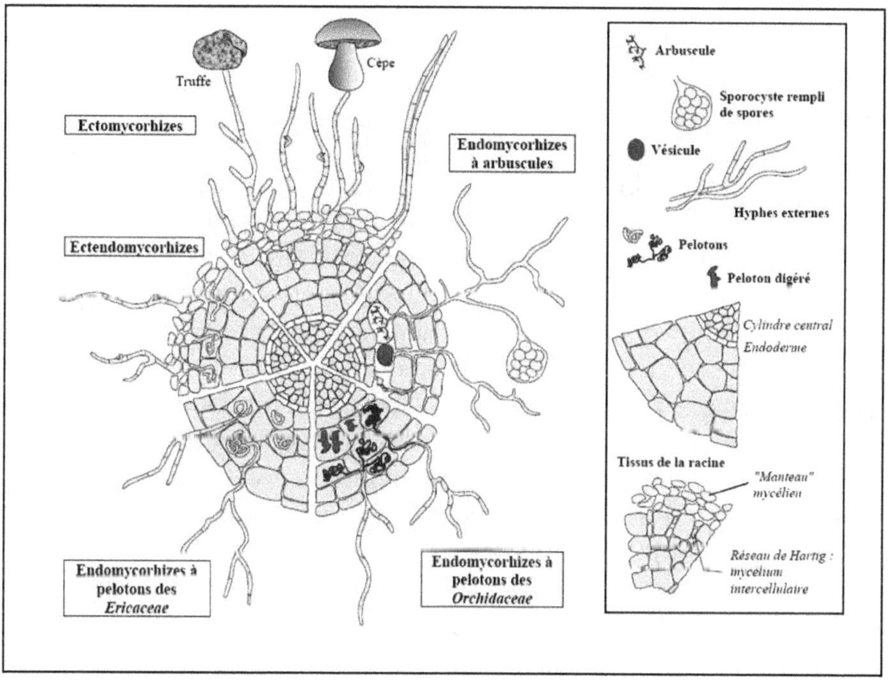

III.3. Effets bénéfiques indirects des micro-organismes sur la croissance et la santé des plantes

Les microorganismes vivant librement dans la rhizosphère peuvent également avoir un effet bénéfique indirect sur la plante (Van der Heijden *et al.*, 2008). D'une manière générale, le processus de minéralisation est une voie importante par laquelle les microorganismes vivant librement influencent la disponibilité des éléments nutritifs et la productivité, la santé et la diversité des plantes. Par ce processus, les microorganismes du sol décomposent la matière organique soluble et insoluble et libèrent ensuite des éléments minéraux disponibles pour les plantes.

Parmi les microorganismes à effets bénéfiques indirects, il existe notamment des bactéries libres dont l'effet global favorise la croissance de la plante (Lemanceau, 1992). Ces bactéries sont désignées collectivement par le terme PGPR (« *Plant Growth-Promoting Rhizobacteria* » ; Kloepper & Schroth, 1978). Différents mécanismes sont à l'origine des effets PGPR des bactéries rhizosphériques. La fixation de l'azote atmosphérique est un mécanisme par lequel les microorganismes fixateurs dits « libres », peuvent améliorer la croissance de la plante. Ces bactéries appartiennent à différents genres, tels que *Azospirillum*, *Herbaspirillum*, *Acetobacter*, *Azotobacter* et *Azoarcus* (Steenhoudt & Vanderleyden, 2000). Chaque année, elles fixent l'azote à des taux relativement faibles mais à des quantités < 3 $kg.ha^{-1}$ mais néanmoins significatives (Cleveland *et al.*, 1999). Ces bactéries sont utilisées en agriculture pour la biofertilisation des sols (Bloemberg & Lugtenberg, 2001) en fixant l'azote atmosphérique qui pourra être par la suite utilisée par les plantes, améliorant leur croissance lorsque l'azote du sol est limitant. Certaines bactéries PGPR sont utilisées dans la filière agricole en tant qu'inoculant pour améliorer le développement de la racine *via* la production de phytohormones (Bloemberg & Lugtenberg, 2001), telles que des auxines (Aux) dont l'acide indole acétique (IAA ou AIA), des cytokinines (CK) et des gibbérellines (GA pour acide giberelique) (Barea *et al.*, 2005 ; Steenhoudt & Vanderleyden, 2000 ; Vessey, 2003). Il a également été montré que certaines bactéries sont capables de favoriser la croissance des plantes *via* l'amélioration de la mise en place ou du fonctionnement des symbioses entre les racines et les bactéries fixatrices d'azote (Remans *et al.*, 2007) et les champignons mycorhizogènes (Frey-Klett *et al.*, 2007 ; Garbaye, 1994 ; Pivato *et al.*, 2009). Les bactéries qui ont la capacité de promouvoir l'établissement des mycorhizes en améliorant le contact des champignons avec les racines des plantes hôtes et la colonisation de ces racines, sont appelées MHB (« *Mycorrhiza Helper Bacteria* » ; Garbaye, 1994).

Par ailleurs, de nombreuses bactéries sont capables d'améliorer la santé des plantes en limitant la croissance saprophyte des microorganismes phytopathogènes. Certaines sont utilisées en agriculture comme agents de lutte biologique (Bloemberg & Lugtenberg, 2001 ; Whipps, 2001). Les microorganismes pathogènes sont connus pour pouvoir induire chez les plantes des mécanismes de défense, par l'intermédiaire de la résistance systémique acquise (SAR : « *Systemic Acquired Resistance* ») qui protège les plantes contre les attaques ultérieures d'autres pathogènes. Certaines bactéries sont capables d'avoir un effet protecteur en induisant elles aussi, des mécanismes de défense des plantes *via* la résistance systémique induite (ISR : « *Induced Systemic Resistance* » ; Van Loon, 2007) permettant aux plantes de mieux se protéger contre l'attaque éventuelle de pathogènes. D'autres bactéries peuvent contrôler la croissance des pathogènes par la compétition pour les éléments nutritifs, comme par exemple, la compétition pour le carbone (Lemanceau *et al.*, 1988) et la compétition pour le fer dont la biodisponibilité dans le sol est très faible (Lemanceau *et al.*, 2009). L'antagonisme microbien, lié à la production de métabolites ayant des propriétés antibiotiques, est également un mécanisme par lequel les bactéries rhizosphériques protègent les plantes contre les pathogènes.

Certaines bactéries peuvent stimuler directement la croissance des végétaux. Elles sont d'un grand intérêt agricole (Glick, 1995 ; Welbaum *et al.,* 2004). Ces bactéries bénéfiques sont utilisées par les industriels pour protéger la plante contre les infections par les agents pathogènes (Schroth & Hancock, 1981 ; Van Loon & Bakker, 2004, 2005) et sont utilisés lors de la technique d'enrobage des grains ou de stimulants de croissance (Figure. 9 ; Bactogreen Mycogreen Mobsere Nutrition animale & végétale, 2011).

Figure 9. A. Publicité de trois produits d'enrobages, suspensions et de traitements phytopharmaceutiques contenant des PGPR et mycètes à action de promotions de croissances sur les plantes traitées (Jansen, 2011; Monsieu, Bactisol d'Action Distribution Direct: site Net Green tonic http://www.a2d.fr/culture_traitement_phytosanitaire_fertilisants.html). **B.** Panorama des produits commerciaux développés en utilisant différentes souches PGPR (Varin 2015 d'Après Bhattacharyya & Jha, 2012).

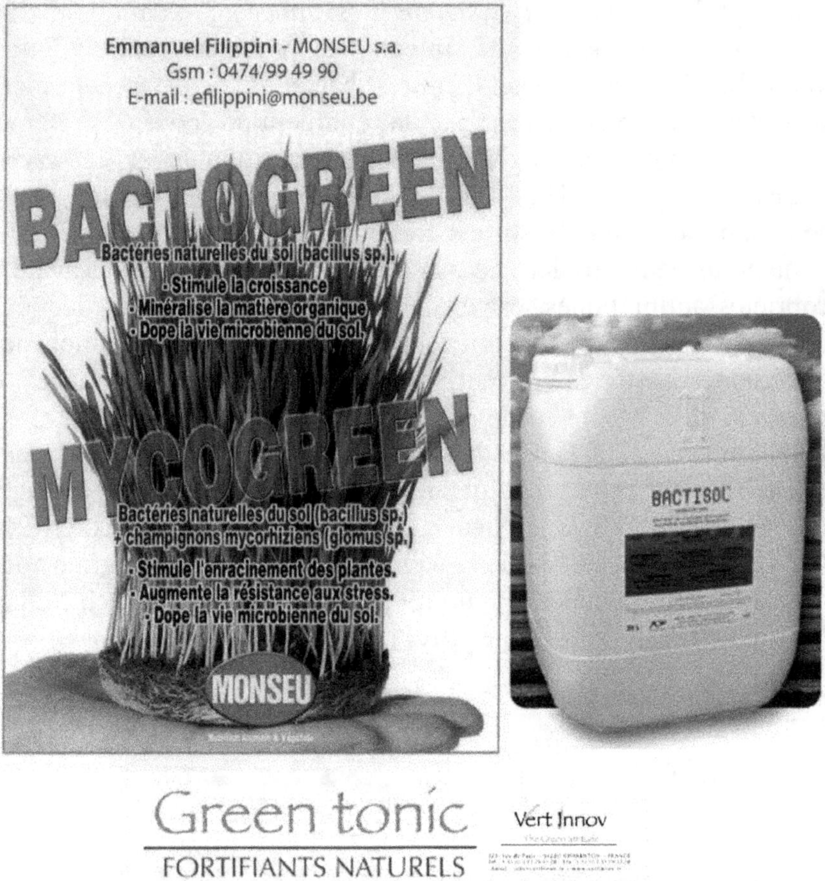

B.

PGPR	Products	Intended crop
Agrobacterium radiobacter	Diegall, Galltrol-A, Nogall, Norbac 84 C	Fruit, nut, ornamental nursery stock and trees
Azospirillum brasilense	Azo-Green	Turf and forage crops
Bacillus subtilis	Epic, HiStick N/T, Kodiak, Rhizo-Plus, Serenade, Subtilex	Barley, beans, cotton, legumes peanut, pea, rice and soybean
B. amyloliquefaciens GB99	Quantum 4000	Broccoli, cabbage, cantaloupe, cauliflower, celery, cucumber, lettuce, ornamentals, peppers, tomato and watermelon
Burkholderia cepacia	Blue Circle, Deny, Intercept	Alfalfa, barley, beans, clover, cotton, maize, peas, sorghum, vegetables and wheat
Pseudomonas fluorescens	BlightBan A506, Conquer, Victus	Almond, apple, cherry, mushroom, peach, pear, potato, strawberry and tomato
P. syringae	Bio-save10	Citrus and pome fruit
Streptomyces griseoviridis K61	Mycostop	Field, ornamental and vegetable crops

Ces micro-organismes bénéfiques pour les plantes ou PGPB (« *Plant Growth-Promoting Bacteria* » ; Bashan & Holguin, 1998) proviennent de différentes niches écologiques telles que la rhizosphère, la spermosphère, la phyllosphère voire même de l'anthosphère ou de la carposphère. Toutefois, la plupart d'entre elles sont originaires de la rhizosphère comme le décrit Lorenz Hitlner dès 1904 (Hartmann, 2005). Elles sont principalement des rhizobactéries (Figure. 7). Nous les appelons PGPR pour « *Plant Growth-Promoting Rhizobacteria* » (Kloepper & Schroth, 1978). D'autres appellations peuvent être rencontrées dans la littérature, ceci coïncidant avec leurs différentes actions sur les plantes. Nous avons les EPR (« *Emergence-Promoting Rhizobacteria* » ; Kloepper *et al.*, 1986), PGPB (Bashan & Holguin, 1998), « *biocontrol-PGPB* » (Bashan & Holguin, 1998) voire même YIB (« *Yield-Increased Bacteria* » ; Chen *et al.*, 1996).

Ces PGPR colonisent les surfaces racinaires et peuvent être épiphytiques. La plupart d'entre elles peuvent entrer à l'intérieur des racines et se propager au sein de l'organisme végétal « hôte » (Gray & Smith, 2005). Certaines de ces PGPR endophytiques peuvent former des symbioses avec les plantes comme avec les genres *Rhizobium* (Sessitsch *et al.*, 2002), et *Burkholderia* qui permettent la production des nodules chez les Fabacées (Moulin *et al.*, 2001 ; Chen *et al.*, 2003, 2005, 2006) ou chez les plantes actinorhiziennes avec *Frankia* sp. (Schwencke & Caru, 2001).

Les PGPR peuvent induire une résistance systémique chez la plante, produire des composés stimulant la croissance des plantes, accélérer l'émergence des graines, induire une floraison précoce, augmenter la récolte de leur hôte végétal, ou confère au sol des propriétés spécifiques (Vessey, 2003 ; Welbaum *et al.*, 2004).

IV. Bactéries PGPB - PGPR

IV.1. Classification des PGPM

L'action principale des **PGPM** est souvent la stimulation de la croissance de leur plante hôte. En raison de leur nature, leur origine et leurs actions, plusieurs termes ont été avancés ces dernières années afin de les classifier plus précisément. Ainsi, les termes « ***P**lant **G**rowth **P**romoting **F**ungus* » (**PGPF**), « ***P**lant **G**rowth **P**romoting **Y**east* » (**PGPY**) et « ***P**lant **G**rowth **P**romoting **B**acterium* » (**PGPB**) permettent de différencier les PGPM en fonction de leur nature (Figure. 7) (Bent, 2006 ; El-Tarabily & Sivasithamparam, 2006 ;

Compant *et al.*, 2005a). De nombreux PGPM ont été isolés récemment (Tableau. IV). Les principaux PGPF sont affiliés aux *Trichoderma* sp., *Pythium* sp. et *Fusarium* sp., les PGPB aux *Pseudomonas* sp. et *Bacillus* sp et les PGPY aux *Candida* sp., *Trichosporon* sp., *Cryptococcus* sp. et *Pichia* sp. Leur action est généralement hôte-dépendante mais certains PGPM ont la possibilité d'engendrer des effets bénéfiques sur diverses plantes. Enfin, une autre classification basée sur la localisation existe pour les PGPB. La plupart des PGPB sont présentes dans la rhizosphère, zone de quelques millimètres entourant le système racinaire des plantes (Lugtenberg *et al.*, 2001 ; Compant *et al.*, 2010). Il s'agit d'une zone très riche en microorganismes où de nombreux échanges s'effectuent (Morgan *et al.*, 2005). Le terme « ***P**lant **G**rowth-**P**romoting **R**hizobacterium* » (**PGPR**) désigne ces PGPB.

Tableau IV. Exemples d'interaction entre des PGPM (« *plant growth-promoting microorganism* ») et leurs plantes hôtes. (Abréviations : PGPR : *Plant Growth-promoting Rhizobacterium ;* PGPF : *Plant Growth-promoting Fungus*).

	Micro-organismes	Hôte	Références
PGPR	*Bacillus subtilis*	Tomate, concombre	Ongena et al . (2005a, 2005b, 2007)
	Bacillus thuringiensis	Caféier, betterave, tabac, trèfle	Adam (2008)
	Burkholderia cepacia,	Piment	Siddiqui & Meon (2009)
	Enterobacter ludwigii	Ray-grass	Shoebitz et al . (2009)
	Pseudomonas aeruginosa LES4	Sésame	Kumar et al . (2009)
	Pseudomonas aeruginosa,	Piment	Siddiqui & Meon (2009)
	Pseudomonas aurantica SR1	Blé, maïs	Rosas et al . (2009)
	Pseudomonas fluorescens	Oeillet, blé, tomate, radis, oeillet	Siddiqui (2005) ; Choudhary & Johri (2009)
	Pseudomonas sp	Caféier, pin, vigne, pomme de terre, carotte…	Siddiqui (2005) ; Mercado-Blanco & Bakker (2007)
	Rhizobium spp.	Pomme de terre, haricot, pois, Trèfle blanc	Avis et al . (2008), Varin (2009)
	Serratia marcescens	Concombre, tabac, arabette	Adam, 2008
	Serrtia marcescens	Piment	Siddiqui & Meon (2009)
PGPF	*Fusarium oxysporum*	Bananier	Paparu et al . (2007)
	Glomus spp.	Haricot, tomate	Avis et al . (2008)
	Penicillium oxalicum	Melon, pastèque	De Cal et al . (2009)
	Trichoderma spp.	Haricot, tomate	Avis et al . (2008)

IV.2. Les micro-organismes endophytes

IV.2.1. Définition

Certaines bactéries et champignons ont la capacité de pénétrer à l'intérieur de la plante sans engendrer de symptômes (Lemanceau *et al.,* 2007). Un micro-organisme est considéré comme endophyte lorsqu'il est isolé d'un organe de la plante dont la surface aura été aseptisé et désinfecté préalablement (Hallmann *et al.*, 1997 ; Iniguez *et al.*, 2005 ; He *et al.*, 2009). Les PGPR endophytes ont été classées en deux groupes : les **PGPR e**xtracellulaires (**ePGPR**) qui colonisent la rhizosphère, le rhizoplan et les espaces entre les cellules du cortex racinaire, et les **PGPR i**ntracellulaires (**iPGPR**) qui existent à l'intérieur des cellules racinaires, généralement dans les nodules (Gray & Smith, 2005). Les micro-organismes endophytes établissent une relation plus étroite avec leur hôte et sont davantage protégés contre les stress biotiques et abiotiques.

Ils peuvent de ce fait interagir plus longtemps avec la plante (Hallmann *et al.*, 1997). Les effets de cette interaction se manifestent par une promotion de croissance, une protection *via* l'induction de l'ISR et/ou une action antagoniste directe sur les agents pathogènes (Rosenblueth & Martinez-Romero, 2006 ; Mejia *et al.*, 2008 ; Ryan *et al.*, 2008 ; Bailey *et al.*, 2009 ; Harish *et al.*, 2009 ; He *et al.*, 2009).

IV.2.2. Pénétration au sein de la plante

La plupart des PGPR peuvent coloniser leur hôte de façon endophytique (Sturz *et al.*, 2000 ; Lodewyckx *et al.*, 2002 ; Novak & Shulaev, 2003). La pénétration au niveau de la tige peut se faire *via* les blessures et la sécrétion d'enzymes. Au niveau foliaire, la pénétration a lieu généralement par les stomates (Hardoim *et al.*, 2008). Au niveau racinaire, la colonisation endophytique peut se réaliser de différentes façons. Tout d'abord, la zone d'émergence des racines secondaires constitue une ouverture naturelle permettant l'entrée des PGPR à l'intérieur de la plante (Figure. 10) (Hardoim *et al.*, 2008 ; Compant *et al.*, 2010). Ensuite, des blessures peuvent également permettre l'entrée des PGPR (Lodewyckx *et al.*, 2002 ; Hardoim *et al.*, 2008). Enfin, une autre possibilité consiste en la sécrétion par le micro-organisme d'enzymes dégradant les parois cellulaires de la plante telles que des cellulases, endoglucanases, polygalacturonases ou xylanases (Gyaneshwar *et al.*, 2001 ; Lodewyckx *et al.*, 2002). Cette sécrétion enzymatique est de faible intensité et occasionnelle dans la mesure où elle n'aboutit pas à la destruction des tissus (Rosenblueth & Martinez-Romero, 2006).

Figure 10. Types de micro-organismes endophytes et les voies de pénétration racinaire possibles. En rouge : les micro-organismes endophytes occasionnels ; en bleu : les micro-organismes endophyes opportunistes ; en jaune : les micro-organismes possédant la machinerie enzymatique nécessaire pour la pénétration (Hardoim *et al.*, 2008).

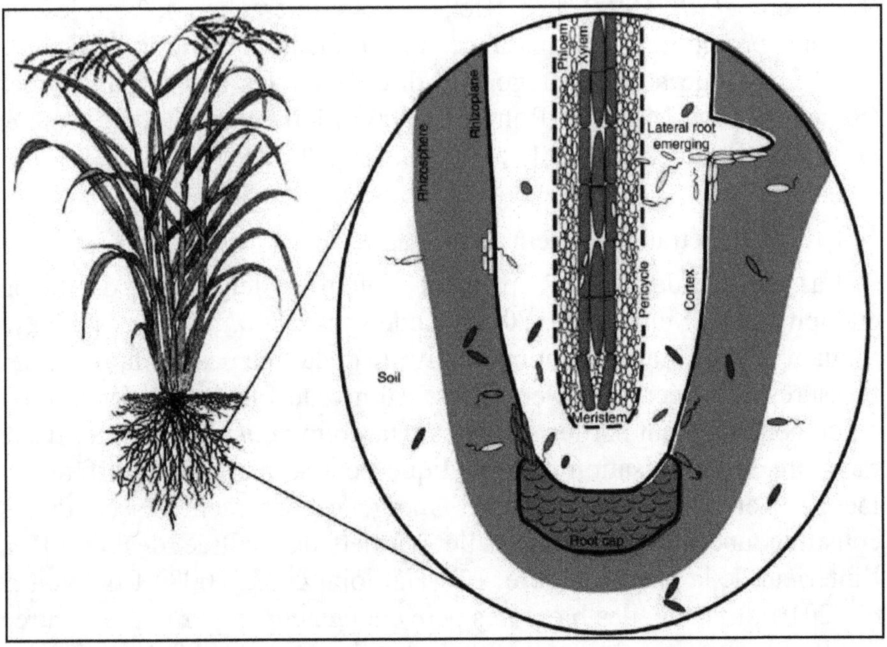

IV.3. Modes d'action des micro-organismes bénéfiques

Bien que les micro-organismes soient classés en PGPM ou BCA, il est très fréquent qu'ils possèdent certaines propriétés de ces deux groupes simultanément (Siddiqui, 2005 ; Avis *et al.*, 2008 ; Shoebitz *et al.*, 2009). Les propriétés de certains PGPM et BCA ont récemment été décrites (Figure. 11) (Avis *et al.*, 2008).

Figure 11. Modes d'action de quelques PGPM (« *Plant Growth-promoting Microorganism* ») et BCA (« *BioControl Agent* »). Les traits pleins représentent les effets bénéfiques primaires du micro-organisme sur la plante et les traits en pointillés les effets bénéfiques secondaires (Avis *et al.*, 2008).

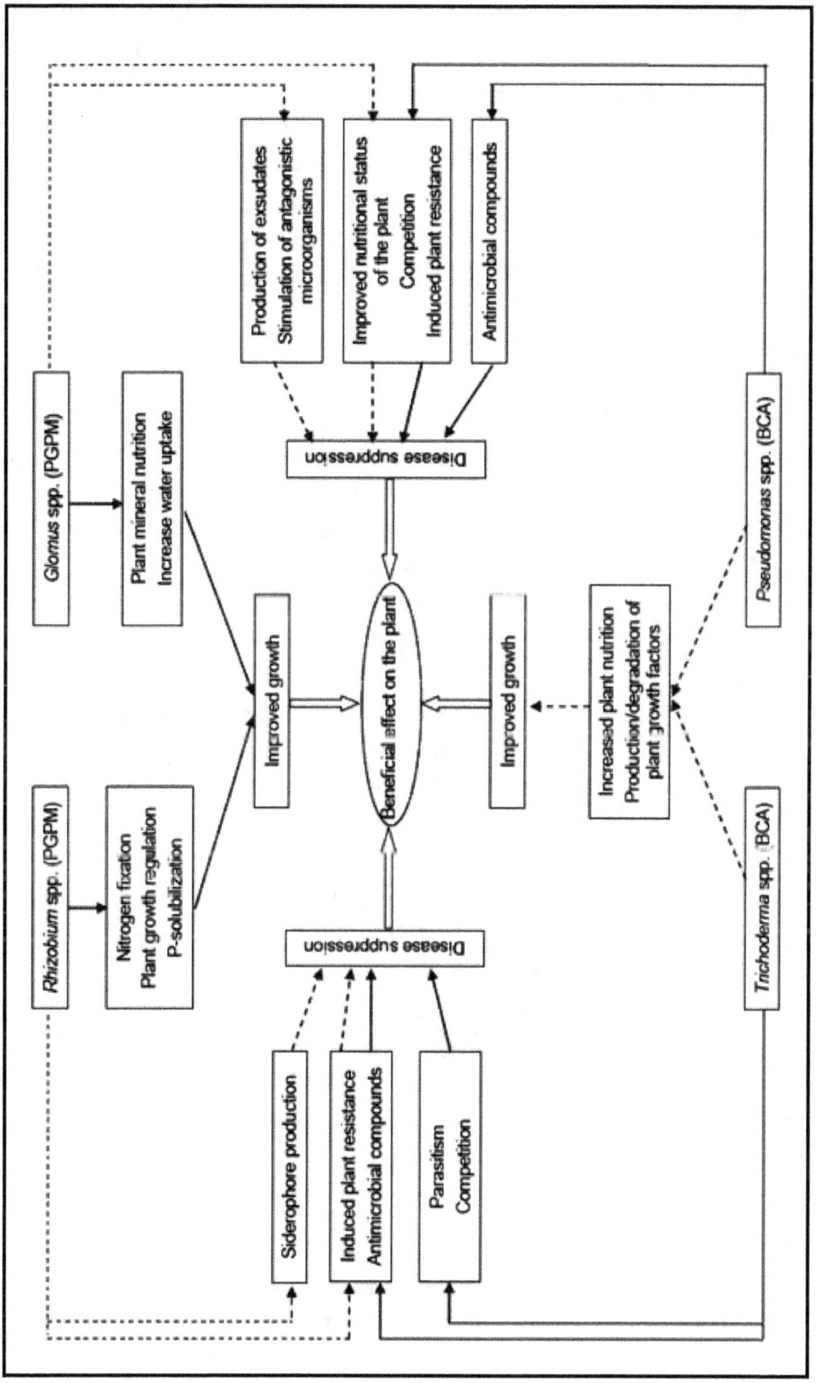

IV.3.1. Modes d'action des BCA

Les BCA agissent directement sur les agents pathogènes. Ils peuvent inhiber leur développement ou les détruire de différentes manières : synthèse d'antibiotiques et/ou d'enzymes, parasitisme, compétition pour les niches écologiques ou les nutriments (Shoda, 2000 ; Bakker *et al.*, 2003 ; Compant *et al.*, 2005a). Ainsi, ils agissent indirectement sur la plante par la suppression de son agent pathogène, ce qui augmente son rendement. Les BCA peuvent parasiter les agents pathogènes notamment par la synthèse d'enzymes lytiques tel les chitinases, glucanases, cellulases. Ces enzymes dégradent les parois de l'agent pathogène (Whipps, 2001 ; Compant *et al.*, 2005a ; Siddiqui, 2005 ; Harman, 2006).

La compétition pour les nutriments se fait généralement par la disponibilité en fer dans le milieu. De nombreuses bactéries et champignons sont capables de produire des agents chélateurs appelés sidérophores qui vont piéger le fer présent dans le milieu, privant ainsi les autres micro-organismes de cet élément qui peut être indispensable à leur développement ou leur pouvoir pathogène (Lemanceau *et al.*, 2009). Ils peuvent même éliciter les mécanismes de défenses.

L'antibiose est probablement le mécanisme le plus connu. Il peut être le plus répandu chez les BCA. De nombreux BCA synthétisent des métabolites à activités antifongiques et/ou antibactériennes qui inhibent la croissance des agents pathogènes ou autres bactéries. *Bacillus subtilis* produit plusieurs antibiotiques comme la zwittermycine-A, kanosamine, lipopeptides des familles de la surfactine, iturine, fengycine (Peypoux *et al.*, 1999 ; Bonmatin *et al.*, 2003 ; Lin *et al.*, 2005 ; Rahman *et al.*, 2007). *Streptomyces* sp. et *Stenotrophomonas* sp. sont également capables de produire des antibiotiques (Kim *et al.*, 1999 ; Nakayama *et al.*, 1999). Récemment, Zhao *et al.* (2009) ont découvert deux nouveaux antibiotiques produits par *Bacillus vallismortis*. Chez les *Pseudomonas* sp., l'acide cyanhydrique (HCN), le viscosamide, la pyoluteorine, le DAPG, la pyrrolnitrine, les phénazines et les butyrolactones ont été identifiés comme antibiotiques (Raaijmakers *et al.*, 1995 ; Whipps, 2001 ; Haas & Keel, 2003 ; Haas & Defago, 2005).

IV.3.2. Modes d'action des PGPM

Un PGPM peut posséder différentes propriétés. Contrairement aux BCAs, il agit directement sur la plante. Ainsi, il stimule la croissance de son hôte et peut lui conférer une protection envers certains agents pathogènes *via* l'induction d'un état de « potentialisation ~vacination » et/ou de l'ISR (Figure. 12) (Kloepper *et al.*, 1999).

Figure 12. Schéma représentant la relation tripartie existant entre la plante, l'agent pathogène et le microorganisme bénéfique. (Abréviation : ISR : résistance systémique induite).

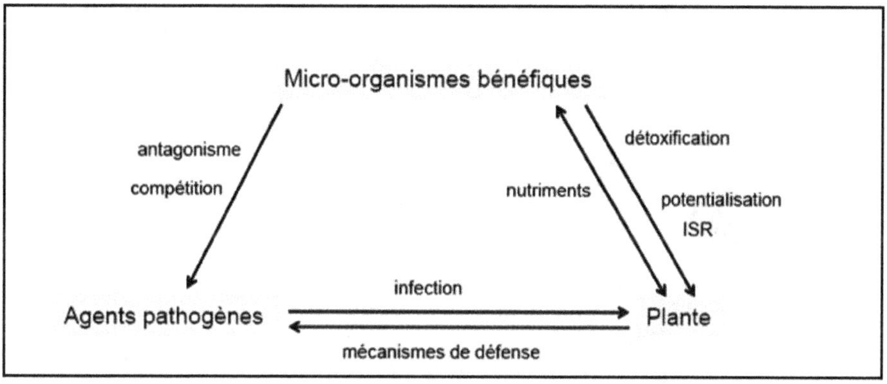

Il est clairement établi que les PGPM stimulent la croissance des plantes ce qui a pour conséquence un meilleur rendement. En fait, ces phénomènes sont observés car, les PGPMs, principalement les PGPR, agissent sur la plante hôte par divers mécanismes tels qu'une détoxification et détoxication du sol (métaux lourds), un apport en nutriments (azote, fer, zinc, phosphate), une production de composés volatils, de phytohormones (AIA, CK et GA) ou une synthèse d'enzymes (Figure. 13) (Bloemberg & Lugtenberg, 2001 ; Ping & Boland, 2004 ; Compant *et al.*, 2005a ; Siddiqui, 2005 ; Van Loon, 2007 ; Spaepen *et al.*, (2009) ; Rosas *et al.*, 2009 ; Yang *et al.*, 2009). Par exemple, les *Rhizobia* (*Rhizobium* sp., *Bradyrhizobium* sp., *Mesorhizobium* sp. et *Sinorhizobium* sp.) sont connus pour former des relations symbiotiques avec les légumineuses. Elles permettent d'améliorer la fixation de l'azote par la formation de nodosités (Avis *et al.*, 2008). De plus, certaines PGPR protègent également les plantes contre les stress abiotiques (Timmusk & Wagner, 1999 ; Yang *et al.*, 2009).

Figure 13. Modes d'action possibles des PGPR (« *plant growth-promoting rhizobacterium* »). (Abréviations : ABA : acide abscissique ; ACC : acide 1-aminocyclopropane-1-carboxylique ; HKT1 : High-Affinity K+ Transporter 1 ; IAA : indole-acetic acid ; ROS : reactive oxygen species) (Yang *et al.*, 2009).

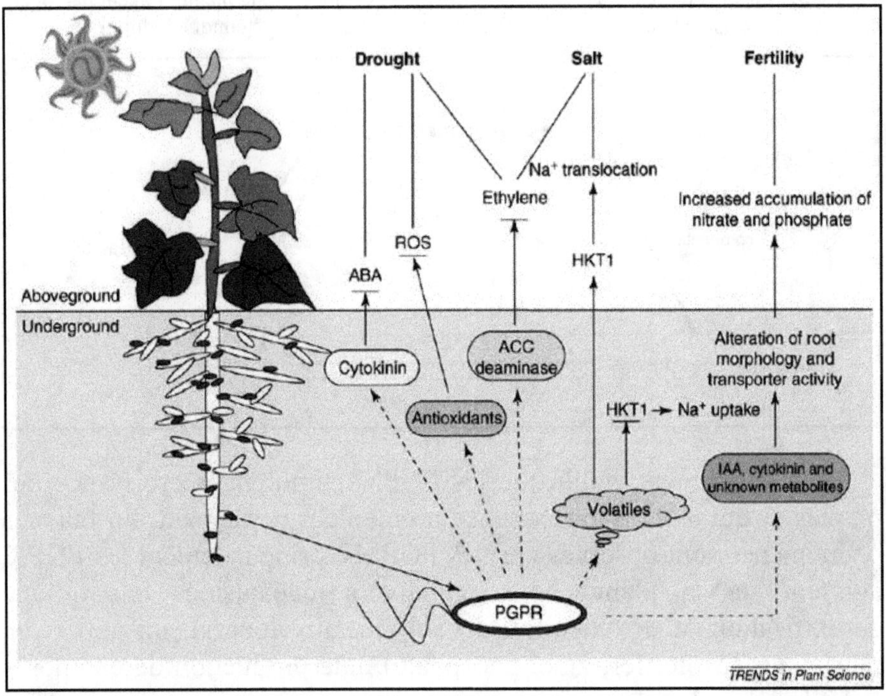

De nombreuses PGPB ont la capacité de synthétiser de l'IAA à partir du tryptophane (Persello-Cartieaux *et al.*, 2003 ; Kang *et al.*, 2006 ; Avis *et al.*, 2008). Cette hormone favorise la rhizogénèse, l'élaboration d'un système racinaire plus développé assurant un meilleur apport en nutriments et en eau pour la plante. De plus, certaines PGPB secrètent l'ACC déaminase qui permet de cliver l'ACC, précurseur de l'éthylène qui inhibe la croissance racinaire et induit la sénescence (Glick *et al.*, 1998 ; Vessey, 2003 ; Sturz & Christie, 2003 ; Ping & Boland, 2004 ; Sessitsch *et al.* 2005) (Figure 6).

Les PGPM agissent indirectement sur les micro-organismes pathogènes en stimulant le développement des barrières naturelles des plantes (Siddiqui, 2005 ; Compant *et al.*, 2007 ; Pieterse & Van Loon, 2007). Ainsi, l'agent pathogène rencontrera plus de difficultés à coloniser la plante lors du processus infectieux.

IV.4. Classification des PGPM

IV.4.1. Les PGPB (« Plant Growth Promoting Bacteria ») et les PGPR (« Plant Growth Promoting Rhizobacteria »)

IV.4.1.1. Protection envers les agents pathogènes et stimulation de la croissance des plantes

Les PGPR épiphytes (ePGPR) ou endophytes (iPGPR) influencent le cycle de vie de leur hôte végétal par différents mécanismes (Figure. 14) via la croissance, reproduction, métabolisme, acquisition des nutriments, etc (Lemanceau *et al.,* 2007 ; Varin *et al.,* 2010).

Figure 14. Illustration des mécanismes d'action des « *Plant Growth Promoting Rhizobactéria* » (PGPR) épiphytiques et endophytiques sur la plante et les agents pathogènes. (Varin, 2015).

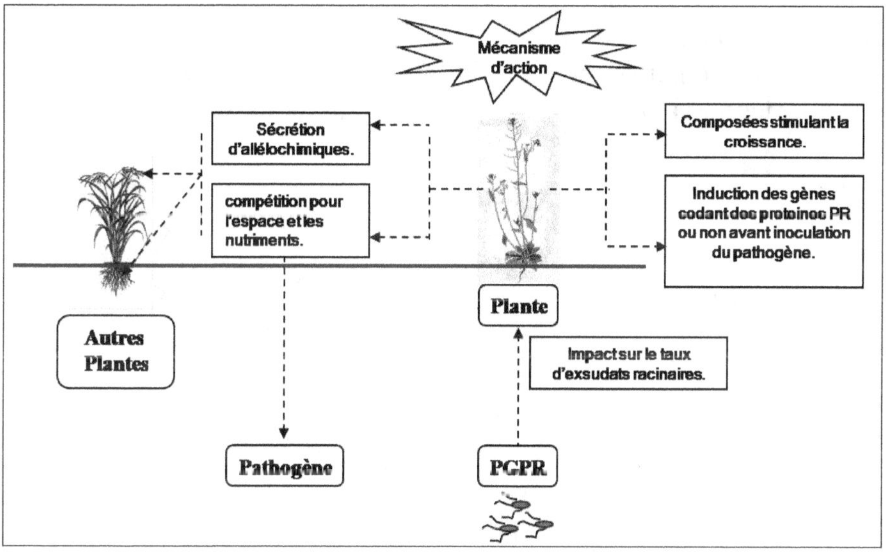

Une stimulation directe de la croissance des plantes est démontrée par le biais d'une « biofertilisation » qui augmente la disponibilité en nutriment notament l'azote, la sécrétion de composés favorisant la croissance racinaire et générale de la plante comme par exemple des sidérophores chélatant le fer, la production de vitamines, des phytohormones et l'aminocyclopropane carboxylate (ACC) déaminase qui clive le précurseur de l'éthylène : l'ACC. Cette action élève l'inhibition de la croissance racinaire induite par l'éthylène (Glick *et al.,* 1998 ; Vessey *et al.,* 2003 ; Sturz & Christie, 2003). Les mécanismes promoteurs de croissance des PGPR sont encore peu connus.

L'effet des PGPR peut provenir de leur activité de bio-contrôle (van Loon & Bakker, 2005) Cette activité est associée à différents mécanismes. Parmis les mécanismes, nous pouvons mentionner, le phénomène de compétence rhizosphèrique, une sécrétion d'allélochimiques pour une activité de bio-contrôle directe, et l'ISR induite par la bactérie ou par les composés bactériens. Déjà démontrer par Compant *et al.* (2005a).

Ainsi, les PGPR restreintes aux niveaux des surfaces racinaires ou internes de la racine peuvent présenter diverses caractéristiques permettant d'augmenter la biomasse végétale et de réduire le développement des agents pathogènes pour la plante. Dans ce dernier cas, nous pouvons évoquer les phénomènes de compétence rhizosphèrique, de colonisation épi- et endophytique par ces micro-organismes, associé aux réponses de défenses induites chez la plante, ou bien le phénomène de résistance systémique. Une compréhension de ces phénomènes permet de mieux cibler le type de micro-organisme pouvant être utilisé pour l'amélioration de la croissance et des rendements agricoles chez les plantes à intérêt agronomique et industriel exploité dans les agro écosystèmes. Par exemple : les graminées prairiales comme Brachypodium, ray-grass ou fabacée tel le trèfle ; ii) ou monoculture de graminées comme l'orge, le blé, le riz, les Brassiccacées comme le colza et les fabacées comme la luzerne ou le pois.

IV.4.1.2. Compétence rhizosphèrique

Une particularité intéressante des PGPR est leur compétence rhizosphèrique. Ceci correspond à leur capacité à coloniser la rhizosphère, les surfaces racinaires, à y survivre et y proliférer pendant une période considérable en présence ou abscence de la microflore existante (Parke, 1991 ; Whipps, 1997 ; Lugtenberg & Dekkers, 1999 ; Benizri *et al.,* 2001 ; Bloemberg & Lugtenberg, 2001 ; Compant *et al.,* 2005a). Cette compétence rhizosphèrique est nécessaire pour que les PGPR puissent présenter des effets sur leur plante hôte. En effet, une absence d'effet des PGPR, que ce soit dans un cas de biocontrôles ou de stimulations directes de la croissance de la plante, a souvent été associée à une faible compétence des PGPR à coloniser la rhizosphère et les surfaces racinaires (Thomashow, 1996). Ceci a conduit à la recherche de PGPR présentant une forte compétence rhizosphèrique (Compant *et al.,* 2005a). Il est nécessaire également de noter que certaines bactéries sont dépendantes de certaines plantes.

Diverses études ont permis de constater que les PGPR colonisent la rhizosphère puis la surface racinaire (rhizoplan) de leur hôte végétal. Dans ces zones sont présentes des molécules exsudées par la plante, comme les sucres, acides aminés, acides organiques, vitamines, mucilage, nécessaires à leur développement (Bais *et al.,* 2006). Les PGPR peuvent se retrouver dans des zones riches et à teneur élevé en ces macromolécules. Elles colonisent, de ce fait, la zone d'émergence des racines secondaires, la zone pilifère, la zone d'élongation, l'apex racinaire ainsi que leurs portions de sols associés (Hansen *et al.,* 1997 ; Benizri *et al.,* 2001 ; Humphris *et al.,* 2005). Au niveau de ces zones, les PGPR sont attirées chimiotactiquement par ces sources de nutritions puis s'attachent ensuite aux surfaces racinaires notamment par le biais de poils bactériens et de lectines (Bashan & de Bashan, 2005). Cependant, il est important de prendre en compte que les molécules exsudées par la plante attirent également d'autres micro-organismes. Ainsi, des différences peuvent survenir entre les colonisations des surfaces racinaires en conditions gnotobiotiques. C'est-à-dire des environnements contrôlés où le seul micro-organisme présent est celui inoculé et en conditions non stériles. Dans ce cas, il s'agit de l'écosystème rhizosphèrique réel qui est fonction de l'activité directe de bio-contrôle des PGPR. De plus, des différences physiologiques des plantes cultivées dans ces deux conditions interviennent également. Par exemple, des plantules *in vitro* et des plantes *in vivo* n'exsudent pas quantitativement de la même façon les exsudats racinaires (Benizri *et al.,* 2001). Ceci a de plus, une incidence sur le potentiel des PGPR à présenter un effet sur la plante puisqu'il y a moins de sources de nutritions pour ces micro-organismes. Par conséquent, leurs effets sont moins importants.

Ainsi, des différences peuvent survenir lors d'études en conditions gnotobiotiques *in vitro* ou *in vivo.* Souvent certains de ces micro-organismes, considérés comme symbiotiques, ne présentent pas d'effets sur la plante en conditions naturelles ou les effets de ces PGPR sont limités (Bashan & de Bashan, 2005). De plus, certains d'entre eux disparaissent rapidement de la rhizosphère ou des surfaces racinaires, en particulier lors de l'inoculation de plantes non naturellement hôtes. Ceci coïncide avec l'équilibre microbiologique mis en place depuis l'apparition des plantes. Cet équilibre dynamique est également due aux contraintes abiotiques et biotiques régnantes au niveau de la rhizosphère (Compant *et al.,* 2005a ; Bashan & de Bashan, 2005).

Ceci a amené à la recherche de PGPR ayant une très forte compétence rhizosphérique mais également de PGPR pouvant entrer à l'intérieur de leur hôte végétal, lieu où elles peuvent être relativement protégées des conditions extérieures (Nowak & Shulaev, 2003 ; Compant *et al.,* 2005a). Il faut savoir que peu d'études scientifiques sur les effets des PGPR en absence de contact avec la plante hôte ont été réalisées.

V. Interaction entre plante & PGPR

V.1. Colonisation endophytique de la plante par les PGPR

V.1.1. Colonisation endophytique de la plante

Les effets des PGPR endophytiques sur la plante sont souvent plus prononcés que ceux des bactéries restreintes aux niveaux des surfaces racinaires (Conn *et al.,* 1997 ; Chanway *et al.,* 2000). En effet, lors de la colonisation endophytique, les PGPR internes ont une interaction plus proche avec les cellules végétales que les PGPR non endophytiques. Elles stimulent d'avantage les défenses et la croissance de la plante (Nowak & Shulaev, 2003). Enfin, elles sont mieux protégées face aux stress biotiques et abiotiques que les épiphytes bactériens et interagissent plus longtemps avec leurs hôtes (Hallmann *et al.,* 1997). Les PGPR endophytiques ont fait l'objet d'un très grand intérêt en agriculture (Sturz *et al.,* 2000).

La plupart des PGPR colonisent leur hôte végétal de façon endophytique (Hallman *et al.*, 1997 ; Sturz *et al.,* 2000 ; Hallman, 2001 ; Lodewyckx *et al.*, 2002 ; Nowak & Shulaev, 2003 ; Gray & Smith, 2005 ; Rosenblueth & Martínez-Romero, 2006). Cependant, peu d'études portent sur la colonisation endophytique de la plante par les PGPR en comparaison aux études concernant leurs utilisations. Pourtant, le devenir des PGPR endophytiques au sein de la plante, ainsi que les mécanismes associés à leur colonisation méritent d'être étudiés.

Tout d'abord, d'un point de vue fondamental, afin d'analyser et de comprendre où se situent les bactéries, pourquoi elles se retrouvent dans certaines parties de la plante et quels sont les mécanismes de défense de la plante associés à leur colonisation. Ensuite, d'un point de vue appliqué, car le consommateur peut demander si ces micro-organismes sont présents dans les parties de la plante destinées à sa consommation. Ainsi, l'étude de la colonisation de la plante par les PGPR endophytiques apparaît comme un pré-requis avant leur utilisation sur des plantes cultivées (Nowak & Shulaev, 2003).

V.1.2. Pénétration des PGPR endophytique dans la plante

D'après la littérature, la colonisation endophytique des PGPR au niveau racinaire se réalise de différentes façons (Figure. 15). Tout d'abord, la zone d'émergence des racines secondaires constitue une ouverture naturelle permettant l'entrée des PGPR à l'intérieur de la plante (Reinhold-Hurek & Hurek, 1998). Ensuite, les blessures provoquées par des facteurs biotiques, comme par exemple les agents pathogènes ; et abiotique pour les contraintes mécaniques liées aux sols peuvent également permettre l'entrée des PGPR (Lodewyckx *et al.,* 2002). Une autre possibilité consiste en la sécrétion par ces micro-organismes d'enzymes dégradant les parois cellulaires de la plante telles que des cellulases, des endoglucanases, des polygalacturonases et des xylanases (Hallman, 2001 ; Lodewyckx *et al.,* 2002 ; Gyaneshwar *et al.,* 2001) et Chitinases. Cette sécrétion enzymatique est de faible intensité. Elle n'est pas continue car, elle conduirait à la destruction des tissus de la plante. Elle permet à certaines PGPR endophytiques d'entrer à l'intérieur de leur hôte végétal (Rosenblueth & Martínez-Romero, 2006).

Figure 15. Illustration des sites possibles d'infection et de colonisation des racines par des PGPR endophytiques montrés par une section longitudinale et transversale d'une racine (Varin, 2015 d'après Reinhold-Hurek & Hurek, 1998 ; Compant *et al.,* 2010).

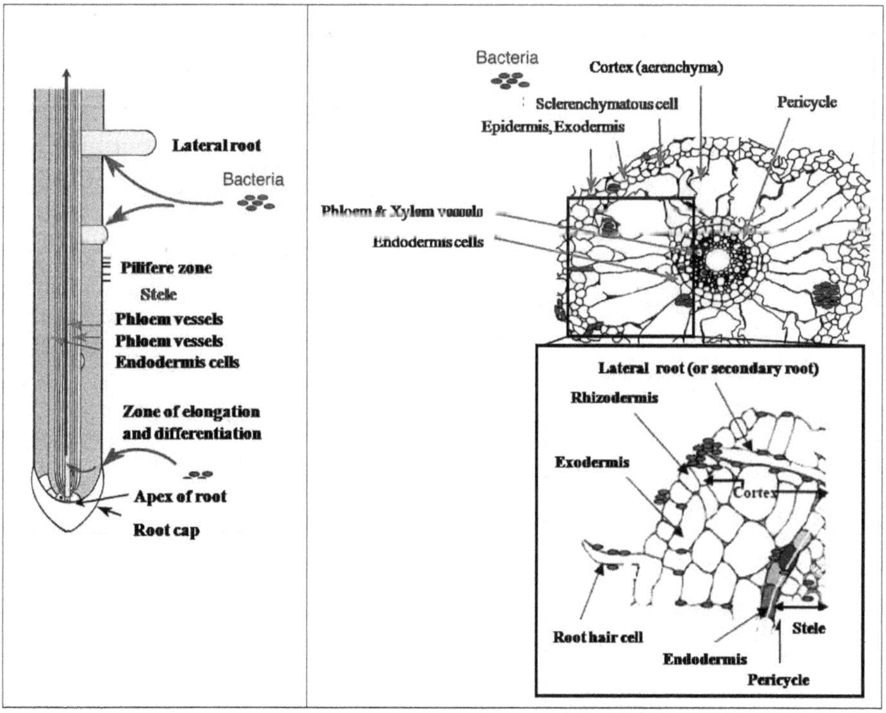

V.1.3. Propagation des PGPR endophytique à l'intérieur de la plante

A la suite de leur pénétration dans les racines, certaines PGPR endophytiques vont se propager dans différents tissus de leur hôte (Whipps, 2001 ; Rosenblueth & Martínez-Romero, 2006 ; Sørensen & Sessitsch, 2006). La colonisation affecte en premier lieu le cortex racinaire par la voie intercellulaire. Ensuite, les bactéries atteignent la barrière de l'endoderme (Sprent & James, 1995 ; Reinhold-Hurek et Hurek, 1998 ; Hallmann, 2001). Cette barrière peut être partiellement détruite par certaines PGPR (James *et al.,* 2002). Néanmoins, des cellules de l'endoderme sont détruites lors du développement des racines secondaires (Hallmann, 2001), ce qui facilite la progression des PGPR endophytiques jusqu'au cylindre central. Les endophytes bactériens peuvent alors atteindre les vaisseaux conducteurs du xylème (Figures. 16 & 17). Elles les utilisent pour se propager jusqu'aux parties aériennes de la plante (Sprent & James, 1995 ; James *et al*., 2002 ; Cocking, 2003). Il s'agit d'une stratégie d'envahissement systémique. Cependant, il est important de prendre en compte que cette migration des bactéries endophytiques *via* les vaisseaux du xylème a fait l'objet de beaucoup de discussions. Certains chercheurs rapportent que les endophytes ne se propagent pas par le xylème, mais plutôt par l'apoplaste de ces vaisseaux, la lumière du xylème étant utilisée seulement par les agents pathogènes (McCully, 2001). Cependant, la migration des bactéries endophytiques par la lumière du xylème a bien été prouvée et diverses publications citent, ainsi, une propagation des endophytes bactériens par cette voie de colonisation (Hallmann, 2001).

Figure 16. Propagation des bactéries à l'intérieur des vaisseaux du xylème vers les parties aériennes des plantes. Les flèches indiquent le processus de colonisation. Dessin des vaisseaux du xylème modifiés The American Heritage Student Science Dictionary (2002) (Compant *et al.*, 2010).

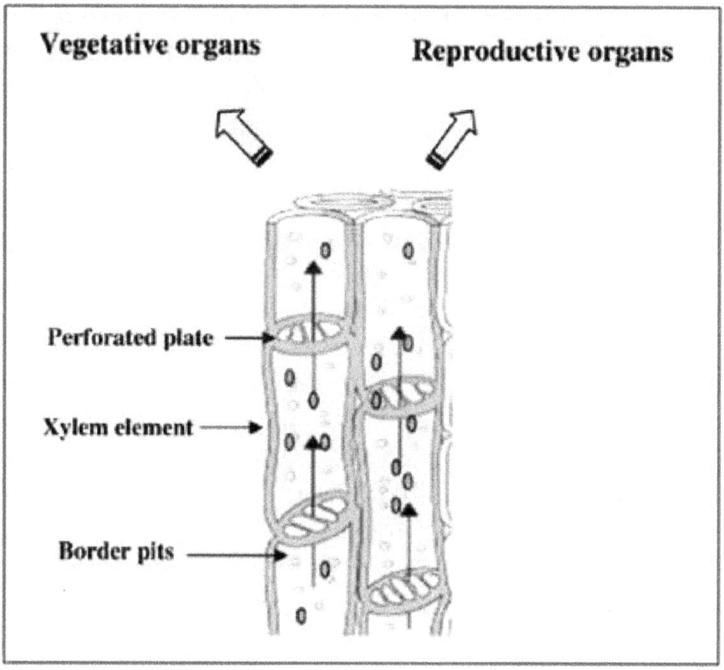

Figure 17. Microphotographies de PGPR endophytiques (*Serratia marcescens*) dans les vaisseaux du xylème racinaire de *Oriza sativa* ou riz asiatique qui peut être divisée en deux groupes variétaux : indica et japonica (Gyaneshwar *et al.*, 2001). Echelles : (a) 30 µm et (b) 1 µm. Les flèches indiquent la présence de bactéries endophytiques dans les vaisseaux du xylème.

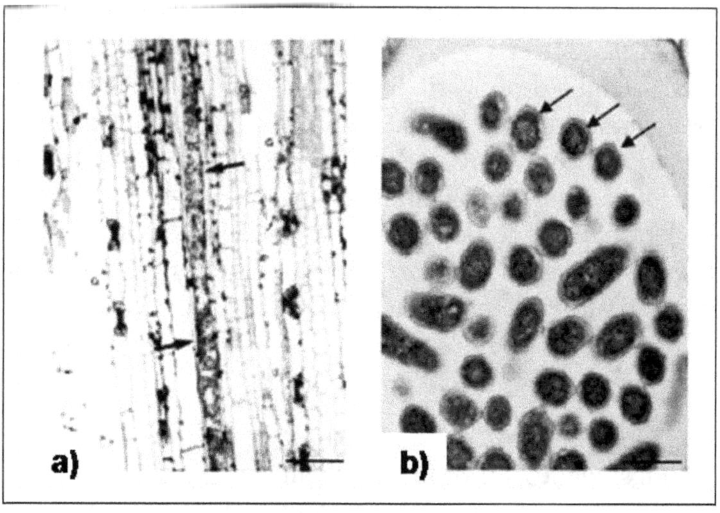

V.1.4. Différences de colonisations par les PGPR endophytiques

Toutes les PGPR endophytiques ne colonisent pas leur hôte de la même façon. Une spécificité de colonisation se met alors en place entre la plante hôte et le micro-organisme (Rosenblueth & Martínez-Romero, 2006). Certains micro-organismes sont organes et tissus spécifique - dépendant. Par conséquent, ils sont cantonnés aux racines, voire aux tubercules, tandis que d'autres vont se retrouver dans la tige, les feuilles (Kobayashi & Palumbo, 2000 ; Whipps, 2001) et les inflorescences (Mundt & Hinkle, 1976).

Différentes études ont permis de démontrer la colonisation endophytique spécifiques des PGPR, notamment chez des hôtes naturels, comme par exemple l'aspect tissu ou organes spécifiques avec *Pantoea* sp. et *Ochrobacterium* sp. qui colonisent les racines de riz (Verma *et al.,* 2004), *Azorhizobium caulinodans* colonisant le xylème racinaire d'*Arabidopsis* (Cocking, 2003) et *Herbaspirillum seropedicae* Z67 (James *et al*., 2002) ainsi que *Serratia marcescens* (Gyaneshwar *et al.,* 2001) qui colonisent le riz, des racines jusqu'aux parties aériennes. D'autres exemples concernent également l'aspect plante spécifique découvert chez *Azoarcus* sp. souche BH72 qui colonise des plantes herbacées (Hurek *et al.,* 1994), ou encore *B. megaterium* souche C4, colonisateur endophytique du maïs, des racines jusqu'aux parties aériennes (Liu *et al.,* 2006).

En parallèle, il est important de prendre en compte qu'il existe des différences de colonisations pour des plantes sauvages ou cultivées. Par exemple, *Herbaspirillum* sp. Souche B501 colonise, chez le riz sauvage, les graines et les parties aériennes. En revanche, chez le riz cultivé, il n'y a pas de colonisation endophytique par cette PGPR (Elbeltagy *et al.,* 2001).

Compte tenu des variations de colonisations des PGPR endophytiques dans leurs hôtes, il apparaît, nécessaire de caractériser la colonisation des PGPR endophytiques chez diverses plantes, en particulier lors d'une application d'une PGPR sur un nouvel hôte végétal. Ceci permet de déterminer les sites de colonisations par ces micro-organismes et de connaître, leurs niches écologiques et les caractéristiques de cette niche au sein de la plante hôte.

V.1.5. Colonisation des inflorescences par les endophytes bactériens

Des études sur les inflorescences ont permis de constater que les endophytes bactériens peuvent se retrouver dans les fleurs, au niveau de l'ovule et des fruits (Mundt & Hinkle, 1976 ; Misaghi & Donndelinger, 1990). Ceci pourrait sous-entendre une transmission des bactéries endophytiques par les graines. Cependant, la plupart des fleurs, des fruits et des graines ne contiennent pas ou peu de bactéries endophytiques (Hallmann, 2001).

La colonisation des différents organes des inflorescences par les bactéries endophytiques est néanmoins possible. Elle mérite, cependant, d'être plus approfondie, en particulier avec les PGPR endophytiques utilisées en agriculture, car aucune étude n'a porté sur la colonisation de ces parties de la plante par ces micro-organismes bénéfiques. En effet, la plupart des études ont porté sur la détection des endophytes dans ces organes. Néanmoins, il est important de prendre en compte que tous les endophytes bactériens ne sont pas des PGPR puisque certains d'entre eux peuvent présenter un impact neutre sur la plante (Hallmann, 2001). Ainsi, à la suite de colonisation par des PGPR, rien ne semble avoir été démontré concernant les inflorescences. Pourtant, certaines PGPR endophytiques sont utilisées sur des espèces cultivées.

Afin d'étudier la colonisation des PGPR endophytiques, il faut pouvoir visualiser ces micro-organismes et les différencier de la microflore existante. De plus, des composés de la plante peuvent souvent être confondus avec des bactéries. Il apparaît, primordial de les identifier sous conditions gnotobiotiques (Hallmann, 2001). Ceci est possible, notamment, grâce à des marqueurs moléculaires comme par exemple le gène « *Green Fluorescent Protein* : *gfp* » codant la protéine verte fluorescente ou ses dérivés *egfp*, *cgfp* et *ygfp* (Larrainzar *et al.*, 2005) ou à des marqueurs chromogéniques comme le gène *gusA* codant la protéine GUS ou β-glucuronidase conférant une coloration bleue à la bactérie après ajout d'un substrat (Gamalero *et al.*, 2003 ; Jansson, 2003).

V.2. Défenses induites et résistance systémique associées aux PGPR

Une des propriétés intéressantes des PGPR epiphitiques et endophytiques réside dans leur capacité à induire ou non des réactions de défenses lors de leur colonisation (Figure. 18). Ces réactions de défenses peuvent être à l'origine d'une **R**ésistance **S**ystémique **I**nduite (**ISR**) conférant une protection de la plante vis-à-vis des agents pathogènes (Compant *et al.*, 2005a ; Van Loon & Bakker, 2005 ; Van Loon, 2007).

Figure 18. Illustration des différents phénomènes intervenants lors de l'interaction entre des PGPR et des plantes (Abréviations : JA : Acide jasmonique ; SA : Acide salicylique ; ET : Ethylène) rq : pour plus de détails sur les phytohormones cf partie racine et hormones - tome 3 et 4) (Varin, 2015).

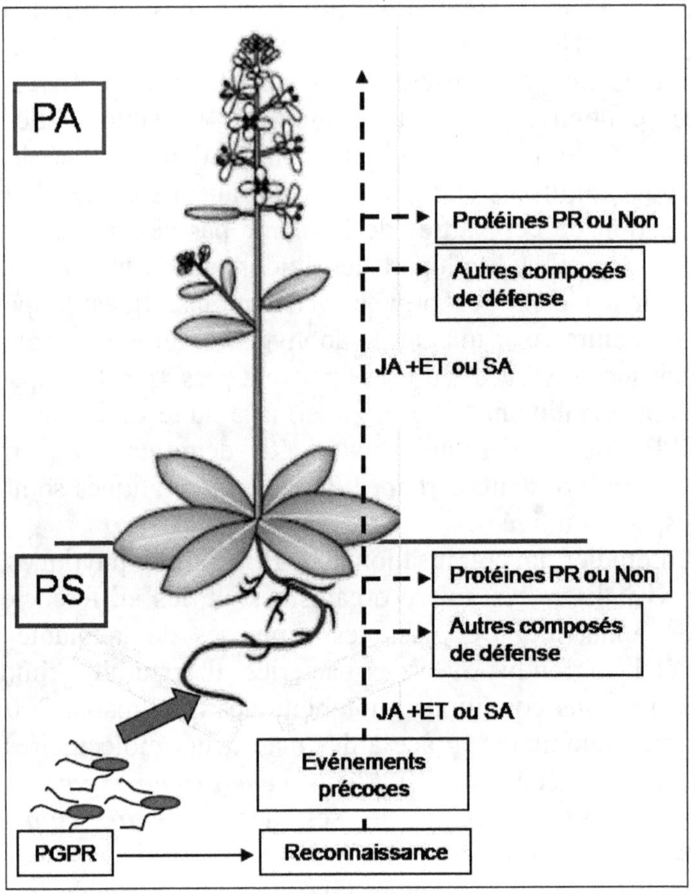

V.2.1. Reconnaissance des PGPR

Lors de l'interaction plante-PGPR, une reconnaissance entre l'hôte végétal et le micro-organisme bénéfique peut se mettre en place. Des éliciteurs généraux de type MAMPs ont pu être mis en évidence lors d'études portant sur les déterminants moléculaires de l'ISR (Van Loon & Bakker, 2005) et une absence de gènes d'avirulance n'est à l'heure actuel pas identifié. Nous pouvons indiquer des éliciteurs comme les **L**ipo**p**oly**s**accharides (**LPS**) (Van Peers & Schippers, 1992 ; Leeman *et al.*, 1995 ; Van Wees *et al.*, 1997 ; Reitz *et al.*, 2002 ; Meziane *et al.*, 2005), les sidérophores (Maurhofer *et al.*, 1994 ; Leeman *et al.*, 1996 ; Audenaert *et al.*, 2002 ; Meziane *et al.*, 2005), les composés organiques volatils (COV) tel butane-2,3-diol (Ryu *et al.*, 2004) ou des antibiotiques comme le 2,4-diacetylphloroglucinol (DAPG ; Iavicoli *et al*., 2003 ; Siddiqui & Shaukat, 2003 ; Weller *et al*., 2004) et la pyocyanine (Audenaert *et al*., 2002) provenant des PGPR. Ces composés sont nécessaires à l'ISR et peuvent être considérés comme des MAMP (Van Loon & Bakker, 2005).

V.2.2. Signalisation

Lors de l'interaction plante-PGPR, une signalisation intracellulaire puis intercellulaire se met en place. Au niveau de la signalisation intra cellulaire, chez le tabac entrant en contact avec les LPS de la PGPR endophytique *Burkholderia cepacia,* des événements précoces comme un influx de Ca^{2+}, la production d'H_2O_2 et de NO sont mis en évidence (Gerber *et al.,* 2004). En outre, il est démontré que le sidérophore pyocheline et l'antibiotique pyocyanine induisent la production d'H_2O_2 au niveau des racines du riz (de Vleesschauwer *et al.*, 2006).

Au niveau de la signalisation intercellulaire, chez la tomate ou le haricot avec *Pseudomonas aeruginosa* 7NSK2 (de Meyer & Höfte, 1997), une accumulation d'acide salicylique (SA) a pu être constatée dans les racines lors de l'interaction entre diverses PGPR et leurs plantes hôtes. Toutefois, il est généralement admis qu'il n'y a pas de production de Acide salicylique (SA) lors de l'interaction entre une plante et une PGPR (Van Loon & Bakker, 2005). Au niveau systémique, le SA ne semble pas impliqué. Cette hormone serait remplacée par l'éthylene (ET) et l'acide jasmonique (JA) (Pieterse *et al.,* 2001, 2007 ; Van Loon *et al.,* 2006a ; Pieterse & Van Loon, 2007). Il existe néanmoins des exceptions. Après application racinaire de l'endophyte *P. fluorescens* souche CHAO sur le tabac, une augmentation de SA au niveau systémique est constatée (Maurhofer *et al.*, 1994) ou de *P. aeruginosa* souche 7NSK2 sur la tomate (de Meyer *et al.,* 1999). Cela renforce l'idée que des différences peuvent survenir lors de l'interaction entre les plantes et les PGPR.

V.3. Défenses naturelles et gestion des micro-organismes par les plantes

Les plantes ont toutes le potentiel de se défendre face à une contrainte induisant un stress. Elles développent une fonction de défense complexe faisant intervenir des mécanismes de défenses constitutifs ou « résistance passive » et inductibles ou « résistance active ». La « résistance passive » correspond aux barrières naturelles de l'organisme physique. Elles correspondent aux structures de la paroi, qualité et quantité de cires et cuticules. Elle peut s'expliquer par une incapacité des microorganismes à franchir les barrières protectrices externes du végétal ou à la rencontre de substances antimicrobiennes naturellement présentes en absence de stress nommées phytoanticipines. L'inadéquation physiologique préexistante chez l'hôte, permettant à celui-ci de ne pas être reconnu comme hôte par le micro-organisme ou d'empêcher ce dernier d'exercer son pouvoir pathogène. La « résistance active », quant à elle, est la mise en place de dispositifs de défenses non préexistants chez l'hôte permettant de stopper l'infection lorsque les pathogènes commencent à se développer dans la plante. Dans cette première partie, les voies de signalisations des réponses de défenses, depuis la perception du stress passent par les étapes de transductions des signaux, pour aboutir aux réactions de défenses seront présentées (Figure. 19).

Figure 19. Principaux événements caractérisant la mise en place de la résistance des plantes (Varin, 2015).

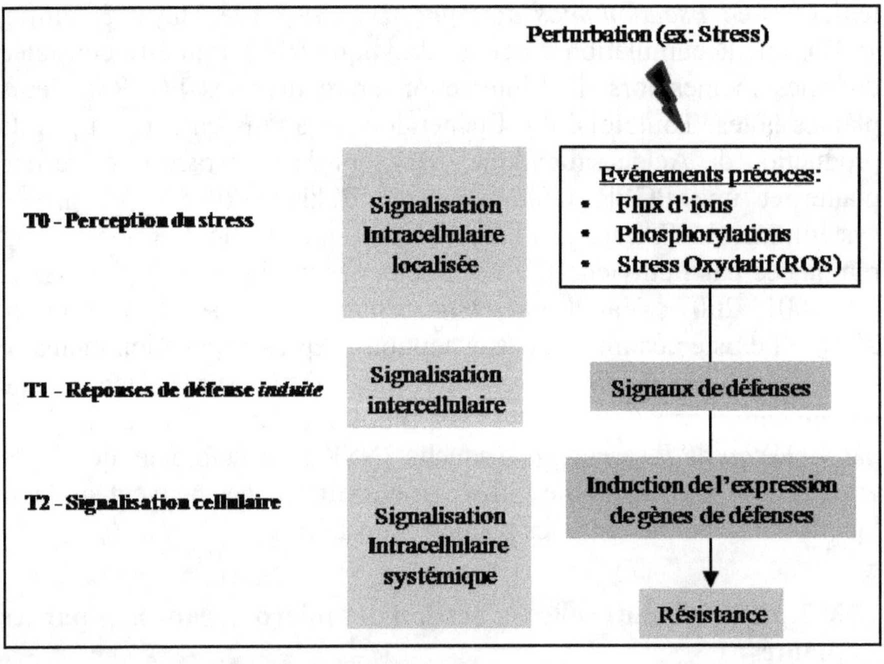

V.3.1. Perception des stress abiotiques

Les mécanismes de perception des stress abiotiques sont encore méconnus. Lors d'un excès de lumière, des récepteurs photosensibles, comme les phototropines, les néochromes et les cryptochromes, vont capter l'information et transmettre le signal (Li *et al.*, 2009). Selon le rayonnement électromagnétique, certains récepteurs peuvent intervenir. Nous pouvons citer les phytochromes pour les radiations ultraviolettes (**UV**), les cryptochromes pour la lumière rouge et les phototropines pour la lumière bleue et les UV-A. Il semblerait que des récepteurs encore inconnus soient impliqués dans la perception des UV-B (Brosché & Strid, 2003 ; Wolf, 2010).

En revanche, dans le cas des mécanismes de stress hydrique, salin ou d'une exposition à de basses températures désigné « *chilling* » ou « *freezing* », la présence de récepteurs n'a pas encore été démontrée. Il semblerait que les dégâts causés par ces stress soient détectés par la plante et engendreraient l'activation des mécanismes de défenses (Knight & Knight, 2001 ; Verslues & Zhu, 2005 ; Walley *et al.*, 2007). Par exemple, la plante va percevoir le froid *via* les modifications de la fluidité membranaire, l'accumulation de ROS, la réorganisation du cytosquelette ou la modification de la conformation des protéines (Knight & Knight, 2001 ; Walley *et al.*, 2007 ; Ruelland *et al.*, 2009). Ces mécanismes sont notés immunité primaire et secondaire.

V.3.2. Reconnaissance de l'agent pathogène

Tout comme les animaux, les plantes sont capables de reconnaître le non-soi et le soi modifié. En réponse aux attaques d'agents pathogènes, elles peuvent induire des mécanismes de défenses et de gestions de ces pathogènes ou organismes invasifs (Chisholm *et al.*, 2006 ; Jones & Dangl, 2006 ; Nürnberger & Kemmerling, 2009).

V.3.2.1. Immunité primaire (PTI)

Chez les végétaux, l'immunité innée primaire (Figure. 20A) est basée sur la reconnaissance : i) des éléments structuraux caractéristiques des agents pathogènes notés « ***P****athogenic-****A****ssociated* ***M****olecular* ***P****attern* : **PAMPs** » ; ii) des éléments de reconnaissance des récepteurs de la plante noté « ***P****attern-****R****ecognition* ***R****eceptor* : **PRRs** ». Cette reconnaissance aboutit à l'induction de la « ***P****AMP* ***T****riggered* ***I****mmunity* : **PTI** » (Jones & Dangl, 2006 ; Boller & Felix, 2009 ; Postel & Kemmerling, 2009). Cependant, dans la mesure où de telles structures existent également chez les microorganismes non pathogènes, le terme « ***M****icrobial-****A****ssociated* ***M****olecular* ***P****attern* : **MAMPs** » semble plus approprié (Mackey & McFall, 2006 ; Jourdan *et al.*, 2008). De plus, certains produits de dégradation de la paroi des plantes comme des fragments d'oligogalacturonide, de cellulose ou des monomères de cutine sont appelés « ***D****ammage-****A****ssociated*

Molecular Pattern : **DAMPs** ». Ils peuvent initier la PTI (Postel & Kemmerling, 2009).

Figure 20. Evolution de l'immunité innée (PTI et ETI) chez les plantes. A : la PTI est déclenchée par la détection du MAMP. B : l'agent pathogène contourne la PTI par la sécrétion d'effecteurs inhibant les voies de signalisation ou de production des réponses de défense de la plante hôte qui est alors en ETS. C : l'ETI se met en place lorsque la plante hôte est capable de reconnaître les effecteurs ou leurs activités. D : l'agent pathogène contourne l'ETI par la production de nouveaux effecteurs. La plante est à nouveau en ETS. (Abréviations : ETI : effector-triggered immunity ; ETS : effector-triggered susceptibility ; MAMP : microbial-associated molecular pattern ; PRR : pattern-recognition receptor ; PTI : pamp-triggered immunity) (modifiée d'après Kauffmann *et al.*, 2009).

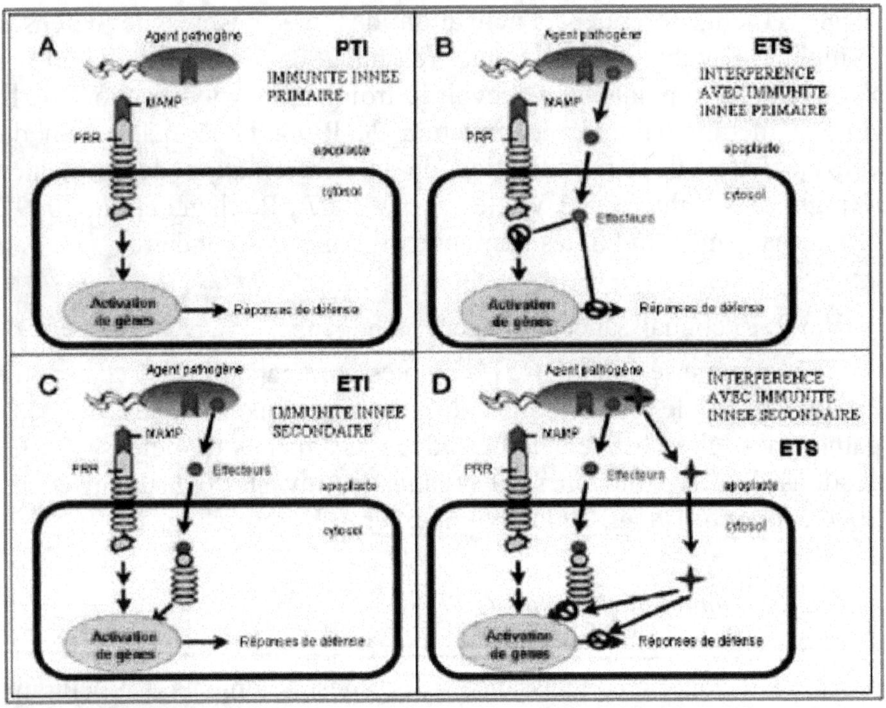

V.3.2.2. Immunité secondaire (ETI)

Pour contrecarrer cette 1ère ligne de défense, certains agents pathogènes sont capables de sécréter des effecteurs qui vont inactiver les PRRs ou bloquer le signal qu'ils émettent (Figure. 20B). La plante se trouve dans un état d'« ***E****ffector*-***T****riggered* ***S****usceptibility* : **ETS** ». La réaction est dite compatible. C'est-à-dire que la plante est sensible et l'agent pathogène est virulent. A ce stade, la maladie se manifestera. Les premiers effecteurs mis en évidence sont les protéines AvrPto et AvrPtoB (He *et al.*, 2006). Lorsque les effecteurs sont reconnus, l'immunité mise en place par la plante est alors appelée

« ***Effector-Triggered Immunity*** » **(ETI)** pour immunité secondaire (Figure. 20C) (Jones & Dangl, 2006 ; Boller & Felix, 2009 ; Postel & Kemmerling, 2009). Elle résulte d'une adaptation de la plante aux nouvelles techniques d'attaques mises en place par chaque agent pathogène. La réponse de défense est en permanente évolution. L'ETI repose en fait sur le concept « clef-serrure » ou « gène pour gène ». A chaque protéine d'avirulence « **avr** » chez le microbe correspond une protéine de résistance « **R** » chez la plante. Dans ce cas, la réaction est dite incompatible. La plante est résistante et l'agent pathogène est avirulent. Dans ces conditions, la maladie ne se développera pas.

Dans tous les cas, la plante et l'agent pathogène évoluent, ce qui leurs permet d'assurer leur survie (Figure. 20D ; Figure. 21 ;Yang *et al.*, 1997 ; Rathjen & Moffett, 2003 ; Kauffmann *et al.*, 2009).

Figure 21. Modèle clé-serrure représentant les évolutions de l'agent pathogène et de la plante hôte dans le cadre de l'ETI. (Abréviations : R : protéine de résistance présente chez la plante hôte ; avr : protéine d'avirulence présente chez l'agent pathogène ; I : réaction incompatible (non apparition de la maladie) ; C : réaction compatible (apparition de la maladie) ; ETI : effector-triggered immunity).

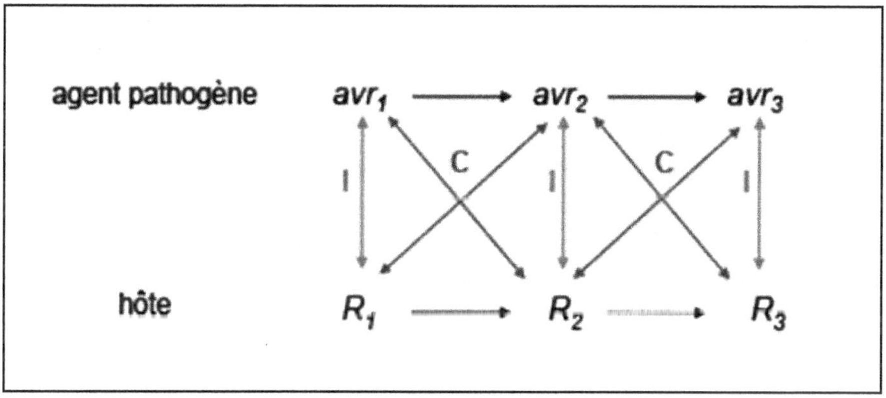

V.3.3. Les événements précoces

La perception du stress va engendrer l'activation de réponses précoces et la transduction du signal au niveau intracellulaire. La survie de la plante dépendra de la vitesse et de l'efficacité de leur mise en place et de la réponse d'immunité (Knight & Knight, 2001 ; Garcia-Brugger *et al.*, 2006 ; Zipfel, 2009).

V.3.3.1. Les flux ioniques

La perception du stress est suivi d'une phosphorylation/déphosphorylation des protéines membranaires qui engendre des flux ioniques tel des influx de Ca^{2+} et d'H^+ et des efflux de K^+ et Cl^- (Atkinson *et al.*, 1996 ; Yang *et al.*, 1997 ; Garcia-Brugger *et al.*, 2006). Chez les plantes, le calcium est l'un des seconds messagers majeurs. Il est clairement établi que l'ouverture des canaux calciques est indispensable aux flux d'ions transmembranaires et l'induction de réponses de défenses (Nürnberger *et al.*, 1994 ; Atkinson *et al.*, 1996 ; Faurie *et al.*, 2009). L'augmentation intracellulaire des ions Ca^{2+} active par la suite une cascade de « ***M**itogen-**A**ctivated **P**rotein* » (**MAP)** et MAP kinases (**MAPK**s) qui va activer différents facteurs de transcription, permettant l'induction de l'expression de gènes impliqués dans les réponses de défenses (Pitzschke *et al.*, 2009).

Des études pharmacologiques indiquent que les canaux anioniques jouent un rôle important dans l'activation de nombreux événements induits par les éliciteurs ou les pathogènes, notamment la production de ROS, l'activation de MAPKs et l'activation transcriptionnelle de gènes de défenses (Jabs *et al.*, 1997 ; Ligterink *et al.*, 1997 ; Wendehenne *et al.*, 2002). En effet, l'une des fonctions des canaux anioniques des plantes serait l'initiation ou l'amplification de la dépolarisation de la membrane plasmique. Des canaux calciques voltage-dépendants sont alors activés et responsables d'une augmentation de la [Ca^{2+}] intracellulaire (Ward *et al.*, 1995). De plus, la dépolarisation de la membrane plasmique induite par les efflux d'anions activerait des efflux de K^+ *via* des canaux potassiques de la membrane plasmique. La sortie de K^+ est accompagnée d'une perte d'eau. L'influx de H^+ va provoquer une alcalinisation du milieu extracellulaire qui est toxique pour les agents pathogènes (Gerber & Dubery, 2004 ; Davies *et al.*, 2006).

V.3.3.2. Les MAPs kinases

Après la perception d'un stress issu d'une contrainte biotique ou abiotique, la voie des MAPKs est une voie intracellulaire essentielle à la transduction du signal. Elle permet d'acheminer le signal depuis la surface des cellules présentant des récepteurs jusqu'au noyau cellulaire (Colcombet & Hirt, 2008 ; Pitzschke *et al.*, 2009). Cette voie se caractérise par des cascades successives d'activations de kinases : l'activation d'une MAPK kinase kinase (**MAPKKK**) induit la phosphorylation d'une MAPK kinase (**MAPKK**) sur les résidus sérine et thréonine, qui va elle-même phosphoryler une MAPK sur les résidus tyrosine et thréonine (Figure. 22). La MAPK activée active certain facteur de transcriptions ou migre par la suite dans le noyau, et influe sur divers phénomènes comme la production de ROS et de messagers secondaires, l'expression de gènes impliqués dans les réponses de stress, et la mort cellulaire (Figure. 22 ; Xiong & Zhu, 2001 ; Pedley & Martin, 2005 ; Pitzschke *et al.*, 2009 ; Rodriguez *et al.*, 2010). Chez l'arabette (*Arabidopsis thaliana* L.), plus de 110 gènes codant la voie des MAPK ont été identifiés : 20 codant des MAPK, 10 des MAPKK et plus de 80 des MAPKKK (Colcombet & Hirt, 2008). Parmi les MAPK identifiées, seules trois sont impliquées dans les mécanismes de défenses. Il s'agit des MPK3, MPK4 et MPK6. MPK4 régule négativement la signalisation à la suite d'un stress biotique, MPK3 et MPK6 sont des médiateurs positifs des réponses de défenses.

Figure 22. Voie de signalisation des MAPK. (Abréviations : ROS : reactive oxygen species ou FAO pour formes actives de l'oxygène) (d'après Pedley & Martin, 2005).

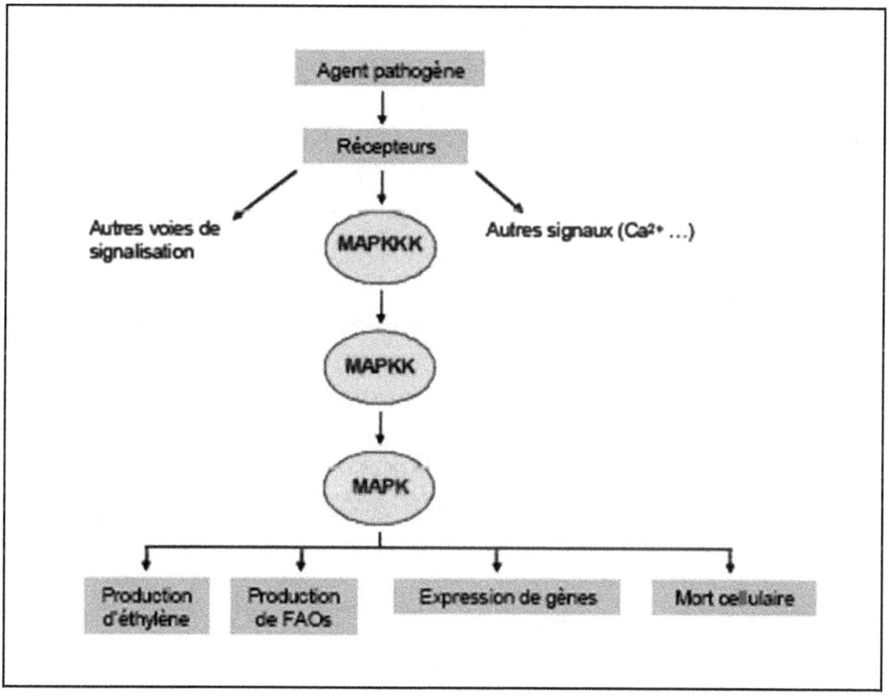

V.3.3.3. Réponse et signalisation cellulaire par les espèces chimiques réactives de l'oxygènes « ROS »

La perception d'un stress s'accompagne également de la production d'espèces chimiques réactives de l'oxygène ROS ou appelées également espèces oxygénées activées EOA (Chinnusamy *et al.*, 2004 ; Fujita *et al.*, 2006 ; Torres *et al.*, 2006). Les principales formes étudiées dans les interactions plante-agent pathogène sont l'anion superoxyde (**$O_2^{\cdot-}$**), le radicalhydroperoxyle (**$HO_2^{\cdot-}$**), le peroxyde d'hydrogène (**H_2O_2**) et le radicalhydroxyle (**$OH^{\cdot}$**). Plusieurs enzymes interviennent dans la biosynthèse de **ROS** au niveau de l'apoplasme et de la membrane, notamment les « **N**icotinamide **A**dénine **D**inucléotide **P**hosphate » oxydase (**NADPH**-oxydases). Les NADPH-oxydases participent à la synthèse d'$O_2^{\cdot-}$ et d'H_2O_2, leur production générant un « burst oxydatif » (Gerber & Dubery, 2004 ; Mitller *et al.*, 2004 ; Van Loon *et al.*, 2008). L'accumulation de ROS s'effectue en 2 phases successives, mais seule la seconde est observée lors de réactions d'incompatibilitées (Levine *et al.*, 1994). Ce « *burst* » est lui-même impliqué dans l'activation des MAPK, le renforcement des parois cellulaires, la mise en place de la **r**éaction d'**h**ypersensibilité (**RH**) et l'expression de gènes de défenses, tout en ayant une activité cytotoxique directe vis-à-vis des micro-organismes (Figure. 23) (Neill *et al.*, 2002 ; Chinnusamy *et al.*, 2004 ; Garcia-Brugger *et al.*, 2006). En complément de ce « *burst oxydatif* », une accumulation de monoxyde d'azote (**NO**), générant un « *burst nitrique* », a également été démontrée, celle-ci pouvant favoriser la RH (Delledonne, 2005). Il peut également intervenir dans la modification de protéines par S-nitrosylation. Cette réaction est impliquée dans les processus de résistance des plantes aux agents pathogènes (Feechan *et al.*, 2005 ; Hong *et al.*, 2008). D'ailleurs, l'infiltration d'inhibiteurs de la formation de NO conduit à une diminution de protéines S-nitrosylées et à une plus grande sensibilité de la plante à des agents pathogènes normalement avirulents (Delledonne, 2005).

Figure 23. Voie de signalisation par l'H_2O_2 chez les plantes. En noir : les phénomènes induisant sa biosynthèse ; en bleu : les effets potentiels d'une accumulation d'H_2O_2 ; RH : réaction d'hypersensibilité (d'après Neill *et al.*, 2002).

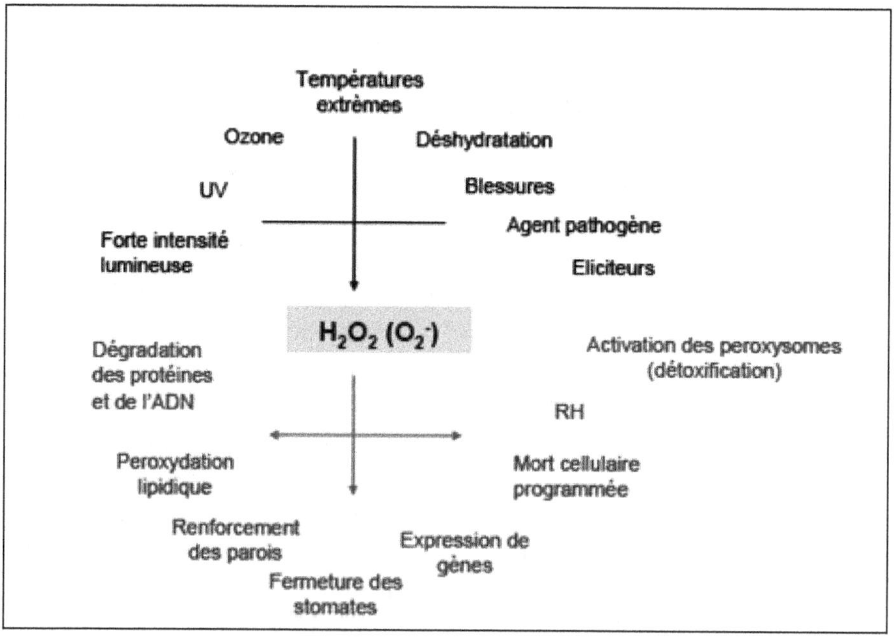

V.3.4. Les réponses de défenses

À la suite d'un stress, les événements précoces vont déclencher la mise en place de réponses de défenses au niveau local. Cela va implique une RH, un renforcement des parois cellulaires, une synthèse de protéines antimicrobiennes ou de molécules permettant de réduire les dégâts occasionnés.

V.3.4.1. Les réactions d'hypersensibilité (RH)

La **RH** se caractérise phénotypiquement par une mort cellulaire programmée rapidement mise en place par la plante suite à la perception d'un agent pathogène ou d'un stress « abiotique ». Il s'agit souvent des mécanismes d'apoptoses et de sénéscences. Elle se manifeste dans les cellules atteintes. Elle permet de restreindre l'invasion et d'éviter la contamination des tissus sains environnants. De nombreuses études ont montré que la RH est génétiquement contrôlée, notamment au niveau des locus ***acd*** (***a**ccelerated **c**ell **d**eath* ; Greenberg *et al.*, 1994 ; Van Baarlen *et al.*, 2007) et ***dnd*** (***d**efense, **n**o **d**eath* ; Yu *et al.*, 1998 ; Clough *et al.*, 2000). Chez *A. thaliana*, les mutants *acd2* présentent des nécroses spontanées typiques d'une RH en absence d'un agent pathogène (Greenberg *et al.*, 1994), tandis que les mutants *dnd* ont perdu la capacité d'induire la RH (Yu *et al.*, 1998).

La RH est particulièrement efficace pour lutter contre de nombreux agents pathogènes comme virus, bactéries, nématodes et champignons. Il a été démontré qu'elle est insuffisante si les agents pathogènes sont de type nécrotrophe (Glazebrook, 2005). En effet, ces derniers sont capables de vivre sur des tissus morts. Il a été proposé qu'ils pourraient même induire la RH pour leur propre profit (Govrin & Levine, 2000 ; Govrin *et al.*, 2006 ; Garcion *et al.*, 2007). D'ailleurs, des mutants développant une RH tardive ou réduite sont généralement plus résistants à *B. cinerea.* Ceux présentant une RH accélérée sont plus sensibles (Van Baarlen *et al.*, 2007). Cependant, la RH n'est pas systématiquement nécessaire au processus de résistance. Les mutants d'arabette *dnd,* qui ont perdu la capacité d'induire la RH, développent un large spectre de résistance aux agents pathogènes *via* une production constitutive plus importante d'acide salicylique (**AS**) et une induction plus forte de l'expression de gènes codant des protéines « ***P****athogenesis* ***R****elated* » (**PR)** (Jurkowski *et al.*, 2004 ; Genger *et al.*, 2008). La RH est également impliquée dans les réponses de défenses de la plante lors de stress abiotiques, notamment lors d'un stress par les UV (Danon & Gallois, 1998 ; Danon *et al.*, 2004). La RH est stimulée et régulée par les flux ioniques principalement le Ca^{2+}, les ROS (H_2O_2 et NO) ou l'AS et elle est souvent associée à la production de phytoalexines et au renforcement des parois cellulaires (Lecourieux *et al.*, 2002 ; Garcion *et al.*, 2007). Cependant, l'H_2O_2 n'est pas obligatoirement nécessaire pour son établissement (Dorey *et al.*, 1999 ; Hirasawa *et al.*, 2005).

V.3.4.2. Le renforcement des parois cellulaires

Pour la plupart des agents pathogènes, la paroi végétale constitue le premier obstacle à franchir. Il n'est pas étonnant que les plantes renforcent cette barrière structurale en réponse à leurs attaques (Garcion *et al.*, 2007). Parmi les principales substances qui viennent renforcer la paroi, on peut citer les appositions pariétales, la callose et la lignine. Les **appositions pariétales** sont des structures riches en composés phénoliques qui s'accumulent au niveau du site d'infection. Elles provoquent une réorganisation du cytosquelette, et sont souvent associées à la résistance (McLusky *et al.*, 1999). La **callose** (β-1,3-glucane) s'accumule de manière locale et autour du site de pénétration pour former des papilles. Son rôle est de restreindre le développement des microorganismes en améliorant la barrière physique et en limitant la progression de ces microorganismes comme les champignons pathogènes, notamment par l'arrêt des échanges nutritionnels entre le site d'infection et le reste de la plante (Garcion *et al.*, 2007). L'accumulation ou la production de calloses est observée dans des plants d'arabettes résistants aux attaques de *Peronospora parasitica* et *Albugo candida* (Soylu *et al.*, 2003, 2004) ou après traitements par des éliciteurs (Zimmerli *et al.*, 2000 ; Ton *et al.*, 2005). Chez la vigne, un traitement par le BABA (acide β-amino-butyrique) permet d'augmenter le dépôt de callose lors d'attaques par *Plasmopara viticola* (Hamiduzaman *et al.*, 2005). Le processus de **lignification** consiste en une accumulation de lignine sur l'intégralité de la paroi des cellules infectées ou à proximité du site d'infections. La lignine intervient dans la formation du xylème et du sclérenchyme. Elle est synthétisée pendant le développement de la plante. Cependant, son accumulation est plus importante à la suite de stress biotiques ou abiotiques (Heitefuss, 2001 ; Hawkins & Boudet, 2003). Il est noté que sa composition différée de celle produite lors de conditions non stressantes (Lange *et al.*, 1995 ; Stange *et al.*, 2001). Il semblerait que la synthèse de lignine soit régulée par différentes voies de signalisations.

V.3.4.3. Les phytoalexines

A partir de 900 espèces de plantes représentant 40 familles, plus de 300 molécules ont été identifiées comme étant des phytoalexines. Elles peuvent être classées selon leur structure ou leur voie de biosynthèse. Les structures peuvent être majoritairement liées à un taxon ou communes à plusieurs espèces végétales. Par exemple, les sesquiterpènes sont présentes chez les solanacées, et les stilbènes sont produits par la cacahuète, le pin et la vigne. Cependant, une même plante peut synthétiser différentes phytoalexines comme par exemple le riz qui en possède 16 (Garcion *et al.*, 2007).

V.3.4.3.1. Voies de biosynthèses

Compte-tenu de la grande diversité des molécules, le nombre de voies principales de biosynthèses des phytoalexines est plutôt faible (Figure. 24). Il existe 4 familles de phytoalexines : les phénylpropanoïdes, les terpénoïdes, les polykétides et les indoles soufrés (Figure. 24). La plupart de ces molécules appartiennent à la famille des phénylpropanoïdes. Le point de départ de cette voie est la catalyse de la phénylalanine en acide *trans*-cinnamique par la **p**hénylalanine **a**mmonia-**l**yase (**PAL**). Plusieurs classes de phytoalexines, dont les coumarines, les flavanoïdes (*via* la chalcone synthase) et les stilbènes *via* la stilbène synthase (**STS**), sont issues de ce composé. Les stilbènes sont d'autres familles de phytoalexines. Récemment, leur métabolisme a été décrit par Chong *et al.* (2009).

Figure 24. Voies de biosynthèses simplifiées des phytoalexines. (Abréviations : PAL : phénylalanine amonia-lyase ; C4H : cinnamate-4-hydroxylase ; 4CL : 4-coumarate:CoA ligase ; STS : stilbène synthase ; CHS : chalcone synthase ; GPPS : géranylpyrophosphate synthase ; FPPS : farnésylpyrophosphate synthase. Les flèches en pointillés indiquent la présence d'intermédiaires réactionnels) (Le Hénanff, 2009).

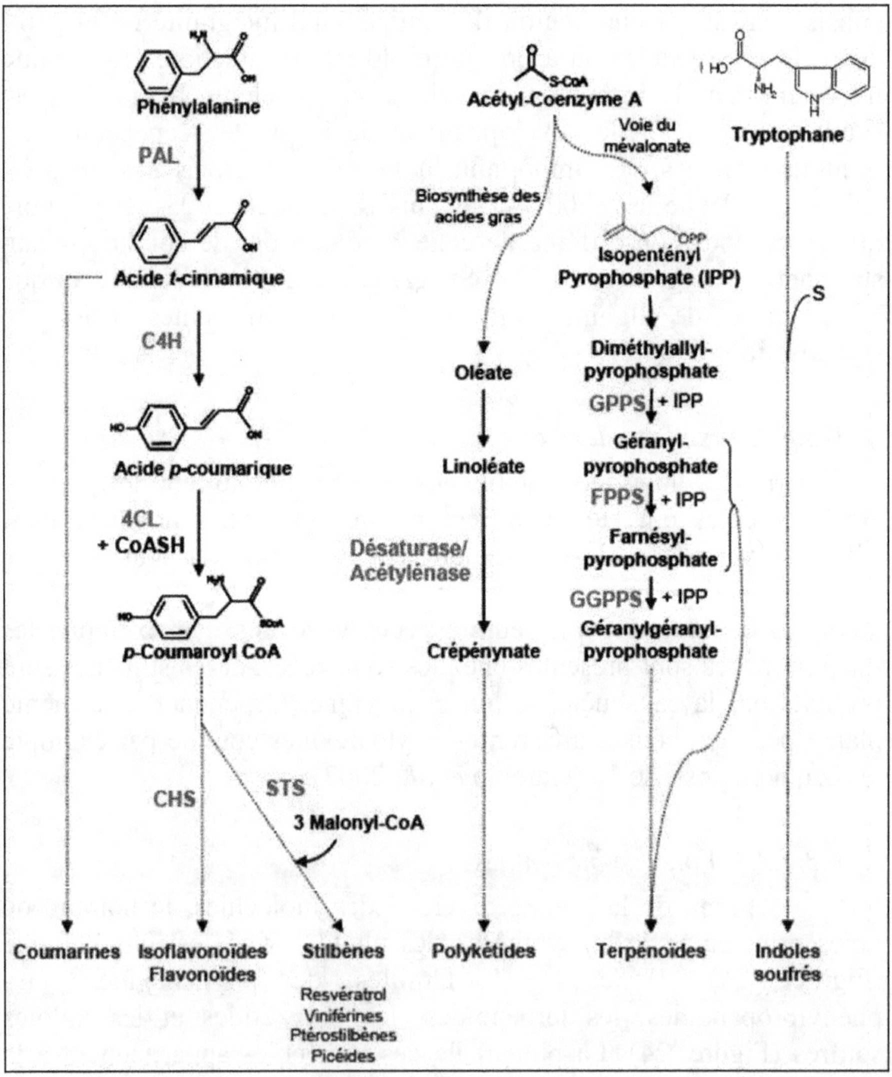

V.3.4.3.2. Implication dans les réponses de défenses

Plusieurs études ont mis en évidence la production de phytoalexines à proximité du site d'attaque de l'agent pathogène (Hain *et al.*, 1993 ; Verhagen *et al.*, 2010). Toutefois, elles ne sont pas forcément requises pour la résistance dans tous les pathosystèmes. En effet, l'incorporation du gène codant la STS au tabac permet d'augmenter sa résistance contre *B. cinerea* (Hain *et al.*, 1993). Ce phénomène est également observé chez la papaye contre *Phytophthora palmivora* et dans d'autres modèles plante/agent pathogène (Zhu *et al.*, 2004). Par contre, aucune résistance n'est observée pour d'autres pathosystèmes, notamment chez le kiwi et le peuplier (Kobayashi *et al.*, 2000 ; Giorcelli *et al.*, 2004). De même, des mutants ***pad3*** (« ***p****hyto****a****lexin* ***d****eficient* » type **3**) d'arabette, déficients en synthèse de camalexine (phytoalexine d'*A. thaliana*), sont plus sensibles à *Alternaria brassicicola* que les plantes sauvages, alors que leur sensibilité pour d'autres agents pathogènes n'est pas affectée (Thomma *et al.*, 1999b). Enfin, la synthèse des phytoalexines peut également être induite en réponse à des stress abiotiques ou des traitements par des éliciteurs (Chong *et al.*, 2009). Par exemple, chez la cacahuète, une accumulation de resvératrol, qui est une phytoalexine de type stilbène, est observée à la suite de radiations UV, de blessures, de traitement par l'AS, l'acide jasmonique (**AJ**) et l'éthéphon qui est un composé éthylénique (Chung *et al.*, 2003 ; Tang *et al.*, 2010).

V.3.4.3.3. Les protéines PR

Des protéines « ***P****athogenesis-****R****elated* » (**PR**) sont produites par la plante à la suite de divers stress (Tuzun & Somanchi, 2006). Ces composés ont été initialement décrits chez le tabac suite à l'infection par le virus de la mosaïque du tabac (Gianinazzi *et al.*, 1970 ; Van Loon & Van Kammen, 1970). Chez la vigne, elles peuvent s'accumuler dans les feuilles et les baies en cours de maturation et peuvent être corrélées à l'augmentation de la teneur en sucre des baies (Tattersall *et al.*, 1997 ; Salzman *et al.*, 1998 ; Monteiro *et al.*, 2003). Depuis, 17 familles de protéines PR ont été identifiées chez de nombreuses espèces végétales (Tableau. V). Elles sont classées selon leurs structures et leurs activités biologiques (Edreva, 2005 ; Van Loon *et al.*, 2006b ; Sels *et al.*, 2008).

Tableau V. Les différentes classes de protéines PR. (Abréviations : LTP : lipid transfert protein ; nd : non déterminé ; PR : pathogenesis-related) (d'après van Loon *et al.*, 2006b ; Sels *et al.*, 2008).

Protéine PR	Membre type	Activité enzymatique	Cible
PR-1	Tabac PR-1a	Inconnue	*Non définie*
PR-2	Tabac PR-2	β-1,3-glucanase	Glucanes de paroi
PR-3	Tabac P, Q	Chitinase de type I à VII	Chitine de paroi
PR-4	Tabac R	Chitinase de type I, II	Chitine de paroi
PR-5	Tabac S	Osmotine	Membrane
PR-6	Tomate, inhibiteur I	Inhibiteur de protéase	*Non définie*
PR-7	Tomate P69	Endoprotéase	*Non définie*
PR-8	Concombre, chitinase	Chitinase de type VIII	Chitine de paroi
PR-9	Tabac 'lignin-forming peroxidase'	Péroxydase	*Non définie*
PR-10	Persil, PR1	RNase	*Non définie*
PR-11	Tabac chitinase de type V	Chitinase de type I	Chitine de paroi
PR-12	Radis Rs-AFP3	Défensine	Membrane
PR-13	Arabette THI2.1	Thionine	Membrane
PR-14	Orge LTP4	LTP	Membrane
PR-15	Orge OxOa (germine)	Oxalate oxydase	*Non définie*
PR-16	Orge OXOLP	Oxalate oxydase-like	*Non définie*
PR-17	Tabac PRp27	Inconnue	*Non définie*

La majorité des protéines PR possède des activités anti-microbiennes. Les ß-1,3- glucanases (PR-2) ainsi que les chitinases (PR-3, PR-4, PR-8 et PR-11) sont capables de dégrader les parois fongiques (Tuzun & Somanchi, 2006). À celles-ci s'ajoutent les osmotines (PR-5) qui perturbent la perméabilité membranaire des agents pathogènes (Vigers *et al.*, 1992 ; Hu & Reddy, 1997 ; Van Loon, 1997), les inhibiteurs de protéases (PR-6) qui bloquent les protéines digestives et/ou les effecteurs de l'agent pathogène (Lorito *et al.*, 1994 ; Sels *et al.*, 2008). Ainsi les endoprotéases (PR-7) sont probablement impliquées dans la dissolution des parois cellulaires microbiennes (Van Loon *et al.*, 2006b). Les peroxydases (PR-9) sont impliquées dans le métabolisme de l'auxine, la biosynthèse de l'ET et dans la formation de lignine (Lagrimini *et al.*, 1987). Les N-glycosidases (PR-10) inhibent la synthèse protéique chez les agents pathogènes (Stirpe *et al.*, 1992). Les défensines, thionines et « ***Lipid Transfer Protein*** » (**LTP**), respectivement PR-12, PR-13 et PR-14, possèdent des activités antifongiques, parfois antibactériennes voire même insecticides pour les défensines (Van Loon & Strien, 1999 ; Wijaya *et al.*, 2000 ; Van Loon *et al.*, 2006b ; Sels *et al.*, 2008). Chez les monocotylédones, des PR-15 et PR-16 ont également été caractérisées. Elles sont à l'origine d'H_2O_2 cytotoxique pour les agents pathogènes. Elles peuvent induire directement ou indirectement les réactions de défenses de la plante (Donaldson *et al.*, 2001 ; Hu *et al.*, 2003). À ce jour, chez le tabac, l'orge et le blé, seules les familles des PR-1 et des PR-17 sont encore de fonctions inconnues (Alexander *et al.*, 1993 ; Niderman *et al.*, 1995 ; Van Loon *et al.*, 2006b).

V.3.4.4. Les éliciteurs de reponses des défenses

Les éliciteurs, tout comme l'utilisation de micro-organismes bénéfiques, s'inscrivent dans le contexte de la lutte biologique. Des exemples d'éliciteurs sont présentés dans le tableau VI.

Tableau VI. Exemples de MAMP (« *microbial-associated molecular patterns* ») et DAMP (« *dammage-associated molecular patterns* »). (Abréviations : DAPG : 2,4-diacétylphoroglucinol ; NLP : protéines inductrices de nécroses ; PGPR : plant growth-promoting rhizobacteria) (d'après Jourdan *et al.*, 2008 ; Postel & Kemmerling, 2009).

	Eliciteur	Origine
MAMPs	***Isolés d'agents pathogènes***	
	Transglutaminase	*Phytophthora sp.*
	EF-Tu	Bactéries gram négatif
	Xylanase	*Trichoderma sp.*
	Harpine	Bactéries gram négatif
	Ergostérol	Champignons
	Chitine	Champignons
	Elicitines	*Phytophthora sp.*, *Pythium sp.*
	Inverstase levures	Levures
	NLP	Bactéries et champignons
	Communs aux agents pathogènes et aux PGPR	
	Lipopolysaccharides (LPS)	Bactéries gram négatif
	Flagelline (peptide Flg22)	Bactéries gram négatif
	Isolés de PGPR	
	Pyoverdines	*Pseudomonas fluorescens*
	Acide salicylique, pyocheline	*P. fluorescens* , *Pseudomonas punda*
	DAPG	*P. fluorescens*
	Pyocyanine	*Pseudomonas aeruginosa*
	Surfactine, fengycine	*Bacillus subtilis*
	Butandiol	*B. subtilis* , *Bacillus amyloliquefaciens*
	N-acyl homosérine lactone	*Serratia liquefaciens*
DAMPs	Oligouronides	Pectines (paroi)
	Cellodextrines	Cellulose (paroi)
	Monomères de cutine	Cuticule

V.3.4.4.1. Les DAMP et produits végétaux

Les DAMP étaient anciennement appelés « éliciteurs endogènes » (Hématy *et al.*, 2009). Ces dernières années, dans des extraits de plantes, d'*Hedera helix* et d'algues marines, des chercheurs ont identifiés des agents éliciteurs comme des brassinolides, oligogalacturonides, oxalate, COV produits en réponse à une blessure

(Bouarab *et al.*, 1999 ; Klarzynski *et al.*, 2000 ; Nakashita *et al.*, 2003 ; Lyon, 2007).

Les molécules de signalisation tel AJ, ET, AS, leurs intermédiaires et dérivés sont capables d'éliciter les mécanismes de défenses (Belhadj *et al.*, 2006 ; Faurie *et al.*, 2009 ; Radhakrishnan & Balasubramanian, 2009). Chez *Curcuma longa* (L.) au contact de *Pythium aphanidermatum,* l'AS augmente les activités de plusieurs enzymes par exemple les inhibiteurs de protéases, de trypsines et de chymotrypsines tout en potentialisant leurs activités (Radhakrishnan & Balasubramanian, 2009). Le MeJA réduit la taille des nécroses causées par *B. cinerea* chez la tomate. Cette protection durable induit la synthèse de la LOX et la formation de ROS permettant d'activer la voie de synthèse de l'ET (Yu *et al.*, 2009). Chez le riz, la riboflavine (vitamine) et l'AJ améliore et « potentialise » l'expression de la LOX qui va activer la voie des phénylpropanoïdes aboutissant à une augmentation du processus de lignification. Ceci assure une protection contre *Rhizoctonia solani* (Taheri & Tarighi, 2009).

D'autres composés plus ou moins connus peuvent agir comme éliciteurs. Il s'agit de la saccharine et la laminarine (Ménard *et al.*, 2004 ; Lyon, 2007), le BABA (Ton & Mauch-Mani, 2004). Des acides gras, tels que les acides arachidoniques, linoléiques, oléiques et eïcosapentaènoïques induisent une résistance systémique contre *Phytophthora infestans* chez la pomme de terre (Cohen *et al.*, 1991).

Les UV et des composés d'origines abiotiques peuvent aussi stimuler les mécanismes de défenses des plantes (Langcake & Pryce, 1977 ; Adrian *et al.*, 1996 ; Coulomb *et al.*, 1998 ; Reuveni & Reuveni, 1998 ; Bonomelli *et al.*, 2004 ; Borie *et al.*, 2004).

V.3.4.4.2. Les MAMP

Les MAMP étaient anciennement appelés « éliciteurs exogènes ». Ce sont en général des éléments nécessaires à la survie des micro-organismes. Ils sont conservés au cours de l'évolution (Lyon, 2007 ; De Vleesschauwer & Höfte, 2009). Leur nature est variée comme les glycoprotéines (Poinssot *et al.*, 2003 ; Garcia-Brugger *et al.*, 2006), oligosaccharides (Klarzynski *et al.*, 2000 ; Rabea *et al.*, 2003) ou composés lipidiques (Amborabé *et al.*, 2003 ; Zeidler *et al.*, 2004 ; Varnier *et al.*, 2009). Les composants principaux de la paroi des champignons sont d'excellents éliciteurs tels la chitine, glucanes, ergostérol, sphingolipides (Zhang *et al.*, 2002 ; Umemura *et al.*, 2004 ; Lyon, 2007 ; Zhang *et al.*, 2010). Ces dernières années, de nombreuses études ont également porté sur les lipopolysaccharides (**LPS**) issus de la paroi de bactéries pathogènes (Davies *et al.*, 2006) ou bénéfiques (Gerber & Dubery, 2004 ; Gerber *et al.*, 2004 ; Ongena *et al.*, 2007 ; Rodriguez-Navarro *et al.*, 2007 ; Van Loon *et al.*, 2008), ainsi qu'à partir du flagelle et notamment le peptide flg22 de la flagelline (Rodriguez-Navarro *et al.*, 2007 ; De Vlccsschauver & Höfte, 2009).

Les sidérophores et antibiotiques produits par de nombreux *Pseudomonas* sp. *fluorescents* sont capables d'induire des réactions de défenses impliquant la pyoverdine, pyocyanine (*P. aeruginosa* 7NSK2), 2,4-**di**acetyl**p**hloro**g**lucinol (**DAPG** ; *P. fluorescens* CHAO et Q2-87), pseudobactines (Shoda, 2000 ; Audenaert *et al.*, 2002 ; Haas & Defago, 2005 ; Adam, 2008 ; De Vleesschauwer & Höfte, 2009). Les champignons synthétisent également des molécules élicitrices comme les peptaibols et xylanases produits par *Trichoderma* sp. (Harman *et al.*, 2004 ; Harman, 2006 ; Hoitink *et al.*, 2006 ; De Vleesschauwer & Höfte, 2009), et les élicitines de *Phytophthora* sp. et *Pythium* sp. (Lyon *et al.*, 2007). D'autres microorganismes vont produire de l'AS (van Loon *et al.*, 1998) ou des **C**omposés **O**rganiques **V**olatils (« *volatils organics compounds* » : **VOC**s) tel le butane-2,3-diol, CO_2, CH_4, NO (Farag *et al.*, 2006 ; Ryu *et al.*, 2003, 2004 ; Lyon, 2007 ; De Vleesschauwer & Höfte, 2009).

VI. Hormones et PGPR

VI.1. Réponse systémique, tolérance et défenses des plantes face aux PGPR et autres micro-organismes

Diverses publications indiquent que lors de l'interaction plante-PGPR il n'y a pas expression de gènes codants des protéines PR aux niveaux local et systémique. C'est le cas pour *P. fluorescens* souche WCS417r qui n'induit pas l'expression des gènes *PR-1, PR-2, PR- 3, PR-4 et PR-5* chez *Raphanus sativus* (Hoffland *et al.,* 1995). Chez *A. thaliana,* les gènes *PR-1, PR-2,* et *PR-5* ne sont pas induit (Pieterse *et al.,* 1996). Chez *Lycopersicon esculentum,* la synthèse de protéines PR-1 et de chitinases n'a pas lieu (Duijff *et al.,* 1998). En revanche, ces défenses sont potentiellement induites lors de l'infection ultérieure de la plante par un agent pathogène comme dans le cas de l'infection d'*A. thaliana* par *Pseudomonas syringae* pv. tomato (van Wees *et al.,* 1999). Il est décrit que la colonisation de la plante par les PGPR n'est généralement pas associée à l'accumulation de protéines PR en absence d'un agent pathogène (van Loon *et al.,* 1998). En accord avec cette proposition, Ongena *et al.* (2005) montrent qu'il n'y a pas d'expression de *PR-1* chez la tomate ni de *PR-8* chez le concombre après inoculation de *Bacillus subtilis* souche M4.

Néanmoins, d'autres études ont démontré l'induction locale et systémique de gènes codants des protéines PR lors de l'interaction entre la plante et une PGPR, qu'elle soit épiphytique ou endophytique (Tableau. VII). Au niveau local, Léon-Kloosterziel *et al.* (2005) ont montré l'accumulation d'une PR-5 à expression dépend de l'éthylène dans le xylème d'*A. thaliana* suite à l'application de la PGPR épiphytique *P. fluorescens* souche WCS417r. L'activation d'un promoteur de *PR-1* a été démontrée dans les racines de tabac suite à l'inoculation de diverses PGPR (Park & Kloepper, 2000). Une autre étude présente les mêmes informations est concerne la PGPR endophytique *Azoarcus* sp. BH72 chez *Oriza sativa* cv. IR42, un cultivar moins compatible à la colonisation endophytique de la plante par la PGPR, et *Oryza sativa* cv IR36. Au niveau racinaire, cette bactérie IR36 induit l'accumulation d'une PR-10 dépendante du jasmonate (JA). Chez *Oryza sativa* cv. IR36, elle induit également une PR-1. (Miché *et al*., 2006).

Tableau VII. Exemples de types d'associations PGPR-plante et leurs inductions de gènes codant des protéines PR ou leurs accumulations.

Type d'interaction	PGPR	Plante hôte	Réponses de défense	Références
Endophytisme	*Azoarcus sp. BH72*	*Oryza sativa*	PR-1 ou PR-10, fonction du type de cultivar de riz	Miché et al. (2006)
Endophytisme	*P. fluorescens souche FPT9601-T5*	*A. thaliana*	Induction de gènes codant des PR-2, PR-3 et PR-4	Wang et al. (2005)
Endophytisme	*P. fluorescens souche WCS417r*	*Lycopersicon esculentum*	Pas de PR-1 ni de chitinase	Duijff et al. (1998)
Endophytisme	*Paenibacillus polymyxa*	*Arabidopsis thaliana*	Induction de PR-1	Timmusk et al. (1999)
Endophytisme	*Pseudomonas fluorescens souche CHA0*	*Nicotiana glutinosa /N. tabacum*	PR-1, β-1,3-glucanase, endochitinase	Maurhofer et al. (1994)
Epiphytisme	*Bacillus subtilis souche M4*	*Lycopersicon esculentum*	Pas d'induction de PR-1	Ongena et al. (2005)
Epiphytisme	*Bacillus subtilis souche M4*	*Cucumis sativus*	Pas d'induction de PR-8	Ongena et al. (2005)
Epiphytisme	*P. fluorescens souche WCS417r*	*A. thaliana*	Rien excepté une PR-5 dans le xylème des racines	Léon-Kloosterziel et al. (2005)
Epiphytisme, (endophytisme non déterminé)	*P. fluorescens souche WCS417r*	*Raphanus sativus*	Pas d'induction des gènes codant des PR-1 à PR-5	Hoffland et al. (1995)
Epiphytisme, (endophytisme non déterminé)	*Pseudomonas thivarlensis souche MLG45*	*A. thaliana*	Chitinase	Cartieaux et al. (2003)
Epiphytisme, (endophytisme non déterminé)	*Serratia marcescens souche 90-166*	*A. thaliana*	Pas de PR-1 mais Pdf1-2	Ryu et al. (2004)

Enfin, la PGPR endophytique *Paenibacillus polymyxa* induit l'expression du gène *PR-1* dans les racines d'*A. thaliana* (Timmusk & Wagner, 1999). L'induction de gènes codants des protéines PR, suite à l'application racinaire de PGPR, a également été démontrée au niveau systémique. Chez le tabac, il a été montré que *P. fluorescens* souche CHAO induit l'induction de gènes codant une PR-1, une β-1,3-glucanase et une endochitinase au niveau foliaire (Maurhofer *et al.*, 1994). Chez *A. thaliana* suite à l'application de *Serratia marcescens* souche 90-166, Ryu *et al.* (2004) ont mis en évidence une accumulation au niveau systémique des transcripts de *Pdf1-2* dépendant du JA et une absence de *PR-1* dépendant du SA. Un autre exemple, chez *A. thaliana,* concerne l'application de *Pseudomonas thivervarlensis* souche MLG45. Au sein de la brassiccacée, cette souche induit l'expression systémique de gènes codants des chitinases (Cartieaux *et al.*, 2003).

Ces données récentes contredisent le fait admis que les PGPR n'induisent pas l'expression de gènes codants des protéines PR (Pieterse *et al.*, 1996 ; Van Loon *et al.*, 1997, 1999).

Cependant, des analyses ont parfois été réalisées après inoculation de fortes concentrations bactériennes, ce qui peut rendre les PGPR toxiques pour la plante et induire, de ce fait, la synthèse de protéines PR sans même provoquer de symptômes apparents (Van Loon & Bakker, 2005). Néanmoins, d'après la littérature, certaines PGPR peuvent quand même induire la synthèse de protéines PR même à de faibles densités bactériennes. Une spécificité plante- PGPR peut exister, ce qui expliquerait les différences concernant l'induction ou non de gènes codant des protéines PR.

Cette idée intéressante, rend envisageable la recherche de l'expression de ces gènes déclenchés au cours d'autres interactions en particulier au cours des associations PGPR-*Brachypodium* et met en avant la présence potentielle de groupes fonctionnels de bactéries rhizosphériques hôtes plantes spécifiques.

VI.2. Autres réponses de défenses des plantes induites par les PGPR

Après inoculation de PGPR, d'autres mécanismes de défenses peuvent être déclenchés au niveau de la plante entière. Chez le haricot inoculé avec *Pseudomonas putida* BTP1, une accumulation de lipoxygénases ou d'hydroperoxyde lyases est mesurée (Ongena *et al.*, 2004).

Des renforcements pariétaux, des dépôts de calloses et une accumulation de composés phénoliques sont caractérisés lors de l'interaction entre l'endophyte *P. fluorescens* 63-28 et le pois (Benhamou *et al.,* 1996b) ou la tomate (M'Piga *et al.,* 1997). Ces modifications locales de la paroi cellulosique des cellules végétales forment des barrières structuralcs permettant de restreindre la colonisation de pathogènes des genres *Fusarium* ou *Pythium* (Benhamou *et al.,* 1996a ; M'Piga *et al.,* 1997). D'autres PGPR endophytiques peuvent également induire la formation de barrières structurales au niveau racinaire. Par exemple, chez la tomate en association avec *Bacillus pumilus* souche SE 34 (Benhamou *et al.,* 1998), *P. fluorescens* souche WCS417r (Duijff *et al.,* 1997) et chez le concombre en association avec *Serratia plymuthica* souche RIGC4 (Figure. 25) (Benhamou *et al.,* 2000).

Néanmoins, à l'heure actuelle, pour les autres endophytes, nous ne savons pas si ces barrières peuvent être formées. Il apparaît, intéressant, de déterminer si ces événements peuvent se mettre en place lors de nouvelles associations plantes-PGPR par exemple endophytiques et épiphytes.

Figure 25. Microphotographies de sections transversales d'une racine de concombre inoculée avec *Serratia plymuthica* souche RIGC4 et observée au microscope optique montrant : **a)** la présence de bactéries au niveau du rhizoderme (flèche), responsables d'un épaississement (EW) de l'épiderme (E) ainsi que **b)** les bactéries dans un espace intercellulaire (IS), au niveau cortical, responsables d'une apposition pariétale (WA) dans les cellules adjacentes. Barres d'échelle : 10 µm. (Benhamou *et al.,* 2000).

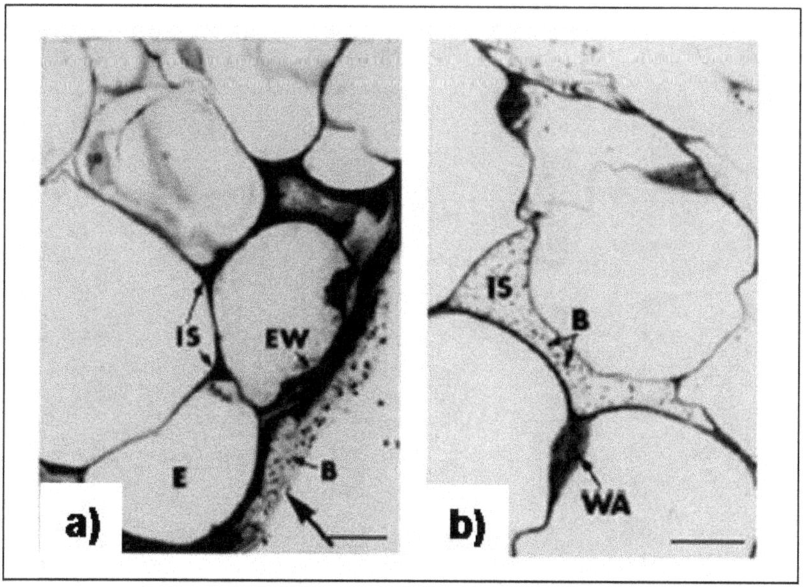

VI.3. Rôle des voies hormonales dans la défense et tolérances des végétaux aux micro-organismes

VI.3.1. Notion d'interactions

Les mécanismes de régulations de la balance hormonale ont récemment été décrits par Kuppusamy *et al.* (2009). Les interactions peuvent se faire selon trois modèles (Figure. 26) :

- **Régulation primaire**. Ce concept est peu présent chez les plantes. Il s'agit de deux voies distinctes qui ont pour produit final la même molécule signal. Le meilleur exemple de régulation primaire positive est l'interaction entre l'AJ et l'ET.
- **Régulation secondaire**. Elle consiste dans le fait qu'une voie de signalisation régule les taux ou la perception des molécules transitoires d'une seconde voie.
- **Régulation tertiaire**. Dans ce cas, ce sont les produits finaux de deux voies distinctes qui interagissent ensemble.

Figure 26. Différents concepts d'interconnexions entre les voies de signalisations (d'après Kuppusamy *et al.*, 2009).

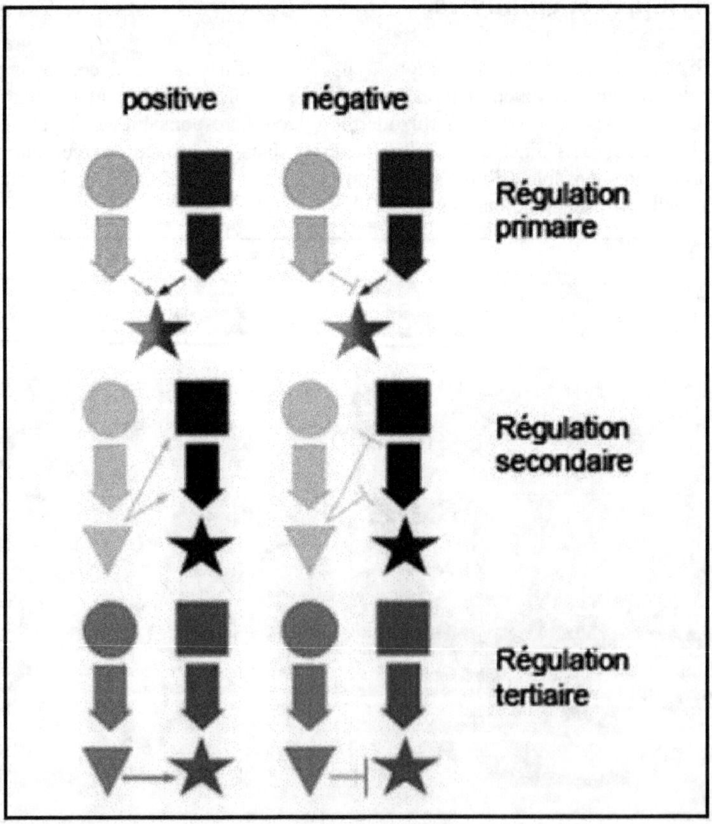

Les molécules de signalisation interviennent dans la signalisation intercellulaire, c'est-à-dire qu'elles vont diffuser le signal émis par la cellule stressée aux cellules voisines et même au reste de la plante. Les principales molécules impliquées dans les mécanismes de résistance systémique sont l'**AS**, l'**AJ** et l'**ET** (Figure. 27) (Pieterse & Van Loon, 1999 ; Glazebrook, 2001 ; Thomma *et al.*, 2001). L'acide abscissique (**ABA**), les brassinostéroïdes (**BR**), les cytokinines (**CK**), les gibbérellines (**GA**) et/ou l'auxine (**Aux** type **AIA ou IAA** : **a**cide **i**ndole-3-**a**cétique) peuvent également intervenir dans la résistance. A ce jour, leur rôle n'est pas encore bien défini et peu étudié (Pieterse & Van Loon, 2007 ; Lopez *et al.*, 2008 ; Shah, 2009). Le rôle de ces différentes hormones dans les réponses de défenses a récemment été décrit par Bari & Jones (2009) (Figure. 28).

Figure 27. Mise en place de la résistance systémique induite (ISR) par des PGPR (« *plant growth-promoting rhizobacterium* »). (Abréviations : AJ : acide jasmonique ; AS : acide salicylique ; ET éthylène ; PR : pathogenesis-related). (Varin, 2015).

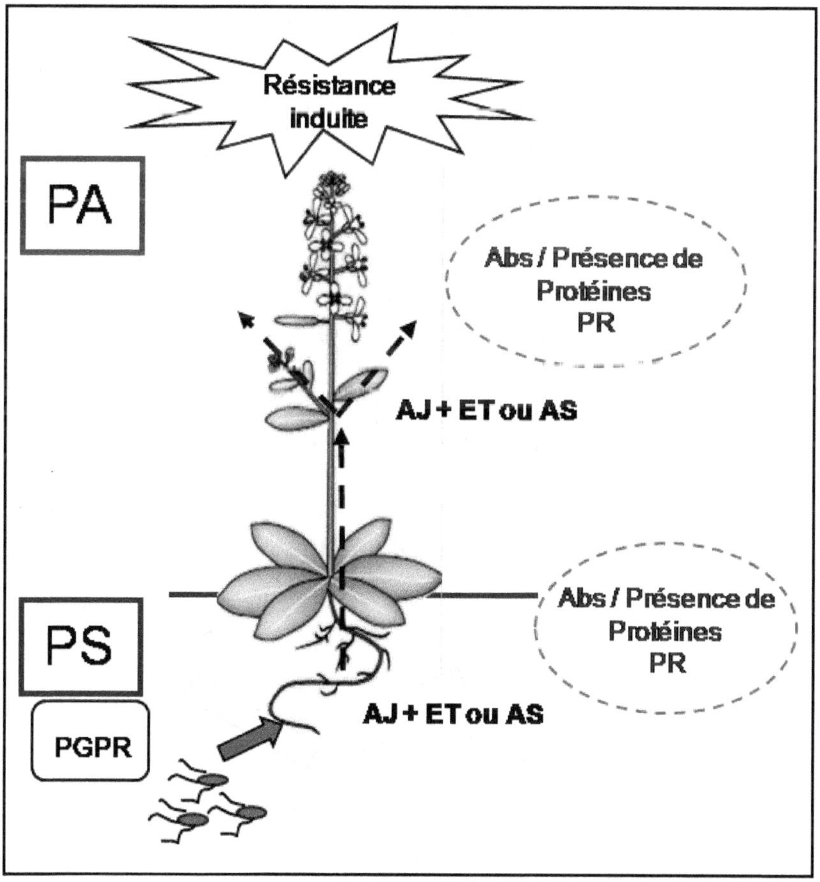

Figure 28. Schémas montrant : i) les événements de reconnaissances de signalisations et réactions de défenses conduisant à la mise en place d'un état de résistance ; ii) L'implication des hormones dans l'établissement de la résistance lors de stress biotiques. Les flèches pointue indiquent une activation ou une interaction positive (+) dans le développement de la résistance et inversement une flèche plate indique une inhibition ou interaction négative (-) (Abréviations : ABA : acide abscissique ou *abscisic acid* ; ARFs, Auxin response factors ; Aux/IAA, Auxin/Indole-3 acetic acid ; BR, brassinostéroïde ou b*rassinosteroid* ; BRI1, BR insensitive 1 ; BAK1, BRI1-associated kinase1 ; BIN2, BR insensitive 2 ; BRZ1, brassinazole resistant 1 ; BES1, BRI1 ems suppressor 1 ; CK, cytokinines ou *cytokinin* ; ERF, ethylene response factor ; ET, éthylène ou *ethylene ;* GA, gibbérellines ou gibberellin ; GID1, gibberellin insensitive dwarf1 ; JA, acide jasmonique ou jasmonates ; SA, acide salicylique ou alicylic acid ; TFs, transcription factors ; TIR1, s transport inhibitor response 1) (Varin, 2015 d'après Bari & Jones, 2009).

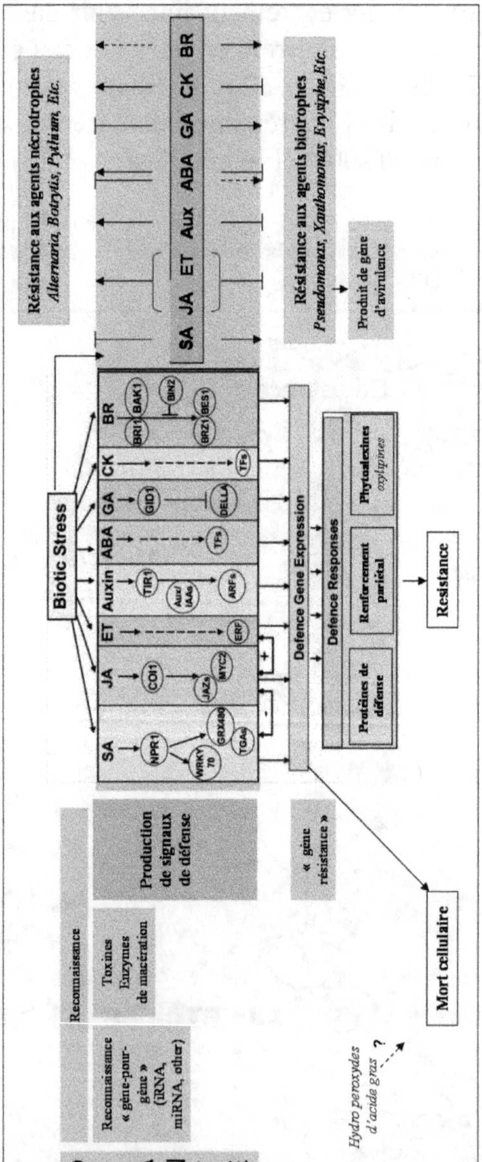

VI.3.2. L'acide salicylique (AS)

L'AS est un produit phénolique naturel présent en abondance dans l'écorce et les feuilles de saules. AS possède des propriétés analgésiques. Il fut isolet en 1838 à partir de son conjugué, la salicine. La première synthèse en laboratoire a eu lieu en 1874. L'AS est un constituant de l'aspirine (acide acétylsalicylique).

Il stimule la floraison, mais il s'agit d'un effet non spècifique car, d'autres phénols ont le même effet. Il induit la thermogènese lors de la floraison, jusqu'à 45°C, un gain de 25 à 30°C *versus* Température ambiante et, permet une certaine résistance aux pathogènes.

Chez les végétaux, 2 voies de biosynthèses sont responsables de la production d'AS (cf. tome 2). L'AS peut être synthétisé par la voie des phénylpropanoïdes *via* la PAL et à partir du chorismate *via* l'isochorismate synthase. En réponse à une infection par un agent pathogène d'origine fongique, bactérienne ou virale, la concentration en AS augmente significativement localement et dans les parties systémiques (Ryals *et al.*, 1996). De plus, l'application exogène d'AS ou de l'un de ses analogues, comme **a**cide 2,6- dichloro**i**so**n**icotinique (**INA**), ester S-méthyl de l'acide **b**enzo-(1,2,3)-**th**iadiazole-7-carbothioïque (**BTH**), active la résistance locale et la « *systemic acquired resistance* » (**SAR**) en réponse à des agents pathogènes biotrophes (Grant & Lamb, 2006). Par ailleurs, des mutants ou des plantes transgéniques d'*A. thaliana* nommé « ***n**on-ex**p**ressor of **PR-1*** » (**NPR1**), « *enhanced **d**isease **s**uceptibility* » type **1 (EDS1)**, **PAD4**, « ***s**alicylic-acid-**i**nduction **d**eficient* » (**SID**), « *salicylate hydroxylase* » (**NahG)** sont affectés négativement dans l'accumulation d'AS ou insensibles à cette molécule. Ils sont plus sensibles aux attaques d'agents pathogènes que les plantes sauvages (Nawrath & Métraux, 1999 ; Glazebrook, 2001 ; Dong, 2004). Chez le tabac et l'arabette sur-exprimant le gène codant une salicylate hydrolase (*NahG)*, enzyme bactérienne de dégradation de l'AS en catéchol, une très faible induction des gènes *PR*, une résistance locale amoindrie et une incapacité à mettre en place la SAR est mise en avant (Delaney *et al.*, 1994 ; Mellersh & Heath, 2003 ; Van Wees & Glazebrook, 2003). Chez l'arabette, Thomma *et al.* (2001) ont démontré que l'accumulation d'AS locale et systémique est nécessaire à l'expression de plusieurs gènes *PR* notamment *PR-1*, *PR-2* et *PR-5*. Cette accumulation de protéine PR est également observée sur les racines, feuilles, tiges et baies de vignes (Renault *et al.*, 1996 ; Derckel *et al.*, 1996, 1998).

VI.3.3. L'acide jasmonique (AJ)

Les différentes formes de jasmonates sont synthétisées *via* la voie des octadécanoïdes (Figure. 29). L'accumulation d'AJ dans les plantes en réponse à une blessure ou un traitement par des éliciteurs peut être bloquée par des inhibiteurs de la **lipoxygénase (LOX)** (Doares *et al.*, 1995). La LOX joue un rôle essentiel dans la biosynthèse de l'AJ et certains COV d'origines végétales (Figure. 30 ; Gosset *et al.,* 2009). Même si, l'AJ est un produit terminal de cette voie. Des intermédiaires et dérivés sont également biologiquement actifs, comme le MeJA ou son précurseur, l'**a**cide 12-**o**xo-**p**hyto**d**iènoïque (**OPDA)** (Turner *et al.*, 2002). L'AJ est impliqué dans divers processus développementaux tels que la germination des graines, la croissance racinaire, la sénescence foliaire et l'ouverture des stomates (Bari & Jones, 2009).

Figure 29. Schéma simplifié de la voie de biosynthèse des oxylines par l'action d'une 13-LOX sur l'acide linolénique. La voie de biosynthèse de l'acide jasmonique est détaillée. Abréviations : AGPI : Acide gras poly-insaturé ; AOC : Allène oxyde cyclase ; AOS : Allène oxyde synthase; DES : Divinyléther synthase ; ALPHA-DOX : Alpha-dioxygénase ; HPL : Hydroperoxyde lyase ; LOX : Lipoxygénase ; OPR : 12-oxo-phytodiénoate réductase ; POX : peroxygénase. Par ailleurs, cette voie initie la production de certains composés organiques volatiles (COV) d'origine végétale. **a)** Voie de biosynthèse de l'acide jasmonique (JA). PLD : phospholipase ; LOX : lipoxygénase ; AOS : allène oxyde synthase ; AOC : allène oxyde cyclase ; OPR3 : acide 12 oxo-phytodiénoique (OPDA) réductase ; JMT : S-adénosyl-L-méthionine/acide jasmonique carboxyl méthyltransférase ; MeJA : méthyl jasmonate (Devoto & Turner, 2003; Kaur *et al.,* 2009). Lipase (DAD1, DGL), 13-lipoxygenase (LOX), Allene oxide synthase (AOS), Allene oxide cyclase (AOC), OPDA reductase (OPDR3), OPC- : 0 CoA ligase (OPCL1), Acyl-CoA oxidase (ACX), Multifunctional protein (MFP), 3-ketoacyl-CoA-thiolase, Acide 13-hydropéroxy-linoméique (13-HPOT) ; **b)** Voie de signalisation par l'acide jasmonique. Un signal extérieur est transformé en signal chimique (1), un récepteur membranaire reçoit le signal (2) et active une lipase (3) qui libère de l'acide linolénique (4 et 5). Ce dernier est converti en acide jasmonique par cinq réactions enzymatiques (6). L'acide jasmonique peut induire différents types de réponses (8) dont l'activation la transcription de trp et str dans C. roseus. (Varin, 2015 d'après Creelman & Mullet (1997)).

Anabolisme de l'Acide Jasmonique et mode d'action

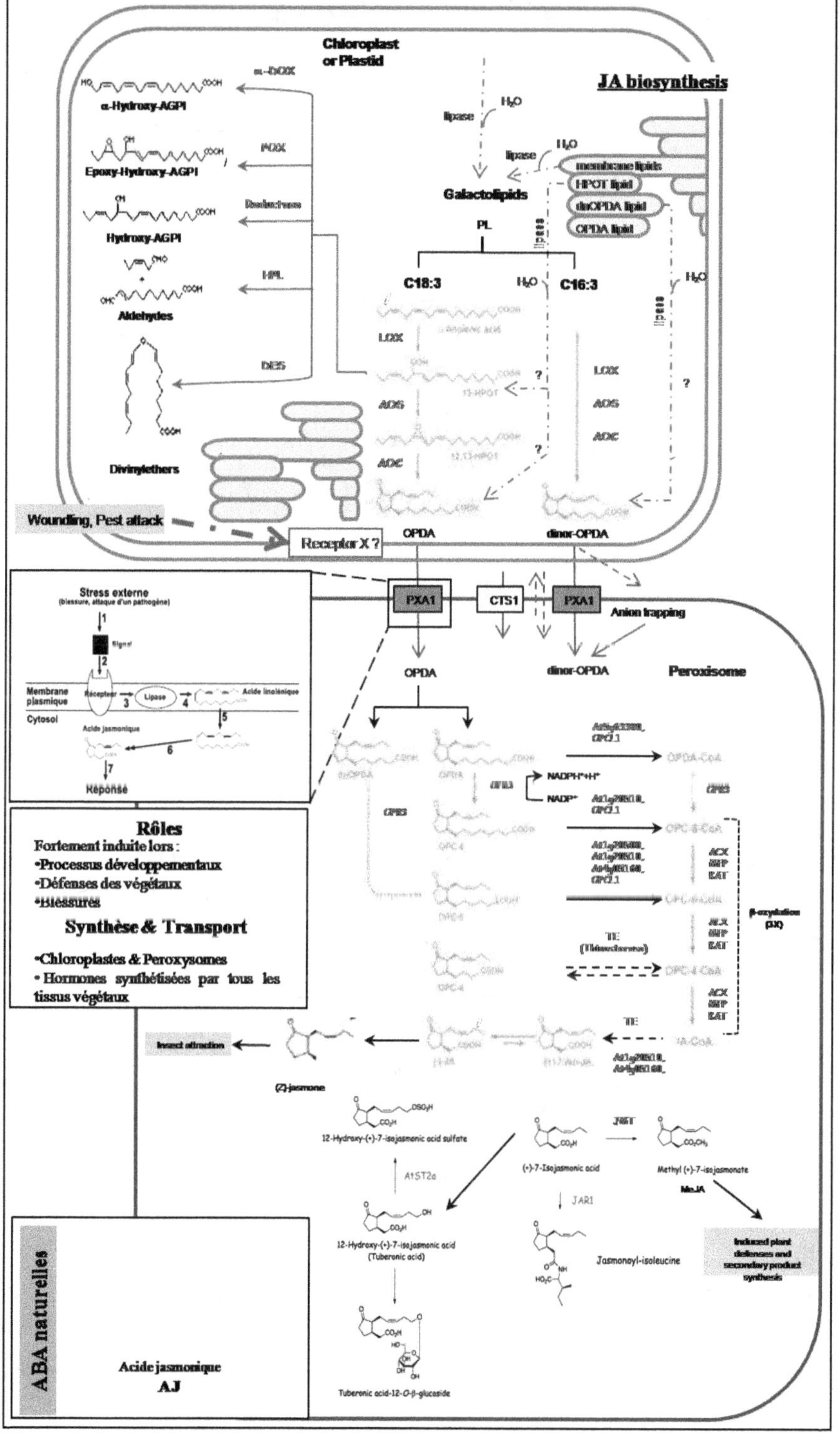

Figure 30. Synthèse des dérivés d'acides gras et voie de la lipoxygénase. (Abréviations : LOX, lipoxygénase ; PXG, peroxygénase ; HPL, hydroperoxyde lyase ; AOS, allène oxide synthase ; AOC, allène oxide cyclase ; ADH, alcool déshydrogénase ; HPOD/T, hydroperoxyde de l'acide linoléique/linolénique ; KOD/T, cétone de l'acide linoléique/linolénique ; HOD/T, hydroxyde de l'acide linoléique/linolénique ; JA, acide jasmonique ; OPDA, acide 12-oxo-phytodiènoïque) (Gosset *et al.*, 2009).

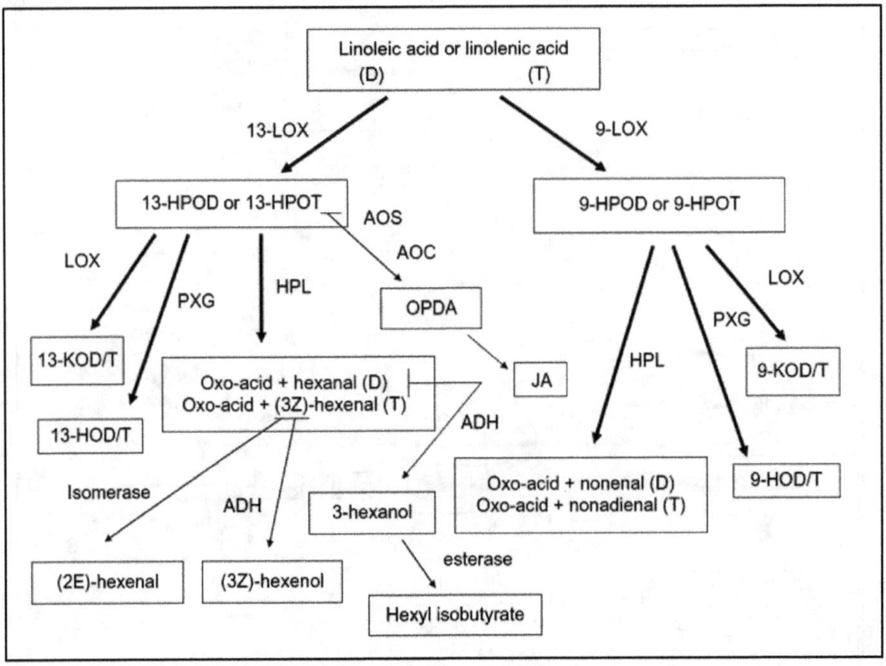

L'AJ est habituellement associé aux réponses contre les agents pathogènes nécrotrophes et les insectes herbivores (Bari & Jones, 2009), ainsi qu'aux traitements par des PGPR. Il a été démontré que la synthèse des PR-3, PR-4, PDF1.2 (défensine, PR-12) et PDF2.2 (thionine, PR-13) était dépendante de la voie de l'AJ (Thomma & Broekaert, 1998 ; Thomma *et al.*, 2001). Les triples mutants « ***fatty acid desaturase*** » notés *fad3-fad7-fad8* et les mutants « ***OPDA réductase 3*** » (***OPR3***), déficients dans la production d'AJ, ainsi que les mutants « ***coronatine insensitive*** » type **1** » (***Coi1***), « ***jasmonic acid-resistant*** » type **1** » (***JAR-1***) et « ***jasmonic acidinsensitive*** » type **1** » (***JIN1***), incapables de percevoir l'AJ, sont plus sensibles aux attaques par des insectes herbivores et des champignons nécrotrophes comme *B. cinerea*, *Alternaria brassicicola* ou *Pythium* sp. (Staswick *et al.*, 1998 ; Thomma *et al.*, 1998 ; Vijayan *et al.*, 1998 ; Norman-Setterblad *et al.*, 2000 ; Glazebrook, 2001 ; Truman *et al.*, 2007). En revanche, la sur-expression de l'AJ-carboxyl méthyl transférase, permettant l'augmentation des taux de MeJA, se traduit par une meilleure résistance envers *B. cinerea* (Seo *et al.*, 2001).

L'ajout de MeJA exogène restaure d'ailleurs la résistance des plantes mutantes déficientes dans la synthèse de l'AJ (Thomma *et al.*, 1998). Cependant, tous les insectes herbivores n'activent pas la signalisation *via* l'AJ chez les plantes (Kempema *et al.*, 2007).

VI.3.4. L'Ethylène (ET)

L'ET est une molécule volatile dérivant de la méthionine (cf. tome 2) impliquée dans plusieurs processus physiologiques comme l'abscission, germination, floraison et sénescence, nodulation racinaire, mort cellulaire programmée. Elle est également impliquée dans les réponses de défenses des végétaux (Penninckx *et al.*, 1998 ; Bleecker & Kende, 2000 ; Panter & Jones, 2002 ; Broekaert *et al.*, 2006). Suite à des attaques par des agents pathogènes, des insectes ou suite à des blessures, il s'accumule en grande quantité surtout au niveau du site d'infection et il est également impliqué dans la synthèse de PDF1.2 (Thomma *et al.*, 2001). Chez l'arabette, des mutants ***ein2*** (« *ethylene* ***in****sensitive* » type **2**) sont plus sensibles que les plantes sauvages lors d'attaques par des agents pathogènes tels que *B. cinerea*, *E. carotovora*, *Septoria glycines* et *Rhizoctonia solani* (Hoffman *et al.*, 1999 ; Thomma *et al.*, 1999a ; Norman-Setterblad *et al.*, 2000). De plus, des plants de tabac ***etr****1-1* (« ***e****thylene* ***r****eceptor* ») sont devenus sensibles à *Pythium sylvaticum* ce champignon est normalement non-pathogène (Knoester *et al.*, 1998). Ainsi, une diminution du taux d'ET semble accroître la susceptibilité des plantes aux agents pathogènes. Pourtant, dans d'autres cas, cette diminution augmente la résistance des plantes envers *P. syringae* pv. *glycinea* et *Phytophthora sojae* (Hoffman *et al.*, 1999).

VI.3.5. L'Auxines (AIA ou IAA)

L'**AIA**, outre son effet positif sur la rhizogénèse, induit l'expression de trois groupes de gènes : *Aux/IAA*, *GH3* (codant des AIA-amino synthases) et ***SAUR*** (« ***s****mall* ***au****xin* ***u****p* ***R****NA* » ; Woodward & Bartel, 2005). Il régule l'expression de gènes associés à la biosynthèse ou le catabolisme et la signalisation d'autres hormones (Papanov *et al.*, 2008). Lors de stress biotiques, l'AIA est impliquée dans la résistance et la sensibilité des plantes. Son rôle est fonction du pathosystème considéré (Spaepen *et al.*, 2007 ; Kazan & Manners, 2009). Chez l'arabette, un traitement préventif par de l'AIA favorise l'apparition de la maladie en présence d'*Agrobacterium tumefaciens*, *Pseudomonas savastanoi* et *Pseudomonas syringae* pv. *tomato* DC3000 (***Pst* DC3000** ; Bari & Jones, 2009). En revanche, la répression de cette voie de signalisation affecte sa résistance contre *Plectosphaerella cucumerina* et *B. cinerea* (Llorente *et al*., 2008).

VI.3.6. L'acide abscissique (ABA)

L'**ABA** est impliqué dans divers aspects de la croissance et du développement des plantes comme la germination, la maturation embryonnaire, la sénescence foliaire, la fermeture des stomates et l'adaptation aux stress environnementaux (Wasilewskaa *et al*., 2008). Dans la plupart des cas, l'ABA a un effet négatif sur la régulation des défenses de la plante lors de stress biotiques comme l'effet d'agents pathogènes de natures biotrophes ou nécrotrophes (Lopez *et al*., 2008 ; Bari & Jones, 2009). Ainsi, il sensibilise *A. thaliana* vis-à-vis de la bactérie virulente *Pst* DC3000 (de Torres-Zabala *et al*., 2007) mais augmente la résistance d'*A. thaliana* face à *Ralstonia solanacearum* et *Pythium irregulare* (Adie *et al*., 2007 ; Hernandez-Blanco *et al*., 2007). Par ailleurs, l'ABA active la fermeture des stomates, ce qui réduit certaines infections bactériennes ou fongiques, les stomates pouvant être une voie de pénétration dans la plante pour ces agents pathogènes (Ton & Mauch-Mani, 2004 ; Mauch- Mani & Mauch, 2005 ; Melotto *et al*., 2006 ; Jalloul *et al*., 2009). Il est également impliqué dans le dépôt de calloses, la production de ROS et la régulation de l'expression de gènes de défenses (Bari & Jones, 2009 ; Jalloul *et al*., 2009).

VI.3.7. Les Acides gibérrelique (GA)

Les **GA** favorisent la croissance des plantes par la stimulation de la dégradation des protéines DELLA, ces dernières induisant l'expression de gènes codant des enzymes de détoxifications des ROS comme les catalases et peroxydases. Elles régulent les taux de ROS dans les cellules lors de stress (Achard *et al*., 2008). Les GA confèrent à la plante une résistance contre les agents pathogènes biotrophes mais, augmentent sa sensibilité lors d'attaques par des agents nécrotrophes. Ainsi, un traitement aux GA augmente la résistance de l'arabette face à *Pst* DC3000 et sa sensibilité face à *A. brassicicola* (Bari & Jones, 2009).

D'autres composés comme les stévioles existent. Les steviol glycosides sont synthétisés dans la plante dans la voie de biosynthèse des gibberellines (hormones végétales) jusqu'à l'ent-kaurène (Figure. 31 ; Brandle & Telmer,2008). Ils sont accumulés dans la vacuole de la cellule. La fonction de ces molécules au sein de la cellule végétale n'est à ce jour pas complètement élucidée. On suppose qu'elles représentent un mécanisme de protection de la plante contre les agressions de parasites.

Figure 31. Biosynthèse des steviol glycosides dans la plante (Brandle & Telmer, 2008 ; Ontario Canada).

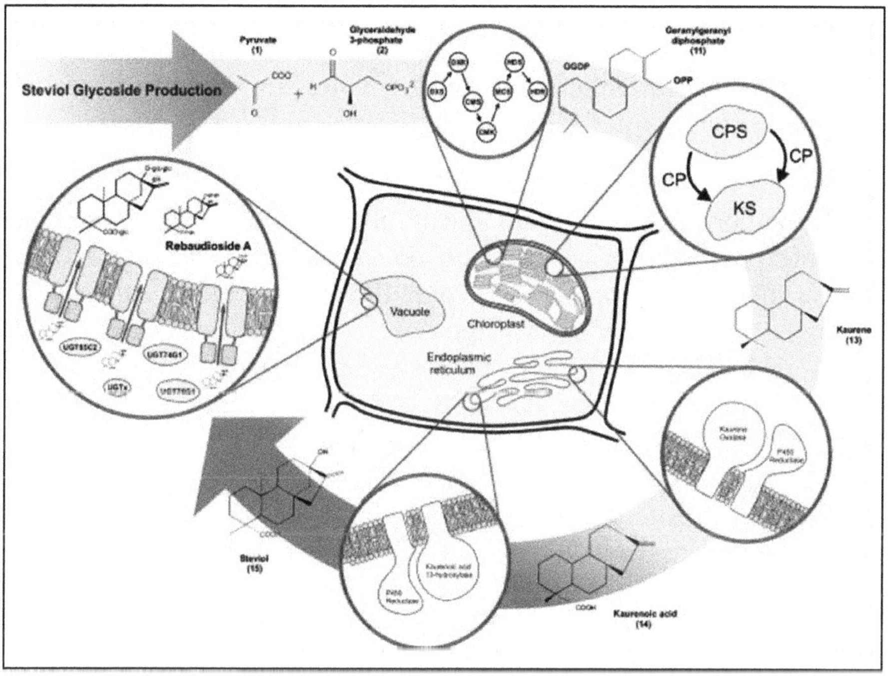

VI.3.8. Les Cytokinines (CK)

Les **CK** sont impliquées dans la différenciation vasculaire, la balance en nutriments, la croissance des racines, tiges et inflorescences, la sénescence foliaire (Muller & Sheen, 2007).

Leur rôle dans les mécanismes de défense est peu connu. Chez l'arabette, il semble que ces hormones soient impliquées dans les réponses aux attaques de *Plasmodiophora brassicae.* Face à cette attaque, une régulation négative des gènes gouvernant leur homéostasie est rapportée (Siemens *et al.*, 2006). Tout comme l'AIA, les CK sont capables de bloquer la traduction des ARNm de certaines protéines PR comme la β-glucanase et la chitinase (Spaepen *et al.*, 2007).

VI.3.9. Les Brassinosteroïdes (BR)

Les **BR** sont impliqués dans divers processus physiologiques. Nous pouvons citer la germination, division cellulaire, élongation, floraison, sénescence et les réponses induites à la suite de stress abiotiques (Bajguz, 2007). Chez des plants de riz infectés par *Xanthomonas oryzae,* Nakashita *et al.* (2003) montrent que les BR induisent une résistance à l'infection et qu'elle était liée ni à la synthèse et la signalisation par l'AS ni à la production de protéines PR. Le mécanisme de protection reste encore très mécnnu.

VI.4. Interconnections entre les voies de signalisations de défenses et les voies hormonales

VI.4.1. AS et AJ, ET

De nombreuses études indiquent que l'AJ et l'ET agissent en synergie pour activer l'expression de gènes de défenses à la suite d'une infection (Penninckx *et al.*, 1998 ; Schenk *et al.*, 2000 ; Thomma *et al.*, 2001 ; Glazebrook, 2005). Chez *A. thaliana*, l'expression de *PDF1.2* nécessite la synthèse concomitante de l'ET et l'AJ. Mais, elle est indépendante de l'AS (Penninckx *et al.*, 1998). Les doubles mutants *coi1-ein2* sont plus sensibles lors d'infections par les champignons nécrotrophes *A. brassicicola* et *B. cinerea*, mais pas par *P. parasitica* (Penninckx *et al.*, 1998 ; Thomma *et al.*, 1999a, 2001).

D'autres études ont démontré l'existence d'un antagonisme entre les voies dépendantes de l'AS et de l'AJ/ET au cours des réponses de défenses (Doares *et al.*, 1995 ; Mur *et al.*, 2006). Plusieurs protéines sont impliquées dans l'antagonisme entre l'AS et l'AJ. Nous pouvons mentionner NPR1 qui est responsable de l'induction des protéines PR dépendantes de l'AS (Spoel *et al.*, 2007 ; Jalloul *et al.*, 2009) et les facteurs de transcription WRKY, notamment WRKY53, WRKY70 et WRKY62 (Bari & Jones, 2009). NPR1 est un régulateur clef de la voie de signalisation dépendante de l'AS. Chez *A. thaliana*, il contrôle directement l'expression de certains facteurs WRKY (Wang *et al.*, 2006a). De plus, la présence de *W-box* dans son promoteur suggère que son expression est sous la dépendance de certains facteurs WRKY (Yu *et al.*, 2001). Spoel *et al.* (2003) ont démontré que NPR1 est impliqué dans l'inhibition de la voie de signalisation dépendante de l'AJ par l'AS chez *A. thaliana*. L'expression de WRKY70 est contrôlée par NPR1 chez les plantes sauvages. Or, chez les mutant *At,* la surexpression de WRKY70 stimule l'expression des gènes codant des protéines PR dépendantes de l'AS et réprime fortement celles des gènes codant des protéines PR dépendantes de l'AJ (Li *et al.*, 2004).

Cependant, WRKY33, indépendant de NPR1, contrôle la résistance vis-à-vis des agents pathogènes nécrotrophes en activant les gènes de la voie dépendante de l'AJ. Il réprime également ceux dépendants de la voie de l'AS (Zheng *et al.*, 2006). Toutefois, lors d'une attaque de l'arabette par un insecte herbivore, NPR1 et MPK4 inhibent la voie dépendante de l'AS pour permettre l'activation de celle dépendante de l'AJ (Petersen *et al.*, 2000 ; Bari & Jones, 2009). Des plants d'*A. thaliana* prétaités par de l'AS sont plus sensibles aux attaques d'*A. brassicicola*, alors que les mutants *sid2*, incapables d'accumuler l'AS, sont plus résistants à ses attaques (Spoel *et al.*, 2007). Des preuves d'interactions synergiques sont également rapportées (Kunkel & Brooks, 2002 ; Beckers & Spoel, 2006 ; Mur *et al.*, 2006). Par exemple, le MeJA induit la synthèse d'AS sur des cultures cellulaires de vignes (Repka *et al.*, 2004 ; Belhadj *et al.*, 2008b). Les relations entre l'AS et l'ET sont en revanche plus obscures. Chez *A. thaliana*, des analyses par microarrays suggèrent une action potentialisatrice de l'ET sur l'induction de *PR1* dépendante de l'AS, alors qu'une approche génétique démontre l'inverse (Jalloul *et al.*, 2009). Des plants *NahG* et des mutants *pad4* d'*A. thaliana* produisent cependant moins d'ET lors de l'interaction Arabette-*Pst* comparés aux plantes sauvages (Heck *et al.*, 2003).

VI.4.2. ABA et AJ, ET, AS

Récemment mis en évidence dans les mécanismes de défenses, l'ABA interagit avec les autres voies de signalisations. Son rôle dans l'établissement de la résistance dépend de la nature de l'agent pathogène, de son mode de pénétration, du temps nécessaire à la mise en place des réponses de défenses et de la nature du tissu infecté (Ton *et al.*, 2009). Dans la plupart des cas, l'ABA régule négativement les mécanismes de défenses. L'existence d'un antagonisme entre l'ABA et les voies dépendantes de l'AJ et de l'ET a été clairement démontrée. Ces dernières sont stimulées dans des mutants déficients en ABA, alors qu'un traitement des plantes par de l'ABA exogène réduit la transcription de gènes dépendants de l'AJ et de l'ET (Anderson *et al.*, 2004 ; Flors *et al.*, 2008). Par exemple, dans l'interaction *A. thaliana-Pythium irregulare*, l'ABA affecte la production d'AJ. Ainsi, cela accroît la sensibilité de la plante (Adie *et al.*, 2007). Il existe une relation entre l'ABA, l'AS et l'AJ. Chez *A. thaliana*, *A. brassicicola* inhibe la synthèse d'ABA. Or, le gène de la callose synthase *pmr4* est sous contrôle de l'ABA. Il inhibe la voie de l'AS permettant à celle de l'AJ de contribuer à la résistance de la plante contre ce champignon. En revanche, chez des mutants affectés dans l'expression de *pmr4*, l'AS voie son inhibition levée et régule négativement la voie de l'AJ. Cela déclenche le processus de sensibilité à cet agent pathogène (Figure. 32 ; Flors *et al.*, 2008 ; Jalloul *et al.,* 2009). Les inter-connections avec les autres hormones (CK, BR, GA, AIA ou IAA) sont moins connues dans la mesure où leurs implications dans les mécanismes de défenses sont encore peu étudiées.

Figure 32. Signalisation de la résistance chez *A. thaliana* infectée par *Alternaria brassicicola*. (Abréviations : ABA : acide abscissique ; AJ : acide jasmonique ; AS : acide salicylique : *pmr4 :* gène codant la callose synthase) (Varin, 2015 d'après Jalloul *et al.*, 2009).

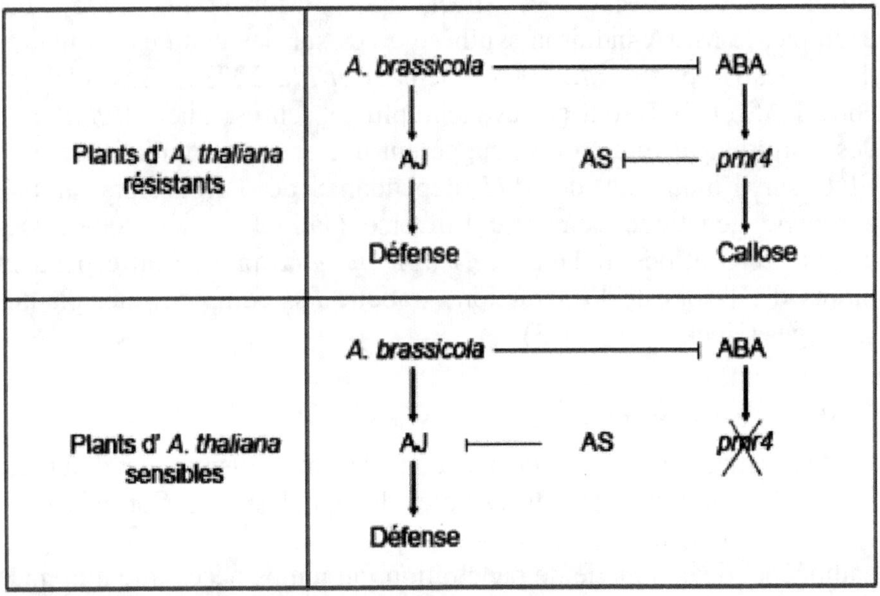

Cependant, de récentes études ont démontré que ces molécules de signalisations pouvaient interférer avec l'AS, l'AJ et l'ET. Chez le riz, des mutants sur-exprimant le gène *GH3.8* montrent une diminution de l'expression des gènes liés à l'AS et l'AJ lors d'attaques par *Xanthomonas oryzae* pv. *oryzae* (Ding *et al.*, 2008). Il a été démontré que le BTH (1,2,3-benzothiodiazole-7-carbothioic acid S-methyl Ester) qui est un analogue de l'AS, réprime l'expression d'un grand nombre de gènes dépendants de l'AIA dans les tissus après la mise en place de la SAR (Wang *et al.*, 2007). Les GA modulent les réponses dépendantes de l'AS et l'AJ *via* les protéines DELLA (Navarro *et al.*,

2008). Chez la pomme de terre, les BR protègent contre *Phytophthora infestans*, cette résistance étant associée à l'augmentation des taux d'ABA et d'ET (Krishna, 2003). Chez l'Arabette, elles induisent l'expression des gènes codant l'**ACC** (acide 1-**a**mino**c**yclopropane-1-**c**arboxylique) synthase impliquée dans la synthèse d'ET et OPR3 impliqué dans la voie de l'AJ (Yi *et al.*, 1999 ; Muessig *et al.*, 2006). L'AIA, les GA, l'ABA, l'AJ et les CK sont impliqués dans la modulation des réponses dépendantes de l'ET (Stepanova & Alonso, 2005).

Enfin, certains micro-organismes pathogènes ont la capacité de synthétiser eux-mêmes quelques-unes de ces hormones, comme l'AIA ou encore l'AS, ce qui influence les défenses mises en place par l'hôte (Robert-Seilaniantz *et al.*, 2007 ; Spaepen *et al.*, 2007).

VII. Les résistances systémiques des plantes

La « résistance systémique acquise » (« ***S****ystemic* ***A****cquired* ***R****esistance* » : **SAR**) et l' « résistance systémique induite » (« ***I****nduced* ***S****ystemic* ***R****esistance* » : **ISR**) sont les deux types de résistance systémique mises en place par la plante à la suite d'une contrainte induisant un stress. Il y a peu de temps, il était généralement admis que la SAR était dépendante de la voie de l'AS et l'ISR de la voie AJ/ET (Figure. 35 & 36) (Van Loon *et al.,* 2006 ; Pieterse & Van Loon, 2007). Cependant, de récentes études démontrent que ce concept doit être revue et corrigé (Truman *et al.*, 2007 ; Van der Ent *et al.*, 2009). En effet, il serait plus exact de définir la SAR comme la résistance systémique mise en place par la plante à la suite d'une attaque par un agent pathogène, et que l'ISR est celle mise en place par la plante en réponse à la présence de micro-organismes bénéfiques. Ces deux mécanismes sont synthétisés par Bostock (2005) dans les figures 33 & 34.

Figure 33. Synthèse et actions de la SA dans la résistance acquise locale, résistance systémique acquise et la diaphonie avec le stress ROS induite, ET, et ABA. Les principales étapes de synthèse de l'SA, l'action et les lieux de certaines mutations bloquantes sont indiquées. Le défaut de contrôle du stress ROS conduit à la mort cellulaire. Les voies NPR1-dépendants et NPR1-indépendant permettant l'action de l'SA sont indiquées. La modulation de l'activité NPR1 est régulée via des changements conformationnels induits par des modifications redox. L'amplification des signaux SA et NO (oxyde nitrique) dans une boucle de rétroaction positive est indiquée dans ce schéma. Les mutations principalement présentées sont celles obtenues chez *Arabidopsis*, excepté *flacca* et *sitiens* (tomate). Une séparation des procédés indiqués dans ce schéma est possible pour différents types de cellules. Ces modifications ne sont pas présentées dans la figure. Légende : SIPK, protéine kinase SA inductible de tabac (*tobacco SA-induced protein kinase*); SABP2, SA-méthyle estérase de tabac (*tobacco SA-methyl esterase*) (Bostock, 2005).

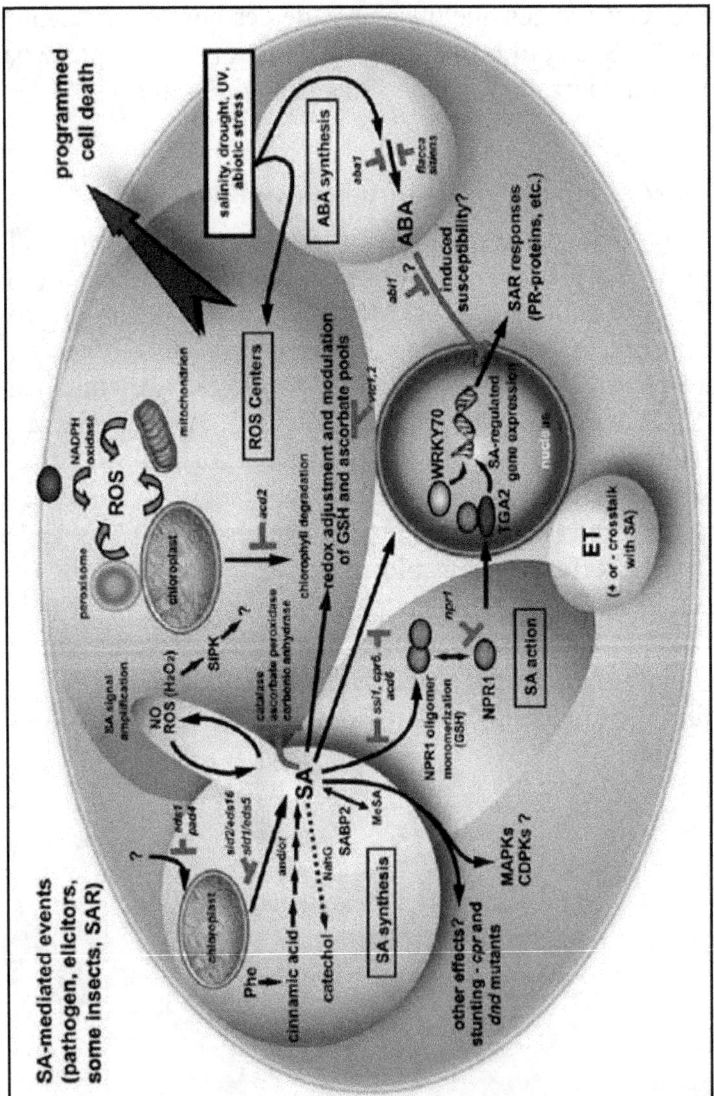

Figure 34. Synthèse et action des JA dans la résistance systémique locale, induits et la diaphonie avec l'SA et le stress oxydatif induit par les ROS, l'ET, et l'ABA. Les étapes clefs de la synthèse JA, l'action et l'emplacement possibles des mutations sont indiquées telles qu'expliqué dans le texte. L'amplification des signaux JA et NO lors de la boucle de rétroaction positive est indiquée. Les mutations sont celles obtenues chez *Arabidopsis* (*aba1*, *abi1*, *coi1*, *ein1-ein7*, *etr1*, *fab2*, *fad7*, *jar1*, *jai1*, *ssi2*) et chez la tomate (*acx1*, *def1*, *spr1*, *spr2*, *flacca*, *sitiens*). COI1 est une protéine en répétition-F-box riche en leucine (*F-boxleucine rich-repeat protein*). Elle semble participer à la régulation de l'abondance d'un répresseur de l'expression génique induite par JA. L'interaction antagoniste entre SA et JA nécessite une NPR1 dans le cytosol. Mais, à ce jour, le mécanisme n'est pas résolu. Le facteur de transcription WRKY70 est un répresseur de gènes sensibles au JA et est réprimée par JA. Une séparation des procédés indiqués dans ce schéma est possible pour différents types de cellules. Légende : ACC, l'acide aminocyclopropanoïque ; ACX1, mutant peroxisomal de l'acyl-CoA oxydase ; AOS, allène oxyde synthétase ; AOC, allène oxyde cyclase ; acide BABA,acide béta-aminobutyrique ; LOX, lipoxygénase (Bostock, 2005).

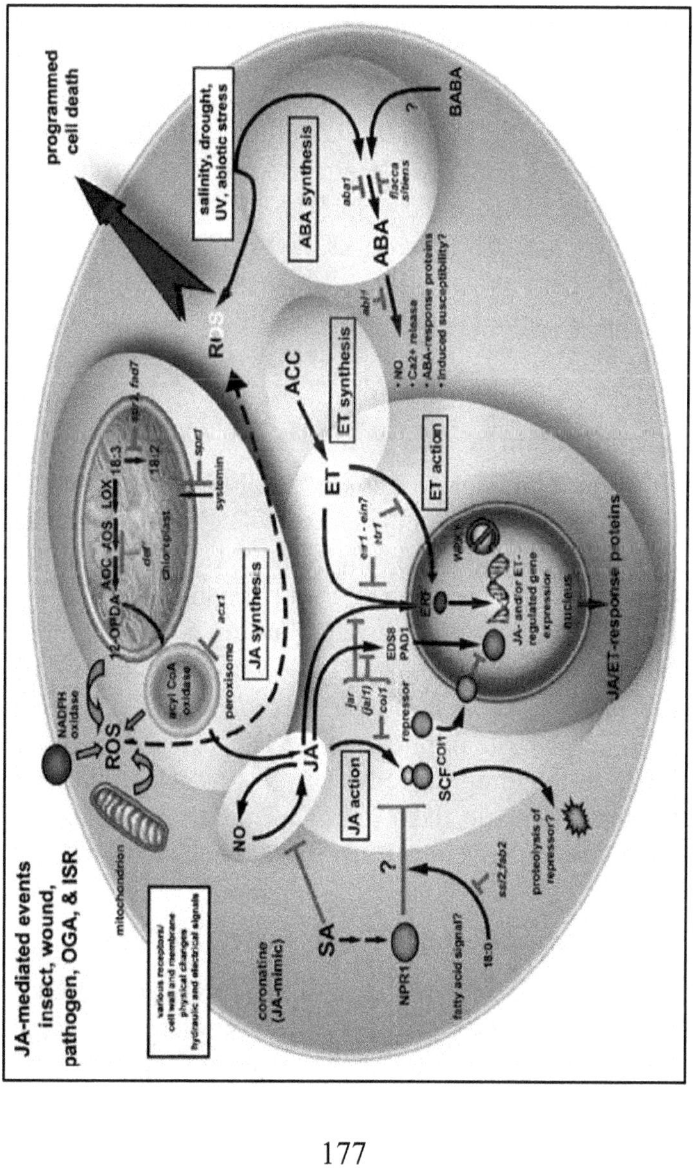

VII.1. La résistance systémique acquise : SAR

Après une première infection, la SAR conduit à la protection systémique de la plante vis-à-vis de nouvelles infections. Elle permet de protéger les différents organes de la plante contre un stress ultérieur. Son activité protectrice peut durer plusieurs semaines après le premier contact entre la plante et l'agent pathogène (Van Loon *et al.*, 2006b).

VII.1.1. Voie de signalisation dépendante de l'AS

Le déclenchement de la SAR est souvent associé à une augmentation des niveaux en AS. L'importance de l'AS dans la SAR a été démontrée par l'utilisation de plantes transgéniques *NahG*. Différentes études menées sur des plants de tabac ou d'*A. thaliana* révéle que les plantes *NahG* sont plus sensibles à une seconde attaque par des agents pathogènes d'origines fongiques, bactériennes et virales (Delaney *et al.*, 1994 ; Kachroo *et al.*, 2000). D'autres mutants perturbés dans l'accumulation d'AS (*sid1*, *sid2*) ont montré une sensibilité accrue à *Hyaloperonospora parasitica* après un premier contact avec *Pseudomonas syringae* pv *tomato* DC3000 (*Pst* DC3000) (Nawrath & Métraux, 1999). Récemment, il a été démontré que le méthyl salicylate agissait comme un signal mobile inducteur de la SAR chez le tabac (Park *et al.*, 2007).

VII.1.2. Implication de l'AJ et de l'ET

Contrairement au modèle établi par Van Loon *et al.* (2006b), la SAR peut également faire intervenir l'AJ et l'ET. Par exemple, les mutants *opr3* et *jin1* sont incapables d'induire la SAR après l'infiltration des feuilles par une souche avirulente de *Pst* (Truman *et al.*, 2007).

En revanche, lors d'attaques par d'autres agents pathogènes, des mutants ne percevant plus l'AJ (*jar1*, *eds8* et *coi1*) ne sont pas affectés dans l'expression de la SAR (Pieterse *et al.*, 1998 ; Ton *et al.*, 2002 ; Attaran *et al.*, 2009). L'implication de l'ET dans la SAR est moins étudiée. Chez le tabac après contact avec le virus de la mosaïque du tabac, la perception de l'ET par la plante est nécessaire pour l'établissement de la SAR dépendante de l'AS (Verberne *et al*, 2003).

VII.2. La résistance systémique induite : ISR

VII.2.1. Résistance Systémique Induite (ISR) par les PGPR

L'ISR induite par les PGPR (Figures. 35 & 36) (Van Loon *et al.*, 1998, 2006b) s'est montrée efficace pour contrer l'infection de différents pathogènes tels que les virus, bactéries et champignons (Compant *et al.*, 2005a ; Ton *et al.*, 2006). Ce phénomène permet une protection de la plante au niveau de ces différents organes comme les feuilles, les fleurs et les fruits (Hoffland *et al.*, 1996).

Figure 35. Comparaison picturale des deux Résistances systémiques (SAR : résistance systémique acquise et ISR : résistance systémique induite) selon van Loon *et al.* (2006b), schéma modifié de Vallad & Goodman (2004). La RSA est mise en place par l'exposition des racines ou des tissus foliaires à des éliciteurs biotiques ou abiotiques. Elles dépendent également de phytohormones comme l'acide salicylique (AS). Elle est associée à l'accumulation des protéines liées au pouvoir pathogène (PR). L'ISR est provoquée par l'exposition des racines à des souches de microorganismes spécifiques comme des PGPR (rhizobactéries favorisant la croissance des plantes). Elle est dépendante des phytohormones comme l'éthylène et le jasmonate (acide jasmonique). Elle est indépendante du salicylate, et n'est pas associée à l'accumulation de protéines PR (ou de leurs transcriptions). Toutefois, les deux réponses sont intimement liées moléculairement, comme cela a été démontré chez *Arabidopsis thaliana*. Une dépendance à l'égard d'une version fonctionnelle du gène NPR1 a été mise en évidence. (Vallad & Goodman, 2004). (Abréviations : AJ : acide jasmonique ; AS : acide salicylique ; ET : éthylène ; ISR : résistance systémique induite ; PGPR : plant growth-promoting rhizobacterium ; PR : pathogenesis-related ; SAR : résistance systémique acquise) (Varin, 2015).

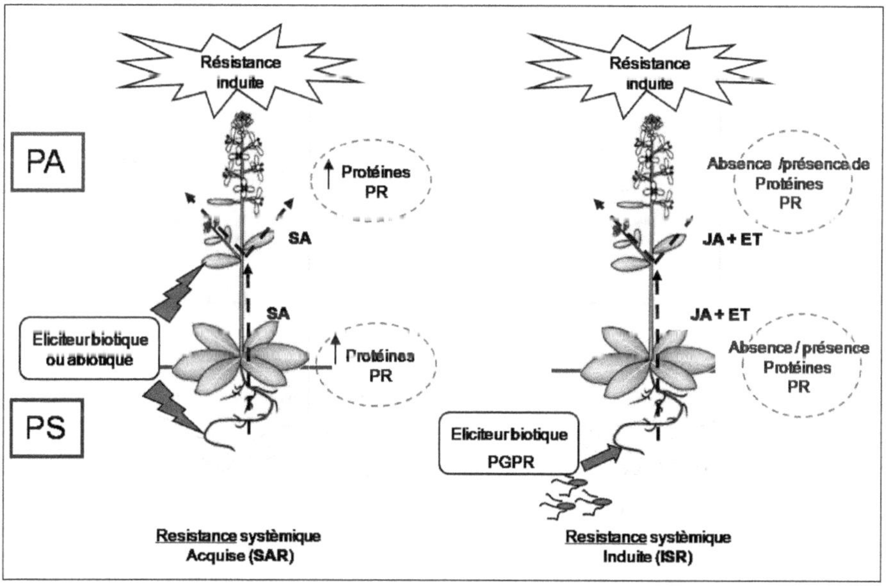

Figure 36. Voies du signal de transduction de la SAR et ISR. Abréviations : NPR1 (*non-expressor of PR1 genes*), protéine de transduction de signaux menant à résistance systémique acquise façe aux agents pathogènes (SAR) et la résistance systémique induite (ISR) médiée par les rhizobactéries chez *Arabidopsis thaliana*. Chez différentes espèces végétales autres qu'*Arabidopsis*, l'acide salicylique produit par les rhizobacteries peut déclencher la voie SAR ainsi que l'ISR. (Van Loon *et al.,* 1998, 2006b).

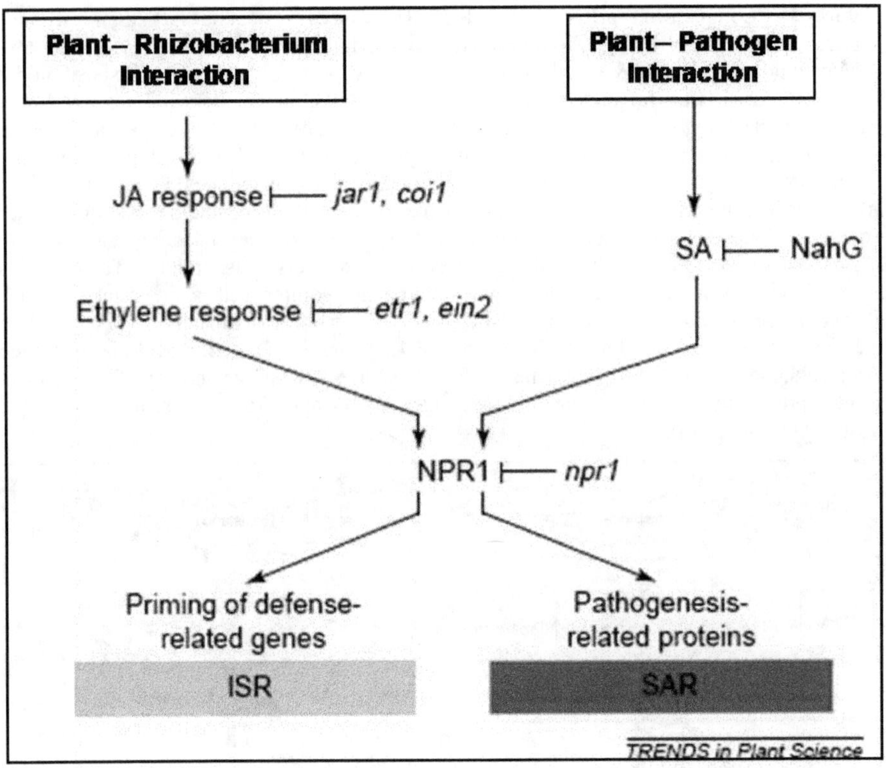

L'ISR induite par les PGPR présente des similitudes avec la **r**esistance **s**ystèmique **A**cquise (**SAR**). Cependant, l'ISR permet de protéger la plante à un niveau plus faible que la SAR car, les mécanismes de défenses ne sont pas induits avec la même intensité (Hoffland *et al.,* 1996). De plus, dans le cas général, l'ISR est caractérisée comme n'étant pas associée à la synthèse de protéines PR. Au niveau systémique, elle est dépendante de la voie de synthèse hormonale de l'acide jasmonique ou jasmonate (JA) dans le cytosol et de l'éthylène (ET) (Pieterse *et al.,* 1996), au contraire de la SAR qui passe par la synthèse de protéines PR et dépend de la voie hormonale du SA au niveau systémique (Figure. 35) (Ton *et al.,* 2006 ; Van Loon, 2007). Ainsi, des PGPR ont été caractérisées comme inductrices d'une SAR à la place d'une ISR (van Loon et Bakker, 2005). Toutefois, des exceptions ont été montrées. Ces le cas d'une étude qui a également montré que l'application de l'endophyte *P. fluorescens* souche FPT9601-T5 chez *A. thaliana* induit à la fois les mécanismes de l'ISR et de la SAR (Wang *et al.*, 2005). Cette PGPR induit ainsi l'expression de gènes codants des protéines PR, mais à une faible intensité, et cette induction est dépendante du JA et de l'ET au niveau systémique.

Dans le modèle établi par van Loon *et al.* (2006b) et Van Loon (2007), basé sur l'interaction entre la PGPR WCS417r et l'arabette, l'AS est décrit comme la molécule de signalisation impliquée dans les mécanismes de la SAR. L'AJ et l'ET quant à eux sont impliqués dans l'ISR, la production de protéines PR n'est observée que pour la SAR (Figure. 35). Mais ces dernières années, l'utilisation de mutants chez *A. thaliana* a démontré que ces hormones peuvent être impliquées dans la SAR mais, aussi dans l'ISR (Pieterse & van Loon, 2007 ; Van der Ent *et al.*, 2009).

VII.2.2. Voies de signalisations dépendantes de l'Aj et l'ET

L'existence d'une résistance systémique autre que la SAR est démontrée par les différentes études menées sur la bactérie *Pseudomonas fluorescens* souche WCS417r. Chez le radis, cette PGPR confère une protection contre *Fusarium* sp. Sans accumulation de protéines PR (Hoffland *et al.*, 1995). De même, des études approfondies menées sur l'interaction *A. thaliana*-WCS417r ont démontré que cette ISR n'était associée ni à une accumulation de protéines PR ni à l'accumulation d'AS dans les feuilles, les plantes *NahG* développant une ISR similaire aux plantes sauvages (Pieterse *et al.*, 1996, 2000). Les mécanismes impliqués entre la souche WCS417r et ses plantes hôtes ont été récemment décrits par Pieterse & Van Loon (2007). L'ISR induite par WCS417r ne s'exprime pas chez les mutants *ein 2*, *jar1*, *jin1*, *eds8* et *coi1* (Pieterse *et al.*, 1998 ; Knoester *et al.*, 1999 ; Ton *et al.*, 2002 ; Pozo *et al.*, 2008). Ces dernières années, chez *A. thaliana,* de nombreuses études ont démontré l'existence d'une voie de signalisation indépendante de l'AS dans la mise en place de l'ISR face aux PGPR (Pieterse *et al.*, 1996 ; Pieterse & van Loon, 1999 ; Iavicoli *et al.*, 2003 ; Ryu *et al.* 2003 & 2004 ; Stein *et al.*, 2008 ; De Vleesschauwer & Höfte, 2009). Cette voie intervient également dans les interactions concombre-*Trichoderma asperellum* (Shoresh *et al.*, 2005), riz-*Pseudomonas fluorescens* WCS374r (De Vleesschauwer *et al.*, 2008), tomate-*Bacillus pumilus* SE34 ou -*P. fluorescens* 89B61 ou -*Pythium oligandrum* (Yan *et al.*, 2002 ; Hase *et al.*, 2008).

VII.2.3. Voie de signalisation dépendante de l'AS

Bien que la majorité des études sur les interactions entre les micro-organismes bénéfiques et leurs plantes hôtes mettent en évidence l'importance des voies de signalisations dépendantes de l'AJ et de l'ET dans l'ISR. Certaines interactions revelent l'existence d'une voie dépendante de l'AS. Par exemple, la bactérie *P. aeruginosa* 7NSK2, productrice d'AS, induit une ISR chez des plants sauvages de tabac alors qu'elle en est incapable chez les plantes *NahG* (De Meyer *et al.*, 1999). De même, chez l'arabette, une « vaccination » des plantes a été effectuée par *Paenibacillus alvei* K165. Or, cette bactérie est incapable d'induire une ISR contre *Verticillium dahliae* chez les mutants *eds5/sid1* et *sid2*, contrairement aux plantes sauvages (Tjamos *et al.*, 2005). *Bacillus subtilis* FB17 induit une résistance envers *Pseudomonas* (*Pst*) *via* une accumulation d'AS et une induction de l'expression de *PR-1.* La séquence nucléotidique *PR-1* est gène marqueur de la voie de signalisation de l'AS (Rudrappa *et al.*, 2008). Conn *et al.* (2008) ont démontré que *Streptomyces* sp. EN27 induit une résistance contre *Erwinia carotovora* et *Fusarium oxysporum via* la voie de l'AS. De même, *Stenotrophomonas* sp. N6.8 induit une accumulation plus importante d'AS lorsque la plante est attaquée par *Xanthomonas campestris* CECT 95 (Domenech *et al.*, 2007). Enfin, en présence d'une faible teneur en fer dans le milieu, certains micro-organismes induisent une ISR et sont capables de produire de l'AS et des sidérophores. Cette dernière agit comme un éliciteur des mécanismes de défenses de la plante et activent la voie dépendante de l'AS (Pieterse & Van Loon, 2007).

VII.2.4. Les protéines PR dans l'ISR

L'accumulation des protéines PR dans la SAR est bien établie (Ryals *et al.*, 1996 ; Van Loon & Strien, 1999 ; Van Loon *et al.*, 2006b). En revanche, leur implication dans l'ISR est controversée. Il a été décrit que la colonisation de la tomate, du radis et de l'arabette par *P. fluorescence* WCS417r, du concombre par *Bacillus subtilis* souche M4 et de la tomate par *F. oxysporum* Fo47 n'est pas associée à l'accumulation de protéines PR en absence d'un agent pathogène (Hoffland *et al.*, 1995 ; Pieterse *et al.*, 1996 ; Duijff *et al.*, 1998 ; Van Loon *et al.*, 1998 ; Ongena *et al.*, 2005a ; Aimé *et al.*, 2008). Néanmoins, d'autres études démontrent l'induction locale et systémique de gènes codant des protéines PR lors de la colonisation racinaire par une PGPR ou un micro-organisme non pathogène. Par exemple, chez l'arabette, *P. thivarlensis* souche MLG45 et *Paenibacillus polymyxa* induisent respectivement l'expression de chitinases et de *PR-1* (Timmusk & Wagner, 1999 ; Cartieaux *et al.*, 2003). Chez le tabac, *P. fluorescens* souche CHAO induit l'expression de gènes codant une PR-1, une glucanase et une endochitinase au niveau foliaire (Maurhofer *et al.*, 1994).

VII.3. La potentialisation ou « Vaccination des végétaux »

La potentialisation ou « *priming* » ou « vaccination végétale » est un état physiologique qui permet à la plante d'induire plus vite et plus intensément ses mécanismes de défenses lorsqu'elle est soumise à un stress biotique ou abiotique induit par des contraintes ou perturbations (Conrath *et al.*, 2002 & 2006 ; Conrath & Göllner, 2008 ; Conrath, 2009). Il en résulte une meilleure résistance de la plante vis-à-vis de ce « stress ». Cet état de pré-sensibilisation s'observe à la suite d'une attaque par un agent pathogène, une blessure, la présence de micro-organismes bénéfiques ou d'un traitement par des molécules élicitrices (Figure. 36 ; Van Loon *et al.,* 1998, 2006b).

VII.3.1. La potentialisation dans la SAR

Dans le début des années 1990, Conrath *et al.* (1995) ont démontré qu'un traitement de cultures cellulaires de persil par l'AS, l'INA ou le BTH permet d'induire plus fortement les réponses de défenses lorsque les cellules sont mises au contact d'un MAMP de *Phytophthora sojae*. Plus tard, Katz *et al.* (1998) et Thulke & Conrath (1998) ont démontré que la potentialisation est fonction de la concentration de la molécule sensibilisatrice et du gène étudié. De plus, les molécules élicitrices peuvent avoir un double rôle. En effet, une même concentration d'AS ou de BTH peut activer directement et spécifiquement certains gènes de défenses et en même temps. Ils en potentialisent d'autres lorsque les cellules sont en présence de l'agent pathogène. La potentialisation a été ensuite mise en évidence sur des plants entiers de tabac pré-traités avec de l'AS après blessure ou contact avec *P. syringae* pv. *syringae* (Mur *et al.*, 1996).

Une amélioration de la perception ou une amplification des réponses suite à la présence de l'agent pathogène ont été suggérées pour expliquer la potentialisation des mécanismes de défenses. Pour cela, les chercheurs envisagent un nombre plus important de récepteurs membranaires aux contraintes et une accumulation plus forte, des modifications post-traductionnelles de molécules signales inactives. Ces molécules inactives seraient dans un état de « dormance » jusqu'à la perception de l'agent pathogène, ceci pouvant expliquer des signaux et réponses de défenses plus rapides et/ou plus intenses (Conrath *et al.*, 2006).

Récemment, l'implication de deux membres de la famille des MAPKs, MPK3 et MPK6, est démontrée dans l'amélioration de la signalisation suite à la perception d'un stress biotique ou abiotique, ceci étant associé à une induction plus importante des réponses de défenses (Beckers *et al*., 2009).

Chez le soja pré-traité avec de l'AS, l'induction de l'expression de gènes de défenses, le « *burst oxydatif* » et la mort cellulaire sont plus intenses en réponse à *P. syringae* pv. *Glycinea* (Shirasu *et al*., 1997). Chez l'asperge, l'AS potentialise l'activité de la PAL et le dépôt de lignine en réponse à *Fusarium oxysporum* f. sp. *asparagi* (He & Wolyn, 2005). Chez le tournesol, le concombre et *Vigna unigniculata*, le BTH potentialise la résistance contre *Puccinia helianthi*, *Colletotrichum orbiculare* et *Colletotrichum destructivum* respectivement (Latunde-Dada & Lucas, 2001 ; Cools & Ishii, 2002 ; Prats *et al*., 2002).

VII.3.2. La potentialisation dans l'ISR

La plupart des études réalisées sur la potentialisation dans un contexte d'ISR sont menées avec des PGPRs. *P. fluorescens* souche WCS417r potentialise la synthèse de phytoalexines chez l'oeillet lors d'attaques par *F. oxysporum* f. sp. *dianthi* (Van Peer *et al*., 1991). Chez le haricot, *Bacillus pumilus* SE34 induit un renforcement des parois par accumulation de calloses et de composés phénoliques au niveau des sites de pénétrations de *Fusarium oxysporum* f. sp. *pisi* (Benhamou *et al*., 1996 ; Pieterse & Van Loon, 2007). Verhagen *et al*. (2004) ont démontré que, chez l'arabette, la souche WCS417r induit l'expression de divers gènes de défenses (*VSP2*, *PDF1.2*, *HEL*, etc.) *via* l'activation des voies AJ et ET. D'après Pieterse *et al*. (2000) et Van der Ent *et al*. (2009), ce phénomène serait dû à une augmentation de la sensibilité de la plante aux hormones, et non pas à une augmentation de leur biosynthèse. D'autres études menées avec la souche WCS417r révèlent que les facteurs de transcription MYB73 et MYC2 sont requis pour la potentialisation dans les racines et des feuilles (Conrath, 2009).

Des micro-organismes bénéfiques autres que les PGPRs peuvent également induire la potentialisation. Par exemple, chez la tomate, des champignons mycorhiziens potentialisent l'accumulation de protéines PR en réponse aux attaques de *Phytophthora parasitica* (Conrath & Göllner, 2008). De même, *Trichoderma asperellum* T203 potentialise l'expression de gènes codant des protéines PR lorsque le concombre est attaqué par le pathogène foliaire *P. syringae* pv. *lachrymans* (Shoresh *et al*., 2005). Ainsi, les MAMPs sont d'excellents agents de pré-sensibilisation (Conrath, 2009).

VIII. Exemple de réponses et de tolérances aux stress abiotiques en lien avec les réponses biologiques acquises ou induites

VIII.1. Cas du froid

Pour divcrs strcss, par cxcmplc cn réponsc au froid, d'autres composés ou phénomènes physiologiques sont impliqués dans les mécanismes de défenses (Figure. 37 ; Ruelland *et al.,* 2009). Dans ce cas les réponses sont le cumul simultané des effects d'un stress mécaniques et hydriques.

Figure 37. Dommages engendrés par les basses températures et les réponses de défense mises en place par la plante. FAO : formes actives de l'oxygène ou ROS : reactive oxygen species ; AFPs : protéines anti-froid (d'après Ruelland *et al.*, 2009).

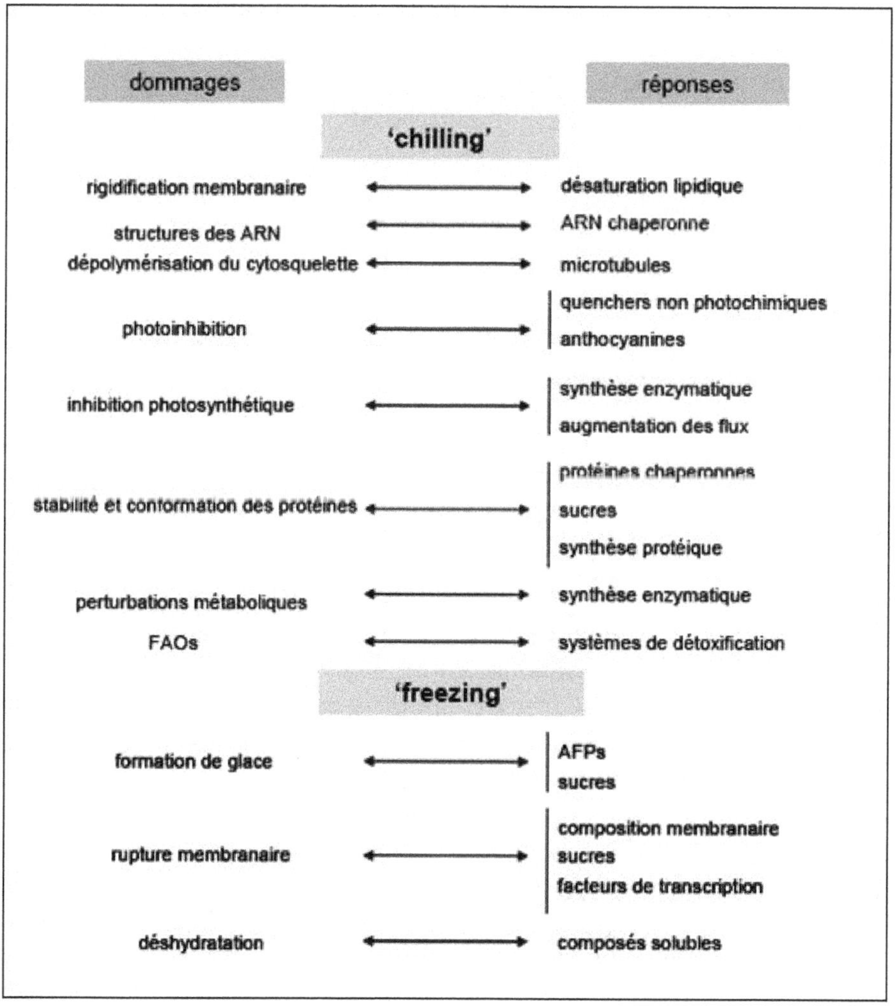

D'un point de vue génétique, les facteurs de transcription ou gènes spécifiques des réponses suite à un stress froid sont par exemple, les gènes *COR* (« *cold regulated* »), *LTI* (« *low-temperature induced* »), ou *KIN* (« *cold induced* »). Ils sont induits significativement dans les heures suivant l'exposition au froid (Thomashow, 1999). Chez *A. thaliana*, les facteurs de transcription de la famille des **CBF** (« ***C**old **B**inding **F**actor* » : CBF1-3) régulent notamment l'expression des gènes *COR* (Mahajan & Tuteja, 2005 ; Chinnusamy *et al.*, 2009). Récemment, chez la vigne, le gène *CBF4* correspond à *CBF1* présent chez *A. thaliana*. Il a été isolé spécifiquement en réponse à une exposition de la plante aux basses températures (Xiao *et al.*, 2008). Son expression étant induite précocement dans tous les organes de la plante dès les premières heures suivant le début du stress. Ce gène semble donc être un excellent marqueur moléculaire spécifique d'un stress froid.

Si l'on s'intéresse à la structurale et histo-cytologique de la plante face au stress froid, des modifications de la composition des membranes sont démontrées. Une désaturation des lipides qui permet de rendre les membranes plus fluides, une augmentation des phospholipides et une diminution des monogalactosyldiacylglycérols ont été observées (Ruelland *et al.*, 2009).

D'un point de vue physiologique, les modifications affectent principalement les oses, les protéines et acides aminés tous comme les stress hydriques ou salin voir de nutrition azotée. De nombreuses études ont révélé une accumulation des sucres solubles en réponse au froid, notamment les galactinol, raffinose, glucose et fructose (Ruelland *et al.*, 2009 ; Theocharis, 2010). Leurs accumulations ont pour rôle de modifier le potentiel hydrique et osmotique, d'abaisser le point de congélation ainsi que de compenser la perte en eau (Ruelland *et al.*, 2009). En complément, des Protéines de stress peuvent etre synthètisée. L'accumulation de ces protéines hydrophiles a été largement démontrée en réponse au froid.

Ces protéines comprennent notamment (i) les **déhydrines** dont le rôle est de prévenir la déstabilisation des membranes, et (ii) les **protéines chaperonnes** qui stabilisent la conformation des ARNs (Ruelland *et al.*, 2009). De plus, certaines protéines **PR**, notamment les chitinases et les glucanases, peuvent également être induites lorsque les plantes sont soumises à de basses températures (« *chilling* » ou « *freezing* » ; Hon *et al.*, 1995 ; Van Loon & Van Strien, 1999 ; Huang & Duman, 2002). Selon le type de stress, elles seront donc classées en protéines anti-gel noté **AFP** (« *Anti-Freeze*

Proteins » ; Griffith & Yaish, 2004) ou en protéines PR (Van Loon & Van Strien, 1999). Les AFPs sont secrétées dans l'apoplasme. Elles se lient irréversiblement à la surface de la glace, ce qui permet d'abaisser la température de congélation des tissus.

Par ailleurs, l'accumulation d'Acide aminés est également importante dans ces cas de stress abiotique ou nutritionncl. **La Proline** est un acide aminé. Elle agit sur la stabilisation des protéines et des membranes, l'acidité du cytosol, sert de réserve en C et N. Elle est impliquée dans le processus de détoxification des ROS. Son accumulation est due à une augmentation de sa synthèse et une diminution de sa dégradation (Ruelland *et al.*, 2009 ; Theocharis, 2010). **La Glycine bétaine** permet de réduire la diminution de l'activité photosynthétique du photosystème II (PSII), stabilise la transcription et la traduction et induit l'expression d'enzymes antioxydantes (Ruelland *et al.*, 2009). **La Polyamines** protége les fonctions du photosystème, des **systèmes de détoxification des ROS** (catalases, superoxyde dismutases, ascorbate peroxydase, vitamine E) et des **pigments photosynthétiques** (xanthophylles et anthocyanines ; Ruelland *et al.*, 2009). Ainsi, une meilleure connaissance des mécanismcs dc défcnscs au froid serait d'un grand interet. Car la potentialisation par le froid pourrait être un bon moyen de prè-protection contre les pathogènes. Mais, l'inverse aurait également un très grand intérêt. C'est-à-dire une potentialisation par les PGPR protégerait et induirait une plus grande résistance au froid.

VIII.2. Cas des Composés Organiques Volatils (COV)

Ce cas sera abordé dans le tome 4.

IX. La rhizosphère et interactions plantes - microorganismes

Les interactions plantes-microorganismes peuvent se produire au niveau de la phyllosphère, endosphère et de la rhizosphère. La Phyllosphère est en relation avec les parties aériennes des plantes et des endosphère qui lui est en relation avec les systèmes de transports internes. Le terme Rhizosphère peut être défini comme n'importe quel volume de sol spécialement influencé par les racines des plantes ou en association avec les racines.

Selon Bringhurst *et al.* (2001), la rhizosphère comprend la région du sol lié aux racines des plantes. Elle s'étendant souvent de quelques millimètres à la surface de la racine. Cette région du sol est beaucoup plus riche en bactéries que la masse du sol environnant (Hiltner, 1904).

Les études fondées sur les techniques moléculaires ont estimé à plus de 4.000 espèces microbiennes par gramme de sol (Montesinos, 2003). Les actinobactéries filamenteuses sont également considéré comme l'une communauté du microorganisme de la rhizosphère (Benizri *et al.,* 2001). Ces bactéries sont en mesure d'influencer le développement de la plante et de protéger les racines des plantes contre les agents phytopathogènes.

Les exsudats racinaires tels que les acides aminés et les sucres fournissent une riche source d'énergie et de nutriments pour les bactéries de la rhizosphère. Ceci entraîne une plus grande abondance de populations microbiennes présentes dans la région rhizosphèrique qu'à l'extérieur de cette zone (Haas & Defago, 2005). Les interactions Plant-Racines présent au sein de la rhizosphère peuvent inclure : les intéractions racines - racines, racine-insecte et racine-microorganises. Cela aboutit à une plus importante production d'exsudats racinaires qui favorise au maximum en définitive les populations microbiennes dans cette région écologiquement importante. Il s'agit d'ingénierie de la rhizosphère. Les changements dans la structure des communautés rhizobactériennes entraînant des modifications importantes dans les interactions plantes-microbes sont rapportés après des études utilisant des analyses génétiques via une réaction en chaîne par polymérase (PCR : « *Polymerase Chain Reaction* ») et des électrophorèses en gradient sur gel dénaturant (DGGE) (Hershkowicz *et al.,* 2005).

Cependant, le succès de la colonisation des racines et la persistance de PGPR dans la rhizosphère des plantes sont nécessaires afin d'exercer leurs effets bénéfiques sur la plante (Elliot & Lynch, 1984). L'intimité entre les plantes et son environnement rhizosphèrique est essentiel pour une meilleure acquisition de l'eau et des nutriments (Ryan *et al.,* 2009). Les interactions bénéfiques des plantes avec les germes telluriques sont essentielles (Ryan *et al.,* 2009). Selon Cardoso & Freitas (1992), les communautés microbiennes présentes dans la rhizosphère sont spécifiquement associées aux cycles biogéochimiques des éléments nutritifs comme le C, P, N et S, l'élimination des toxines et la production de phytohormones ou des antibiotiques, etc. Les rhizobactéries peuvent dépendre d'autres microorganismes et des sources de nutriments libérés par la plante comme les exsudats.

Ainsi, la rhizosphère est apparue comme un environnement versatile ayant un dynamisme écologique intense lié aux interactions plantes-microorganismes (Mayak *et al.,* 2004). Ces intéractions sont essentiellement dues aux micro et macro-nutriments affectant la croissance des plantes, même si, le processus de colonisation des racines est sous l'influence de différents paramètres comme les traits bactériens et racinaires, les exsudats racinaires et de plusieurs autres facteurs biotiques et abiotiques (Benizri *et al.,* 2001). Dans bien des relations rhizosphériques, les PGPR sont connus pour coloniser la racine de la plante (Andrews & Harris, 2000) et pour stimuler la croissance des plantes.

La colonisation de la rhizosphère des plantes par *Azospirillum sp, Bacillus subtilis sp* et *Pseudomonas sp,* est bien documenté (Steenhoudt & Vanderleyden, 2000 ; Trivedi *et al.,* 2005). En outre, les inoculants de PGPR sous forme immobilisés en comparaison à des formes libres ont une plus grande capacité de survie et de la colonisation racinaire chez la plante hôte. Récemment, il a été rapporté que les microorganismes du sol c'est-à-dire les microorganismes libérés, les associatifs et les rhizobactéries symbiotiques comme *Acinetobacter, Alcaligenes, Arthrobacter, Azospirillum, Azotobacter, Bacillus, Burkholderia, Enterobacter, Erwinia, Flavobacterium, Proteus, Pseudomonas, Rhizobium, Serratia, Xanthomonas* font partie intégrante des « biote » de la rhizosphère (Glick, 199 ; Kaymak 2011). Lugtenberg *et al.* (2001) ont rapporté qu'un grand nombre de molécules de surface cellulaire sont responsables d'une colonisation rhizosphérique efficace.

Nous pouvons dire que la colonisation rhizosphérique est considérée comme une étape cruciale dans l'application de micro-organismes à des fins bénéfiques comme biofertilization, phytostimulation, la lutte biologique et la phytoremédiation. Bien que la colonisation de la rhizosphère par PGPR ne soit pas un processus uniforme. Par exemple, nous pouvons noter que *Kluyvera ascorbata* colonise la partie supérieure des deux tiers de la surface de racines de canola, bien qu'aucune bactérie ne soit détectée autour de l'extrémité des racines (Ma *et al.,* 2001).

X. Mécanisme d'action

Les programmes de recherches sur les PGPR et leur mode d'action sont en augmentation à un rythme rapide afin d'utiliser la meilleure souche de PGPR comme biofertilisants commerciaux (Figure. 9). Les enquêtes sur les mécanismes de promotion de croissance des plantes par les souches de PGPR indiquent que les PGPRs efficaces augmentent la croissance des végétaux essentiellement en changeant la structure des ensembles de communautés microbiennes de la rhizosphère (Kloepper & Schroth, 1981).

Selon Glick *et al.* (1999) les mécanismes généraux de la promotion de la croissance des plantes par les PGPR comprend la fixation d'azote, l'abaissement des taux d'éthylène, la production de sidérophores et phytohormones, l'induction de la résistance aux pathogènes, la solubilisation des nutriments, l'amélioration du fonctionnement et promotion des mycorhizes, ce qui diminue la toxicité des polluants. Castro *et al.* (2009) suggèrent que les PGPR peuvent favoriser la croissance des plantes et leur développement, soit directement ou bien indirectement. La stimulation directe comprend la fixation biologique de l'azote, la production de phytohormones comme les auxines, les cytokinines et les gibbérellines, taux d'éthylène, les minéraux comme le phosphore et de solubilisation du fer, la production de sidérophores et les enzymes impliquées et l'induction de la résistance systémique. La stimulation indirecte est essentiellement liée à la lutte biologique, y compris la production d'antibiotiques, la chélation du disponible Fe dans la rhizosphère, la synthèse d'enzymes extracellulaires pour hydrolyser la paroi cellulaire fongique et de la concurrence pour les niches écologiques et patchs nutritionnels au sein de la rhizosphère (Zahir *et al.,* 2004 ; van Loon, 2007).

Certaines souches de PGPR, en particulier, *Pseudomonas fluorescens* et *Bacillus subtilis* sont très bien documentées. Ils semblent être les candidats les plus prometteurs dans la stimulation de promotion de croissance indirecte (Damayanti *et al.,* 2007). Par ailleurs, la transformation de l'azote, l'augmentation de la biodisponibilité du phosphate, l'acquisition du fer, l'exposition de l'activité enzymatique spécifique et la protection des plantes contre les pathogènes et la production d'antibiotiques peut également réussir à améliorer la qualité des cultures dans l'agroecosystème (Spaepen *et al.,* 2007). Ainsi, en fonction de leur mécanisme d'action, les PGPR peuvent être classés en trois groupes généraux comme biofertilisants, biopesticides et phytostimulateur (Tableau. VIII ; Bhattacharyya & Jha, 2012). Le phénomène de *quorum* réglementateur (« *Quorum Sensing* ») est régulièrement signalé lors des interactions régulières avec la communauté microbienne résident dans la rhizosphère (Lugtenberg & Kamilova, 2009). Cet effet, que peuvent avoir les PGPR, peut affecter l'expression de traits chez les plantes (Lugtenberg & Kamilova, 2009).

Tableau VIII. Formes de PGPR et leurs mécanismes d'actions stimulant la croissance des plantes (Bhattacharyya & Jha, 2012).

PGPR forms	Definition	Mechanism of action	References
Biofertilizer	A substance that contains live microorganisms which, when applied on the seed, plant surface or soil, colonizes the rhizosphere and promote plant growth through increased supply of primary nutrients for the host plant	Biological nitrogen fixation	Vessey (2003)
		Utilization of insoluble phosphorus	Somers et al. (2004)
Phytostimulator	Microorganism, with the ability to produce phytohormones such as indole acetic acid, gibberellic acid, cytokinins and ethylene	Production of phytohormones	Lugtenberg et al. (2002), Somers et al. (2004)
Biopesticide	Microorganisms that promote plant growth by controlling phytopathogenic agents	Production of antibiotics, siderophores, HCN	Vessey (2003)
		Production of hydrolytic enzymes	Somers et al. (2004)
		Acquired and Induced systemic resistance	Chandler et al. (2008)

Suite aux constats émis par Castro *et al.* (2009), des enquêtes récentes sur les PGPR révèlent et confirme que ces bactéries favorisent la croissance des plantes principalement par les moyens suivants : (1) la production de l'ACC désaminase qui permet la réduction du niveau d'éthylène dans les racines des plantes au cours du développement (Dey *et al.*, 2004) ; (2) la production de régulateurs de croissances végétales de type phytohormones comme l'acide indole acétique (Mishra *et al.*, 2010), l'acide gibbérellique (Narula *et al.*, 2006), les cytokinines (Castro *et al.*, 2008) et d'éthylène (Saleem *et al.*, 2007) ; (3) la fixation de l'azote asymbiotique (Ardakani *et al.*, 2010) ; (4) l'exposition à une activité antagoniste allant contre des microorganismes phytopathogènes par la production de composé comme les sidérophores, beta-1,3-glucanase, chitinase, des antibiotiques, des pigments fluorescents et du cyanure (Pathma *et al.*, 2011) ; et (5) la solubilisation des phosphates minéraux et d'autres nutriments (Hayat *et al.*, 2010). Les PGPR peuvent utiliser plusieurs de ces mécanismes pour améliorer la croissance des plantes. Des éléments de preuve expérimentale suggèrent que la stimulation de la croissance des plantes est le résultat de mécanismes multiples activables simultanément (Martinez-Viveros *et al.*, 2010). Récemment, des approches biochimiques et moléculaires offrent un nouvel éclairage sur les bases génétiques de ces voies de biosynthèses, leurs réglementations et leurs importances dans la lutte biologique (Joshi & Bhatt, 2011). Toutefois, pour être plus efficace dans la rhizosphère, les PGPR doivent maintenir une densité de population critique minimale durant une plus longue période. L'inoculation de plantes avec des PGPR peut améliorer temporairement la taille de la population et permettre un taux de survie bien meilleur des PGPR dans le temps au sein de la rhizosphère.

Conclusion

Dans mon projet de recherche réalisé entre 2011 et 2013, d'un point de vue technique, il fût nécessaire d'aseptiser les caryopses et semences d'*Arabidospsi thaliana* (L.) Col-0 et *Brachypodium distachyon* (L.) P. Beauv. 21-1, de désinfecter leurs surfaces nécrotiques liantes (glume, glumelle, etc.) en vue de leurs utilisations dans des projets expérimentaux étudiant l'effet des souches de PGPR de la bactériotech mise en place au laboratoire. D'autre part, il est indispensable de connaitre l'effet des PGPR sur la croissance, le développement des végétaux et d'identifier leurs mécanismes d'actions. C'est cette partie qui est étudiée dans mon projet lors de ce contrat de recherche.

Au début de ce travail en tant que chercheur contractuel, la réalisation de cette synthèse bibliographique a permis de mettre en avant un certain nombre d'études portant sur l'interaction entre les plantes et les PGPR. Les effets de ces PGPR épiphytiques ou endophytiques chez les graminées, Fabacées et Brassiccacées restent encore à identifier. Quelques études ont fait l'objet de publications scientifiques ou ont été regroupées dans des synthèses « reviews » comme Lemanceau *et al.* (2007). De plus, la plupart de ces études ne traitent que des effets sur la croissance de plantules d'*Arabidopsis* via le trait de biomasse foliaire. Mais, ce domaine reste encore peu exploré du point de vue racinaire.

Il semblerait intéressant de confirmer les différents types de réponses présentées dans cette synthèse bibliographique lors d'autres interactions plante/PGPR, en particulier lors de l'interaction entre les COV émit pas les PGPR et les deux plantes modèles : d'*Arabidospsi thaliana* (L.) Col-0 et *Brachypodium distachyon* (L.) P. Beauv.

Comme nous l'avons vu, nous observons que les voies indépendantes de l'AS impliquent les voies de l'AJ et/ou de l'ET. L'infection par un agent pathogène biotrophe provoque principalement une activation de la voie de l'AS. En revanche, les réponses induites par l'AJ et/ou l'ET sont généralement activées soit : après l'infection par un agent pathogène nécrotrophe, une blessure ou un traitement par une PGPR. Ainsi, selon la nature de l'agent inducteur, les composés de défenses mis en place seront différents (Thomma *et al.,* 1998 ; Govrin & Levine, 2000 ; McDowell & Dangl, 2000 ; Glazebrook, 2005 ; Robert-Seilaniantz *et al.,* 2007 ; Lopez *et al.,* 2008).

À notre connaissance, l'implication de l'AIA, l'ABA, des CK, des GA et des BR dans les mécanismes de défenses des brassicacées et graminées ont été peu déterminées à ce jour. Il apparaît clairement aujourd'hui que les différentes molécules de signalisations intercellulaires peuvent être inter-reliées et qu'une combinaison de signaux affecte l'expression d'un spectre particulier de gènes cibles. Ces associations de signaux, positives ou négatives, permettent d'augmenter les possibilités de régulation et d'apporter une réponse adaptée à des agressions de différentes natures par la plante.

De ces faits, comme nous avons pu le voir, la production de ces hormones est associée à une accumulation de protéine PR et une expression d'enzyme de protections au niveau foliaire lors de la SAR ou de la ISR. Elle constitue le modèle proposé par Van Loon *et al.* (2006b) (Figure. 35). Or, il ne s'applique pas à tous les pathosystèmes. Il semblerait qu'à chaque système plante-agent pathogène et plante-microorganisme bénéfique-agent pathogène correspond un dispositif de défense particulier. La SAR et l'ISR peuvent faire intervenir la protéine NPR1. La différence est que la cible de cette protéine est nucléaire dans le contexte de la SAR, tandis qu'elle est cytosolique pour l'ISR (Figure. 34 ; Bostock, 2005) (Pieterse & Van Loon, 2007 ; Van der Ent *et al.,*

2009). Néanmoins, ces deux résistances systémiques sont capables de conférer à la plante hôte une résistance contre une large gamme de micro-organismes pathogènes, une tolérance et un contrôle de l'invasion des microorganismes bénéfiques. Ping & Boland (2004) ont proposé un schéma conceptuel intégrant l'ensemble de ces informations de manière synthétique dans les mécanismes de promotions de croissances issus de l'action des PGPR (Figure. 38).

Figure 38. Réseau des cascades de signalisations impliquées dans la promotion de la croissance des plantes via les rhizobactérie dite PGPR. Lignes roses épaisses indiquent les sécrétions ou les composants bioactifs émis par la rhizobactérie. Certaines espèces de bactéries produisent des phytohormones (ovales bleus) comme cytokines (CTK), les acides indoles acétiques (IAA) et les gibbérellines (gaz). L'acide salicylique (SA), l'acide jasmonique (JA ; ou analogues) et de l'éthylène augmente l'immunité de la plante en activant et stimulant les programmes de défense comme la SAR ou l'ISR. Les boîtes rose pâle représentent des éliciteurs exsudés lors des cascades de signalisation. Les flagellines sont capables d'activer des gènes PR via la voie des brassinostéroïdes (BRS) et un récepteur en aval de type RKL (receptor like kinase) présentant trois domaines riches en Leucine(LRR) [*downstream leucine-rich repeat receptor-like kinases (LRR-RLK)*]. L'1-Aminocyclopropane-1-carboxylate (ACC) désaminase réduit la production d'éthylène retardant ainsi la croissance. Le 2R, 3R-butanediol et l'acétoine agissent apparemment grâce aux cytokines et à la signalisation de l'éthylène. Les flèches noires pleines représentent les voies de signalisation actives ; les pointillés indiquent des effets inhibiteurs. (Abréviations : ABA, l'acide abscissique, ISR, résistance systémique induite, NO, l'oxyde nitrique ; NPR1, non-expressor de gènes PR, PR, les protéines liées à la pathogénèse, SAR, la résistance systémique acquise ; ROS, les espèces réactives de l'oxygène induisant un stress oxydatif) (Ping & Boland, 2004).

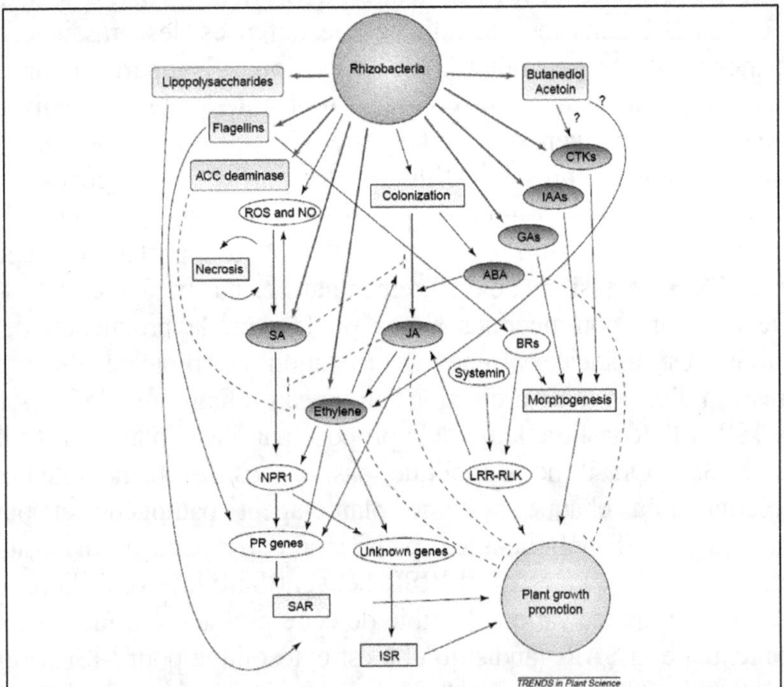

Par ailleurs, chez *Arabidospsi thaliana* (L.) Heynh Col-0 et *Brachypodium distachyon* (L.) P. Beauv. (1812), les interconnexions entre toutes les molécules de signalisations, à l'exception de l'interaction positive entre le MeJA et l'AS (Repka *et al.,* 2004 ; Belhadj *et al.,* 2008b), ne sont pas connues du fait de l'impossibilité d'utiliser des mutants. De plus, l'ensemble des phytohormones interviennent pour une grande part dans le développement et la compétence de leurs systèmes racinaires.

Dans mon projet de recherche de 2011-2013, l'effet des COV émit par les PGPR sur le rendement et principalement sur l'architecture et le développement des racines des deux plantes modèles, présentant un système racinaire contrasté, constitue un point très important. La partie bibliographique et le tome 4 qui suit présente l'état des connaissances actuelles concernant l'effet des COV émit par ces PGPR sur les plantes modèles et complète de manière spécifique cette partie d'état de l'art. Ainsi, il met en avant le sens de l'odorat chez les végétaux.

RÉFÉRENCES BIBLIOGRAPHIQUES

Les références citées dans les articles de ce manuscrit ne sont pas reprises dans cette bibliographie.

A

Abajy M.Y., Kopec J., Schiwon K., Burzynski M., Döring M., Bohn C., Grohmann E., 2007. A type IV-secretion-like system is required for conjugative DNA transport of broad-host-range plasmid pIP501 in Gram-positive bacteria. *Journal of Bacteriology* 189, 2487-2496.

Abo-Ghalia H.H., Khalafallah A.A., 2008. Responses of wheat plants associated with arbuscular mycorrhizal fungi to short-term water stress followed by recovery at three growth stages. *Journal of Applied Sciences Research* 4, 570-580.

Abramovitch R.B., Martin G.B., 2004. Strategies used by bacterial pathogens to suppress plant defenses. *Current Opinion in Plant Biology* 7, 356-364.

Achard P., Renou J.P., Berthome R., Harberd N.P., Genschik P., 2008. Plant DELLAs restrain growth and promote survival of adversity by reducing the levels of reactive oxygen species. *Current Biology* 18, 656-660.

Adam A., 2008. Elicitation de la résistance systémique induite chez la tomate et le concombre et activation de la voie de la lipoxygénase par des rhizobactéries non-pathogènes. Thèse de doctorat, Université de Liège, Belgique, 165 pages.

Adams D.O., Yang S.F., 1979. Ethylene biosynthesis: Identification of 1-aminocyclopropane- 1-carboxylic acid as an intermediate in the conversion of methionine to ethylene. *Proc Natl Acad Sci* 76, 170-174.

Adie B.A., Perez-Perez J., Pérez-Pérez M.M., Godoy M., Sánchez-Serrano J.J., Schmelz E.A., Solano R., 2007. ABA is an essential signal for plant resistance to pathogens affecting JA biosynthesis and the activation of defences in *Arabidopsis*. *Plant Cell* 19, 1665-1681.

Adrian M., Daire X., Jeandet P., Breuil A.C., Weston L.A., Bessis R., Bourdon E., 1997. Comparisons of stilbene synthase activity (resveratrol amounts and stilbene synthase mRNAs levels) in grapevines treated with biotic and abiotic phytoalexin inducers. *American Journal of Oenology and Viticulture* 48, 394-395.

Adrian M., Jeandet P., Bessis R., Joubert J.M., 1996. Induction of phytoalexin (resveratrol) synthesis in grapevine leaves treated with aluminium chloride (AlCl3). *Journal of Agriculture and Food Chemistry* 44, 1979-1981.

Agrios G.N., 1997. Plant Pathology, 4ème édition. Academic Press, San Diego, Etats-Unis.

Aimé S., Cordier C., Alabouvette C., Olivain C., 2008. Comparative analysis of PR-gene expression in tomato inoculated with virulent *Fusarium oxysporum* f. sp. *lycopersici* and the biocontrol strain *F. oxysporum* Fo47. *Physiological and Molecular Plant Pathology* 73, 9-15.

Ait Barka E., Belarbi A., Hachet C., Nowak J., Audran J-C., 2000. Enhancement of *in vitro*growth and resistance to gray mold of *Vitis vinifera* co-cultured with plant growth-promoting rhizobacteria. *FEMS Microbiology Letters* 186, 91- 95.

Ait Barka E., Eullafroy P., Clément C., Vernet G., 2004. Chitosan improves development, and protects *Vitis vinifera* L. against *Botrytis cinerea*. *Plant Cell Reports* 22, 608-614.

Ait Barka E., Gognies S., Nowak J., Audran J-C., Belarbi A., 2002. Inhibitory effect of endophyte bacteria on *Botrytis cinerea* and its influence to promote the grapevine growth. *Biological Control* 24, 135-142.

Ait Barka E., Nowak J., Clément C., 2006. Enhancement of chilling resistance of inoculated grapevine plantlets with a plant growth-promoting rhizobacterium, *Burkholderia phytofirmans* strain PsJN. *Applied and Environmental Microbiology* 72, 7246-7252.

Aizawa S.I., 2001. Bacterial flagella and type III secretion systems. *FEMS Microbiology Letters* 202, 157-164.

Akeda Y., Galán J.E., 2005. Chaperone release and unfolding of substrates in type III secretion *Nature* 437, 911-915.

Alaoui-El-Azher M., Jia J., Lian W., Jin S., 2006. ExoS of *Pseudomonas aeruginosa* induces apoptosis through a Fas receptor/caspase 8-independent pathway in HeLa cells. *Cellular Microbiology* 8, 326-338.

Aldon, D., Brito B., Boucher C., Genin S., 2000. A bacterial sensor of plant cell contact controls the transcriptional induction of *Ralstonia solanacearum* pathogenicity genes. *EMBO Journal* 19, 2304-2314.

Alexander D., Goodman R.M., Gut-Rella M., Glascock C., Weymann K., Friedrich L., Maddox D., Ahl-Goy P., Luntz T., Ward E., Ryals J., 1993. Increased tolerance to two oomycete pathogens in transgenic tobacco expressing pathogenesis-related protein 1a. *Proceedings of the National Academy of Sciences USA* 90, 7327-7331.

Alexander M., 1977. Introduction to soil microbiology, second edn. *United States of America: John Wiley & Sons, Inc.*

Alexandre C.M., Hennig L., 2008. FLC or not FLC: The other side of vernalization. *Journal of Experimental Botany* 59, 1127-1135.

Alfano J.R., Charkowski A.O., Deng W.L., Badel J.L., Petnicki-Ocwieja T., van Dijk K., Collmer A., 2000. The *Pseudomonas syringae* Hrp pathogenicity island has a tripartite mosaic structure composed of a cluster of type III secretion genes bounded by exchangeable effector and conserved effector loci that contribute to parasitic fitness and pathogenicity in plants. *Proceedings of the National Academy of Sciences of the USA* 97, 4856-4861.

Alfano J.R., Collmer A., 1997. Type III (Hrp) secretion pathway of plant pathogenic bacteria: trafficking harpins, Avr proteins, and death. *Journal of Bacteriology* 179, 5655-5662.

Alfano J.R., Collmer A., 2004. Type III secretion system effector proteins: double agents in bacterial disease and plant defense. *Annual Review of Phytopathology* 42, 385-414.

Alloway B.J., 1995. -*Heavy metals in soils*.- Second Edition, Blackie Academic & Professional, London, 368pp.

Altieri M., 1986. Agro-écologie : bases scientifiques d'une agriculture alternative. Debard (Eds). Paris, France, 237 p.

Amborabé B.E., Rossard S., Pérault J.M., Roblin G., 2003. Specific perception of ergosterol by plant cells. *Comptes Rendus de Biologie* 326, 363- 370.

Anderson J.P., Badruzsaufari E., Schenk P.M., Manners J.M., Desmond O.J., Ehlert C., Maclean D.J., Ebert P.R., Kazan K., 2004. Antagonistic interaction between abscissic acid and jasmonateethylene signalling pathways modulates defense gene expression and disease resistance in *Arabidopsis*. *Plant Cell* 16, 3460-3479.

Angkawidjaja C., Kanaya S., 2006. Family I.3 lipase: bacterial lipases secreted by the type I secretion system. *Cellular and Molecular Life Sciences* 63, 2804-2817.

Antoun H., Beauchamp C.J., Goussard N., Chabot R., Lalande R., 1998. Potential of Rhizobium and Bradyrhizobium species as plant growth promoting rhizobacteria on non-legumes: Effect on radishes (*Raphanus sativus* L.). *Plant Soil* 204, 57–67.

Araki H., Tian D., Goss E.M., Jakob K., Halldorsdottir S.S., Kreitman M., Bergelson J., 2006. Presence/absence polymorphism for alternative pathogenicity islands in *Pseudomonas viridiflava*, a pathogen of *Arabidopsis*. *Proceedings of the National Academy of Sciences of the USA* 103, 5887-5892.

Araujo W.L., Maccheroni Jr W., Aguilar-Vildoso C.I., Barroso P.A.V., Saridakis H.O., Azevedo J.L., 2001. Variability and interactions between endophytic bacteria and fungi isolated from leaf tissues of citrus rootstocks. *Canadian Journal of Microbiology* 47, 229-236.

Arlat M., Gough C.L., Zischek C., Barberis P.A., Trigalet A., Boucher CA., 1992. Transcriptional organization and expression of the large *hrp* gene cluster of *Pseudomonas solanacearum*. *Molecular Plant-Microbe Interactions*, 5, 187-193.

Arlat M., van Gijsegem F., Huet J.C., Pernollet J.C., Boucher C.A., 1994. PopAl, a protein which induces a hypersensitivity-like response on specific Petunia genotypes, is secreted via the Hrp pathway of *Pseudomonas solanacearum*. *EMBO Journal* 13, 543-553.

Arnold R., Brandmaier S., Kleine F., Tischler P., Heinz E., Behrens S., Niinikoski A., Mewes H.W., Horn M., Rattei T., 2009. Sequence based prediction of type III secreted proteins. *PLoS Pathogens* 5, e1000376.

Artursson V,. Finlay R.D., Jansson J.K., 2005. Combined bromodeoxyuridine immunocapture and terminal restriction fragment length polymorphism analysis high-lights differences in the active soil bacteria metagenome due to Glomus mosseae inoculation or plant species. *Environmental Microbiology* 7, 1952-1966.

Artursson V., Finlay R.D., Jansson J.K., 2006. Interactions between arbuscular mycorrhizal fungi and bacteria and their potential for stimulating plant growth. *Environmental Microbiology* 8, 1-10.

Aspray J.T., Eirian Jones E., Whipps J.M., Bending G.D., 2006. Importance of mycorrhization helper bacteria cell density and metabolite localization for the *Pinus sylvestris- Lactarius rufus* symbiosis. *FEMS Microbiology Ecology* 56, 25-33.

Asuming-Brempong S., Gantner S., Adiku S.G.K., Archer G., Edusei V., Tiedje J.M., 2008. Changes in the biodiversity of microbial populations in tropical soils under different fallow treatments. *Soil Biol Biochem.* 40, 2811-2818.

Atkinson M.M., Keppler L.D., Orlandi C.J., Baker C.J., Mischke C.F., 1996. Syringolide 1 triggers Ca2+ influx, K+ efflux, and extracellular alkalinisation in soybean cells carrying the disease resistance gene *Rpg4*. *Plant Physiology* 112, 297-302.

Attaran E., Zeier T.E., Griebel T., Zeier J., 2009. Systemic acquired resistance in *Arabidopsis* is independent of methyl salicylate production and jasmonate signalling. *Plant Cell* 21, 954-971.

Audenaert K., Pattery T., Cornélis P., Höfte M., 2002. Induction of systemic resistance to *Botrytis cinerea* in tomato by *Pseudomonas aeruginosa* 7NSK2: role of salicylic acid, pyochelin, and pyocianin. *Molecular Plant-Microbe Interactions* 15, 1147-1156.

Avis T.J., Gravel V., Antoun H., Tweddell R.J., 2008. Multifaceted beneficial effects of rhizosphere microorganisms on plant health and productivity. *Soil Biology and Biochemistry* 40, 1733-1740.

Aziz A., Gauthier A., Bézier A., Poinssot B., Joubert J.M., Pugin A., Heyraud A., Baillieul F., 2007. Elicitor and resistance-inducing activities of β-1, 4 cellodextrins in grapevine, comparison with β-1, 3 glucans and α-1, 4 oligogalacturonides. *Journal of Experimental Botany* 58, 1463-1472.

Aziz A., Heyraud A., Lambert B., 2004. Oligogalacturonide signal transduction, induction of defense-related responses and protection of grapevine against *Botrytis cinerea. Planta* 218, 767-774.

Aziz A., Poinssot B., Daire X., Adrian M., Bézier A., Lambert B., Joubert J.M., Pugin A., 2003. Laminarin elicits defense responses in grapevine and induces protection against *Botrytis cinerea* and *Plasmopara viticola. Molecular Plant-Microbe Interactions* 16, 1118-1128.

Aziz A., Trotel-Aziz P., Dhuicq L., Jeandet P., Couderchet M., Vernet G., 2006. Chitosans oligomers and copper sulfate induce grapevine defense reactions and resistance to *Botrytis cinerea* and *Plasmopara viticola. Phytopathology* 96, 1188-1194.

B

Backert S., Meyer T.F., 2006. Type IV secretion systems and their effectors in bacterial pathogenesis. *Current Opinion in Microbiology* 9, 207-217.

Backman P.A., Sikora R.A., 2008. Endophytes: an emerging tool for biological control. *Biological Control* 46, 1-3.

Bactogreen Mycogreen Mobsere Nutrition animale & végétale., Revue de la Fédération Wallonne Horticole, N°66, Mars-Avril 2011.

Badel J.L., Nomura K., Bandyopadhyay S., Shimizu R., Collmer A., He S.Y., 2003. *Pseudomonas syringae* pv. tomato DC3000 HopPtoM (CEL ORF3) is important for lesion formation but not growth in tomato and is secreted and translocated by the Hrp type III secretion system in a chaperone-dependent manner. *Molecular Microbiology* 49, 1239-1251.

Bailey B.A., Strem M.D., Wood D., 2009. *Trichoderma* species form endophytic associations witin *Theobroma cacao* trichomes. *Mycolgical Research* 113, 1365-1376.

Bailly X., Olivieri I., de Mita S., Cleyet-Marel J.C., Béna G., 2006. Recombination and selection shape the molecular diversity pattern of nitrogen-fixing Sinorhizobium sp. associated to *Medicago. Molecular Ecology* 15, 2719-2734.

Bais A.J., Murphy P.J., Dry I.B., 2000. The molecular regulation of stilbene phytoalexin biosynthesis in *Vitis vinifera* during grape berry development. *Australian Journal of Plant Physiology* 27, 425-433.

Bais H.P., Fall R., Vivanco J.M., 2004b. Biocontrol of *Bacillus subtilis* against infection of *Arabidopsis* roots by *Pseudomonas syringae* is facilitated by biofilm formation and surfactin production. *Plant Physiol* 134, 307-319.

Bais H.P., Park S.W., Weir T.L., Callaway R.M., Vivanco J.M., 2004a. How plants communicate using the underground information superhighway. *Trends Plant Sci* 9, 26-32.

Bais H.P., Weir T.L., Perry L.G., Gilroy S., Vivanco J.M., 2006. The role of root exudates in rhizosphere interactions with plants and other organisms. *Annual Review in Plant Biology* 57, 233-266.

Bajguz A., 2007. Metabolism of brassinosteroids in plants. *Plant Physiology and Biochemistry* 45, 95-107.

Bakker P.A.H.M., Ran L.X., Pieterse C.M.J., van Loon L.C., 2003. Understanding the involvement of rhizobacteria-mediated induction of systemic resistance in biocontrol of plant diseases. *Canadian Journal of Plant Pathology* 25, 5-9.

Balandreau J., Mavingui P., 2007. Beneficial interactions of *Burkholderi*a spp. with plants. *In: Burkholderia, molecular microbiology and genomics,* (Coenye T. and Vandamme P., eds), Horizon Bioscience, Norfolk, United Kingdom, pp 129-152.

Balandreau J., Viallard V., Cournoyer B., Coenye T., Laevens S., Vandamme P., 2001. *Burkholderia cepacia* genomovar III is a common plant-associated bacterium. *Applied and Environmental Microbiology* 67, 982-985.

Baldani V.L., Oliveira E., Balota E., Baldani J.I., Kirchhof G., Döbereiner J., 1997. *Burkholderia brasilensis* sp. nov., uma species de bacteria diazotrofica endofitica. *Anais da Academia Brasileira de Ciências* 69, 116.

Baldani V.L.D., Baldani J.I., Dobereiner J., 2000. Inoculation of rice plants with the endophytic diazatrophs *Herbaspirillum seropedicae* and *Burkholderia spp. Biol Fertil Soils* 30, 485–491

Barazani O., Friedman J., 1999. Is IAA the major root growth factor secreted from plant-growth-mediating bacteria? *J Chem Ecol* 25(10), 2397–2406.

Barbieri J.T., Sun J., 2004. *Pseudomonas aeruginosa* ExoS and ExoT. *Reviews of Physiology, Biochemistry and Pharmacology* 152, 79-92.

Barea J.M., Andrade G., Bianciotto V., Dowling D., Lohrke S., Bonfante P., O'Gara F., Azcón-Aguilar C., 1998. Impact on arbuscular mycorrhiza formation of *Pseudomonas* strains used as inoculants for the biocontrol of soil-borne plant fungal pathogens. *Applied and Environmental Microbiology* 64, 2304-2307.

Barea J.M., Pozo M.J., Azcón R., Azcón-Aguilar C., 2005. Microbial co-operation in the rhizosphere. *Journal of Experimental Botany* 56, 1761-1778.

Bari R., Jones J.D.G., 2009. Role of plant hormones in plant defence responses. *Plant Molecular Biology* 69, 473-488.

Baron C., Coombes B., 2007. Targeting bacterial secretion systems: benefits of disarmament in the microcosm. *Infectious Disorders - Drug Targets* 7, 19-27.

Bashan Y., de-Bashan L.E., 2005. Plant growth-promoting bacteria. *In: Encyclopedia of Soils in the Environment* (D. Hillel, eds), Elsevier, Oxford, United Kingdom, 103-115.

Bashan Y., Holguin G., 1998. Proposal for the division of plant growth-promoting rhizobacteria into two classifications: biocontrol-PGPB (plant growth-promoting bacteria) and PGPB. *Soil Biology and Biochemistry* 30, 1225-1228.

Baver L.D., 1961. Soil Physics. *John Wiley and Sons, New York.*

Bayman P., 2007. Fungal endophytes. In Environmental and Microbial Relationships, 2nd edition, The Mycota IV (Kubicek C.P. and Druzhinina eds), Springer-Verlag Berlin Heidelberg, pp 213-227.

Bazot S., 2005. Contribution à l'étude de l'allocation des photoassimilats récents dans la plante et la rhizosphère chez une graminée pérenne *(Lolium perenne* L.). Thèse de l'Institut National Polytechnique de Lorraine, 174 p.

Beckers G.J, Spoel S.H., 2006. Fine-tuning plant defence signalling: salicylate versus jasmonate. *Plant Biology* 8, 1-10.

Beckers G.M.J., Jaskiewiez M., Liu Y., Underwood W.R., He S.Y., Zhang S., Conrath U., 2009. Mitogen-activated protein kinases 3 and 6 are required for full priming of stress responses in *Arabidopsis thaliana*. *The Plant Cell* 21, 944-953.

Belhadj A., Saigne C., Telef N., Cluzet S., Bouscaut J., Corio-Costet M.F., Merillon J.M., 2006. Methyl jasmonate induces defense responses in grapevine and triggers protection against *Erysiphe necator*. *Journal of Agricultural and Food Chemistry* 54, 9119-9125.

Belhadj A., Telef N., Cluzet S., Bouscaut J., Corio-Costet M.F., Merillon J.M., 2008a. Ethephon elicits protection against *Erysiphe necator* in grapevine. *Journal of Agricultural and Food Chemistry* 56, 5781-5787.

Belhadj A., Telef N., Saigne C., Cluzet S., Barrieu F., Hamdi S., Merillon J.M., 2008b. Effect of methyl jasmonate in combination with carbohydrates on gene expression of PR proteins, stilbene and anthocyanin accumulation in grapevine cell cultures. *Plant Physiology and Biochemistry* 46, 493-499.

Belimov A.A., Safronova V.I., Mimura T., 2002. Response of spring rape (*Brassica napus* var. *oleifera* L.) to inoculation with plant growth promoting rhizobacteria containing 1- aminocyclopropane-1-carboxylate deaminase depends on nutrient status of the plant. *Can J Microbiol* 48, 189-199.

Bell C.R., Dickie G.A., Harvey W.L.G., Chan J.W.Y.F., 1995. Endophytic bacteria in grapevine. *Canadian Journal of Microbiology* 41, 46-53.

Bending G.D., 2003. The rhizosphere and its microorganisms. *In: Encyclopaedia of applied plant sciences,* (B. Thomas, D.J. Murphy, B.G. Murray, eds), Academic Press, Londres, Royaume-Uni, 1123–1129.

Benhamou N., Belanger R.R., Paulitz T.C., 1996a. Induction of differential host responses by *Pseudomonas fluorescens* in Ri T-DNA-transformed pea roots after challenge with *Fusarium oxysporum* f. sp. *pisi* and *Pythium ultimum*. *Phytopathology* 86, 114-178.

Benhamou N., Gagné S., Le Quéré D., Dehbi L., 2000. Bacterial-mediated induced resistance in cucumber: beneficial effect of the endophytic bacterium *Serratia plymuthica* on the protection against infection by *Pythium ultimum*. *Phytopathology* 90, 45-56.

Benhamou N., Kloepper J.W., Quadt-Hallmann A., Tuzun S., 1996b. Induction of defense related ultrastructural modifications in pea root tissues inoculated with endophytic bacteria. *Plant Physiology* 112, 919-929.

Benhamou N., Kloepper J.W., Tuzun S., 1998. Induction of resistance against *Fusarium* wilt of tomato by combination of chitosan with an endophytic bacterial strain: ultrastructure and cytochemistry o f the host response. *Planta* 204, 153-168.

Benhamou N., 2006. Ultrastructural studies in plant disease resistance. *In: Multigenic and Induced Systemic Resistance in Plants,* (Tuzun S. and Bent E., eds), Springer Science+Business Media, New York, United States of America, pp. 49-82.

Benizri E., Baudoin E., Guckert A., 2001. Root colonization by inoculated plantgrowth rhizobacteria. *Biocontrol Science and Technology* 11, 557-574.

Bent E., 2006. Induced systemic resistance mediated by plant growth-promoting rhizobacteria (PGPR) and fungi (PGPF). *In: Multigenic and Induced systemic resistance in plants,* (Tuzun S. and Bent E., eds), Springer Science+Business Media, New York, United States of America, 225-258.

Bertamini M., Muthuchelian K., Rubinigg M., Zorer R., Velasco R., Nedunchezhian N., 2006. Low-night temperature increased the photoinhibition of photosynthesis in grapevine (*Vitis vinifera* L. cv. Riesling) leaves. *Environmental and Experimental Botany* 57, 25- 31.

Best M. 1995., Classification of rocks and their abundances on the earth. In rocks physics and phase relation: a handbook of physical contents. 1-7.

Betts H.J., Chaudhuri R.R., Pallen M.J., 2004. An analysis of type-III secretion gene clusters in *Chromobacterium violaceum*. *TRENDS in Microbiology* 12, 476-482.

Bever J.D., 2002. Negative feedback within a mutualism: host-specific growth of mycorrhizal fungi reduces plant benefit. *Proceedings of the Royal Society B* 269, 2595-2601.

Bézier A., Lambert B., Baillieul F., 2002. Study of defense-related gene expression in grapevine leaves and berries infected with *Botrytis cinerea*. *European Journal of Plant Pathology* 108, 111-120.

Bézier A., Mazeyrat-Gourbeyre F., Bonomelli A., Varnier A-L., Paquis S., Hachet C., Manteau S., Dorey S., Dhondt-Cordelier S., Clément C., Baillieul F., 2007. Identification of grapevine genes regulated upon *Botrytis cinerea* infection by differential display. *In: Macromolecules and secondary metabolites of grapevine and wine,* (Jeandet P., Clément C. and Conreux A., eds), Lavoisier, Paris, France, 69-74.

Bharadwaj D.P., Lundquist P.O., Persson P., Alström S., 2008. Evidence for specificity of cultivable bacteria associated with arbuscular mycorrhizal fungal spores. *FEMS Microbiology Ecology* 65, 310-322.

Bhattacharjee R.B., Singh A., Mukhopadhyay S.N., 2008. Use of nitrogen-fixing bacteria as biofertiliser for non-legumes: prospects and challenges. *Applied Microbiology and Biotechnology* 80, 199-209.

Bhattacharyya P.N., Jha D.K., 2012. Plant growth-promoting rhizobacteria (PGPR): emergence in agriculture. *World J Microbiol Biotechnol* 28, 1327-1350.

Biancotto V., Minerdi D., Perotto S., Bonfante P., 1996. Cellular interactions between arbuscular mycorrhizal fungi and rhizosphere bacteria. *Protoplasma* 193, 123-131.

Bingle L.E.H., Bailey C.M., Pallen M.J., 2008. Type VI secretion: a beginner's guide. *Current Opinion in Microbiology* 11, 3-8.

Bleecker A.B., Kende H., 2000. Ethylene: A gaseous signal molecule in plants. *Annual Review of Cell and Developmental Biology* 16, 1-18.

Block A., Li G., Fu Z.Q., Alfano J.R., 2008. Phytopathogen type III effector weaponry and their plant targets. *Current Opinion in Plant Biology* 11, 396-403.

Bloemberg G.V., Lugtenberg B.J., 2001. Molecular basis of plant growth promotion and biocontrol by rhizobia. *Current Opinion in Plant Biology* 4, 343-350.

Bloemberg G.V., Lugtenberg B.J.J., 2001. Molecular basis of plant-growth promotion and biocontrol by rhizobacteria. *Current Opinion Plant Biology* 4, 343-350.

Boddey R.M., Baldani V.L.D., Baldani J.I., Dobereiner J., 1986. Effect of inoculation of Azospirillum spp. on nitrogen accumulation by fieldgrown wheat. *Plant Soil* 95(1), 109–121.

Boddey R.M., Polidoro J.C., Resende A.S., Alves B.J.R., Urquiaga S., 2001. Use of the 15N natural abundance technique for the quantification of the contribution of N_2 fixation to sugar cane and other grasses. *Aust J Plant Physiol* 28, 889–895.

Bogdanove A.J., Beer S.V., Bonas U., Boucher C.A., Collmer A., Coplin D.L., Cornelis G.R., Huang H.C., Hutcheson S.W., Panopoulos N.J., van Gijsegem F., 1996. Unified nomenclature for broadly conserved *hrp* genes of phytopathogenic bacteria. *Molecular Microbiology* 20, 681-683.

Bogdanove A.J., Kim J.F., Wei Z., Kolchinsky P., Charkowski A.O., Conlin A.K., Collmer A., Beer S.V., 1998. Homology and functional similarity of an *hrp*-linked pathogenicity locus, *dsp*EF, of *Erwinia amylovora* and the avirulence *avr*E of *Pseudomonas syringae* pathovar tomato. *Proceedings of the National Academy of Sciences of the USA* 95, 1325-1330.

Boisson-Dernier A., Chabaud M., Garcia F., Bécard G., Rosenberg C., Barker D.G., 2001. *Agrobacterium rhizogenes*-transformed roots of *Medicago truncatula* for the study of nitrogen-fixing and endomycorrhizal symbiotic associations. *Molecular Plant-Microbe Interactions* 14, 695-700.

Boller T., Felix G., 2009. A renaissance of elicitors: perception of microbe-associated molecular patterns and danger signals by patternrecognition receptors. *Annual Review of Plant Biology* 60, 379-406.

Bonfante P., Anca I.A., 2009. Plants, mycorrhizal fungi, and bacteria: a network of interactions. *Annual Review of Microbiology* 63, 363-383.

Bonmatin J.M., Laprevote O., Peypoux F., 2003. Diversity among microbial cyclic lipopeptides: iturins and surfactins. Activity-structure relatioships to design new bioactive agents. *Combinatorial Chemistry and High Throughput Screening* 6, 541-556.

Bonomelli A., Mercier L., Franchel J., Baillieul F., Benizri E., Mauro M.C., 2004. Response of grapevine defenses to UV-C exposure. *American Journal of Enology and Viticulture* 55, 60-64.

Borie B., Jeandet P., Parize A., Bessis R., Adrian M., 2004. Resveratrol and stilbene synthase mRNAproduction in grapevine leaves treated with biotic and abiotic phytoalexin elicitors. *American Journal of Enology and Viticulture* 55, 60-64.

Borneman J., Skroch P.W., O'Sullivan K.M., Palus J.A., Rumjanek N.G., Jansen J.L., Nienhuis J., Triplett E.W., 1996. Molecular microbial diversity of an agricultural soil in Wisconsin. *Appl Environ Microbiol.* 62, 1935-1943.

Borneman J., Triplett E.W., 1997. Molecular microbial diversity in soils from eastern Amazonia: evidence for unusual microorganisms and microbial population shifts associated with deforestation. *Appl Environ Microbiol.* 63, 2647-2653.

Börstler B., Thiéry O., Sýkorová Z., Berner A., Redecker D., 2010. Diversity of mitochondrial large subunit rDNA haplotypes of *Glomus intraradices* in two agricultural field experiments and two semi-natural grasslands. *Molecular Ecology* 19, 1497-1511.

Bossis E., Lemanceau P., Latour X., Gardan L., 2000. Taxonomy of *Pseudomonas fluorescens* and *Pseudomonas putida*: current status and need for revision. *Agronomie* 20, 51-63.

Bostock R.M., 2005. Signal CrossTalk and Induced Resistance: Straddling the Line Between Cost and Benefit. *Annual Review Phytopathology* 43, 545-580.

Bouarab K., Potin P., Correa J., Kloareg B., 1999. Sulfated oligosaccharides mediate the interaction between a marine red alga and its green algal pathogenic endophyte. *The Plant Cell* 11, 1635-1650.

Bowling S.A., Clarke J.D., Liu Y., Klessig D., Dong X., 1997. The *cpr5* mutant of *Arabidopsis* expresses both NPR1-dependent and NPR1- independent resistance. *The Plant Cell* 9, 1573-1584.

Bowling S.A., Guo A., Cao H., Gordon A.S., Klessig D., Dong X., 1994. A mutation in *Arabidopsis* that leads to constitutive expression of systemic acquired resistance. *The Plant Cell* 6, 1845-1857.

Brandle J., Telmer P., Richman A., Chapman R., 2008. Characterization of the biosynthesis and transport of steviol glycosides in *Stevia rebaudiana, 5th annual Meeting 2008, Canadian Society of plant physiologists, p138.*

Brencic A., Winans S.C., 2005. Detection of and response to signals involved in host-microbe interactions by plant-associated bacteria. *Microbiology and Molecular Biology Reviews* 69, 155-194.

Bretz J., Losada L., Lisboa K., Hutcheson S.W., 2002. Lon protease functions as a negative regulator of type III protein secretion in *Pseudomonas syringae. Molecular Microbiology* 45, 397-409.

Brito B., Aldon D., Barberis P., Boucher C., Genin S., 2002. A signal transfer system through three compartments transduces the plant cell contact-dependent signal controlling *Ralstonia solanacearum hrp* genes. *Molecular Plant-Microbe Interactions* 15, 109-119.

Brito B., Marenda M., Barberis P., Boucher C., Genin S., 1999. *prh*J and *hrp*G, two new components of the plant signal-dependent regulatory cascade controlled by PrhA in *Ralstonia solanacearum. Molecular Microbiology* 31, 237–251.

Broekaert W.F., Delauré S.L., De Bolle M.F.C., Cammue B.P.A., 2006. The role of ethylene in host-pathogen interactions. *Annual Review of Phytopathology* 44, 393-416.

Broms J.E., Forslund A.L., Forsberg A., Francis M.S., 2003. Dissection of homologous translocon operons reveals a distinct role for YopD in type III secretion by *Yersinia pseudotuberculosis*. *Microbiology* 49, 2615-2626.

Brosché M., Strid A., 2003. Molecular events following perception of ultraviolet-B radiation by plants. *Physiologia Plantarum* 117, 1-10.

Brown D.R., Parker C.D., 1987. Cloning of the filamentous hemagglutinin of *Bortella pertussis* and in expression in *Escherichia coli. Infection and Immunity* 55, 154-161.

Bru R., Sellés S., Casado-Vela J., Belchi-Navarro S., Pedreno M.A., 2006. Modified cyclodextrins are chemically defines glucan inducers of defense responses in grapevine cell cultures. *Journal of Agricultural and Food Chemistry* 54, 65-71.

Brundrett M.C., 2002. Coevolution of roots and mycorrhizas of land plants. *New Phytologist* 154, 275-304.

Brundrett M.C., 2004. Diversity and classification of mycorrhizal associations. *Biological Reviews* 79, 473-495.

Brundrett M.C., 2009. Mycorrhizal associations and other means of nutrition of vascular plants: understanding the global diversity of host plants by resolving conflicting information and developing reliable means of diagnosis. *Plant Soil* 320, 37-77.

Burns D.L., 2003. Type IV transporters of pathogenic bacteria. *Current Opinion in Microbiology* 6, 29-34.

Busam G., Kassemeyer H.H., Matern U., 1997. Differential expression of chitinases in *Vitis vinifera* L. responding to systemic acquired resistance activators or fungal challenge. *Plant Physiology* 115, 1029-1038.

Buschmann H., Fan Z.W., Sauerborn J., 2005. Effect of resistance-inducing agents on sunflower (*Helianthus annuus* L.) and its infestation with the parasitic weed *Orobanche Cumana* Wallr. *Journal of Plant Diseases and Protection* 112, 386-397.

Büttner D., Bonas U., 2002. Port of entry - the type III secretion translocon. *TRENDS in Microbiology* 10, 186-192.

Büttner D., Bonas U., 2003. Common infection strategies of plant and animal pathogenic bacteria. *Current Opinion in Plant Biology* 6, 312-319.

Büttner D., Bonas U., 2006. Who comes first? How plant pathogenic bacteria orchestrate type III secretion system. *Current Opinion in Microbiology* 9, 193-200.

Büttner D., He SY., 2009. Type III protein secretion in plant pathogenic bacteria. *Plant Physiology*, 150, 1656-1664.

Buttrose M.S., 1969. Vegetative growth of grapevine varieties under controlled temperature and light-intensity. *Vitis* 8, 280-285.

C

Cabalerro-Mellado J., Martinez-Aguilar L., Paredes-Valdez G., Estrada-de-los-Santos P., 2004. *Burkholderia unamae* sp. nov., an N_2-fixing rhizospheric and endophytic species. *International Journal of Systematic and Evolutionary Microbiology* 54, 1165-1172.

Calvaruso C., Turpault M.P., Uroz S., Leclerc E., Kies A., Frey-Klett P., 2010. *Laccaria bicolor* S238N improves Scots pine mineral nutrition by increasing root nutrient uptake from soil minerals but does not increase mineral weathering. *Plant Soil* 328, 145-154.

Calvaruso C., Turpault M.P., Leclerc E., Frey-Klett P., 2007. Impact of ectomycorrhizosphere on the functional diversity of soil bacterial and fungal communities from a forest stand in relation to nutrient mobilization processes. *Microbial Ecology* 54, 567-577.

Cardon Z.J., Gage D.J., 2006. Resource exchange in the rhizosphere: molecular tools and the microbial perspective. *Annual Review of Ecology, Evolution and Systematics* 37, 459-488.

Cartieaux F., Thibaud M.C., Zimmerli L., Lessard P., Sarrobert C., David P., Gerbaud A., Robaglia C., Somerville S., Nussaume L., 2003. Transcriptome analysis of *Arabidopsis* colonized by a plant-growth promoting rhizobacterium reveals a general effect on disease resistance. *The Plant Journal*, 36, 177-188.

Cartieaux F., Thibaud M.C., Zimmerli L., Lessard P., Sarrobert C., David P., Gerbaud A., Robaglia C., Somerville S., Nussaume L., 2003.Transcriptome analysis of *Arabidopsis* colonized by a plant-growth promoting rhizobacterium reveals a general effect on disease resistance. *The Plant Journal* 36, 177-188.

Catoira R., Galera C., de Billy F., Penmetsa R.V., Journet E.P., Maillet F., Rosenberg C., Cook D., Gough C., Dénarié J., 2000. Four genes of *Medicago truncatula* controlling components of a Nod factor transduction pathway. *Plant Cell* 12, 1647-1666.

Cesaro P., van Tuinen D., Copetta A., Chatagnier O., Berta G., Gianinazzi S., Lingua G., 2008. Preferential colonization of *Solanum tuberosum* L. roots by the fungus *Glomus intraradices* in arable soil of a potato farming area. *Applied and Environmental Microbiology* 74, 5776-5783.

Chadefaud M., Emberger L., 1960. Les végétaux vasculaires. *In: Traité de Botanique,* Masson eds, vol 2, Paris, France, 1-1450.

Chanway C.P., Shishido M., Nairn J., Jungwirth S., Markham J., Xiao G., Holl F.B., 2000. Endophytic colonization and field responses of hybrid spruce seedlings after inoculation with plant growth-promoting rhizobacteria. *Forest Ecology Managment* 133, 81- 88.

Chapin F.S., 1980. The mineral nutrition of wild plants. *Annual Review of Ecology and Systematics* 11, 233-260.

Chatterjee A., Cui Y., Yang H., Collmer A., Alfano J.R., Chatterjee A.K., 2003. GacA, the response regulator of a two-component system, acts as a master regulator in *Pseudomonas syringae* pv. tomato DC3000 by controlling regulatory RNA, transcriptional activators, and alternate sigma factors. *Molecular Plant-Microbe Interactions* 16, 1106-1117.

Chen W.M., James E.K., Chou J.H., Sheu S.Y., Yang S.Z., Sprent J.I., 2005. β-rhizobia from *Mimosa pigra,* a newly discovered invasive plant in Taiwan. *New Phytologist* 168, 661-675.

Chen W.M., James E.K., Coenye T., Chou J-H., Barrios E., de Faria S.M., Elliott G.N., Sheu S-Y., Sprent J.I., Vandamme P., 2006. *Burkholderia mimosarum* sp. nov., isolated from root nodules of *Mimosa* spp. from Taiwan and South America. *International Journal of Systematic and Evolutionary Microbiology* 56, 1847-1851.

Chen W.M., Moulin L., Bontemps C., Vandamme P., Béna G., Boivin-Masson C., 2003. Legume symbiotic nitrogen fixation by ß-*Proteobacteria* is widespread in nature. *Journal of Bacteriology* 185, 7266-7272.

Chen Y.P., Mei R., Lu S., 1996. The use of yield increasing bacteria (YIB) as plant growth-promoting rhizobacteria in Chinese agriculture. In: Management of Soil-Born Diseases (Gupta V.K. and Utkhede R., eds), M/S Narosa, Kalayani Publisher, New Delhi, India, pp. 165-176.

Chenu C., 1993. Clay or sand polysaccharide associations as models for the interface between micro-organisms and soil: water related properties and microstructure. *Geoderma.* 56.

Chinnusamy V., Ohta M., Kanrar S., Lee B., Hong X., Agarwal M., Zhu J-K., 2009. ICE1: a regulator of cold-induced transcriptome and freezing tolerance in *Arabidopsis*. *Genes and Development* 17, 1043-1054.

Chinnusamy V., Schumaker K., Zhu J-K., 2004. Molecular genetic perspectives on cross-talk and specificity in abiotic stress signalling in plants. *Journal of Experimental Botany*, 55, 225-236.

Chinnusamy V., Zhu J., Zhu JK., 2007. Cold stress regulation of gene expression in plants. *Trends in Plant Science* 12, 444-451.

Chisholm S.T., Coaker G., Day B., Staskawicz B.J., 2006. Host-microbe interactions: shaping the evolution of the plant immune response. *Cell* 124, 803-814.

Cho J.C., Tiedje J.M., 2000. Biogeography and degree of endemicity of fluorescent Pseudomonas strains in soil. *Appl Environ Microbiol.* 66, 5448-5456.

Chong J., Poutaraud A., Hugueney P., 2009. Metabolism and roles of stilbens in plants. *Plant Science* 177, 143-155.

Choudhary D.K., Johri B.N., 2009. Interaction of *bacillus* spp. and plants – with special reference to induced systemic resistance (ISR). *Microbiological Research* 164, 493-513.

Christie P.J., 2001. Type IV secretion: intercellular transfer of macromolecules by systems ancestrally related to conjugation machines. *Molecular Microbiology* 40, 294-305.

Chung I-M., Park M.R., Chun J.C., Yun S.J., 2003. Resveratrol accumulation and resveratrol synthase gene expression in response to abiotic stresses and hormones in peanut plants. *Plant Science* 164, 103-109.

Cianciotto N.P., 2005. Type II secretion: a protein secretion system for all seasons. *TRENDS in Microbiology* 13, 581-588.

Cleveland C.C., Townsend A.R., Schimel D.S., Fisher H., Howarth R.W., Hedin L.O., Perakis S.S., Latty E.F., von Fischer J.C., Elseroad A., Wasson M.F., 1999. Global patterns of terrestrial biological nitrogen (N-2) fixation in natural ecosystems. *Global Biogeochemical Cycles* 13, 623-645.

Clough S.J., Fengler K.A., Yu I.C., Lippok B., Smith R.K., Bent A.F., 2000. The *Arabidopsis dnd1* "defense, no death" gene encodes a mutated cyclic nucleotide-gated ion channel. *Proceedings of the National Academy of Sciences USA* 97, 9323- 9328.

Cocking E.C., 2003. Endophytic colonization of plant roots by nitrogen-fixing bacteria. *Plant and Soil* 252, 169-175.

Coenye T., Vandamme P., 2003. Diversity and significance of *Burkholderia* species occupying diverse ecological niches. *Environmental Microbiology* 5, 719-729.

Cohen Y., Gisi U., Mosinger E., 1991. Systemic resistance of potato plants against *Phytophthora infestans* induced by unsaturated fatty acids. *Physiological and Molecular Plant Pathology* 38, 255-263.

Cohen Y.R., 2002. *B*-Aminobutyric acid-induced resistance against plant pathogens. *Plant Disease* 86, 448-457.

Colcombet J., Hirt H., 2008. *Arabidopsis* MAPKs: a complex signalling network involved in multiple biological process. *Biochemistry Journal* 413, 217-226.

Collmer A., 1998. Determinants of pathogenic and avirulence in plant pathogenic bacteria. *Current Opinion in Plant Biology* 1, 329-335.

Compant S., Clément C., Sessitsch A., 2010. Plant growth-promoting bacteria in the rhizo- and endosphere of plants: their role, colonization, mechanisms involved and prospects for utilization. *Soil Biology and Biochemistry* 42, 669 678.

Compant S., Duffy B., Nowak J., Clément C., Barka E.A., 2005a. Use of plant growth-promoting bacteria for biocontrol of plant diseases: principles, mechanisms of action, and future prospects. *Applied and Environmental Microbiology* 71, 4951-4959.

Compant S., Kaplan H., Sessitsch A., Nowak J., Ait Barka E., Clément C., 2008a. Endophytic colonization of *Vitis vinifera* L. by *Burkholderia phytofirmans* strain PsJN: from the rhizosphere to inflorescence tissues. *FEMS Microbiology and Ecology* 63, 84-93.

Compant S., Nowak J., Clément C., Ait Barka E., 2007. Polyphenolic compound accumulation as a response of grapevine (*Vitis vinifera* L.) to colonization by *Burkholderia phytofirmans* strain PsJN: *In Macromolecules from grapevine and vine*, (Jeandet P., Conreux A. and Clément C., eds), Lavoisier, Paris, France, 89-93.

Compant S., Nowak J., Coenye T., Clément C., Ait Barka E., 2008b. Diversity and occurrence of *Burkholderia* spp in the natural environment. *FEMS Microbiology Reviews* 32, 607-626.

Compant S., Reiter B., Sessitsch A., Nowak J., Clément C., Barka E.A., 2005b. Endophytic colonization of *Vitis vinifera* L. by plant growth promoting bacterium *Burkholderia* sp strain PsJN. *Applied and Environmental Microbiology* 71, 1685-1693.

Compant S., 2002. Caractérisation et comparaison de l'efficacité de biofongicides systémiques à base de chitosan sur le contrôle du champignon phytopathogène *Botrytis cinerea* chez la vigne *Vitis vinifera* L. Diplôme d'Etudes Approfondies, Compiègne, France, 1-45.

Compant S., 2007. Interaction entre la vigne, *Vitis vinifera* L., et une bactérie endophytique, *Burkholderia phytofirmans* souche PsJN : colonisation, induction de défenses et résistance systémique contre *Botrytis cinerea*. Thèse de l'Université de Reims Champagne-Ardenne, France, 184p.

Conn K.L., Nowak J., Lazarovitz G., 1997. A gnotobiotic bioassay for studying interactions between potato and plant growth-promoting rhizobacteria. *Canadian Journal of Microbiology* 43, 801-808.

Conn V.M., Walker A.R., Franco C.M.M., 2008. Endophytic actinobacteria induce defense pathways in *Arabidopsis thaliana*. *Molecular Plant-Microbe Interactions* 21, 244-259.

Conrath U., Beckers G.J.M., Flors V., Garcia-Agustin P., Jakab G., Mauch F., Newman M-A., Pieterse C.M.J., Poinssot B., Pozo M.J., Pugin A., Schaffrath U., Ton J., Wendehenne D., Zimmerli L., Mauch-Mani B., 2006. Priming: getting ready for battle. *Molecular Plant Microbe Interactions* 19, 1062-1071.

Conrath U., Chen Z., Ricigliano J.R., Klessig D.F., 1995. Two inducers of plant defense responses, 2,6-dichloroisonicotinic acid and salicylic acid, inhibit catalase activity in tobacco. *Proceedings of the National Academy of Science USA* 92, 7143-7147.

Conrath U., Göllner K., 2008. Priming: it's all the world to induced disease resistance. *European Journal of Plant Pathology* 121, 233-242.

Conrath U., Pieterse C.M.J., Mauch-Mani B., 2002. Priming in plant-pathogen interactions. *Trends in Plant Science* 7, 210-216.

Conrath U., 2009. Priming of induced plant defense responses. *Advances in Botanical Research* 51, 361-395.

Cook R.J., Thomashow L.S., Weller D.M., Fujimoto D., Mazzola M., Bangera G., Kim D.S., 1995. Molecular mechanisms of defense by rhizobacteria against root disease. *Proceedings of the National Academy of Sciences of the USA* 92, 4197-4201.

Cools H.J., Ishii H., 2002. Pre-treatment of cucumber plants with acibenzolar-S-methyl systemically primes a phenylalanine ammonia lyase gene (*PAL1*) for enhanced expression upon attack with a pathogenic fungus. *Physiological and Molecular Plant Pathology* 61, 273-280.

Coombes B.K., 2009. Type III secretion systems in symbiotic adaptation of pathogenic and non pathogenic bacteria. *Trends in Microbiology* 17, 89-94.

Cornelis G.R., van Gijsegem F., 2000. Assembly and function of type III secretory systems. *Annual Review of Microbiology* 54, 735-774.

Cornelis G.R., 2000. Type III secretion: a bacterial device for close combat with cells of their eukaryotic host. *Philosophical Transactions of the Royal Society of London* 355, 681-693.

Cornelis G.R., 2002. The *Yersinia* Ysc–Yop 'type III' weaponry. *Nature Reviews/Molecular Cell Biology* 3, 742-752.

Cornelis G.R., 2006. The type III secretion injectisome. *Nature Reviews - Microbiology* 4, 811-825.

Cornelissen B.J., Melchers L.S., 1993. Strategies for control of fungal disease with transgenic plant. *Plant Physiology* 101, 709-712.

Cother E.J., Noble D., Peters B.J., Albiston A., Ash G.J., 2004. A new bacterial disease of jojoba caused by *Burkholderia andropogonis*. *Plant Pathology* 53, 129-135.

Coulomb C., Lizzi Y., Coulomb P.J., Roggero J.P., Coulomb P.O., Agullon O., 1998. Can copper be an elicitor ? *Phytoma* 512, 41-46.

Courty P.E., Buée M., Diedhiou A.G., Frey-Klett P., le Tacona F., Rineau F., Turpault M.P., Uroza S., Garbaye J., 2010. The role of ectomycorrhizal communities in forest ecosystem processes: new perspectives and emerging concepts. *Soil Biology and Biochemistry* 42, 679-698.

Coutos-Thévenot P., Poinssot B., Bonomelli A., Yean H., Breda C., Buffard D., Esnault R., Hain R., Boulay M., 2001. *In vitro* tolerance to *Botrytis cinerea* of grapevine 41B rootstock in transgenic plants expressing the stilbene synthase *Vst1* gene under the control of a pathogen-inducible PR10 promoter. *Journal of Experimental Botany* 52, 901-910.

Creelman R.A., Mullet J.E., 1997. Biosynthesis and Action of Jasmonates in Plants. *Annual Review of plant Physiology and Plant Molecular Biology* 48, 355-381.

Cunnac S., Boucher C., Genin S., 2004. Characterization of the cisacting regulatory element controlling HrpB-mediated activation of the type III secretion system and effector genes in *Ralstonia solanacearum*. Journal of Bacteriology 186, 2309-2318.

Curl E.A., Truelove B. 1986., The rhizosphere. Springer-Verlag, New York, Etats-Unis, 288p.

Curtis T.P., Sloan W.T., Scannell J.W., 2002. Estimating prokaryotic diversity and its limits. *Proceedings of the National Academy of Sciences of the USA* 99, 10494-10499.

Cus F., Cesnik H.B., Bolta S.V., Gregorcic A., 2010. Pesticides residues in grape and during vinification. *Food Control* 21, 1512-1518.

D

D'Enfert C., Ryter A., Pugsley A.P., 1987. Cloning and expression in *Escherichia coli* of the *Klebsiella pneumoniae* genes for production, surface localization and secretion of the lipoprotein pullulanase. *EMBO Journal* 6, 3531-3538.

da Cunha L., Sreerekha M.V., Mackey D., 2007. Defense suppression by virulence effectors of bacterial phytopathogens. *Current Opinion in Plant Biology* 10, 349-357.

Dale C., Moran N.A., 2006. Molecular Interactions between bacterial symbionts and their hosts. *Cell* 126, 453-465.

Danon A., Gallois P., 1998. UV-C radiation induces apoptotic-like changes in *Arabidopsis thaliana*. *FEBS Letters* 437, 131-136.

Danon A., Rotari V.I., Gordon A., Mailhac N., Gallois P., 2004. Ultraviolet-C overexposure induces programmed cell death in *Arabidopsis*, which is mediated by caspase-like activities and which can be suppressed by caspase Inhibitors, p35 and *Defender against Apoptotic Death*. *The Journal of Biological Chemistry* 279, 779-787.

Darrah P.R., 1993. The rhizosphere and plant nutrition: a quantitative appoach. *Plant and Soil* 155/156, 1-20.

Darriet P., Pons M., Lamy S., Dubourdieu D., 2000. Identification and quantification of geosmin, an earthy odorant contaminating wines. *Journal of Agricultural and Food Chemistry* 48, 4835-4838.

Darriet P., Poupot C., Armand J.M., Dubourdieu D., Clerjeau M., Glories Y., Bordeu E., Pszczolkowski P., Bugaret Y., 2001. Incidence of vine sprayings with downy mildew fungicides, without parasitic fungi, on Cabernet Sauvignon grapes and wines composition. *International Journal of Vine and Wine Sciences* 35, 23-29.

Davies D.R., Bindschedler L.V., Strickland T.S., Bolwell G.P., 2006. Production of reactive oxygen species in *Arabidopsis thaliana* cell suspension cultures in response to an elicitor from *Fusarium oxysporum*: implications for basal resistance. *Journal of Experimental Botany* 57, 1817-1827.

de Beer A., Vivier M., 2008. Vv-AMP1, a ripening induced peptide from *Vitis vinifera* shows strong antifungal activity. *BMC Plant Biology* 8, 75.

de Boer W., Folman L.B., Summerbell R.C., Boddy L., 2005. Living in a fungal world: impact of fungi on soil bacterial niche development. *FEMS Microbiology Reviews* 29, 795-811.

De Cal A., Sztejnberg A., Sabuquillo P., Melgarejo P., 2009. Management *Fusarium* wilt on melon and watermelon by *Penicillium oxalicum*. *Biological Control* 51, 480-486.

de Lyra M.C.C.P., Ollero F.J., Madinabeitia N., Espuny M.R., Bellogín R.A., Cubo M.T., Ruiz-Sainz J.E., 2000. Characterization of a *nolT* mutant of *Sinorhizobium fredii* HH103: its role in type III secretion protein. *In: Fourth european nitrogen fixation conference,* abstract book. Séville, Espagne, 192p.

De Meyer G., Audenaert K., Höfte M., 1999. *Pseudomonas aeruginosa* 7NSK2-induced systemic resistance in tobacco depends on *in planta* salicylic acid accumulation but is not associated with PR1a expression. *European Journal of Plant Pathology* 105, 513-517.

de Meyer G., Höfte M., 1997. Salicylic acid produced by the rhizobacterium *Pseudomonas aeruginosa* 7NSK2 induces resistance to leaf infection by *Botrytis cinerea* on bean. *Phytopathology* 87, 588-593.

de Torres-Zabala M., Truman W., Bennett M.H., Lafforgue G., Mansfield J.W., Egea P.R., Bögre L., Grant M., 2007. *Pseudomonas syringae pv. tomato* hijacks the Arabidopsis abscissic acid signaling pathway to cause disease. *The EMBO Journal* 26, 1434-1443.

de Vleesschauwer D., Cornelis P., Höfte M., 2006. Redox-active pyocyanin secreted by *Pseudomonas aeruginosa* 7NSK2 triggers systemic resistance to *Magnaporthe grisea* but enhances *Rhizoctonia solani* susceptibility in rice. *Molecular Plant-Microbe Interactions* 19, 1406-1419.

De Vleesschauwer D., Djavaheri M., Bakker P.A.H.M., Höfte M., 2008. *Pseudomonas fluorescens* WCS374r-induced systemic resistance in rice against *Magnaporthe oryzae* is based on pseudobactin-mediated priming for a salicylic acidrepressible multifaceted defense response. *Plant Physiology* 148, 1996-2012.

De Vleesschauwer D., Höfte M. 2009. Rhizobacteria-Induced systemic Resistance. *Advances in Botanical Research*, 51, 223-281.

de Weert S., Vermeiren H., Mulders I.H., Kuiper I., Hendrickx N., Bloemberg G.V., Vanderleyden J., De Mot R., Lugtenberg B.J., 2002. Flagella-driven chemotaxis towards exudate components is an important trait for tomato root colonization by *Pseudomonas fluorescens. Mol Plant-Microbe Interact* 15, 1173-1180.

Delaney T.P., Uknes S., Vernooij B., Friedrich L., Weymann K., Negrotto D., Gaffney T., Gur-Rella M, Kessmann H, Ward E, Ryals J., 1994. A central role of salicylic acid in plant disease resistance. *Science* 266, 1247-1250.

Delepelaire P., 2004. Type I secretion in gram-negative bacteria. *Biochimica et Biophysica Acta* 1694, 149-161.

Delledonne M., 2005. NO is good news for plants. *Current Opinion in Plant Biology* 8, 390-396.

Dénarié J., Debellé F., Rosenberg C., 1992. Signaling and host range variation in nodulation. *Annual Review of Microbiology* 46, 497-531.

Denef V., 2007. Biodegradation of organic anthropogenic pollutants by *Burkholderia* species. *In: Burkholderia, molecular microbiology and genomics,* (Coenye T. and Vandamme P., eds), Horizon Bioscience, Norfolk, United Kingdom, 177-202.

Deng Q., Barbieri J.T., 2008. Molecular mechanisms of the cytotoxicity of ADP-ribosylating toxins. *Annual Review of Microbiology* 62, 271-288.

Deng Q., Zhang Y., Barbieri J.T., 2007. Intracellular trafficking of *Pseudomonas* ExoS, a type III cytotoxin. *Traffic* 8, 1331-1345.

Deng W.L., Preston G., Collmer A., Chang C.J., Huang A.H.C., 1998. Characterization of the *hrp*C and *hrp*RS operons of *Pseudomonas syringae* pathovars syringae, tomato, and glycinea and analysis of the ability of *hrp*F, *hrp*G, *hrc*C, *hrp*T, and *hrp*V mutants to elicit the hypersensitive response and disease in plants. *Journal of Bacteriology* 180, 4523-4531.

Dennis J.J., Zylstra G.J., 1998. Plasposons: modular self-cloning minitransposon derivatives for rapid genetic analysis of Gram-negative bacterial genomes. *Applied and Environmental Microbiology* 64, 2710-2715.

Derckel J.P., Legendre L., Audran J.C., Haye B., Lambert B., 1996. Chitinases of grapevine (*Vitis vinifera* L.): five isoforms induced in leaves by salicylic acid are constitutively expressed in other tissues. *Plant Science* 119, 31-37.

Derckel J.P., Legendre L., Audran J.C., Haye B., Lambert B., 1998. Characterization, induction by wounding and salicylic acid and activity against *Botrytis cinerea* of chitinases and β-1,3-glucanases of ripening grape berries. *Physiologia Plantarum* 104, 56-64.

Devoto A., Turner J.G., 2003. Regulation of jasmonate-mediated plant responses in *Arabidopsis*. *Annals of Botany* 92, 329-337.

Ding X., Cao Y., Huang L., Zhao J., Xu C., Li X., Wang S., 2008. Activation of the indole-3-acetic acid-amino synthetase GH3-8 suppresses expansin expression and promotes salicylate- and jasmonateindependent basal immunity in rice. *Plant Cell* 20, 228-240.

Ding Z., Atmakuri K., Christie PJ., 2003. The outs and ins of bacterial type IV secretion substrates. *TRENDS in Microbiology* 11, 527-535.

Dinkelaker B., Römheld V., Marschner H., 1989. -Citric acid excretion and precipitation of calcium citrate in the rhizosphere of white lupin (*Lupinus albus* L.)- *Plant Cell and Environment* 12, 285-292.

Doares S.H., Narváez-Vásquez J., Conconi A., Ryan C.A., 1995. Salicylic acid inhibits synthesis of proteinase inhibitors in tomato leaves induced by systemin and jasmonic acid. *Plant Physiology* 108, 1741-1746.

Dobrindt U., Blum-Oehler G., Hartsch T., Gottschalk G., Ron E.Z., Fünfstück R., Hacker J., 2001. S-fimbria-encoding determinant *sfa*I is located on pathogenicity island III536 of uropathogenic *Escherichia coli* strain 536. *Infection and Immunity* 69, 4248-4256

Domenech J., Ramos S.B., Probanza A., Lucas G.J.A., Gutierrez M.F.J., 2007. Elicitation of systemic resistance and growth promotion of *Arabidopsis thaliana* by PGPRs from *Nicotinana glauca*: a study of the putative induction pathway. *Plant Soil* 294, 43-50.

Donaldson P.A., Anderson T., Lane B.G., Davidson A.L., Simmonds D.H., 2001. Soybean plants expressing an active oligomeric oxalate oxidase from the wheat *gf-2.8* (germin) gene are resistant to the oxalate-secreting pathogen *Sclerotinia sclerotiorum*. *Physiological and Molecular Plant Pathology* 59, 297-307.

Dong X., 2004. NPR1, all things considered. *Current Opinion in Plant Biology*, 7, 548-552.

Donnez D., Jeandet P., Clément C., Courot E., 2009. Bioproduction of resveratrol and stilbene derivatives by plant cells and microorganisms. *Trends in Biotechnology* 27, 706-713.

Doré C., Varoquaux F., 2006. Histoire et amélioration de cinquante plantes cultivées. INRA eds, Collection Savoir Faire, Paris, 812p.

Dorey S., Kopp M., Geoffroy P., Fritig B., Kauffmann S., 1999. Hydrogen peroxide from the oxidative burst is neither necessary nor sufficient for hypersensitive cell death induction, phenylalanine ammonia lyase stimulation, salicylic acid accumulation, or scopoletin consumption in cultured tobacco cells treated with elicitin. *Plant Physiology* 121, 163-171.

Dubos B., Bulit J., Bugaret Y., Verdu D., 1978. The possibilities of using *Trichoderma viride* for the biological control of *Botrytis cinerea* and *Phomopsis viticola* on grapevines. *Comptes Rendus des Scéances de l'Académie d'Agriculture de France* 14, 1159-1168.

Dubos B., Jailloux F., Bulit J., 1982. Microbial antagonism in the control of grey mould of grapevine. *EPPO Bulletin* 12, 171-175.

Dubreuil-Maurizi C., Trouvelot S., Frettinger P., Pugin A., Wendehenne D., Poinssot B., 2010. β- aminobutyric acid primes an NADPH oxidase– dependent reactive oxygen species production during grapevine-triggered immunity. *Molecular Plant-Microbe Interactions* 23, 1012-1021.

Dubuis C., Keel C., Haas D., 2007. Dialogues of root-colonizing biocontrol pseudomonads. In: New perspectives and approaches in plant growth-promoting rhizobacteria research, (P. Lemanceau, P.-A.-H.-M. Bakker, J.-M. Raaijmakers, G. Bloemberg, M. Höfte, B.M. Cooke, Eds). Springer, Pays-Bas, 311-328.

Duchaufour P., 1977. Pédogénèse et classification. *Paris: Masson S.A.*

Duijff B.J., Gianinazzi-Pearson V., Lemanceau P., 1997. Involvement of the outer membrane lipopolysaccharides in the endophytic colonization of tomato roots by biocontrol *Pseudomonas fluorescens* strain WCS417r. *New Phytologist* 135, 325-334.

Duijff B.J., Pouhair D., Olivain C., Alabouvette C., Lemanceau P., 1998. Implication of systemic induced resistance in the suppression of *Fusarium* wilt of tomato by *Pseudomonas fluorescens* WCS417r and by non-pathogenic *Fusarium oxysporum* Fo47. *European Journal of Plant Pathology* 104, 903-910.

Duponnois R., Garbaye J., 1990. Some mechanisms involved in growth stimulation of ectomycorrhizal fungi by bacteria. *Canadian Journal of Botany* 68, 2148-2152.

E

Edreva A., 2005. Pathogenesis-related proteins : research progress in the last 15 years. *General and Applied Plant Physiology* 31, 105-124.

Eibach R., Zyprian E., Welter L., Töpfer R., 2007. The use of molecular markers for pyramiding resistance genes in grapevine breeding. *Vitis* 46, 120-124.

Elad Y., Williamson B., Tudzynski P., Delen N., 2004. *Botrytis* spp. and diseases they cause in agricultural systems-an introduction. *In: Botrytis: Biology, Pathology and Control,* (Y. Elad, B. Williamson, P. Tudzynski, N.Delen, eds), Kluwer Academic Publishers, Dordrecht, The Netherlands, 1-9.

Elbeltagy A., Nishioka K., Sato T., Suzuki H., Ye B., Hamada T., Isawa T., Mitsui H., Minamisawa K., 2001. Endophytic colonization and in planta nitrogen fixation by a *Herbaspirillum* sp. isolated from wild rice species. *Applied and Environmental Microbiology* 67, 5285-5293.

Elhassan G.A., Abdelgani M.E., Osman A.G., Mohamed S.S., Abdelgadir B.S., 2010. Potential production and application of biofertilizers in Sudan Pakistan. *Journal of Nutrition* 9, 926- 934.

Ellis R.J., Timms-Wilson T.M., Bailey M.J., 2000. Identification of conserved traits in fluorescent pseudomonads with antifungal activity. *Environmental Microbiology* 2, 274-284.

Elmer P.A.G., Reglinski T., 2006. Biosuppression of *Botrytis cinerea* in grapes. *Plant Pathology* 55, 155-177.

El-Tarabily K.A., Sivasithamparam K., 2006. Potential of yeasts as biocontrol agents of soilborne fungal pathogens and as plant growth promoters. *Mycoscience* 47, 25-35.

Engel J., Balachandran P., 2009. Role of *Pseudomonas aeruginosa* type III effectors in disease. *Current Opinion in Microbiology* 12, 61-66.

Enninga J., Rosenshine I., 2009. Imaging the assembly, structure and activity of type III secretion systems. *Cellular Microbiology* 11, 1462-1470.

Eparvier A., Lemanceau P., Alabouvette C., 1991. Population dynamics of non-pathogenic *Fusarium* and fluorescent *Pseudomonas* strains in rockwool, a substratum for soilless culture. *FEMS Microbiology Ecology* 86, 177-184.

Estrada P., Mavingui P., Cournoyer B., Fontaine F., Balandreau J., Cabalerro-Mellado J., 2002. A N_2-fixing endophytic *Burkholderia* spp. Associated with maize plants cultivated in Mexico. *Canadian Journal of Microbiology* 48, 285-294.

Estrada-de-los-Santos E., Bustillo-Cristales R., Cabalerro-Mellado J., 2001. *Burkholderia*, a genus rich in plant-associated nitrogen fixers with wide environmental and geographic distribution. *Applied and Environmental Microbiology* 67, 2790-2798.

F

Fan C., Pu N., Wang X., Wang Y., Fang L., Xu W., Zhang J., 2008. *Agrobacterium*-mediated genetic transformation of grapevine (*Vitis vinifera* L.) with a novel stilbene synthase gene from Chinese wild *Vitis pseudoreticulata. Plant Cell Tissue and Organ Culture* 92, 197-206.

Faudry E., Job V., Dessen A., Attree I., Forge V., 2007. Type III secretion system translocator has a molten globule conformation both in its free and chaperone-bound forms. *FEBS Journal* 274, 3601-3610.

Faudry E., Vernier G., Neumann E., Forge V., Attree I., 2006. Synergistic pore formation by type III toxin translocators of *Pseudomonas aeruginosa*. *Biochemistry* 45, 8117-8123.

Farag M.A., Ryu C.M., Sumner L.W., Paré P.W., 2006. GC–MS SPME profiling of rhizobacterial volatiles reveals prospective inducers of growth promotion and induced systemic resistance in plants. *Phytochemistry* 67, 2262-2268.

Faurie B., Cluzet S., Mérillon J-M., 2009. Implication of signaling pathways involving calcium, phosphorylation and active oxygen species in methyl jasmonate-induced defense responses in grapevine cell cultures. *Journal of Plant Physiology* 166, 1863-1877.

Feechan A., Kwon E., Yun B-W., Wang Y., Pallas J.A., Loake G.J., 2005. A central role for *S*nitrosothiols in plant disease resistance. *Proceedings of the National Academy of Science USA* 102, 8054-8059.

Ferreira A., Quecine M.Q., Lacava P.T., Oda S., Azevedo J.L., Aroujo W.L., 2008. Diversity of endophytic bacteria from *Eucalyptus* species seeds and colonization of seedlings by *Pantoea agglomerans*. *FEMS Microbiology Letters* 287, 8- 14.

Fierer N., Bradford M.A., Jackson R.B., 2007. Toward an ecological classification of soil bacteria. *Ecology* 88, 1354-1364.

Filloux A., Hachani A., Bleves S., 2008. The bacterial type VI secretion machine: yet another player for protein transport across membranes. *Microbiology* 154, 1570-1583.

Filloux A., 2004. The underlying mechanisms of type II protein secretion. *Biochimica et Biophysica Acta* 1694, 163-179.

Finch-Savage W.E., Leubner-Metzger G., 2006. Seed dormancy and the control of germination. *New Phytologist* 171, 501-523.

Finck-Barbancon V., Yahr T.L., Frank D.W., 1998. Identification and characterization of SpcU, a chaperone required for efficient secretion of the ExoU cytotoxin. *Journal of Bacteriology* 180, 6224-6231.

Flors V., Ton J., Jakab G., Mauch-Mani B., 2008. Abscissic acid and callose: team players in defense against pathogens ? *Journal of Phytopathology* 153, 1-7.

Foster R.C., 1988. Microenvironments of soil microorganisms *Biology and fertility of soils* 6, 189-203.

Foulongne V., Michaux-Charachon S., O'Callaghan D., Ramuz M., 2002. Systèmes de sécrétion des protéines de type IV et virulence bactérienne. *Medecine/Sciences* 18, 439-447.

Foultier B., Troisfontaines P., Müller S., Opperdoes F.R., Cornelis G.R., 2002. Characterization of the *ysa* pathogenicity locus in the chromosome of *Yersinia entrocolitica* and phylogeny analysis of type III secretion system. *Journal of Molecular Evolution* 55, 37-51.

Fouts D.E., Abramovitch R.B., Alfano J.R., Baldo A.M., Buell C.R., Cartinhour S., Chatterjee A.K., D'Ascenzo M., Gwinn M.L., Lazarowitz S.G., Lin N.C., Martin G.B., Rehm A.H., Schneider D.J., van Dijk K., Tang X., Collmer A., 2002. Genomewide identification of *Pseudomonas syringae* pv. tomato DC3000 promoters controlled by the HrpL alternative sigma factor. *Proceedings of the National Academy of Sciences of the USA* 99, 2275-2280.

Francis M.S., Wolf-Watz H., Forsberg A., 2002. Regulation of type III secretion systems. *Current Opinion in Microbiology* 5, 166-172.

Francks T.K., Powell K.S., Choimes S., Marsh E., Iocco P., Sinclair B.J., Ford C.M., van Heeswijck R., 2006. Consequences of transferring three sorghum genes for secondary metabolite (cyanogenic glucoside) biosynthesis to grapevine hairy roots. *Transgenic Research* 15, 181-195.

Franssen H.J., Vijn I., Yang W.C., Bisseling T., 1992. Developmental aspectes of the *Rhizobium*-legume symbiosis. *Plant Molecular Biology* 19, 89-107.

Frederick R.D., Ahmad M., Majerczak D.R., Arroyo-Rodriguez A.S., Manulis S., Coplin D.L., 2001. Genetic organization of the *Pantoea stewartii* subsp. stewartii *hrp* gene cluster and sequence analysis of the *hrp*A, *hrp*C, *hrp*N, and *wts*E operons. *Molecular Plant-Microbe Interactions* 14, 1213-1222.

Freiberg C., Fellay R., Bairoch A., Broughton W.J., Rosenthal A., Perret X., 1997. Molecular basis of symbiosis between *Rhizobium* and legumes. *Nature* 387, 394-401.

Frey P., Frey-Klett P., Garbaye J., Berge O., Heulin T., 1997. Metabolic and genotypic fingerprinting of fluorescent pseudomonads associated with the douglas fir-*Laccaria bicolour* mycorrhizosphere. *Applied Environmental Microbiology* 63, 1852-1860.

Frey-Klett P., Chavatte M., Clausse M.L., Courrier S., Roux C., Raaijmakers J., Martinotti M.G., Pierrat J.C., Garbaye J., 2005. Ectomycorrhizal symbiosis affects functional diversity of rhizosphere fluorescent pseudomonads. *New Phytologist* 165, 317-328.

Frey-Klett P., Garbaye J., Tarkka M., 2007. The mycorrhiza helper bacteria revisited. *New Phytologist* 176, 22-36.

Frommel M.I., Nowak J., Lazarovits G., 1991. Growth enhancement and developmental modifications of *in vitro* grown potato (*Solanum tuberosum* ssp. *tuberosum*) as affected by a non fluorescent *Pseudomonas* sp. *Plant Physiology* 96, 928-936.

Frommel M.I., Nowak J., Lazarovits G., 1993. Treatment of potato tubers with a growth promoting *Pseudomonas* sp.: plant growth responses and bacterium distribution in the rhizosphere. *Plant and Soil* 150, 51-60.

Fujita M., Fujita Y., Noutoshi Y., Takahashi F., Narusaka Y., Yamaguchi-Shinozaki K., Shinozaki K., 2006. Crosstalk between abiotic and biotic stress responses: a current view from the points of convergence in the stress signaling networks. *Current Opinion in Plant Biology* 9, 436-442.

Futai K., Taniguchi T., Kataoka R., 2008. Ectomycorrhizae and their importance in forest ecosystems. *In: Mycorrhizae: sustainable agriculture and forestry,* (Z.-A. Siddiqui, M.-S. Akhtar, K. Futai, eds), Springer, Pays-Bas, 241-285.

G

Galán J.E., Wolf-Watz H., 2006. Protein delivery into eukaryotic cells by type III secretion machines. *Nature* 444, 567-573.

Galán, J.E., Collmer A., 1999. Type III secretion machines: bacterial devices for protein delivery into host cells. *Science* 284, 1322-1328.

Gamalero E., Lingua G., Berta G., Lemanceau P., 2003. Methods for studying root colonization by introduced beneficial bacteria. *Agronomie* 23, 407-418.

Gamalero E., Martinotti M.G., Trotta A., Lemanceau P., Berta G., 2002. Morphogenetic modifications induced by *Pseudomonas fluorescens* A6RI and *Glomus mosseae* BEG12 in the root system of tomato differ according to the plant growth conditions. *New Phytologist* 155, 293-300.

Ganley R., Sniezko R.A., Newcombe G., 2008. Endophyte-mediated resistance against white pine blister rust in *Pinus monticola. Forest Ecology and Management* 255, 2751-2760.

Garbaye J., Bowen G.D., 1989. Stimulation of ectomycorrhizal infection of *Pinus radiata* by some microorganisms associated with the mantle of ectomycorrhizas. *New Phytologist* 112, 383-388.

Garbaye J., 1994. Helper bacteria: a new dimension to the mycorrhizal symbiosis (Tansley review, 76). *New Phytologist* 128, 197-210.

Garbeva P., van Elsas J.D., van Veen J.A., 2008. Rhizosphere microbial community and its response to plant species and soil history. *Plant Soil* 302, 19-32.

Garcia de Salamone I.E., Dobereiner J., Urquiaga S., Boddey R.M., 1996. Biological nitrogen fixation in Azospirillum strain-maize genotype associations as evaluated by the ^{15}Nisotope dilution technique. *Biol Fertil Soils* 23, 249–256.

Garcia de Salamone I.E., Hynes R.K., Nelson L.M., 2001. Cytokinin production by plant growth promoting rhizobacteria and selected mutants. *Can J Microbiol* 47, 404–411.

Garcia-Brugger A., Lamotte O., Vandelle E., Bourque S., Lecourieux D., Poinssot B., Wendehenne D., Pugin A., 2006. Early signaling events induced by elicitors of plant defenses. *Molecular Plant-Microbe Interactions* 19, 711- 724.

Garcion C., Lamotte O., Métraux J.P., 2007. Mechanisms of defence to pathogens: biochemistry and physiology. *In: Induced resistance for plant defence: a sustainable approach to crop protection,* (Walters D., Newton A; and Lyon G. eds), Balckwell publishing, 109-132.

Gardes M., Bruns T.D., 1993. ITS primers with enhanced specificity for basidiomycetes: application to the identification of mycorrhiza and rusts. *Molecular Ecology* 2, 113-118.

Gassmann W., 2005. Natural variation in the *Arabidopsis* response to the avirulence gene hopPsyA uncouples the hypersensitive response from disease resistance. *Molecular Plant-Microbe Interactions* 18, 1054-1060.

Geels F.P., Schmidt E.D.L., Schippers B., 1985. The use of 8-hydroxyquinoline for the isolation and prequalification of plant growth-stimulating rhizosphere pseudomonads. *Biology Fertility Soils* 1, 167-173.

Genger R.K., Jurkowski G.I., McDowell J.M., Lu H., Jung H.W., Greenberg J.T., Bent A.F., 2008. Signaling pathways that regulate the enhanced disease resistance of *Arabidopsis* "*defense, no death*" mutants. *Molecular Plant-Microbe Interactions* 21, 1285-1296.

Genin S., Brito B., Denny T.P., Boucher C., 2005. Control of the *Ralstonia solanacearum* type III secretion system (Hrp) genes by the global virulence regulator PhcA. *FEBS Letters* 579, 2077-2081.

Genin S., Gough C.L., Zischek C., Boucher C.A., 1992. Evidence that the *hrp*B gene encodes a positive regulator of pathogenicity genes from *Pseudomonas solanacearum*. *Molecular Microbiology* 6, 3065-3076.

Gerber I.B., Dubery I.A., 2004. Protein phosphorylation in *Nicotiana tabacum* cells in response to perception of lipopolysaccharides from *Burkholderia cepacia*. *Phytochemistry* 65, 2957-2966.

Gerber I.B., Zeidler D., Durner J., Dubery I.A., 2004. Early perception responses of *Nicotiana tabacum* cells in response to lipopolysaccharides from *Burkholderia cepacia*. *Planta* 218, 647-657.

Gerhardson B., 2002. Biological substitutes for pesticides. *Trends in Biotechnology* 20, 338-343.

Gianinazzi S., Gollotte A., Binet M.N., van Tuinen D., Redecker D., Wipf D., 2010. Agroecology: the key role of arbuscular mycorrhizas in ecosystem services. *Mycorrhiza*.

Gianinazzi S., Martin C., Vallée J.C., 1970. Hypersensibilité au virus, température et protéines solubles chez le *Nicotiana Xanthi* nc. Apparition de nouvelles macromolécules lors de la répression de la synthèse virale. *Comptes Rendus de l'Académie des Sciences-Paris* 270, 2383-2386.

Gianinazzi-Pearson V., Maldonado-Mendoza I., Lopez-Meyer M., Weidmann S., Harrison M.J., 2006. Arbuscular Mycorrhiza. *Medicago truncatula* handbook, version 2006.

Giannakis C., Bucheli C.S., Skene K.G.M., Robinson S.P., Steele Scott N., 1998. Chitinase and beta-1,3-glucanase in grapevine leaves: a possible defence against powdery mildew infection. *Australian Journal of Grape and Wine Research* 4, 14-22.

Gilbert J., Jordan M., Somers D.J., Xing T., Punja Z.K., 2006. Engineering plants for durable disease resistance. *In: Multigenic and induced systemic resistance in plants,* (Tuzun S. and Bent E., eds), Springer Science+Business Media, New York, United State of America, 225-258.

Giorcelli A., Sparvoli F., Fulvio M.Y., Tava A., Balestrazzi A., Vrhovsek U., Calligari P., Bollini R., Confalonieri M., 2004. Expression of the stilben synthase (StSy) gene from grapevine in transgenic white poplar results in high accumulation of the antioxidant compounds resveratrol glucosides. *Transgenic Research* 13, 203-214.

Girvan M.S., Bullimore J., Pretty J.N., Osborn A.M., Ball A.S., 2003. Soil type is the primary determinant of the composition of the total and active bacterial communities in arable soils. *Appl Environ Microbiol.* 69, 1800-1809.

Glazebrook J., 2001. Genes controlling expression of defense responses in *Arabidopsis*-2001 status. *Current Opinion in Plant Biology* 4, 301-308.

Glazebrook J., 2005. Contrasting mechanisms of defense against biotrophic and necrotrophic pathogens. *Annual Review in Phytopathology* 43, 205-227.

Glick B., 1995. The enhancement of plant growth by free-living bacteria. *Canadian Journal of Microbiology* 41, 109-117.

Glick B.R., Penrose D., Li J., 1998. A model for the lowering of plant ethylene concentrations by plant growth-promoting bacteria. *Journal of Theoretical Biology* 190, 63-68.

Glickmann E., Dessaux Y., 1995. A critical examination of the specificity of the Salkowski reagent for indolic compounds produced by phytopathogenic bacteria. *Applied Environmental Microbiology* 61, 793-796.

Gobat J., Aragno M., Matthey W., 2003. Le sol vivant, second edn. *Lausanne: Presses polytechniques et universitaires romandes.*

Goebel W., Hedgpeth J., 1982. Cloning and functional characterization of the plasmid-encoded hemolysin determinant of Escherichia coli. *Journal of Bacteriology* 151, 1290-1298.

Gollotte A., van Tuinen D., Atkinson D., 2004. Diversity of arbuscular mycorrhizal fungi colonising roots of the grass species *Agrostis capillaris* and *Lolium perenne* in a field experiment. *Mycorrhiza* 14, 111-117.

Gomès E., Sagot E., Gaillard C., Laquitaine L., Poinssot B., Sanejouand Y-H., Delrot S., Coutos- Thévenot P., 2003. Nonspecific lipid-transfer protein genes expression in grape (*Vitis* sp.) cells in response to fungal elicitor treatments. *Molecular Plant-Microbe Interactions* 16, 456-464.

Gomez-Roldan V., Fermas S., Brewer P.B., Puech-Pagès V., Dun EA., Pillot J.P., Letisse F., Matusova R., Danoun S., Portais J.C., Bouwmeester H., Bécard G., Beveridge C.A., Rameau C., Rochange SF., 2008. Strigolactone inhibition of shoot branching. *Nature* 455, 189-194.

Gonzalez C.F., Venturi V., Engledow A.S., 2007. The phytopathogenic *Burkholderia. In: Burkholderia, molecular microbiology and genomics,* (Coenye T. and Vandamme P., eds), Horizon Bioscience, Norfolk, United Kingdom, 153-176.

González V., Santamaría R.I., Bustos P., Hernández-González I., Medrano-Soto A., Moreno-Hagelsieb G., Janga S.C., Ramírez M.A., Jiménez-Jacinto V., Collado-Vides J., Dávila G., 2006. The partitioned *Rhizobium etli* genome: genetic and metabolic redundancy in seven interacting replicons. *Proceedings of the National Academy of Sciences of the USA* 103, 3834-3839.

Gophna U., Ron E.Z., Graur D., 2003. Bacterial type III secretion systems are ancient and evolved by multiple horizontal transfer events. *Gene* 312, 151-163.

Gosset V., Harmel N., Göbel C., Francis F., Haubruge E., Wathelet J.P., du Jardin P., Feussner I., Fauconnier M.L., 2009. Attacks by a piercing-sucking insect (*Myzus persicae* Sultzer) or a chewing insect (*Leptinotarsa decemlineata* Say) on potato plants (*Solanum tuberosum* L.) induce differential changes in volatile compound release and oxylipin synthesis. *Journal of Experimental Botany* 60, 1231-1240.

Göttfert M., Rothlisberger S., Kundig C., Beck C., Marty R., Hennecke H., 2001. Potential symbiosis-specific genes uncovered by sequencing a 410 kilobase DNA region of the *Bradyrhizobium japonicum* chromosome. *Journal of Bacteriology* 183, 1405-1412.

Govrin E.M., Levine A., 2000. The hypersensitive reaction facilitates plant infection by the necrotrophic fungus *Botrytis cinerea. Current Biology* 10, 751-757.

Govrin E.M., Rachmilevitch S., Tiwari B.S., Solomon M., Levine A., 2006. An elicitor from *Botrytis cinerea* induces the hypersensitive response in *Arabidopsis thaliana* and other plants and promotes the gray mold disease. *Phytopathology* 96, 299-307.

Grant M., Lamb C., 2006. Systemic immunity. *Current Opinion in Plant Biology* 9, 414-420.

Gray E.J., Smith D.L., 2005. Intracellular and extracellular PGPR: commonalities and distinctions in the plant-bacterium signaling processes. *Soil Biology and Biochemistry* 37, 395-412.

Grayston S.J., Campbell C.D., Lutze J.L., Gifford R.M., 1998b. Impact of elevated CO2 on the metabolic diversity of microbial communities in N-limited grass swards. *Plant Soil* 203, 289-300.

Grayston S.J., Vaughan D., Jones D., 1996. Rhizosphere carbon flow in trees, in comparison with annual plants: the importance of root exudation and its impact on microbial activity and nutrient availability. *Appl Soil Ecol* 5, 29-56.

Grayston S.J., Wang S., Campbell C.D., Edwards A.C., 1998. Selective influence of plant species on microbial diversity in the rhizosphere. *Soil Biology & Biochemistry* 30(3), 369-378.

Greenberg J.T., Guo A., Klessig D.F., Ausubel F.M., 1994. Programmed cell death in plants: a pathogen-triggered response activated co-ordinately with multiple defense functions. *Cell* 77, 551-563.

Greenberg J.T., Vinatzer B.A., 2003. Identifying type III effectors of plant pathogens and analyzing their interaction with plant cells. *Current Opinion in Microbiology* 6, 20-28.

Griffith M., Yaish M.W., 2004. Antifreeze proteins in overwintering plants: a tale of two activities. *Trends in Plant Science* 9, 399-405.

Grimm C., Aufsatz W., Panopoulos N.J., 1995. The *hrp*RS locus of *Pseudomonas syringae* pv. *phaseolicola* constitutes a complex regulatory unit. *Molecular Microbiology* 15, 155-165.

Grübe M., Berg G., 2009. Microbial consortia of bacteria and fungi with focus on the lichen symbiosis. *Fungal Biology Reviews* 23, 72-85.

Grundmann G.L., Debouzie D., 2000. Geostatistical analysis of the distribution of NH_4^+ and NO_2^--oxidizing bacteria and serotypes at the millimeter scale along a soil transect. *FEMS Microbiol Eco.* 34, 57-62.

Grundmann G.L., 2004. Spatial scales of soil bacteria diversity - the size of a clone. *FEMS Microbiol Ecol.* 48, 119-127.

Guo M., Chancey S.T., Tian F., Ge Z., Jamir Y., Alfano J.R., 2005. *Pseudomonas syringae* type III chaperones ShcO1, ShcS1, and ShcS2 facilitate translocation of their cognate effectors and can substitute for each other in the secretion of HopO1-1. *Journal of Bacteriology* 187, 4257-4269.

Gus A.A., Brunner F., Nürnberger T., 2010. Biotechnological concepts for improving plant innate immunity. *Current Opinion in Biotechnology* 21, 1-7.

Gutierrez-Manero F.J., Ramos-Solano B., Probanza A., Mehouachi J., Tadeo F.R., Talon M., 2001. The plant-growth promoting rhizobacteria *Bacillus pumilus* and *Bacillus licheniformis* produce high amounts of physiologically active gibberellins. *Physiol Plantarum* 111, 206–211.

Guttman D.S., Vinatzer B.A., Sarkar S.F., Ranall M.V., Kettler G., Greenberg J.T., 2002. A functional screen for the type III (Hrp) secretome of the plant pathogen *Pseudomonas syringae*. *Science* 295, 1722-1726.

Gyaneshwar P., Parekh L.J., Archana G., Poole P.S., Collins M.D., Hutson R.A., Kumar G.N., 1999. Involvement of a phosphate starvation inducible glucose dehydrogenase in soil phosphate solubilization by *Enterobacter asburiae*. *FEMS Microbiol Lett* 171, 223–229.

Gyaneshwar P., James E.K., Mathan N., Reddy P.M., Reinhold-Hurek B., Ladha J., 2001. Endophytic colonisation of rice by a diazotrophic strain of *Serratia marcescens*. *Journal of Bacteriology* 183, 2634-2645.

H

Haas D., Defago G., 2005. Biological control of soil-borne pathogens by *fluorescent pseudomonas*. *Nature Reviews Microbiology* 3, 307-319.

Haas D., Keel C., 2003. Regulation of antibiotic production in root-colonizing *Pseudomonas* spp. and relevance for biological control of plant disease. *Annual Review in Phytopathology* 41, 117- 153.

Hacker J., Blum-Oehler G., Muhldorfer I., Tschape H., 1997. Pathogenicity islands of virulent bacteria: structure, function and impact on microbial evolution. *Molecular Microbiology* 23, 1089-1097.

Hacker J., Kaper J., 2000. Pathogenicity islands and the evolution of microbes. *Annual Review of Microbiology* 54, 641-679.

Hain R., Reif H.J., Krause E., Langebartels R., Kindl H., Vornam B., Wiese W., Schmelzer E., Schreir P.H., Stocker R.H., Stenzel K., 1993. Disease resistance results from foreign phytoalexin expression in a novel plant. *Nature* 361, 153-156.

Halle F., 2008. Des plantes anciennes à la botanique du XXIème siècle. Dans "Aux origines des plantes", vol. 1, Fayard (Eds). France

Hallmann J., Quadt-Hallmann A., Mahaffee W.F., Kloepper J.W., 1997. Bacterial endophytes in agricultural crops. *Canadian Journal of Microbiology* 43, 895-914.

Hallmann J., 2001. Plant interactions with endophytic bacteria. *In: Biotic Interactions in Plant-Pathogen Associations,* (M.-J. Jeger, N.-J. Spence, eds), CABI Publishing, Wallingford, United Kingdom, 87-119.

Ham J.H., Kim M.G., Lee S.Y., Mackey D., 2007. Layered basal defenses underlie non-host resistance of *Arabidopsis* to *Pseudomonas syringae* pv. *phaseolicola. Plant Journal* 51, 604-616.

Hamiduzaman M.M., Jakab G., Barnavon L., Neuhaus J-M., Mauch-Mani B., 2005. *B*- Aminobutiric acid-induced resistance against downy mildew in grapevine acts through the potentiation of callose formation and jasmonic acid signalling. *Molecular Plant-Microbe Interactions* 18, 819-829.

Hansen M., Kregelund L., Nybroe O., Sorensen J., 1997. Early colonization of barley roots by *Pseudomonas fluorescens* studied by immunofluorescence technique and confocal laser scanning microscopy. *FEMS Microbiology Ecology* 23, 353-360.

Hardoim P.R., van Overbeek L.S., van Elsas J.D., 2008. Properties of bacterial endophytes and their proposed role in plant growth. *Trends in Microbiology* 6, 463-471.

Harish S., Kavino M., Kumar N., Balasubramanian P., Samiyappan R., 2009. Induction of defenserelated proteins by mixtures of plant growth promoting endophytic bacteria against *Banana bunchy top virus*. *Biological Control* 51, 16-25.

Harman G.E., Howell C.R., Viterbo A., Chet I., Lorito M., 2004. *Trichoderma* species – opportunistic, avirulent plant symbionts. *Nature Reviews in Microbiology* 2, 43-56.

Harman G.E., Latorre B., Agosin E., San Martin R., Riegel D.G., Nielsen P.A., Tronsmo A., Pearson R.C., 1996. Biological and integrated control of *Botrytis* bunch rot of grape using *Trichoderma* spp. *Biological Control* 7, 259-266.

Harman G.E., 2006. Overview of mechanisms and uses of *Trichoderma* spp. *Phytopathology* 96, 190-194.

Harrison M.J., 2005. Signalling in the arbuscular mycorrhizal symbiosis. *Annual Review of Microbiology* 59, 19-42.

Hartmann A., 2005. Prof. Dr. Lorenz Hiltner, a pioneer in soil bacteriology and rhizosphere research. *In: Rhizosphere 2004: Perpectives and Challenges – A Tribute to Lorenz Hiltner,* (Hartmann A., Schmid M., Wenzel W. and Hinsinger P., eds), GSF-Forschungszentrum, Neuherberg, Germany, 1-4.

Hartnett D.C., Wilson G.W.T., 2002. The role of mycorrhizas in plant community structure and dynamics: lessons from grasslands. *Plant and Soil* 244, 319-331.

Hase S., Takahashi S., Takenaka S., Nakaho K., Arie T., Seo S., Ohashi Y., Takahashi H., 2008. Involvement of jasmonic acid signalling in bacterial wilt disease resistance induced by biocontrol agent *Pythium oligandrum* in tomato. *Plant Pathology* 57, 870-876.

Hassink J., Bouvman L.A., Zwart K.B., Brussaard L., 1993. Relationships between habitable pore space, soil biota and mineralization rates in grasslands soils. *Soil Biol Biochem.* 25, 47-55.

Hassouna N., Mithot B., Bachellerie J.P., 1984. The complete nucleotide sequence of mouse 28S rRNA gene. Implications for the process of size increase of the large subunit rRNA in higher eukaryotes. *Nucleic Acids Research* 12, 3563-3583.

Hattori T., 1988. Soil aggregates as microhabitats of microorganisms *Biology and fertility of soils* 6, 189-203.

Hause B., Mrosk C., Isayenkov S., Strack D., 2007. Jasmonates in arbuscular mycorrhizal interactions. *Phytochemistry* 68, 101-110.

Hawkins S., Boudet S., 2003. Defense lignin' and hydroxycinnamyl alcohol dehydrogenase activities in wounded *Eucalyptus gunnii. Forest Pathology* 33, 91-104.

Hayward R.D., Cain R.J., McGhie E.J., Phillips N., Garner M.J., Koronakis V., 2005. Cholesterol binding by the bacterial type III translocon is essential for virulence effector delivery into mammalian cells. *Molecular Microbiology* 56, 590-603.

He C.Y., Wolyn D.J., 2005. Potential role for salicylic acid in induced resistance of asparagus roots to *Fusarium oxysporum* f. sp. *asparagi. Plant Pathology* 54, 227-232.

He P., Shan L., Lin N.C., Martin G.B., Kemmerling B., Nürnberger T., Sheen J., 2006. Specific bacterial suppressors of MAMP signaling upstream of MAPKKK in *Arabidopsis* innate immunity. *Cell* 152, 563-575.

He R.L., Wang G.P., Liu X.H., Zhang C.L., Lin F.C., 2009. Antagonistic bioactivity of an endophytic bacterium isolated from *Epimedium brevicornu* Maxim. *African Journal of Biotechnology* 8, 191-195.

He S.J., Yuang H.C., Collmer A., 1993. *Pseudomonas syringae* pv. *syringae* harpinpss: a protein that is secreted *via* the *hrp* pathway and elicits the hypersensitive response in plants. *Cell* 73, 1255- 1266.

He S.Y., Jin Q., 2003. The Hrp pilus: learning from flagella. *Current Opinion in Microbiology* 6, 15-19.

He S.Y., Nomura K., Whittam T.S., 2004. Type III protein secretion mechanism in mammalian and plant pathogens. *Biochimica et Biophysica Acta* 1694, 181-206.

He S.Y., 1998. Type III protein secretion systems in plant and animal pathogenic bacteria. *Annual Review of Phytopathology*, 36, 363-392.

Hebbar P., Davey A.G., Merrin J., McLoughlin T.J., Dart P.J., 1992. *Pseudomonas cepacia*, a potential suppressor of maize soil borne diseases: seed inoculation and maize root colonization. *Soil Biology and Biochemistry* 24, 999-1007.

Heck S., Grau T., Buchala A., Métraux J-P., Nawrath C., 2003. Genetic evidence that expression of *NahG* modifies defence pathways independent of salicylic acid biosynthesis in the *Arabidopsis-Pseudomonas syringae* pv. *Tomato* interaction. *The Plant Journal* 36, 342-352.

Heil M., Walters D.R., 2009. Ecological consequences of plant defense signalling. *Advances in Botanical Research* 51, 667-716.

Heitefuss R., 2001. Defense reactions of plants to fungal pathogens: principles and perspectives, using powdery mildew on cereals as an example. *Naturwissenschften* 88, 273-283.

Hellman E.W., 2003. Grapevine structure and function. In: Oregon viticulture (Hellman E.W., ed), Corvallis: Oregon State University Press, United States of America, pp 5-19.

Hématy K., Cherk C., Somerville S., 2009. Hostpathogen warfare at the plant cell wall. *Current Opinion in Plant Biology* 12, 406-413.

Henderson I.R., Navarro-Garcia F., Desvaux M., Fernandez R.C., Ala'Aldeen D., 2004. Type V protein secretion pathway: the autotransporter story. *Microbiology and Molecular Biology Reviews* 68, 692-744.

Hendrickson L., Ball M.C., Osmond C.B., Furbank R.T., Chow W.S., 2003. Assessment of photoprotection mechanisms of grapevines at low temperature. *Functional Plant Biology* 30, 631- 642.

Hendrickson L., Ball M.C., Wood J.T., Chow W.S., Furbank R.T., 2004. Low temperature effects on photosynthesis and growth of grapevine. *Plant Cell and Environment* 27, 795-809.

Hernandez-Blanco C., Feng D.X., Hu J., Sánchez-Vallet A., Deslandes L., Llorente F., Berrocal-Lobo M., Keller H., Barlet X., Sánchez-Rodríguez C., Anderson L.K., Somerville S., Marco Y., Molina A., 2007. Impairement of cellulose synthase required for *Arabidopsis* secondary cell wall formation enhances disease resistance. *Plant Cell* 19, 890-903.

Herrera-Medina M.J., Steinkellner S., Vierheilig H., Ocampo Bote J.A., Garcia Garrido J.M., 2007. Abscisic acid determines arbuscule development and functionality in the tomato arbuscular mycorrhiza. *New Phytologist*, 175, 554-64.

Hiltner L., 1904. Über neuere Erfahrungen und Problem auf dem Gebeit der Bodenbakteriologie und unter besonderer Berucksichtigung der Grundungung und Brache. *Arbeite und Deutsche Landwirtschaft Gesellschaft* 98, 59-78.

Hinsinger P., 1998. How do plant roots acquire mineral nutrients? Chemical processes involved in the rhizosphere. *Advances in Agronomy* 24, 225-265.

Hinsinger P., 2001a. Bioavailability of trace elements as related to root-induced chemical changes in the rhizosphere. In *Trace Elements in the Rhizosphere,* (G.R. Gobran, W.W. Wenzel & E. Lombi Eds.), CRC Press LCC, Boca Raton, Florida, USA, 25-41.

Hinsinger P., 2001b. Bioavailability of soil inorganic P in the rhizosphere as affected by root-induced chemical changes. A review. *Plant and Soil* 237, 173-195.

Hirano S.S., Charkowski A.O., Collmer A., Willis D.K., Upper C.D., 1999. Role of the Hrp type III protein secretion system in growth of *Pseudomonas syringae* pv. syringae B728a on host plants in the field. *Proceedings of the National Academy of Sciences of the USA* 96, 851-9856.

Hirasawa K-I., Amano T., Shioi Y., 2005. Effects of scavengers for active oxygen species on cell death by crytogein. *Phytochemistry* 66, 463- 468.

Hirsch A.M., Bauer W.D., Bird D.M., Cullimore J., Tyler B., Yoder J.I., 2003. Molecular signals and receptors: controlling rhizosphere interactions between plants and other organisms. *Ecology* 84, 858-868.

Hoffland E., Hakulinen J., van Pelt J.A., 1996. Comparison of systemic resistance induced by avirulent and nonpathogenic *Pseudomonas* species. *Phytopathology* 86, 757-762.
Hoffland E., Pieterse C.M.J., Bik L., Van Pelt J.A., 1995. Induced systemic resistance in radish is not associated with accumulation of pathogenesisrelated proteins. *Physiological and Molecular Plant Pathology* 46, 309-320.
Hoffland E., Pieterse C.M.J., Bik L., Van Pelt J.A., 1995. Induced systemic resistance in radish is not associated with accumulation of pathogenesisrelated proteins. *Physiological and Molecular Plant Pathology* 46, 309-320.
Hoffman T., Schmidt J.S., Zheng X., Bent A.F., 1999. Isolation of ethylene-insensitive soybean mutants that are altered in pathogen susceptibility and gene-for-gene disease resistance. *Plant Physiology* 119, 935-949.
Höfte M., de Vos P., 2006. Plant pathogenic *Pseudomonas* species. *In: Plant-associated bacteria,* (S.-S. Gnanamanickam, eds). part. 3, Springer, Pays-Bas, 507-533.
Högberg P., Nordgren A., Buchmann N., Taylor A.F.S., Ekblad A., Hogberg M.N., Nyberg G., Ottosson-Löfvenius M., Read D.J., 2001. Large-scale forest girdling shows that current photosynthesis drives soil respiration. *Nature* 411, 789-792.
Hogenhout S.A., van der Hoorn R.A.L., Terauchi R., Kamoun S., 2009. Emerging concepts in effector biology of plant-associated organisms. *Molecular Plant-Microbe Interactions* 22, 115-122.
Hoitink H.A.J., Madden L.V., Dorrance A.E., 2006. Systemic resistance induced by *Trichoderma* spp.; interactions between the host, the pathogen, the biocontrol agent and soil organic matter quality. *Phytopathology* 96, 186-189.
Hon W.C., Griffith M., Mlynarz A., Kwok Y.C., Yang D.S., 1995. Antifreeze proteins in winter rye are similar to pathogenesis-related proteins. *Plant Physiology*, 109, 879-889.
Hong J.K., Yu B-W., Kang J-G., Raja M.U., Kwon E., Sorhagen K., Chu C., Wang Y., Loake G.J., 2008. Nitric oxide function and signalling in plant disease resistance. *Journal of Experimental Botany* 59, 147-154.
Horner-Devine M.C., Leibold M.A., Smith V.H., Bohannan B.J.M., 2003. Bacterial diversity patterns along a gradient of primary productivity. *Ecology Letters*, 6, 613-622.
Horton T.R., Bruns T.D., 2001. The molecular revolution in ectomycorrhizal ecology: peeking into the black-box. *Molecular Ecology* 10, 1855-1871.
Hsiao W.W., Ung K., Aeschliman D., Bryan J., Finlay B.B., Brinkman F.S., 2005. Evidence of a large novel gene pool associated with prokaryotic genomic islands. *PLoS Genetics* 1, e62.
Hu X., Bidney D.L., Yalpani N., Duvick J.P., Castra O., Folkerts O., Lu G., 2003. Overexpression of a gene encoding hydrogen peroxide-generating oxalate oxidase evokes defense responses in sunflower. *Plant Physiology* 133, 170-181.
Hu X., Reddy A.S.N., 1997. Cloning and expression of a PR-5-like protein from *Arabidopsis*: inhibition of fungal growth by bacterially expressed protein. *Plant Molecular Biology* 34, 949-959.
Huang H.C., He S.Y., Bauer D.W., Collmer A., 1992. The *Pseudomonas syringae* pv. Syringae 61 *hrp*H product, an envelope protein required for elicitation of the hypersensitive response in plants. *Journal of Bacteriology* 174, 6878-6885.

Huang T., Duman J.G., 2002. Cloning and characterization of a thermal hysteresis (antifreeze) protein with DNA-binding activity from winter bittersweet nightshade, *Solanum dulcamara*. *Plant Molecular Biology* 48, 339-350.

Hueck C.J., 1998. Type III protein secretion systems in bacterial pathogens of animals and plants. *Microbiology and Molecular Biology Reviews* 62, 379-433.

Huglin P., Schneider C., 1998. Biologie et écologie de la vigne, (Tec & Doc Lavoisier, eds), Paris, France, 370 pages.

Humphris S.N., Bengough A.G., Griffiths B.S., Kilham K., Rodger S., Stubbs V., Valentine T.A., Young I.M., 2005. Root cap influences root colonisation by *Pseudomonas fluorescens* SBW25 on maize. *FEMS Microbiology Ecology* 54, 123-130.

Hurek T., Handley L.L., Reinhold-Hurek B., Piche Y., 2002. Azoarcus grass endophytes contribute fixed nitrogen to the plant in an unculturable state. *Mol Plant Microbe Interact* 15, 233–242.

Hurek T., Reinhold-Hurek B., van Montagu M., Kellenbberger E., 1994. Root colonization and systemic spreading of *Azoarcus* sp. strain BH72 in grasses. *Journal of Bacteriology* 176, 1913-1923.

Hutcheson S.W., Bretz J., Sussan T., Jin S., Pak K., 2001. Enhancer-binding proteins HrpR and HrpS interact to regulate *hrp*-encoded type III protein secretion in *Pseudomonas syringae* strains. *Journal of Bacteriology* 183, 5589-5598.

Huynh T.V., Dahlbeck D., Staskawicz B.J., 1989. Bacterial blight of soybean: regulation of a pathogen gene determining host cultivar specificity. *Science* 245, 1374-1377.

I

Iavicoli A., Boutet E., Buchala A., Métraux J.P., 2003. Induced systemic resistance in *Arabidopsis thaliana* in response to root inoculation with *Pseudomonas fluorescens* CHA0. *Molecular Plant-Microbe Interactions* 16, 851-858.

Iniguez A.L., Dong Y., Carter H.D., Ahmer B.M.M., Stone J.M., Triplett E.W., 2005. Regulation of enteric endophytic bacterial colonization by plant defenses. *Molecular Plant- Microbe interactions* 18, 169-178.

Isopi R., Fabbri P., Del-Gallo M., Puppi G., 1995. Dual inoculation of *Sorghum bicolor* (L.) Moench ssp. bicolor with vesicular arbuscular mycorrhizas and *Acetobacter diazotrophicus*. *Symbiosis* 18, 43–55.

J

Jabs T., 1999. Reactive oxygen intermediates as mediators of programmed cell death in plants and animals. *Biochemical Pharmacology* 57, 231-245.

Jackson R.W., Preston G.M., Rainey P.B., 2005. Genetic characterization of *Pseudomonas fluorescens* SBW25 *rsp* gene expression in the phytosphere and *in vitro*. *Journal of Bacteriology* 187, 8477-8488.

Jacob-Dubuisson F., Locht C., Antoine R., 2001. Two-partner secretion in Gram-negative bacteria: a thrifty, specific pathway for large virulence proteins. *Molecular Microbiology* 40, 306-313.

Jaeger C.H., Lindow S.E., Miller W., Clark E., Firestone M.K., 1999. Mappin of Sugar and amino acid availability in soil around roots with bacterial sensors of sucrose and tryptophan. *Appl Environ Microbiol* 65, 2685-2690.

Jaillard B., Plassard C., Hinsinger P., 2001. Techniques for measuring root-induced pH changes in the rhizosphere. In: *Soil Acidity Handbook,* (Z. Rengel Ed.), Marcel Dekker, USA.

Jaillard B., Ruiz L., Arvieu J.C., 1996. pH mapping in transparent gel using color indicator videodensitometry.- *Plant and Soil* 183, 1-11.

Jaillard B., 1985. Activité racinaire et rhizostructures en milieu carbonaté. *Pédologie* 35, 297-313.

Jaillon O., Aury J.M., Noel B., Policriti A., Clepand C., Casagrande A., Choisne N., Aubourg S., Vitulo N., Jubin C., Vezzi A., Legeai F., Hugueney P., Dasilva C., Horner D., Mica E., Jublot D., Poulain J., Bruyère C., Billault A., Ségurens B., Gouyvenoux M., Ugarte E., Cattonaro F., Anthouard V., Vico V., Del Fabbro C., Alaux M., Di Gaspero G., Dumas V., Felice N., Paillard S., Juman I., Moroldo M., Scalabrin S., Canaguier A., Le Clainche I., Malacrida G., Durand E., Pesole G., Laucou V., Chateland P., Merdinoglou D., Delledonne M., Pezzotti M., Lecharny A., Scarpelli C., Artiguenave F., Pè M.E., Valle G., Morgante M., Caboche M., Blondon A.F., Weissenbach J., Quétier F., Wincker P., 2007. The grapevine genome sequence suggests ancestral hexaploidization in major angiosperm phyla. *Nature* 449, 463–467.

Jakobsen I., Abbott L.K., Robson A.D., 1992. External hyphae of vesicular-arbuscular mycorrhizal fungi associated with *Trifolium subterraneum*, I: spread of hyphae and phosphorus inflow into roots. *New Phytologist* 120, 371-380.

Jalloul A., Clerivet A., Nicole M., 2009. La signalisation hormonale dans la résistance des plantes aux bioagresseurs. *Cahiers Agricultures* 18, 493-497.

James E.K., Gyaneshwar P., Manthan N., Barraquio W.L., Reddy P.M., Ianetta P.P.M., Olivares F.L., Ladha J.K., 2002. Infection and colonization of rice seedlings by the plant growth-promoting bacterium *Herbaspirillum seropedicae* Z67. *Molecular Plant- Microbe Interactions* 15, 894-906.

James E.K., Gyaneshwar P., Mathan N., Barraquio W.L., Reddy P.M., Iannetta P.P.M., Olivares F.L., Ladha J.K., 2002. Infection and colonization of rice seedlings by the plant growth-promoting bacterium Herbaspirillum seropedicae Z67 *Mol Plant Microbe Interact* 15, 894-906.

James E.K., Olivares F.L., Baldani J.I., Dobereiner J., 1997. *Herbaspirillum,* an endophytic diazotroph colonizing vascular tissue in leaves of *Sorghum bicolor* L. *Moench. J Exp Bot* 48, 785-797.

James E.K., Olivares F.L., de Oliveira A.L.M., dos Reis F.B., da Silva L.G., Reis V.M., 2001. Further observations on the interaction between sugar cane and Gluconacetobacter diazotrophicus under laboratory and greenhouse conditions. *J Exp Bot* 52, 747-760.

Jansen J.P., 2011. /CRA-W info N°30/ Revue de la Fédération Walonne Horticole N°66. Mars-Avril 2011: 26.

Janssen P.H., 2006. Identifying the dominant soil bacterial taxa in libraries of 16S rRNA and 16S rRNA genes. *Appl Environ Microbiol.* 72, 1719-1728.

Jansson J.K., 2003. Marker and reporter genes: illuminating tools for environmental microbiologists. *Current Opinion in Microbiology* 6, 310-316.

Jeandet P., Douillet-Breuil A.C., Bessis R., Debord S., Sbaghi M., Adrian M., 2002. Phytoalexins from the *Vitaceae*: biosynthesis, phytoalexin gene expression in transgenic plants, antifungal activity, and metabolism. *Journal of Agricultural and Food Chemistry* 50, 2731-2741.

Jia J., Wang Y., Zhou L., Jin S., 2006. Expression of *Pseudomonas aeruginosa* toxin ExoS effectively induces apoptosis in host cells. *Infection and Immunity* 74, 6557-6570.

Job V., Mattei P.J., Lemaire D., Attree I., Dessen A., 2010. Structural basis of chaperone recognition of type III secretion system minor translocator proteins. *Journal of Biological Chemistry*, sous presse.

Johansson J.F., Paul L.R., Finlay R.D., 2004. Microbial interactions in the mycorrhizosphere and their significance for sustainable agriculture. *FEMS Microbiology Ecology* 48, 1-13.

Jones D.L., Hodge A., Kuzyakov Y., 2004. Plant mycorrhizal regulation of rhizodeposition. *New Phytologist* 163, 459-480.

Jones D.L., 1998. Organic acids in the rhizosphere – a critical review. *Plant and Soil* 205, 25-44.

Jones J.D.G., Dangl J.L., 2006. The plant immune system. *Nature* 444, 323-329.

Jorquera M.A., Crowley D.E., Marschner P., Greiner R., Fernandez M.T., Romero D., Menezes-Blackburn D., de la Luz Mora M., 2011. Identification of β-propeller phytase-encoding genes in culturable *Paenibacillus* and *Bacillus* spp. Fromthe rhizosphere of pasture plants onvolcanic soils. *FEMS Microbiol Ecol* 75, 163-172.

Jourdan E., Ongena M., Thonart P., 2008. Caractéristiques moléculaires de l'immunité des plantes induite par les rhizobactéries non pathogènes. *Biotechnology, Agronomy, Society and Environment* 12, 437-449.

Juhas M., van der Meer J.R., Gaillard M., Harding R.M., Hood D.W., Crook D.W., 2009. Genomic islands: toolsof bacterial horizontal gene transferand evolution. *FEMS Microbiology Reviews* 33, 376-393.

Jurkowski G.I., Smith Jr R.K., Yu I.C., Ham J.H., Sharma S.B., Klessig D.F., Fengler K.A., Bent A.F., 2004. *Arabidopsis DND2*, a second cyclic nucleotide-gated ion channel gene for which mutation causes the "d*efense, no death*" phenotype. *Molecular Plant-Microbe Interactions* 17, 511- 520.

K

Kabata-Pendias A., Pendias H., 1992. Trace elements in soils and plants.- 2nd Edition, CRC Press, Boca Raton, Florida, 365pp.

Kabisch U., Landgraf A., Krause J., Bonas U., Boch J., 2005. Type III secretion chaperones ShcS1 and ShcO1 from *Pseudomonas syringae* pv. *tomato* DC3000 bind more than one effector. *Microbiology* 151, 269-280.

Kachroo P., Yoshioka K., Shah J., Dooner K.D., Klessig D.F., 2000. Resistance to turnip crinkle virus in *Arabidopsis* is regulated by two host genes is salicylic acid dependent but NPR1, ethylene, and jasmonate independent. *The Plant Cell* 12, 677-690.

Kambara K., Ardissone S., Kobayashi H., Saad M.M., Schumpp O., Broughton W.J., Deakin W.J., 2009. Rhizobia utilize pathogen-like effector proteins during symbiosis. *Molecular Microbiology* 71, 92-106.

Kamdar H.V., Kamoun S., Kado C.I., 1993. Restoration of pathogenicity of avirulent *Xanthomonas oryzae* pv. oryzae and *X. campestris* pathovars by reciprocal complementation with the *hrp*Xo and *hrp*Xc genes and identification of HrpX function by sequence analyses. *Journal of Bacteriology* 175, 2017-2025.

Kaneko T., Nakamura Y., Sato S., Asamizu E., Kato T., Sasamoto S., Watanabe A., Idesawa K., Ishikawa A., Kawashima K., Kimura T., Kishida Y., Kiyokawa C., Kohara M., Matsumoto M., Matsuno A., Mochizuki Y., Nakayama S., Nakazaki N., Shimpo S., Sugimoto M., Takeuchi C., Manabu M., Tabata S., 2000. Complete genome structure of the nitrogenfixing symbiotic bacterium *Mesorhizobium loti. DNA Research* 7, 331-338.

Kang B.R., Yang K.Y., Cho B.H., Han T.H., Kim I.S., Lee M.C., Anderson A.J., Kim Y.C., 2006. Production of indole-3-acetic acid in the plantbeneficial strain *Pseudomonas chlororaphis* O6 is negatively regulated by the global sensor kinase GacS. *Current Microbiology* 52, 473-476.

Katz V.A., Thulke O.U., Conrath U., 1998. A benzothiadiazole primes parsley cells for augmented elicitation of defense responses. *Plant Physiology* 117, 1333-1339.

Katzen F., Becker A., Ielmini V., Oddo C.G., Ielpi L., 1999. New mobilizable vectors suitable for gene replacement in Gram-negative Bacteria and their use in mapping of the 3' end of *Xanthomonas campestris* pv. Campestris *gum* operon. *Applied and Environmental Microbiology* 65, 278-282.

Kauffmann S., Dorey S., Baillieul F., 2009. Vers une stratégie alternative de protection des cultures. *Biofutur* 296, 26-30.

Kaushik R., Saxena A.K., Tilak K.V.B.R., 2000. Selection of Tn5:lacZ mutants isogenic to wild type *Azospirillum brasilense* strains capable of growing at sub-optimal temperature.*World J Microbiol Biotechnol* 16, 567–570.

Kazan K., Manners J.M., 2009. Linking development to defense: auxin in plant-pathogen interactions. *Trends in Plant Science* 14, 373-382.

Keen N.T., 1990. Gene-for-gene complementarity in plant-pathogen interactions. *Annual Review of Genetics* 24, 447-463.

Keith L., Sewake K., Zee F., 2005. Isolation and characterization of *Burkholderia gladioli* from Orchids in Hawaii. *Plant Disease* 89, 1273-1278.

Keller M., Viret O., Cole F.M., 2003. *Botrytis cinerea* infection in grape flowers: defense reaction, latency, and disease expression. *Phytopathology* 93, 316-322.

Kempema L.A., Cui X., Holzer F.M., Walling L.L., 2007. *Arabidopsis* transcriptome changes in response to phloem-feeding silverleaf whitefly nymphs. Similarities and distinctions in responses to aphids. *Plant Physiology* 143, 849-865.

Kent A.D., Triplett E.W., 2002. Microbial communities and their interactions in soil land rhizosphere ecosystems. *Annual Review of Microbiology* 56, 211-236.

Kersters K., Ludwig W., Vancanneyt M., Devos P., Gillis M., Schleifer K.H., 1996. Recent changes in the classification of pseudomonads: an overview. *Systematic and Applied Microbiology* 19, 465-477.

Kikkert J, Ali GS, Striem M.J., Martens M., Wallace P.G., Molini L., Reisch B.I., 1997. Genetic engineering of grapevine (*Vitis* sp.) for enhancement of disease resistance. *Acta Horticulturae* 447, 273-279.

Kim B.S., Moon S.S., Hwang B.K., 1999. Isolation, identification and antifungal activity of a macrolide antibiotic, oligomycin A, produced by *Streptomyces libani. Canadian Journal of Botany* 77, 850-858.

Kim J.F., 2001. Revisiting the chlamydial type III protein secretion system: clues to the origin of type III protein secretion. *Trends in Genetics* 17, 65-69.

Kim M.G., Geng X., Lee S.Y., Mackey D., 2009. The *Pseudomonas syringae* type III effector AvrRpm1 induces significant defenses by activating the *Arabidopsis* nucleotide-binding leucine-rich repeat protein RPS2. *Plant Journal* 57, 645-653.

Kimura M., 1980. A simple model for estimating evolutionary rates of base substitutions through comparative studies of nucleotide sequences. *Journal of Molecular Evolution* 16, 111-120.

King E.O., Ward M.K., Raney D.E., 1954. Two simple media for demonstration of pyocyanin and fluorescein. *Journal of Laboratory and Clinical Medicine* 44, 301-307.

Kjemtrup S., Nimchuk Z., Dangl J.L., 2000. Effector proteins of phytopathogenic bacteria: bifunctional signals in virulence and host recognition. *Current Opinion in Microbiology* 3, 73-78.

Klair S., Hider R.C., Adams M.Z., Leigh R.A., 1996. Studies of iron transport in wheat using synthetic phytosiderophores.- *Journal of Plant Nutrition* 19, 1295-1307.

Klarzinski O., Plesse B., Joubert J.M., Yin J.C., Kopp M., Kloareg B., Fritig B., 2000. Linear β- 1,3 glucans are elicitors of defense responses in tobacco. *Plant Physiology* 124, 1027-1037.

Klement Z., 1963. Rapid detection of the pathogenicity of phytopathogenic pseudomonads. *Nature* 199, 299-300.

Klement Z. 1982. Hypersensivity. *In: Phytopathogenic prokaryotes,* (M.-S. Mount, G.-H. Lacy, Eds). vol. 2, Academic Press, Inc., New York, Etats-unis, 149-177.

Kloepper J.W., Rodriguez-Ubana R., Zehnder G.W., Murphy J.F., Sikora E., Fernandez C., 1999. Plant root-bacterial interactions in biological control of soilborne diseases and potential extension to systemic and foliar diseases. *Australasian Plant Pathology* 28, 21-26.

Kloepper J.W., Scher F.M., Laliberte M., Tipping B., 1986. Emergence-promoting rhizobacteria: description and implications for agriculture. *In: Iron, Siderophores and Plant Diseases,* (T.-R. Swinburne, eds), Plenum, Publishing Corporation, New York, United States of America, 155-164.

Kloepper J.W., Schroth M.N., 1978. Plant growth-promoting rhizobacteria on radishes. *In: Proceedings of the 4th International Conference on Plant Pathogenic Bacteria,* (G. Clarey, eds), vol. II (Station de Pathologie Végétale et Phyto-Bactériologie, Tours, France, INRA, Angers, France, 879-882.

Kloepper J.W., Tuzun S., Kuć J.A., 1992. Proposed definitions related to induced disease resistance. *Biocontrol Science and Technology* 2, 349-351.

Knight H., Knight M.R., 2001. Abiotic stress signalling pathways: specificity and cross-talk. *Trends in Plant Science* 6, 262-267.

Knoester M., Pieterse C.M.J., Bol J.F., van Loon L.C., 1999. Systemic resistance in *Arabidopsis* induced by rhizobacteria requires ethylenedependent signalling at the site of application. *Molecular Plant-Microbe Interactions* 12, 720-727.

Knoester M., van Loon L.C., Van den Heuvel J., Hennig J., Bol J.F., Linthorst H.J.M., 1998. Ethylene-insensitive tobacco lacks nonhost resistance against soil-borne fungi. *Proceedings of the National Academy of Science USA* 95, 1933-1937.

Kobayashi D.Y., Palumbo J.D., 2000. Bacterial endophytes and their effects on plants and uses in agriculture. *In: Microbial Endophytes,* (Bacon C.W. and White J.F., eds), Marcel Dekker Incorporated, New York, United States of America, 199-233.

Kobayashi S., Ding C.K., Nakamura Y., Nakajima I., Matsumoto R., 2000. Kiwifruits (*Actinidia deliciosa*) transformed with a *Vitis* stilbene synthase gene produce piceid (resveratrol-glucoside). *Plant Cell Reports* 19, 904-910.

Kokalis-Burelle N., Mahaffee W.F., Rodriguez-Kabana R., Kloepper J.W., Bowen K.L., 2002. Effects of Switchgrass (*Panicum virgatum*) rotations with peanuts (*Arachis hypogaea*) on nematode population and soil microflora. *Journal of Nematology* 34, 98-105.

Komarek M., Cadkova E., Chrastny V., Bordas F., Bollinger J.C., 2010. Contamination of vineyard soils with fungicides: a review of environmental and toxicological aspect. *Environment International* 36, 138-151.

Kortekamp A., 2006. Expression analysis of defence-related genes in grapevine leaves after inoculation with a host and a non-host pathogen. *Plant Physiology and Biochemistry* 44, 58-67.

Kowalchuk G.A., Buma D.S., de Boer W., Klinkhamer P.G.L., van Veen J.A., 2002. Effects of above-ground species composition and diversity of soil-borne microorganisms. *Antonie Van Leeuwenhoek* 81, 509-520.

Kowalchuk G.A., Stephen J.R., 2001. Ammonia-oxidizing bacteria: a model for molecular microbial ecology. *Annual* Review of *Microbiology* 55, 485-529.

Kowalchuk G.A., Yergeau E., Leveau J.H.J., Sessitsch A., Bailey M., 2010. Plant-associated microbial communities. *In: Environmental molecular microbiology,* (W-T. Liu, J.-K. Jansson, eds), Caister Academic Press, Norfolk, Royaume-Uni, 131-148.

Krause A., Doerfel A., Göttfert M., 2002. Mutational and transcriptional analysis of the type III secretion system of *Bradyrhizobium japonicum*. *Molecular Plant-Microbe Interactions* 15, 1228- 1235.

Krishna P., 2003. Brassinosteroid-mediated stress responses. *Journal of Plant Growth Regulation* 22, 289-297.

Krishnan H.B., Lorio J., Kim W.S., Jiang G., Kim K.Y., de Boer M., Pueppke S.G., 2003. Extracellular proteins involved in soybean cultivar-specific nodulation are associated with pilus-like surface appendages and exported by a type III protein secretion system in *Sinorhizobium fredii* USDA257. *Molecular Plant-Microbe Interactions* 16, 617-625.

Kumar S., Pandey P., Maheshwari D.K., 2009. Reduction in dose of chemical fertilizers and growth enhancement of sesame (*Sesamum indicum* L.) with application of rhizospheric competent *Pseudomonas aeruginosa* LES4. *European Journal of Soil Biology* 45, 334-340.

Kunkel B.N., Brooks D.M., 2002. Cross talk between signaling pathways in pathogen defence. *Current Opinion in Plant Biology* 5, 325-331.

Kuppusamy K.T., Walcher C.L., Nemhauser J.L., 2009. Cross-regulatory mechanisms in hormone signalling. *Plant Molecular Biology* 69, 375-381.

Kuzyakov Y., Domanski G., 2000. Carbon input by plants into the soil. Review. *J Plant Nutr Soil Sci* 163, 421-431.

Kuzyakov Y., Larionova A.A., 2005. Root and rhizomicrobial respiration: A review of approaches to estimate respiration by autotrophic and heterotrophic organisms in soil. *J Plant Nutr Soil Sci* 168, 503-520.

L

Ladd J.N., Amato M., Grace P.R., Van Veen J.A., 1995. Simulation of ^{14}C turnover through the microbial biomass in soils incubated with 14C labelled plant residues *Soil Biology & Biochemistry* 27, 777-783.

Lagrimini L.M., Burkhart W., Moyer M., Rothstein S., 1987. Molecular cloning of complementary DNA encoding the lignin-forming peroxidase from tobacco: molecular analysis and tissue-specific expression. *Proceedings of the National Academy of Sciences USA* 84, 7542-7546.

Lan L., Deng X., Zhou J., Tang X., 2006. Genome-wide gene expression analysis of *Pseudomonas syringae* pv. tomato DC3000 reveals overlapping and distinct pathways regulated by *hrp*L and *hrp*RS. M*olecular Plant-Microbe Interactions* 19, 976-987.

Langcake P., Pryce R.J., 1977. The production of resveratrol and the viniferins by grapevines in response to ultraviolet irradiation. *Phytochemistry* 16, 1193-1196.

Lange B.M., Lapierre C., Sandermann Jr H., 1995. Elicitor-induced spruce stress lignin (structural similarity to early developmental lignins). *Plant Physiology* 108, 1277-1287.

Laquitaine L., Gomès E., François J., Marchive C., Pascal S., Hamdi S., Atanassova R., Delrot S., Coutos-Thévenot P., 2006. Molecular basis of ergosterol-induced protection of grape against *Botrytis cinerea*: induction of type I *LTP* promoter activity, *WRKY*, and stilbene synthase gene expression. *Molecular Plant-Microbe Interactions* 19, 1103-1112.

Larignon P., Fontaine F., Farine S., Clément C., Bertsch C., 2009. Esca et Black Dead Arm: deux acteurs majeurs des maladies du bois chez la Vigne. *Comptes Rendus Biologies* 332, 765-783.

Larrainzar E., O'Gara F., Morrissey J.P., 2005. Applications of autofluorescent proteins for *in situ* studies in microbial ecology. *Annual Review in Microbiology* 59, 257-277.

Latorre B.A., Agosin E., San Martin R., Vasquez G.S., 1997. Effectiveness of conidia of *Trichoderma harzianum* produced by liquid fermentation against *Botrytis* bunch rot of table grape in Chile. *Crop Protection* 16, 209-214.

Latour X., Delorme S., Mirleau P., Lemanceau P., 2009. Identification of traits implicated in the rhizosphere competence of fluorescent pseudomonads: description of a strategy based on population and model strain studies. *In: Sustainable agriculture,* (E. Lichtfouse, M. Navarrete, D. Debaeke, V. Souchère, C. Alberola, eds), part. 3, Springer, Pays-Bas, 285-296.

Latunde-Dada A.O., Lucas J.A., 2001. The plant defence activator acibenzolar-S-methyl primes cowpea [*Vigna unguiculata* (L). Walp.] seedlings for rapid induction of resistance. *Physiological and Molecular Plant Pathology* 58, 199-208.

Lauber C.L., Hamady M., Knight R., Fierer N., 2009. Soil pH as a predicator of soil bacterial community structure at the continental scale: a pyrosequencing-based assessment. *Appl Environ Microbiol.* 75(15), 5111-5120.

Lauber C.L., Strickland M.S., Bradford M.A., Fierer N., 2008. The influence of soil properties on the structure of bacterial and fungal communities across land-use types. *Soil Biol. Biochem.* 40, 2407-2415.

Le Hénanff G., 2009. Caractérisation fonctionnelle de genes de signalisation intervenant dans les réponses de défense aux agents pathogens chez la vigne. Thèse de l'Université de Haute-Alsace, France, 164p.

Leadbeater A., Staub T., 2007. Exploitation of induced resistance: a commercial perspective. *In: Induced resistance for plant defence: a sustainable approach to crop protection,* (Walters D., Newton A; and Lyon G. eds), Balckwell publishing, pp 229- 242.

Leake J.R., Johnson D., Donnelly D.P., Muckle G.E., Boddy L., Read D.J., 2004. Networks of power and influence: the role of mycorrhizal mycelium in controlling plant communities and agroecosystem functioning. *Canadian Journal of Botany* 82, 1016-1045.

Lecourieux D., Mazars C., Pauly N., Ranjeva R., Pugin A., 2002. Analysis and effects of cytosolic free calcium increases in response to elicitors in *Nicotiana plumbaginifolia* cells. *The Plant Cell,* 14, 2627-2641.

Lee J., Klüsener B., Tsiamis G., Stevens C., Neyt C., Tampakakii A.P., Panopoulosi N.J., Nöller J., Weiler E.W., Cornelis G.R., Mansfield J.W., Nürnberger T., 2001. HrpZPsph from the plant pathogen *Pseudomonas syringae* pv. phaseolicola binds to lipid bilayers and forms an ion-conducting pore in vitro. *Proceedings of the National Academy of Sciences of the USA* 98, 289-294.

Leeman M., Den Ouden F.M., van Pelt J.A., Cornelissen C., Matamala-Garros A., Bakker P.A.H.M., Schippers B., 1996. Suppression of fusarium wilt of radish by coinoculation of fluorescent *Pseudomonas* spp. and root-colonizing fungi. *European Journal of Plant Pathology* 102, 21-31.

Leeman M., van Pelt J.A., den Ouden F.M., Heinsbroek M., Bakker P.A.H.M., Schippers B., 1995. Induction of systemic resistance by *Pseudomonas fluorescens* in radish cultivars differing in susceptibility to *Fusarium* wilt, using a novel bioassay. *European Journal of Plant Pathology* 101, 655-664.

Lemanceau P., Alabouvette C., Couteaudier Y., 1988. Recherches sur la résistance des sols aux maladies, XIV : modification du niveau de réceptivité d'un sol résistant et d'un sol sensible aux fusarioses vasculaires en réponse à des apports de fer ou de glucose. *Agronomie* 8, 155-162.

Lemanceau P., Alabouvette C., 1991. Biological control of fusarium diseases by fluorescent *Pseudomonas* and non-pathogenic *Fusarium. Crop Protection* 10: 279-286.

Lemanceau P., Bakker P., Raaijmakers J., Bloemberg G., Höfte M., Cooke B.M., 2007. New Perspectives and Applroches in Plant Growth-Promoting Rhizobacteria research. *Reprinted from European Journal of Plant Pathology* 119(3), 365p.

Lemanceau P, Corberand T, Gardan L, Latour X, Laguerre G, Boeufgras J-M, Alabouvette C., 1995. Effect of two plant species, flax (*Linum usitatissinum*) and tomato (*Lycopersicon esculentum*) on the diversity of soilborne populations of fluorescent pseudomonads. *Applied and Environmental Microbiology* 61, 1004-1012.

Lemanceau P., Expert D., Gaymard F., Bakker P.A.H.M., Briat J.F., 2009. Role of iron in plant–microbe interactions. *Advances in Botanical Research* 51, 491-549.

Lemanceau P., Heulin T., 1998. La rhizosphère. *In : Sol : interface fragile,* (P. Stengel, S. Gelin, eds). INRA, Paris, France, p. 93-106.

Lemanceau P., Offre P., Mougel C., Gamalero E., Dessaux Y., Moenne-Loccoz Y., Berta G., 2006. Microbial ecology of the rhizosphere. *In: Microbiological methods for assessing soil quality,* (J. Bloem, D.-W. Hopkins, A. Benedetti, eds), CABI publishing, Massachusetts, Cambridge, MA, Etats-Unis, 228-230.

Lemanceau P., Samson R., Alabouvette C., 1998. Recherche sur la résistance des sols aux maladies, XV : comparaison des populations de *Pseudomonas* fluorescents dans un sol résistant et un sol sensible aux fusarioses vasculaires. *Agronomie* 8, 243-249.

Lemanceau P. 1992., Beneficial effects of rhizobacteria on plants: exemple of fluorescent *Pseudomonas* spp.. *Agronomie* 12, 413-437.

Léon-Kloosterziel K.M., Verhagen B.W.M., Keurentjes J.J.B., van Pelt J.A., Rep M., van Loon L.C., Pieterse C.M.J., 2005. Colonization of the *Arabidopsis* rhizosphere by fluorescent *Pseudomonas* spp. activates a root-specific, ethylene-responsive *PR-5* gene in the vascular bundle. *Plant Molecular Biology* 57, 731-748.

Leroux P., 2003. Modes d'action des produits phytosanitaires sur les organismes pathogènes des plantes. *Comptes Rendus de Biologie* 326, 9-21.

Levine A., Tenhaken R., Dixon R., Lamb C., 1994. H_2O_2 from the oxidative burst orchestrates the plant hypersensitive disease resistance response.*Cell* 79, 583-593.

Lewis J.D., Guttmana D.S., Desveaux D., 2009. The targeting of plant cellular systems by injected type III effector proteins. *Seminars in Cell & Developmental Biology* 20, 1055-1063.

Li J., Brader G., Palva E.T., 2004. The WRKY70 transcription factor: a node of convergence for jasmonate-mediated and salicylatemediated signals in plant defense. *The Plant Cell* 16, 319-331.

Li Z., Wakao S., Fischer B.B., Niyogi K.K., 2009. Sensing and responding to excess light. *Annual Review of Plant Biology* 60, 239-260.

Ligterink W., Kroj T., Zur Nieden U., Hirt H., Scheel D., 1997. Receptor-mediated activation of a MAP kinase in pathogen defense of plants. *Science* 276, 2054-2057.

Lin T.P., Chen C.L., Fu H.C., Wu C.Y., Lin G.H., Huang S.H., Chang L.K., Liu S.T., 2005. Functional analysis of fengycin synthetase FenD. *Biochimica and Biophysica Acta (BBA) – Gene Structure and Expression* 1730, 159-164.

Lin Y.C., Hsu S.T., Huang H.C., 2006. Evidence for the interaction between HrpT and HrcC of *Pseudomonas syringae* pv. syringae 61. *Plant Pathology Bulletin* 15, 171-185.

Linderman R.G., 1997. Vesicular-arbuscular mycorrhizal (VAM) fungi. *In: The Mycota,* (G.-C. Caroll, P. Tudzynski, eds). Springer-Verlag, Berlin, Allemagne, 117-128.

Lindgren P.B., Peet R.C., Panopoulos N.J., 1986. Gene cluster of *Pseudomonas syringae* pv. "*phaseolicola*" controls pathogenicity of beans plants and hypersensitivity on non host plants. *Journal of Bacteriology* 168, 512-522.

Lipson D.A., Raab T.K., Schmidt S.K., Monson R.K., 2001. An empirical model of amino acid transformations in an alpine soil. *Soil Biol Biochem* 33, 189-198.

Liu J., Maldonado-Mendoza I., Lopez-Meyer M., Cheung F., Town C.D., Harrison M.J., 2007. Arbuscular mycorrhizal symbiosis is accompanied by local and systemic alterations in gene expression and an increase in disease resistance in the shoots. *The Plant Journal* 50, 529-544.

Liu X., Zhao H., Chen S., 2006. Colonization of maize and rice plants by strain *Bacillus megaterium* C4. *Current Microbiology* 52, 186-190.

Llorente F., Muskett P., Sanchez-Vallet A., Lopez G., Ramos B., Sanchez-Rodriguez C., Jorda L., Parker J., Molina A., 2008. Repression of the auxin response pathway increases *Arabidopsis* susceptibility to necrotrophic fungi. *Molecular Plant* 1, 496-509.

Lo Piccolo S., Ferraro V., Alfonzo A., Settanni L., Ercolini D., Burruano S., Moschetti G., 2010. Presence of endophytic bacteria in *Vitis vinifera* leaves as detected by fluorescence in situ hybridization. *Annals of Microbiology* 60, 161-167.

Lodewyckx C., Vangronsveld J., Porteous F., Moore E.R.B., Taghavi S., Mezgeay M., van der Lelie D., 2002. Endophytic bacteria and their potential applications. *Critical Reviews in Plant Sciences* 21, 583-606.

Lopez M.A., Bannenberg G., Castresana C., 2008. Controlling hormone signaling is a plant and pathogen challenge for growth and survival. *Current Opinion in Plant Biology* 11, 1-8.

Loqman S., Ait Barka E., Clément C., Ouhdouch Y., 2009. Antagonistic actinomycetes from Moroccan soil to control the grapevine gray mold. *World Journal of Microbiology and Biotechnology* 25, 81-91.

Lorenz S.E., Hamon R.E., McGrath S.P., 1994. Differences between soil solutions obtained from rhizosphere and non-rhizosphere soils by water displacement and soil centrifugation.- *European Journal of Soil Science* 45, 431-438.

Lorito M., Broadway R.M., Hayes C.K., Woo S.L., Noviello C., Williams D.L., Harman G.E., 1994. Proteinase inhibitors from plants as a novel class of fungicides. *Molecular Plant-Microbe Interactions* 7, 525-527.

Losada L.C., Hutcheson S.W., 2005. Type III secretion chaperones of *Pseudomonas syringae* protect effectors from Lon associated degradation. *Molecular Microbiology* 55, 941-953.

Lugtenberg B.J.J., Dekkers L., Bloemberg G.V., 2001. Molecular determinants of rhizosphere colonization by *Pseudomonas*. *Annual Review of Phytopathology* 39, 461-490.

Lugtenberg B.J.J., Dekkers L.C., 1999. What make *Pseudomonas* bacteria rhizosphere competent? *Environnemental Microbiology* 1, 9-13.

Lynch J.M., 1987. The rhizosphere. Chichester: Wiley Interscience.

Lyon G., 2007. Agents that can elicit induced resistance. *In: Induced resistance for plant defence: a sustainable approach to crop protection,* (Walters D., Newton A; and Lyon G. eds), Balckwell publishing, 9-29.

M

Mackey D., McFall A.J., 2006. MAMPs and MIMPs: proposed classifications for inducers of innate immunity. *Molecular Microbiology* 61, 1365-1371.

Madhaiyan M., Poonguzhali S., Ryu J., Sa T., 2006. Regulation of ethylene levels in canola (*Brassica campestris*) by 1-aminocyclopropane-1-carboxylate deaminase-containing *Methylobacterium fujisawaense*. *Planta* 224, 268-278.

Magnani G.S., Didonet C.M., Cruz L.M., Picheth C.F., Pedrosa F.O., Souza E.M., 2010. Diversiy of endophytic bacteria in Brazilian sugarcane. *Genetics and Molecular Research* 9, 250-258.

Magnin-Robert M., Trotel-Aziz P., Quantinet D., Biagianti S., Aziz A., 2007. Biological control of *Botrytis cinerea* by selected grapevine-associated bacteria and stimulation of chitinase and β-1,3 glucanase activities under field conditions. *European Journal of Plant Pathology* 118, 43-57.

Mahajan S., Tuteja N., 2005. Cold, salinity and drought stresses: an overview. *Archives of Biochemistry and Biophysics* 444, 139-158.

Mahenthiralingam E., Drevinek P., 2007.Comparative genomics of *Burkholderia* species. *In: Burkholderia, molecular microbiology and genomics,* (Coenye T. and Vandamme P., eds), Horizon Bioscience, Norfolk, United Kingdom, 53-80.

Malik K.A., Bilal R., Mehnaz S., Rasul G., Mirza M.S., Ali S., 1997. Association of nitrogen-fixing, plant promoting rhizobacteria (PGPR) with kallar grass and rice. *Plant Soil* 194, 37–44.

Marchal R., Tabary I., Valade M., Moncomble D., Viaux L., Robillard B., Duteubre B., Jeandet P., 2002. Influence de la pourriture grise sur les propriétés moussantes des champagnes. *Le vigneron champenois* 6, 52-64.

Marenda M., Brito B., Callard D., Genin S., Barberis P., Boucher C., Arlat M., 1998. PrhA controls a novel regulatory pathway required for the specific induction of *Ralstonia solanacearum hrp* genes in the presence of plant cells. *Molecular Microbiology* 27, 437-453.

Marschner H., Römheld V., 1994. Strategies of plants for acquisition of iron. *Plant and Soil* 165, 261-274.

Marschner H., 1995. *Mineral nutrition of higher plants.* Second Edition, Academic Press, 889pp.

Marschner P., Crowley D.E., Lieberei R., 2001. Arbuscular mycorrhizal infection changes the bacterial 16SrRNA gene community composition in the rhizosphere of maize. *Mycorrhiza* 11, 297- 302.

Martiny J.B., Bohannan B.J., Brown J.H., Brown J.H., Colwell R.K., Fuhrman J.A., Green J.L., Horner-Devine M.C., Kane M., Krumins J.A., Kuske C.R., Morin P.J., Naeem S., Ovreas L., Reysenbach A.L., Smith V.H., Staley J.T., 2006. Microbial biogeography: putting microorganisms on the map. *Nat Rev Microbiol.* 4, 102-112.

Massoumou M., van Tuinen D., Chatagnier O., Arnould C., Brechenmacher L., Sanchez L., Selim S., Gianinazzi S., Gianinazzi-Pearson V., 2007. *Medicago truncatula* gene responses specific to arbuscular mycorrhiza interactions with different species and genera of Glomeromycota. *Mycorrhiza* 17, 223-234.

Mastretta C., Taghavi S., van der Lelie D., Mengoni A., Galardi F., Gonnelli C., Barac T., Boulet J., Weyens N., Vangronsveld J., 2009. Endophytic bacteria from seeds of *Nicotiana tabacum* can reduce cadmium phytotoxicity. *International Journal of Phytoremediation* 11, 251-267.

Mattick J.S., 2002. Type IV pili and twitching mobility. *Annual Review of Microbiology* 56, 289-314.

Mauch-Mani B., Mauch F., 2005. The role of abscissic acid in plant-pathogen interactions. *Current Opinion in Plant Biology* 8, 409-414.

Maurhofer M., Hase C., Meuwly P., Métraux J-P., Defago G., 1994. Induction of systemic resistance of tobacco necrosis virus by the root-colonizing *Pseudomonas fluorescens* strain CHAO: influence of the *gacA* gene and pyoverdine production. *Phtytopathology*, 84, 139-146.

Maurhofer M., Hase C., Meuwly P., Metraux J.P., Defago G., 1994. Induction of systemic resistance of tobacco necrosis virus by the root-colonizing *Pseudomonas fluorescens* strain CHAO: influence of the *gacA* gene and pyoverdine production. *Phytopathology* 84, 139-146.

Mazurier S., Corberand T., Lemanceau P., Raaijmakers J.M., 2009. Phenazine antibiotics produced by fluorescent pseudomonads contribute to natural soil suppressiveness to *Fusarium* wilt. *ISME Journal* 3, 977-991.

Mazurier S., Delorme S., Siblot S., Lemanceau P., 2000. Presence of DNA sequences characteristic of type III secretion systems in biocontrol *Pseudomonas fluorescens* strain C7. *In: Proceedings of the 5th International PGPR Workshop,* Cordoba, Argentine, 77p.

Mazurier S., Lemunier M., Hartmann H., Siblot S., Lemanceau P., 2006. Conservation of type III secretion system genes in *Bradyrhizobium* isolated from soybean. *FEMS Microbiology Ecology* 259, 317-325.

Mazurier S., Lemunier M., Siblot S., Mougel C., Lemanceau P., 2004. Distribution and diversity of type III secretion system-like genes in saprophytic and phytopathogenic fluorescent pseudomonads. *FEMS Microbiology Ecology* 49, 455-467.

Mc Laughlin M.J., Smolders E., Merckx R., 1998. Soil-root interface: Physicochemical processes. *In Soil Chemistry and Ecosystem Health. Soil Science Society of America, Madison, Wisconsin, USA. Special Publication* 52, 233-277.

McCully M.E., 2001. Niches for bacterial endophytes in crop plants: a plant biologist's view. *Australian Journal of Plant Physiology* 28, 983-990.

McDowell J.M., Dangl J.L., 2000. Signal transduction in the plant immune response. *Trends in Biochemical Sciences* 25, 79-82.

McLusky S.R., Bennett M.H., Beale M.H., Lewis M.J., Gaskin P., Mansfield J.W., 1999. Cell wall alterations and localized accumulation of feruloyl- 3'-methoxytyramine in onion epidermis at sites of attempted penetration by *Botrytis allii* are associated with actin polarisation, peroxidise activity and suppression of flavonoid biosynthesis. *The Plant Journal* 17, 523-534.

Mehnaz S., Mirza M.S., Haurat J., Bally R., Normand P., Bano A., Malik K.A., 2001. Isolation and 16S rRNA sequence analysis of the beneficial bacteria from the rhizosphere of rice. *Can J Microbiol* 472, 110–117.

Meier U. 2001. Grapevine. In Meier U. (Ed), Growth stages of mono-and dicotyledonous plants. BBCH monograph: Federal Biological Research Centre for Agriculture and Forestry, Blackwell Wissenschafts-verlag, Berlin, Allemagne, pp 93-95.

Meinhardt L.W., Krishnan H.B., Balatti P.A., Pueppke S.G., 1993. Molecular cloning and characterization of a sym plasmid locus that regulates cultivar-specific nodulation of soybean by *Rhizobium fredii* USDA257. *Molecular Microbiology* 9, 17-29.

Mejia L.C., Rojas E.I., Maynard Z., Van Bael S., Arnold A.E., Hebbar P., Samuels G.J., Robbins N., Herre E.A., 2008. Endophytic fungi as biocontrol agents of *Theobroma cacao* pathogens. *Biological Control*, 46, 4-14.

Mellersh D.G., Heath M.C., 2003. An investigation into the involvement of defense signaling pathways in components of the nonhost resistance of *Arabidopsis thaliana* to rust fungi also reveals a model system for studying rust fungal compatibility. *Molecular Plant-Microbe Interactions* 16, 398-404.

Melotto M., Underwood W., Kozczan J., Nomura K., He S.Y., 2006. Plant stomata function in innate immunity against bacterial invasion. *Cell* 126, 969-980.

Ménard R., Alban S., de Ruffray P., Jamois F., Franz G., Fritig B., Yvin J-C., Kauffmann S., 2004. ß-1,3 glucan sulfate, but not ß-1,3 glucan, induces the salicylic acid signaling pathway in tobacco and *Arabidopsis*. *The Plant Cell* 16, 3020-3032.

Mench M., Fargues S., 1995. *Metal uptake by iron-efficient and inefficient oats.*- Iron Nutrition in Soils and Plants (J. Abadia ed.), Kluwer Academic Publishers, Dordrecht, The netherlands, 217-223.

Mench M., Morel J.L., Guckert A., Guillet B., 1988. Metal binding with root exudates of low molecular weight.- *Journal of Soil Science* 39, 521-527.

Mench M., 1990. Transfert des oligo-éléments du sol à la racine et absorption.- *Compte Rendu de l'Académie de Agriculture Française* 76, 17-30.

Mendes R., Pizzirani-Kleiner A.A., Araujo W.L., Raaijmakers J.M., 2007. Diversity of cultivated endophytic bacteria from sugarcane: genetic and biochemical characterization of *Burkholderia cepacia* complex isolates. *Applied and Environmental Microbiology* 73, 7259-7267.

Mercado-Blanco J., Bakker P.A.H.M., 2007. Interactions between plants and beneficial *Pseudomonas* spp.: exploiting bacterial traits for crop protection. *Antonnie van Leeuwenhoek* 92, 367-389.

Meziane H., van der Sluis I., van Loon L.C., Höfte M., Bakker P.A.H.M., 2005. Determinants of *Pseudomonas putida* WCS358 involved in inducing systemic resistance in plants. *Molecular Plant Pathology* 6, 177-185.

Miché L., Battistoni F., Gemmer S., Belghazi M., Reinhold-Hurek B., 2006. Upregulation of jasmonate-inducible defense proteins and differential colonization of roots of *Oryza sativa* cultivars with the endophyte *Azoarcus* sp. *Molecular Plant-Microbe Interactions* 19, 502-511.

Michiels T., Wattiau P., Brasseur R., Ruysschaert J.M., Cornelis G., 1990. Secretion of Yop proteins by *Yersiniae*. *Infection and Immunity* 58, 2840-2849.

Migula W., 1894. Über ein neues System der Bakterien. *Arbeiten aus dem backtriologischen Institut der technischen Hochschule zu Karlsruhe* 1, 235-238.

Mirleau P., Philippot L., Corberand T., Lemanceau P., 2001. Involvement of nitrate reductase and pyoverdine in the competitiveness of *Pseudomonas fluorescens* strain C7R12 in soil conditions. *Applied Environmental Microbiology* 67, 2627-2635.

Misaghi I.J., Donndelinger C.R., 1990. Endophytic bacteria in symptom-free cotton plants. *Phytopathology* 80, 808-811.

Mitller R., Vanderauwera S., Gollery M., van Breusegem F., 2004. Reactive oxygen gene network of plants. *Trends in Plant Science* 9, 490- 498.

Miyagawa H., 2000. Biocontrol of bacterial seedling blight of rice caused by *Burkholderia gladioli* using with its avirulent isolate. *Japan Journal of Phytopathology* 66, 232-238.

Monteiro S., Barakat M., Piçarra-Pereira M.A., Teixeira A.R., Ferreira R.B., 2003. Osmotin and thaumatin from grape: a putative general defense mechanism against pathogenic fungi. *Phytopathology* 93, 1505-1512.

Morandi D., Prado S., Sagan M., Duc G., 2005. Characterisation of new symbiotic *Medicago truncatula* mutants, and phenotypic or genotypic complementary information on previously described mutants. *Mycorrhiza* 15, 283-289.

Morel C., Plenchette C., Fardeau J.C., 1992. La fertilisation phosphatée raisonnée de la culture du blé. *Agronomie* 12, 565-579.

Morgan J.A.W., Bending G.D., White P.J., 2005. Biological costs and benefits to plant–microbe interactions in the rhizosphere. *Journal of Experimental Botany* 56, 1729–1739.

Mori S., Nishizawa N., Kawai S., Sato Y., Takagi S., 1987. Dynamic state of mugineic acid and analogous phytosiderophores in Fe-déficient barley. *Journal of Plant Nutrition* 10, 1003-1011.

Morrissey JP, Dow JM, Mark GL, O'Gara F., 2004. Are microbes at the root of a solution to world food production? *EMBO Reports* 5, 922- 926.

Morton J.B., Bentivenga S.P., 1994. Levels of diversity in endomycorrhizal fungi (Glomales, Zygomycetes) and their role in defining taxonomic and non-taxonomic groups. *Plant and Soil* 159, 47-59.

Mota L.J., Sorg I., Cornelis G.R., 2005. Type III secretion: the bacteria-eukaryotic cell express. *FEMS Microbiology Letters* 252, 1-10.

Mougel C., Offre P., Ranjard L., Corberand T., Gamalero E., Robin C., Lemanceau P., 2006. Dynamic of the genetic structure of bacterial and fungal communities at different development stages of *Medicago truncatula* Gaertn. cv. Jemalong line J5. *New Phytologist* 170, 165-175.

Mougous J.D., Cuff M.E., Raunser S., Shen A., Zhou M., Gifford C.A., Goodman A.L., Joachimiak G., Ordonez C.L., Lory S., Walz T., Joachimiak A., Mekalanos J.J., 2006. A virulence locus of *Pseudomonas aeruginosa* encodes a protein secretion apparatus. *Science* 312, 1526-1530.

Moulin L., Munive A., Dreyfus B., Boivin-Masson C., 2001. Nodulation of legumes by members of the beta-subclass of Proteobacteria. *Nature* 411, 948-950.

M'Piga P., Belanger R.R., Paulitz T.C., Benhamou N., 1997. Increased resistance to *Fusarium oxysporum* f. sp. *radicis-lycopersici* in tomato plants treated with the endophytic bacterium *Pseudomonas fluorescens* strain 63-28. *Physiological and Molecular Plant Pathology* 50, 301-320.

Mrkovacki N., Milic V., 2001. Use of *Azotobacter chroococcum* as potentially useful in agricultural application. *Ann Microbiol* 51, 145–158.

Mudgett M.B., 2005. New insights to the function of phytopathogenic bacterial type III effectors in plants. *Annual Review of Plant Physiology* 56, 509-31.

Muessig C., Lisso J., Coll-Garcia D., Altmann T., 2006. Molecular analysis of brassinosteroid action. *Plant Biology* 8, 291-296.

Muller A.K., Westergaard K., Christensen S., Sorensen S.J., 2002. The diversity and function of soil microbial communities exposed to different disturbances. *Microb Ecol.* 44, 49-58.

Muller B., Sheen J., 2007. Advances in cytokinin signalling. *Science* 318, 68-69.

Mulya K., Takikawa Y., Tsuyumu S., 1996. The presence of regions homologous to *hrp* cluster in *Pseudomonas fluorescens* PfG32R. *Phytopathological Society of Japan* 62, 355-359.

Mulya K., Teraoka T., Hosokawa D., Watanabe M., 1992. On the disease control mechanism of bacterial wilt of tomato by the use of antagonistic *Pseudomonas fluorescens*. *Annals of the Phytopathological Society of Japan* 59, 103-104.

Mummey D.L., Stahl P.D., 2004. Analysis of soil whole and inner microaggregate bacterial communities. *Microb Ecol.* 48, 41-50.

Mundt J.O., Hinkle N.F., 1976. Bacteria within ovules and seeds. *Applied and Environmental Microbiology* 32, 694-698.

Munkvold G.P., Marois J.J., 1993. Efficacity of natural epiphytes and colonizers of grapevine pruning wounds for biological control of Eutypa dieback. *Phytopathology* 83, 624-629.

Mur L.A., Kenton P., Atzorn R., Miersch O., Wasternack C., 2006. The outcomes of concentration-specific interactions between salicylate and jasmonate signaling include synergy, antagonism, and oxidative stress leading to cell death. *Plant Physiology* 140, 249-262.

Mur L.A.J., Naylor G., Warner S.A.J., Sugars J.M., White R.F., Draper J., 1996. Salicylic acid potentiates defence gene expression in tissue exhibiting acquired resistance to pathogen attack. *The Plant Journal* 9, 559-571.

Murty D., Kirschbaum M.F.U., McMurtrie R.E., McGilvray A., 2002. Does conversion of forest to agricultural land change soil carbon and nitrogen? *Global Change Biology* 8, 105-123.

Muthukumarasamy R., Kang U.G., Park K.D., Jeon W-T., Park C.Y., Cho Y.S., Kwon S-W., Song J., Roh D-H., Revathi G., 2007. Enumeration, isolation and identification of diazotrophs from Korean wetland rice varieties grown with long-term application of N and compost and their short-term inoculation effect on rice plants. *Journal of Applied Microbiology* 102, 981-991.

N

Nakashita H., Yasuda M., Nitta T., Asami T., Fujioka S., Arai Y., Sekimata K., Takatsuto S., Yamaguchi I., Yoshida S., 2003. Brassinosteroid functions in a broad range of disease resistance in tobacco and rice. *The Plant Journal* 33, 887-898.

Nakayama T., Homma Y., Hashidoko Y., Mizutani J., Tahara S., 1999. Possible role of xanthobaccins produced by *Stenotrophomonas* sp. strainSB-K88 in suppression of sugar beet damping-off disease. *Applied and Environmental Microbiology* 65, 4334-4339.

Nannipieri P., Ascher J., Ceccherini M.T., Landi L., Pietramellara G., Renella G., Valori F., 2008. Effects of root exudates in microbial diversity and activity in rhizosphere soils. *In: Soil biology: molecular mechanisms of plant and microbe coexistence,* (C.-S. Nautiyal, P. Dion, eds), vol. 15, Springer, Berlin Heidelberg, Allemagne, 339-365.

Naumann M., Schüβler A., Bonfante P., 2010. The obligate endobacteria of arbuscular mycorrhizal fungi are ancient heritable components related to the *Mollicutes*. *ISME Journal* 4, 862- 871.

Navarro L., Bari R., Achard P., Lison P., Nemri A., Harberd N.P., Jones J.D., 2008. DELLAs control plant immune responses by modulating the balance of jasmonic acid and salicylic acid signalling. *Current Biology* 18, 650-655.

Nawrath C., Métraux J.P., 1999. Salicylic acid induction-deficient mutants of *Arabidopsis* express PR-2 and PR-5 and accumulate high levels of camalexin after pathogen inoculation. *The Plant Cell* 11, 1393-1404.

Nazir R., Warmink J.A., Boersma H., van Elsas J.D., 2010. Mechanisms that promote bacterial fitness in fungal-affected soil microhabitats. *FEMS Micobiology Ecology* 71, 169-185.

Neill S.J., Desikan R., Clarke A., Hurst R.D., Hancock J.T., 2002. Hydrogen peroxide and nitric oxide as signalling molecules in plants. *Journal of Experimental Botany* 53, 372, 1237-1247.

Newton A.C., Fitt B.D.L., Atkins S.D., Walters D.R., Daniell T.J., 2010. Pathogenesis, parasitism and mutualism in the trophic space of microbe-plant interactions. *Trends in Microbiology* 18, 365-373.

Neyt C., Cornelis G.R., 1999. Role of SycD, the chaperone of the *Yersinia* Yop translocators YopB and YopD. *Molecular Microbiology*, 31, 143-156.

Nguyen C., 2009. Rhizodeposition of organic C by plant: mechanisms and controls. *In: Sustainable Agriculture,* (E. Lichtfouse, M. Navarrete, P. Debaeke, V. Souchère, C. Alberola, eds). Springer, Pays-Bas, 375-396.
Nguyen L., Paulsen I.T., Tchieu J., Hueck C.J., Saier M.H. Jr., 2000. Phylogenetic analyses of the constituents of type III protein secretion systems. *Journal of Molecular Microbiology and Biotechnology* 2, 125-144.
Nicholas K.B., Nicholas H.B., 1997. GENEDOC a tool for editing and annoting multiple sequence alignments. http://www.psc.edu/biomed/genedoc.
Niderman T., Genetet I., Bruyere T., Gees R., Stintzi A., Legrand M., Fritig B., Mösinger E., 1995. Pathogenesis-related PR-1 proteins are antifungal – Isolation and characterization of three 14-kilodalton proteins of tomato and of a basic PR-1 of tobacco with inhibitory activity against *Phytophthora infestans. Plant Physiology* 108, 17- 27.
Nissan G., Manulis S., Weinthal D.M., Sessa G., Barash I., 2005. Analysis of promoters recognized by HrpL, an alternative sigma-factor protein from *Pantoea agglomerans* pv. *gypsophilae. Molecular Plant-Microbe Interactions* 18, 634-643.
Noel T.C., Sheng C., Yost C.K., Pharis R.P., Hynes M.F., 1996. *Rhizobium leguminosarum* as a plant growth-promoting rhizobacterium: direct growth promotion of canola and lettuce. *Can J Microbiol* 42, 279–283.
Noguez A.M., Arita H.T., Escalante A.E., Forney L.J., Garcia-Oliva F., Souza V., 2005. Microbial macroecology: highly structured prokaryotic soil assemnlages in a tropical deciduous forest. *Global Ecol. Biogegr.* 14, 241-248.
Nombela G., Pascual S., Aviles M., Guillard E., Muniz M., 2005. Benzothiadiazole induces local resistance to *Bemisia tabaci* (*Hemiptera: Aleyrodidae*) in tomato plants. *Journal of Economic Entomology* 98, 2266-2271.
Nomura K., Melotto M., He S.Y., 2005. Suppression of host defense in compatible plant- *Pseudomonas syringae* interactions. *Current Opinion in Plant Biology* 8, 361-368.
Normand P., Ponsonnet C., Nesme X., Neyra M., Simonet P., 1996. ITS analysis of prokaryotes. *In: Molecular microbial ecology manual,* (D.-L. Akkermans, J.-D. van Elsas, E. I. de Bruijn, eds), Kluwer Academic, Amsterdam, Pays-Bas, 1-12.
Norman-Setterblad C., Vidal S., Palva T.E., 2000. Interacting signal pathway control defense gene expression in *Arabidopsis* in response to cell wall-degrading enzymes from *Erwinia carotovora. Molecular Plant-Microbe Interactions* 13, 430-438.
Nowak J., Asiedu S.K., Bensalim S., Richards J., Stewart A., Smith C., Stevens D., Sturz A.V., 1998. From laboratory to applications: challenges and progress with *in vitro* dual cultures of potato and beneficial bacteria. *Plant Cell Tissue and Organ Cultures* 52, 97-103.
Nowak J., Asiedu S.K., Lazarovits G., Pillay V., Stewart A., Smith C., Liu Z., 1995. Enhancement of *in vitro* growth and transplant stress tolerance of potato and vegetable plantlets co-cultured with a plant growth-promoting rhizobacterium. *In: Proceedings of the International Symposium on Ecophysiology and Photosynthetic In Vitro Cultures,* (F. Carré, P. Chagvardieff, eds), CEA, Aix-en-Provence, France, 173-180.
Nowak J., Shulaev V., 2003. Priming for transplant stress resistance in *in vitro* propagation. *In Vitro Cellular and Developmental Biology-Plantarum* 39, 107-124.

Nowak J., 1998. Benefits of *in vitro* "biotization" of plant tissue cultures with microbial inoculants. *In Vitro Cellular and Developmental Biology-Plant* 34, 122-130.

Nunan N., Daniell T.J., Singh B.K., Papert A., McNicol J.W., Prosser J.I., 2005. Links between plant and rhizoplane bacterial communities in grassland soils, characterized using molecular techniques. *Appl Environ Microbiol.* 71, 6784-6792.

Nunan N., Ritz K., Crabb D., Harris K., Wu K.J., Crawford J.W., Young I.M., 2001. Quantification of the in situ distribution of soil bacteria by large scale imaging of thin sections of undisturbed soil. *FEMS Microbiol Ecol.* 37, 67-77.

Nunan N., Wu K., Young I.M., Crawford J.W., Ritz K., 2002. In situ spatial patterns of soil bacterial populations, mapped at multiple scales, in an arable soil. *Microb Ecol.* 44, 296-305.

Nürnberger T., Kemmerling B., 2009. PAMPTriggered basal Immunity in plants. *Advances in Botanical Research* 51, 1-38.

Nürnberger T., Nennstiel D., Jabs T., Sacks W.R., Hahlbrock K., Scheel D., 1994. High affinity bindings of a fungal oligopeptide elicitor to parsley plasma membranes triggers multiple defense responses. *Cell* 78, 449-460.

Nusslein K., Tiedje J.M., 1999. Soil bacterial community shift correlated with change from forest to pasture vegetation in a tropical soil. *Appl Environ Microbiol.* 65, 3622-3626.

Nye P.H., 1981. Changes of pH across the rhizosphere induced by roots.*Plant and Soil* 61, 7-26.

Nye P.H., 1986. Acid-base changes in the rhizosphere. *Advances in Plant Nutrition* 2, 129-1253.

O

O'Connor P.J., Smith S.E., Smith F.A., 2002. Arbuscular mycorrhizas influence plant diversity and community structure in a semiarid herbland. *New Phytologist* 154, 209-218.

Oades J.M., 1984. Soil organic matter and structural stability: mechanisms and imlpications for management. .*Plant Soil.* 76, 319-337.

Offre P., Pivato B., Mazurier S., Siblot S., Berta G., Lemanceau P., Mougel C., 2008. Microdiversity of *Burkholderiales* associated with mycorrhizal and nonmycorrhizal roots of *Medicago truncatula. FEMS Microbiology Ecology* 65, 180-192.

Offre P., Pivato B., Siblot S., Gamalero E., Corberand T., Lemanceau P., Mougel C., 2007. Identification of bacterial groups preferentially associated with mycorrhizal roots of *Medicago truncatula. Applied and Environmental Microbiology* 73, 913-921.

Ogiso H., Teraoka T., Hosokawa D., Watanabe M., 1991. Studies on the biological control of bacterial wilt disease of tomato by *pseudomonas fluorescens. Annals of the Phytopathological Society of Japan* 58, 104.

Oldroyd G.E.D., Harrison M.J., Paszkowski U., 2009. Reprogramming plant cells for endosymbiosis. Science 324, 753-754.

Omar MNA, Mahrous NM, Hamouda AM., 1996. Evaluating the efficiency of inoculating some diazatrophs on yield and protein content of 3 wheat cultivars under graded levels of nitrogen fertilization. *Ann Agric Sci* 41, 579–590.

Ongena M., Duby F., Jourdan E., Beaudry T., Jadin V., Dommes J., Thonart P., 2005a. *Bacillus subtilis* M4 decreases plant susceptibility towards fungal pathogens by increasing host resistance associated with differential gene expression. *Applied Microbiology and Biotechnology* 67, 692- 698.

Ongena M., Duby F., Rossignol F., Fouconnier M.L., Dommes J., Thonart P., 2004. Stimulation of the lipoxygenase pathway is associated with systemic resistance induced in bean by a nonpathogenic *Pseudomonas* strain. *Molecular Plant-Microbe Interactions* 17, 1009-1018.

Ongena M., Jacques P., Toure Y., Destain J., Jabrana A., Thonart P., 2005b. Involvement of fengycin-type lipopeptides in the multifaceted biocontrol potential of *Bacillus subtilis*. *Applied Microbiology and Biotechnology* 69, 29-38.

Ongena M., Jourdan E., Adam A., Paquot M., Brans A., Joris B., Arpigny J-L., Thonart P., 2007. Surfactin and fengycin lipopeptides of *Bacillus subtilis* as elicitors of induced systemic resistance in plants. *Environmental Microbiology* 9, 1084-1090.

P

Page A.L., Parsot C., 2002. Chaperones of the type III secretion pathway: jacks of all trades. *Molecular Microbiology* 46, 1-11.

Pallen M.J., Beatson S.A., Bailey C.M., 2005. Bioinformatics, genomics and evolution of nonflagellar type-III secretion systems: a Darwinian perpective. *FEMS Microbiology Reviews* 29, 201-229.

Pallen M.J., Chaudhuri R.R., Henderson I.R., 2003. Genomic analysis of secretion systems. *Current Opinion in Microbiology* 6, 519-527.

Palleroni N.J., Moore E.R.B., 2004. Taxonomy of pseudomonads: experimental approaches. *In: Pseudomonas*, (J.-L. Ramos, Eds), vol. 1. Kluwer Academic/Plenum Publishers, New York, Etats-Unis, 3-44.

Palleroni N.J., 2005. Genus I *Pseudomonas. In: Bergey's Manual of Systematic Bacteriology - The proteobacteria,* (D.-J. Brenner, N.-R. Krieg, J.-T. Staley, G.-M. Garrity, eds), 2ème édition, vol. 2, part. B, Springer, New-York, Etats-Unis, 323-379.

Palleroni N.J., 2009. The genus *Pseudomonas*. *In: Practical handbook of microbiology,* (E. Goldman, L.-H. Green, eds), 2ème édition, CRC Press, Taylor & Francis Group, Etats-Unis, 231-242.

Pandey A., Sharma E., Palni L.M.S., 1998. Influence of bacterial inoculation on maize in upland farming systems of the Sikkim Himalaya. *Soil Biol Biochem* 30, 379–384.

Panter S., Jones D., 2002. Age-related resistance to plant pathogens. *Advances in Botanical Research* 38, 251-280.

Papanov I., Papanov M., Teeale W., Menges M., Chkrabortee S., Muray J., Palme K., 2008. Comprehensive transcriptome analysis of auxin responses in *Arabidopsis*. *Molecular Plant* 1, 321- 337.

Paparu P., Dubois T., Coyne D., Viljoen A., 2007. Defense-related gene expression in susceptible and tolerant bananas (*Musa* spp.) following inoculation with non-pathogenic *Fusarium oxysporum* endophytes and challenge with *Radopholus similis*. *Physiological and Molecular Plant Pathology* 71, 149-157.

Parent M.E., Velegol D., 2004. E. coli adhesion to silica in the presence of humic acid. *Colloids Surf B Biointerfaces.* 39, 45-51.
Park K.S., Kloepper J.W., 2000. Activation of PR-1a promoter by rhizobacteria which induce systemic resistance in tobacco against *Pseudomonas syringae* pv. *tabaci*. *Biological Control* 18, 2-9.
Park S.W., Kaimoyo E., Kumar D., Mosher S., Klessig D.F., 2007. Methyl salicylate is a critical mobile signal for plant systemic acquired resistance. *Science* 318, 113-116.
Parke J.L., Gurian-Sherman D., 2001. Diversity of *Burkholderia cepacia* complex and its implications for risk assessment of biological control strains. *Annual Review of Phytopathology* 39, 225-258.
Parke J.L., 1991. Root colonization by indigenous and introduced microorganisms. *In: The Rhizosphere and Plant Growth,* (Keister D.L. and Gregan P.B., eds), Kluwer Academic Publishers, Dordrecht, The Netherlands, 33-42.
Parker M.A., Malek W., Parker I.M., 2006. Growth of an invasive legume is symbiont limited in newly occupied habitats. *Diversity and Distributions* 12, 563-571.
Parsot C., Hamiaux C., Page A.L., 2003. The various and varying roles of specific chaperones in type III secretion systems. *Current Opinion in Microbiology,* 6, 7-14.
Partida-Martinez L.P., Hertweck C., 2005. Pathogenic fungus harbours endosymbiotic bacteria for toxin production. *Nature* 437, 884-888.
Paszkowski U., 2006. Mutualism and parasitism: the yin and yang of plant symbioses. *Current Opinion in Plant Biology* 9, 364-370.
Paterson E., Gebbing T., Abel C., Sim A., Telfer G., 2006. Rhizodeposition shapes rhizosphere microbial community structure in organic soil. *New Phytol* 173, 600-610.
Paul B., Chereyathmanjiyil A., Masih I., Chapuis L., Benoit A., 1998. Biological control of *Botrytis cinerea* causing grey mold disease of grapevine and elicitation of stilbene phytoalexine (resveratrol) by a soil bacterium. *FEMS Microbiology Letters* 165, 65-70.
Paul B., Girard I., Bhatnagar T., Bouchet P., 1997. Suppression of *Botrytis cinerea* causing grey mould disease of grapevine (*Vitis vinifera*) and its pectinolytic activities by a soil bacterium. *Microbiological Research* 152, 413-420.
Peabody C.R., Chung Y.J., Yen M.R., Vidal-Ingigliardi D., Pugsley A.P., Saier M.H. Jr., 2003. Type II protein secretion and its relationship to bacterial type IV pili and archaeal flagella. *Microbiology* 149, 3051-3072.
Pedley K.F., Martin G.B., 2005. Role of mitogen-activated protein kinases in plant immunity. *Current Opinion in Plant Biology* 8, 541-547.
Peng J., Li Y., Shi P., Chen X., Lin H., Zhao B., 2011. The differential behavior of arbuscular mycorrhizal fungi in interaction with *Astragalus sinicus* L. under salt stress. *Mycorrhiza*. 21, 27-33.
Penninckx I.A., Thomma B.P., Buchala A., Métraux J.P., Broekaert W.F., 1998. Concomitant activation of jasmonate and ethylene response pathway is required for induction of a plant defensin gene in *Arabidopsis*. *Plant Cell* 10, 2103-2113.
Perret X., Staehelin C., Broughton W.J., 2000. Molecular basis of symbiotic promiscuity. *Microbiology and Molecular Biology Reviews* 64, 180-201.

Persello-Cartieaux F., Nussaume L., Robaglia C., 2003. Tales from the underground: molecular plant-rhizobacteria interactions. *Plant Cell and Environment* 26, 189-199.

Personeni E., 2004. Dynamique du carbone et de l'Azote lors de la décomposition in situ de litières racinaires de graminées prairiales. Doctorat de l'Université de Paris VI, 170p.

Peters J., Wilson D.P., Myers G., Timms P., Bavoil P.M., 2007. Type III secretion à la Chlamydia. *TRENDS in Microbiology* 15, 241-251

Petersen M., Brodersen P., Naested H., Andreasson E., Lindhart U., Johansen B., Nielsen H.B., Lacy M., Austin M.J., Parker J.E., Sharma S.B., Klessig D.F., Martienssen R., Mattsson O., Jensen A.B., Mundy J., 2000. *Arabidopsis* MAP Kinase 4 negatively regulates systemic acquired resistance. *Cell* 103, 1111-1120.

Petit A-N., 2008. Effets de fongicides anti-*Botrytis* sur les organes végétatifs et reproducteurs de la vigne. Thèse de l'Université de Reims Champagne- Ardenne, Reims, France, 129p.

Petnicki-Ocwieja T., Schneider D.J., Tam V.C., Chancey S.T., Shan L., Jamir Y., Schechter L.M., Janes M.D., Buell C.R., Tang X., Collmer A., Alfano J.R., 2002. Genomewide identification of proteins secreted by the Hrp type III protein secretion system of *Pseudomonas syringae* pv. tomato DC3000. *Proceedings of the National Academy of Sciences of the USA* 99, 7652-7657.

Peypoux F., Bonmatin J.M., Wallach J., 1999. Recent trends in the biochemistry of surfactin. *Applied and Environmental Microbiology* 51, 553- 563.

Pezet R., Viret O., Gindro K., 2004. Plantmicrobe interaction: the *Botrytis* grey mould of grapes-biology, biochemistry, epidemiology and control management. *In: Advances in Plant Physiology,* (A. Hemantaranjan, eds), Scientific publishers, Jodhpur, India, 7, 71-116.

Phillipot L., Renault P., Sierra J., Henault C., Clays-Josserand A., Chenu C., Chaussod R., Lensi R., 1996. Dissimilatory nitrite-reductase provides a competitive advantage to Pseudomonas sp. RTC01 to colonise the centre of soil aggregates. *FEMS Microbiol Ecol.* 21, 175-185.

Pieterse C.M.J., van der Ent S., van Pelt J.A., van Loon L.C., 2007. The role of ethylene in rhizobacteria induced systemic resistance (ISR). In: Plant Hormone Ethylene: Proceedings of the 7th International Symposium (Ramina A., ed), Springer, Dordrecht, The Netherlands, sous presse.

Pieterse C.M.J., van Loon L.C., 1999. Salicylic acid-independent plant defence pathways. *Trends in Plant Science* 4, 52-58.

Pieterse C.M.J., van Loon L.C., 2007. Signalling cascades in induced resistance. *In: Induced Resistance for Plant Defense: A Sustainable Approach to Crop Protection,* (Walters D., Newton A. and Lyon G., eds), Blackwell, Oxford, United Kingdom, pp. 65-68.

Pieterse C.M.J., Van Pelt J.A., Ton J., Parchmann S., Mueller M.J., Buchala A.J., Métraux J.P., van Loon L.C., 2000. Rhizobacteria-mediated induced systemic resistance (ISR) in *Arabidopsis* requires sensitivity to jasmonate and ethylene but is not accompanied by an increase in their production. *Physiological and Molecular Plant Pathology* 57, 123-134.

Pieterse C.M.J., van Pelt J.A., van Wees S.C.M., Ton J., Léon-Kloosterziel K.M., Keurentjes J.J.B., Verhagen B.W.M., Knoester M., van der Sluis I., Bakker P.A.H.M., van Loon L.C., 2001. Rhizobacteria-mediated induced systemic resistance: triggering, signalling, and expression. *European Journal of Plant Pathology* 107, 51-61.

Pieterse C.M.J., Van Wees S.C.M., Hoffland E., Van Pelt J.A., van Loon L.C., 1996. Systemic resistance in *Arabidopsis* induced by biocontrol bacteria is independent of salicylic acid accumulation and pathogenesis-related gene expression. *Plant Cell* 8, 1225-1237.

Pieterse C.M.J., Van Wees S.C.M., Van Pelt J.A., Knoester M., Laan R., Gerrits H., Weisbeek P.J., van Loon L.C., 1998. A novel signaling pathway controlling induced systemic resistance in *Arabidopsis*. *Plant Cell* 10, 1571-1580.

Pillay V.K., Nowak J., 1997. Inoculum density, temperature, and genotype effects on *in vitro* growth promotion and epiphytic and endophytic colonization of tomato (*Lycopersicon esculentum* L.) seedlings inoculated with a pseudomonad bacterium. *Canadian Journal of Microbiology* 43, 354-361.

Ping L., Boland W., 2004. Signals from the underground: bacterial volatiles promote growth in *Arabidopsis*. *Trends in Plant Science* 9, 263-266.

Pinton R., Varanini Z., Nannipieri P., 2001. The rhizosphere as a site of biochemical interactions among soil components, plants, and microorganisms. Dans "The rhizosphere", Pinton, R., Varanini, Z. et Nannipieri, P. (Eds). Marcel Dekker, Inc., Etats-Unis, p. 1-17.

Pitzschke A., Schikora A., Heribert H., 2009. MAPK cascade signalling networks in plant defence. *Current Opinion in Plant Biology* 12, 421-426.

Pivato B., Gamalero E., Lemanceau P., Berta G., 2008. Cell organization of *Pseudomonas fluorescens* C7R12 on adventitious roots of *Medicago truncatula* as affected by arbuscular mycorrhiza. *FEMS Microbiology Letters* 289, 173-180.

Pivato B., Mazurier S., Lemanceau P., Siblot S., Berta G., Mougel C., van Tuinen D., 2007. *Medicago* species affect the community composition of arbuscular mycorrhizal fungi associated with roots. *New Phytologist* 176, 197-210.

Pivato B., Offre P., Marchelli S., Barbonaglia B., Mougel C., Lemanceau P., Berta G., 2009. Bacterial effects on arbuscular mycorrhizal fungi and mycorrhiza development as influenced by the bacteria, fungi, and host plant. *Mycorrhiza*, 19, 81-90.

Planchon J.E., 1887. Monographie des Ampélidées vraies. *Monographia Phanerogamerum* 5, 305- 364.

Plé S., Job V., Dessen A., Attree I., 2010. Co-chaperone interactions in export of the type III needle component PscF of *Pseudomonas aeruginosa*. *Journal of Bacteriology*, in press.

Pohlner J., Halter R., Beyreuther K., Meyer T.F., 1987. Gene structure and extracellular secretion of *Neisseria gonorrhoeae* IgA protease. *Nature* 325, 458-462.

Poinssot B., Vandelle E., Bentéjac M., Adrian M., Levis C., Brygoo Y., Garin J., Sicilia F., Coutos-Thévenot P., Pugin A., 2003. The endopolygalacturonase 1 from *Botrytis cinerea* activates grapevine defense reactions unrelated to its enzymatic activity. *Molecular Plant-Microbe Interactions* 16, 553-654.

Poole E.J., Bending G.D., Whipps J.M., Read D.J., 2001. Bacteria associated with *Pinus sylvestris-Lactarius rufus* ectomycorrhizas and their effects on mycorrhiza formation *in vitro*. *New Phytologist* 151, 743-751.

Postel S, Kemmerling B., 2009. Plants systems for recognition of pathogen-associated molecular patterns. *Seminars in Cell and Developmental Biology* 20, 1025-1031.

Postma J., van Veen J.A., Walter S., 1989. Influence of different initial soil moisture contents on the distribution and population dynamics of intriduced Rhizobium leguminosarum biovar trifolii. *Soil Biol. Biochem.* 21, 437-442.

Pozidis C., Chalkiadaki A., Gomez-Serrano A., Stahlberg H., Brown I., Tampakaki A.P., Lustig A., Sianidis G., Politou A.S., Engel A., Panopoulos N.J., Mansfield J., Pugsley A.P., Karamanou S., Economou A., 2003. Type III protein translocase: HrcN is a peripheral ATPase that is activated by oligomerization. *Journal of Biological Chemistry* 278, 25816-25824.

Pozo M.J., Cordier C., Dumas-Gaudot E., Gianinazzi S., Barea J.M., Azcòn-Aguilar C., 2002. Localized versus systemic effect of arbuscular mycorrhizal fungi on defence responses to *Phytophtora* infection in tomato plants. *Journal of Experimental Botany* 53, 525-534.

Pozo M.J., Van der Ent S., van Loon L.C., Pieterse C.M.J., 2008. Transcription factor MYC2 is involved in priming for enhanced defense during rhizobacteria-induced systemic resistance in *Arabidopsis thaliana. New Phytologist* 180, 511-523.

Prats E., Rubiales D., Jorrin J., 2002. Acibenzolar-S-methyl-induced resistance to sunflower rust (*Puccinia helianthi*) is associated with enhancement of coumarins on foliar surface. *Physiological and Molecular Plant Pathology* 60, 155-162.

Preston G., Deng W.L., Huang H.C., Collmer A., 1998. Negative regulation of *hrp* genes in *Pseudomonas syringae* by HrpV. *Journal of Bacteriology* 180, 4532-4537.

Preston G., Huang H.C., He S.Y., Collmer A., 1995. The HrpZ proteins of *Pseudomonas syringae* pvs. syringae, glycinea, and tomato are encoded by an operon containing *Yersinia* ysc homologs and elicit the hypersensitive response in tomato but not soybean. *Molecular Plant-Microbe Interactions* 8, 717-32.

Preston G.M., Bertrand N., Rainey B., 2001. Type III secretion in plant growth-promoting *Pseudomonas fluorescens* SBW25. *Molecular Microbiology* 41, 999-1014.

Preston G.M., 2007. Metropolitan microbes: type III secretion in multihost symbionts. *Cell Host and Microbe* 2, 291-294.

Pukatzki S., Ma A.T., Sturtevant D., Krastins B., Sarracino D., Nelson W.C., Heidelberg J.F., Mekalanos J.J., 2006. Identification of a conserved bacterial protein secretion system in *Vibrio cholerae* using the *Dictyostelium* host model system. *Proceedings of the National Academy of Sciences of the USA* 103, 1528-1533.

Punja Z.K., 2001. Genetic engineering of plants to enhance resistance to fungal pathogens-a review of progress and future prospects. *Canadian Journal of Plant Pathology* 23, 216-235.

Q

Qiu X, Gurkar A.U., Lory S., 2006. Interstrain transfer of the large pathogenicity island (PAPI- 1) of *Pseudomonas aeruginosa. Proceedings of the National Academy of Sciences of the USA* 103, 19830-19835.

Quadt-Hallmann A., Benhamou N., Kloepper J.W., 1997. Bacterial endophytes in cotton: mechanisms of entering the plant. *Canadian Journal of Microbiology* 43, 577-582.

Quinaud M., Chabert J., Faudry E., Neumann E., Lemaire D., Pastor A., Elsen S., Dessen A., Attree I., 2005. The PscE-PscF-PscG complex controls type III secretion needle biogenesis in *Pseudomonas aeruginosa*. *Journal of Biological Chemistry* 280, 36293-36300.

Quinaud M., Plé S., Job V., Contreras-Martel C., Simorre J.P., Attree I., Dessen A., 2007. Structure of the heterotrimeric complex that regulates type III secretion needle formation. *Proceedings of the National Academy of Sciences of the USA* 104, 7803-7808.

R

Raaijmakers J.M., Leeman M., Van Oorschot M.M.P., van der Sluis I., Schippers B., Bakker P.A.H.M., 1995. Dose-response relationships in biological control of *Fusarium* wilt of radish by *Pseudomonas* spp. *Phytopathology* 85, 1075-1081.

Rabea E., Badawy M., Stevens C., Smagghe G., Steubaut W., 2003. Chitosan as antimicrobial agent: applications and mode of action. *Biomacromolecules* 6, 1457-1465.

Rademaker J.L.W., Hoste B., Louws F.J., Kersters K., Swings J., Vauterin L., Vauterin P., de Bruijn F.J., 1997. Comparison of AFLP and rep-PCR genomic fingerprinting with DNA-DNA homology studies: *Xanthomonas* as a model system. *International Journal of Systematic and Evolutionary Microbiology* 50, 665-677.

Radhakrishnan N., Balasubramanian R., 2009. Salicylic acid induced defence responses in *Curcuma longa* (L.) against *Pythium aphanidermatum* infection. *Crop Protection* 28, 974-979.

Rahman M.S., Ano T., Shoda M., 2007. Biofilm fermentation of iturin A by a recombinant strain of *Bacillus subtilis* 168. *Journal of Biotechnology*, 127, 503-507.

Rahme L.G., Ausubel F.M., Cao H., Drenkard E., Goumnerov B.C., Lau G.W., Mahajan-Miklos S., Plotnikova J., Tan M.W., Tsongalis J., Walendziewicz C.L., Tompkins R.G., 2000. Plants and animals share functionally common bacterial virulence factors. *Proceedings of the National Academy of Sciences of the USA* 97, 8815-8821.

Rahme L.G., Mindrinos M.N., Panopoulos N.J., 1992. Plant and environmental sensory signals control the expression of *hrp* genes in *Pseudomonas syringae* pv. phaseolicola. *Journal of Bacteriology* 174, 3499-3507.

Rainey P.B., 1999. Adaptation on *Pseudomonas fluorescens* to the plant rhizosphere. *Environmental Microbiology* 1, 243-257.

Rajendhran J., Gunasekaran P., 2008. Strategies for accessing soil metagenome for desired applications. *Biotechnol Adv.* 26, 576-590.

Rambelli A., 1973. The rhizosphere of mycorrhizae. Dans "Ectomycorrhizae", Marks, G.L. et Koslowski, T.T. (Eds). Academic Press, New York, Etats-Unis, p. 299-343.

Ramette A., Tiedje J.M., 2007. Biogeography: an emerging cornerstone for understanding prokaryotic diversity, ecology, and evolution. *Microb Ecol.* 53, 197-207.

Rangel-Castro J.I., Levenfors J.J., Danell E., 2002. Physiological and genetic characterization of fluorescent *Pseudomonas* associated with *Cantharellus cibarius*. *Canadian Journal of Microbiology* 48, 739-748.

Ranjard L., Lejon P.H.D., Mougel C., Scherer L., Merdinoglu D., Chaussod R., 2003. Sampling strategy in molecular microbial ecology: influence of soil sample size on DNA fingerprinting analysis of fungal and bacterial communities. *Environmental Microbiology* 5, 1111-1120.

Ranjard L., Nazaret S., Gourbiere F., Thioulouse J., Linet P., Richaume A., 2000. A soil microscale study to reveal the heterogeneity of Hg (II) impact on indigenous bacteria by quantification of adapted phenotypes and analysis of community DNA fingerprints. *FEMS Microbiology Ecology* 31, 107-115.

Ranjard L., Poly F., Lata J.C., Mougel C., Thioulouse J., Nazareth S., 2001. Characterization of bacterial and fungal soil communities by automated ribosomal intergenic spacer analysis fingerprints: biological and methodological variability. *Applied and Environmental Microbiology* 67, 4479-4487.

Ranjard L., Richaume A., Jocteur Monorozier L., Nazaret S., 1997. Response of soil bacteria to Hg(II) in relation to soil caracteristics and cell location. *FEMS Microbiol Ecol.* 321-331.

Ranjard L., Richaume A., 2001. Quantitative and qualitative microscale distribution of bacteria in soil. *Res Microbiol.* 152, 707-716.

Rappe M.S., Giovannoni S.J., 2003. The uncultured microbial majority. *Annu Rev Microbiol.* 57, 369-394.

Rathjen J.P., Moffett P., 2003. Early signal transduction events in specific plant disease resistance. *Current Opinion in Plant Biology* 6, 300-306.

Raymond M., Rousset F., 1995. GENEPOP version 1.2: population genetics software for exact tests and ecumenicism. *Journal of Heredity* 86, 248-249.

Reinhold-Hurck B., Hurek T., 1998. Life in grasses: diazotrophic endophytes. *Trends in Microbiology* 6, 139-144.

Reisch B.I., Kikkert J.R., Vidal J.R., Ali G.S., Gadoury D., Seem R., Wallace P., 2003. Genetic transformation of *Vitis vinifera* to improve resistance. *Acta Horticulturae* 603, 303-308.

Reitz M., Oger P., Meyer A., Niehaus K., Farrand S.K., Hallmann J., Sikora R.A., 2002. Importance of the O-antigen, core-region and lipid A of rhizobial lipopolysaccharides for the induction of systemic resistance in potato to *Globodera pallida*. *Nematology* 4, 73-79.

Remans R., Croonenborghs A., Gutierrez R.D., Michiels J., Vanderleyden J., 2007. Effects of plant growth-promoting rhizobacteria on nodulation of *Phaseolus vulgaris* are dependent on plant P nutrition. *In: New perspectives and approaches in plant growth-promoting rhizobacteria research,* (P. Lemanceau, P. Bakker, J.-M. Raaijmakers, G. Bloemberg, M. Höfte, B.-M. Cooke, eds). Springer, Pays-Bas, 341-351.

Remy W., Taylor T.N., Hass H., Kerp H., 1994. Four hundred-million-year-old vesicular arbuscular mycorrhizae. *Proceedings of the National Academy of Sciences of the USA* 91, 11841-11843.

Renault A.S., Deloire A., Bierne J., 1996. Pathogenesis-related proteins in grapevines induced by salicylic acid and *B. cinerea*. *Vitis* 35, 49-52.

Renault A.S., 1998. Induction de protéines de « défense » dans les feuilles de vigne infectées par *Botrytis cinerea :* identification d'une béta-1, 3- glucanase (PR2) et étude de son expression spatiotemporelle. Thèse de l'Université de Reims Champagne-Ardenne, France, 185 pages.

Repka V., Fischerova I., Silharova K., 2004. Methyl jasmonate is a potent elicitor of multiple defense responses in grapevine leaves and cellsuspension cultures. *Biologia Plantarum* 48, 273- 283.

Repka V., Kubikova J., Fischerova I., 2000. Immunodetection of PR-1-like proteins in grapevine leaves infected with *Oidium tuckeri* and in elicited suspension cell cultures. *Vitis* 39, 123- 127.

Repka V., 2001. Elicitor-stimulated induction of defense mechanisms and defense gene activation in grapevine cell suspension cultures. *Biologia Plantarum* 44, 555-565.

Reuveni R., Reuveni M., 1998. Foliar-fertilizer therapy – a concept in integrated pest management. *Crop Protection* 17, 111-118.

Reynier A., 2003. Manuel de viticulture, 9ème édition. TEC & DOC, Paris, France, 554p.

Rezzonico F., Défago G., Möenne-Loccoz Y., 2004. Comparison of ATPase-encoding type III secretion system *hrc*H genes in biocontrol fluorescent pseudomonads and in phytopathogenic proteaobacteria. *Applied and Environmental Microbiology* 70, 5119-5131.

Rezzonico F., Zala M., Keel C., Duffy B., Moënne-Loccoz Y., Défago G., 2007. Is the ability of biocontrol fluorescent pseudomonads to produce the antifungal metabolite 2,4- diacetylphloroglucinol really synonymous with higher plant protection? *New Phytologist* 173, 861-872.

Rezzonico F., Binder C., Défago G., Moënne-Loccoz Y., 2005. The type III secretion system of biocontrol *Pseudomonas fluorescens* KD targets the phytopathogenic chromista *Pythium ultimum* and promotes cucumber protection. *Molecular Plant-Microbe Interactions* 18, 991-1001.

Richardson A.E., Barea J.M., McNeill A.M., Prigent-Combaret C., 2009. Acquisition of phosphorus and nitrogen in the rhizosphere and plant growth promotion by microorganisms. *Plant Soil* 321, 305-339.

Richardson A.E., Hadobas P.A., Hayes J.E., 2001. Extracellular secretion of *Aspergillus* phytase from *Arabidopsis* roots enables plants to obtain phosphorus from phytate. *Plant J* 25, 641-649.

Rijavec T., Lapanje A., Dermastia M., Rupnik M., 2007. Isolation of bacterial endophytes from germinated maize kernels. *Canadian Journal of Microbiology* 53, 802-808.

Rillig M.C., Mummey D.L. 2006. Mycorrhizas and soil structure. *New Phytologist* 171, 41-53.

Ritz K., McNicol W., Nunan N., Grayston S., Millard P., Atkinson D., Gollotte A., Habeshaw D., Boag B., Clegg C.D., Griffiths B.S., Weatley R.E., Glover L.A., McCaig A.E., Prosser J.I., 2004. Spatial strucutre in soil chemical and microbiological properties in an upland grassland. *FEMS Microbiol Ecol.* 49, 191-205.

Robert M., Chenu C., 1992. Intercations between soil minerals and micro-organisms, (G. Stotzky, J.-M. Bollag, eds) *Soil Biochemestry,* 307-404.

Robert N., Roche K., Lebeau Y., Breda C., Boulay M., Esnault R., Buffard D., 2002. Expression of grapevine chitinase genes in berries and leaves infected by fungal or bacterial pathogens. *Plant Science* 162, 389-400.

Robert N., 2001. La Vigne et ses pathogènes: Isolement et expression de gènes codant pour différentes « Pathogenesis-related » protéines et leur utilisation pour

une amélioration, par transgénèse, de ses capacités de défense. Thèse de l'Université de Paris 06, France, 250p.
Robert-Seilaniantz A., Navarro L., Bari R., Jones J.D.G., 2007. Pathological hormone imbalances. *Current Opinion in Plant Biology* 10, 372-379.
Rodriguez M.C.S., Petersen M., Mundy J., 2010. Mitogen-activated protein kinase signaling in plants. *Annual Review of Plant Biology* 61, 621- 649.
Rodriguez-Navarro D.N., Dardanelli M.S., Ruiz-Sainz J.E., 2007. Attachment of bacteria to the roots of higher plants. *FEMS Microbiology Letters* 272, 127-136.
Roest H.P., Mulders I.H.M., Spaink H.P., Wijffelman C.A., Lugtenberg B.J.J., 1997. A *Rhizobium leguminosarum* biovar *trifolii* locus not localized on the Sym plasmid hinders effective nodulation on plants of the pea cross-inoculation group. *Molecular Plant-Microbe Interactions* 10, 938-941.
Roesti D., Ineichen K., Braissant O., Redecker D., Wiemken A., Aragno M., 2005. Bacteria associated with spores of arbuscular mycorrhizal fungi *Glomus geosporum* and *Glomus constrictum*. *Applied and Environmental Microbiology* 71, 6673-6679.
Roggenkamp A., Ackermann N., Jacobi C.A., Truelzsch K., Hoffmann H., Heesemann J., 2003. Molecular analysis of transport and oligomerization of the *Yersinia enterocolitica* adhesion YadA. *Journal of Bacteriology* 185, 3735-3744.
Roine E., Wei W., Yuan J., Nurmiaho-Lassila E.L., Kalkkinen N., Romantschuk M., He S.Y., 1997. Hrp pilus: an *hrp*-dependent bacterial surface appendage produced by *Pseudomonas syringae* pv. tomato DC3000. *Proceedings of the National Academy of Sciences of the USA* 94, 3459-3464.
Römheld V., Müller C., Marschner H., 1984. Localization and capacity of proton pumps in roots of intact sunflower plants.-*Plant Physiology* 76, 603-606.
Römheld V., 1986 -pH-Veränderungen in der Rhizosphäre verschiedener Kulturpflanzenarten in Abhängigkeit vom Nährstoffangebot- *Potash Rev.* 55, 1-8.
Römheld V., 1991. -The role of phytosidérophores in acquisition of iron and other micronutrients in graminaceous species: an ecological approach.- *Plant and Soil* 130, 127-134.
Rosas S.B., Avanzini G., Carlier E., Paluosta C., Pastor N., Rovera M., 2009. Root colonization and growth promotion of wheat and maize by *Pseudomonas aurantiaca* SR1. *Soil Biology and Biochemistry* 41, 1802-1806.
Rosenblueth M., Martínez-Romero E., 2006. Bacterial endophytes and their interaction with hosts. *Molecular Plant-Microbe Interactions* 19, 827-837.
Rudrappa T., Biedrzycki M.L., Bais H.P., 2008. Causes and consequences of plant-associated biofilms. *FEMS Microbiology Ecology* 64, 153-166.
Rudrappa T., Czymmek K.J., Pare P.W., Bais H.P., 2008. Root-secreted malic acid recruits beneficial soil bacteria. *Plant Physiology* 148, 1547-1556.
Ruelland E., Vaultier M-N., Zachowski A., Hurry V., 2009. Cold signalling and cold acclimation in plants. *Advances in Botanical Research* 49, 39- 150.
Ruess W., Mueller K., Knauf-Beiter G., Staub T., 1996. Plant activator CGA-245704: an innovative approach for disease control in cereals and tobacco. In: Brighton Crop Protection Conference-Pest and Diseases, pp 53-60.
Ruf A., Kuzyakov Y., Lopatovskaya O., 2001. Carbon fluxes in soil food webs of increasing complexity revealed by 14C labelling and 13C natural abundance. *Soil Biol Biochem* 38, 2390-2400.

Ryals J.A., Neuenschwander U.H., Willits M.G., Molina A., Steiner H.Y., Hunt M.D., 1996. Systemic acquired resistance. *The Plant Cell* 8, 1809-1819.

Ryan R.P., Germaine K., Franks A., Ryan D.J., Dowling D.N., 2008. Bacterial endophytes: recent developments and applications. *FEMS Microbiology Letters* 278, 1-9.

Rykiel E.J., 1985. Towards a definition of ecological disturbance. *Aus J Ecol.* 10, 361-365.

Ryu C.M., Hu C.H., Reddy M.S., Kloepper J.W., 2003. Different signalling pathways of induced resistance by rhizobacteria in *Arabidopsis thaliana* against two pathowars of *Pseudomonas syringae*. *New Phytologist* 160, 413-420.

Ryu C.M., Murphy J.F., Mysore K.S., Kloepper J.W., 2004. Plant growth promoting rhizobacteria systemically protect *Arabidopsis thaliana* against *Cucumber mosaic virus* by a salicylic acid and NPR1-independent and jasmonic acid-dependent signalling pathway. *The Plant Journal* 39, 381-392.

Ryu C.M., Murphy J.F., Mysore K.S., Kloepper J.W., 2004. Plant-growth promoting rhizobacteria systemically protect *Arabidopsis thaliana* against Cucumber mosaic virus by a salicylic acid and NPR1-independent and jasmonic acid-dependent signalling pathway. *The Plant Journal* 39, 381-392.

S

Saad M.M., Kobayashi H., Marie C., Brown I.R., Mansfield J.W., Broughton W.J., Deakin W.J., 2005. NopB, a type III secreted protein of *Rhizobium* sp. strain NGR234, is associated with pilus-like surface appendages. *Journal of Bacteriology* 187, 1173-1181.

Sagan M., Morandi D., Tarenghi E., Duc G., 1995. Selection of nodulation and mycorrhizal mutants in the model plant *Medicago truncatula* after γ-ray mutagenesis. *Plant Science* 111, 63-71.

Saitou N., Nei M., 1987. The neighbor-joining method: a new method for reconstructing phylogenetic trees. *Molecular Biology and Evolution* 4, 406-425.

Sala O.E., Chapin F.S. 3rd, Armesto J.J., Berlow E., Bloomfield J., Dirzo R., Huber-Sanwald E., Huenneke L.F., Jackson R.B., Kinzig A., Leemans R., Lodge D.M., Mooney H.A., Oesterheld M., Poff N.L., Skyes M.T., Walker B.H., Walker M., Wall D.H., 2000. Global biodiversity scenarios for the year 2100. *Science* 287, 1770-1774.

Salles J.F., van Elsas J.D., van Veen J.A., 2006. Effect of agricultural management regime on *Burkholderia* community structure in soil. *Microbial Ecology* 52, 267-269.

Salzman R.A., Tikhonova I., Bordelon B.P., Hasegawa P.M., Bressan R.A., 1998. Coordinate accumulation of antifungal proteins and hexoses constitutes a developmentally controlled defense response during fruit ripening in grape. *Plant Physiology* 117, 465-472.

Sambrook J., Russel D.W., 2001. Molecular cloning: a laboratory manual, 3ème édition. Cold Spring Harbor Laboratory Press, New York, Etats-Unis.

Samudrala R., Heffron F., McDermott J.E., 2009. Accurate prediction of secreted substrates and identification of a conserved putative secretion signal for type III secretion systems. *PloS Pathogens* 5, e1000375.

Sanchez L., Weidmann S., Arnould C., Bernard A.R., Gianinazzi S., Gianinazzi-Pearson V., 2005. *Pseudomonas fluorescens* and *Glomus mosseae* trigger *DMI3*-

dependent activation of genes related to a signal transduction pathway in roots of *Medicago truncatula*. *Plant Physiology* 139, 1065-1077.
Sanchez L., Weidmann S., Brechenmacher L., Batoux M., van Tuinen D., Lemanceau P., Gianinazzi S., Gianinazzi-Pearson V., 2004. Common gene expression in *Medicago truncatula* root in response to *Pseudomonas fluorescens* colonization, mycorrhiza development and nodulation. *New Phytologist* 161, 855-863.
Sato H., Frank D.W., 2004. ExoU is a potent intracellular phospholipase. *Molecular Microbiology* 53, 1279-1290.
Sawada H., Suzuki F., Matsuda I., Saitou N., 1999. Phylogenetic analysis of *Pseudomonas syringae* pathovars suggests the horizontal gene transfer of *arg*K and the evolutionary stability of *hrp* gene cluster. *Journal* of *Molecular Evolution* 49, 627-644.
Schäfer P., Pfiffi S., Voll L.M., Zajic D., Chandler P.M., Waller F., Scholz U., Pons-Kühnemann J., Sonnewald S., Sonnewald U., Kogel K.H., 2009. Manipulation of plant innate immunity and gibberellin as factor of compatibility in the mutualistic association of barley roots with *Piriformospora indica*. *Plant Journal* 59, 461-474.
Schenk P.M., Kazan K., Wilson I., Jonathan P., Anderson J.P., Todd Richmond T., Somerville S.C., Manners J.M., 2000. Coordinated plant defense responses in *Arabidopsis* revealed by microarrays analysis. *Proceedings of The National Academy of Science USA* 97, 655-660.
Scheublin T.R., Sanders I.R., Keel C., van der Meer J.R., 2010. Characterisation of microbial communities colonising the hyphal surfaces of arbuscular mycorrhizal fungi. *ISME Journal* 4, 752-763.
Schippers B., Bakker A.W., Bakker P.A.H.M., 1987. Interactions of deleterious and beneficial rhizosphere microorganisms and the effect of cropping practices. *Annual Reviews Phytopatholgy*, 25, 339-358.
Schnee S., Viret O., Gindro K., 2008. Role of stilbenes in the resistance of grapevine to powdery mildew. *Physiological and Molecular Plant Pathology* 72, 128-133.
Schoehn G., di Guilmi A.M., Lemaire D., Attree I., Weissenhorn W., Dessen A., 2003. Oligomerization of type III secretion proteins PopB and PopD precedes pore formation in *Pseudomonas*. *EMBO Journal* 22, 4957-4967.
Schroth M.N., Hancock J.G., 1981. Selected topics in biological control. *Annual Review in Microbiology* 35, 453-476.
Schulz B., Boyle C., Draeger S., Römmert A-K., Krohn K., 2002. Endophytic fungi: a source of novel biologically active secondary metabolites. *Mycological Research* 106, 996-1004.
Schüßler A., Schwarzott D., Walker C., 2001. A new fungal phylum, the Glomeromycota: phylogeny and evolution. *Mycological Research*, 105, 1413-1421.
Schwencke J., Caru M., 2001. Advances in actinorhizal symbiosis: host plant-*Frankia* interactions, biology, and applications in arid land reclamation. A review. *Arid Land Research and Managment* 15(4), 28.
Scott-Tucker A., Henderson I.R., 2009. Type V secretion. Dans "Bacterial secreted proteins: secretory mechanisms and role. *In: pathogenesis,* (K. Wooldridge, eds), Caister Academic Press, Norfolk, Royaume-Uni, 139p.

Segarra G., Van der Ent S., Trillas I., Pieterse C.M.J., 2009. MYB72, a node of convergence in induced systemic resistance triggered by a fungal and a bacterial beneficial microbe. *Plant Biology* 11, 90-96.

Sels J., Mathys J., De Coninck M.A., Cammue B.P.A., De Bolle M.F.C., 2008. Plant pathogenesis-related (PR) proteins: a focus on PR peptides. *Plant Physiology and Biochemistry* 46, 941-950.

Seo H.S., Song J.T., Cheong J.J., Lee Y.H., Lee Y.W., Hwang I., Lee J.S., Choi Y.D., 2001. Jasmonic acid carboxyl methyltransferase: a key enzyme for jasmonate-regulated plant responses. *Proceedings of The National Academy of Sciences USA* 98, 4788-4793.

Sequerra J., Marmeisse R., Valla G., Normand P., Capellano A., Moiroud A., 1997. Taxonomic position and intraspecific variability of the nodule forming *Penicillium nodositatum* inferred from RFLP analysis of the ribosomal intergenic spacer and random amplified polymorphic DNA. *Mycological Research* 101, 465-472.

Sesan T.E., Oprea M., Podoscu Cristescu A., Tica C., Oanecea F., 1999. Biocontrol of *Botrytis cinerea* on grapevine with *Trichoderma* spp. And *Saccharomyces chevalieri*. *Bulletin of the Polish Academy of Biological Sciences* 47, 197-205.

Sessitsch A., Coenye T., Sturz A.V., Vandamme P., Barka E.A., Salles J.F., van Elsas J.D., Faure D., Reiter B., Glick B.R., Wang-Pruski G., Nowak J., 2005. *Burkholderia phytofirmans* sp. nov., a novel plant-associated bacterium with plant-beneficial properties. *International Journal of Systematic and Evolutionary Microbiology* 55, 1187-1192.

Sessitsch A., Reiter B., Pfeifer U., Wilhelm E., 2002. Cultivation-independent population analysis of bacterial endophytes in three potato varieties based on eubacterial and *Actinomyces*-specific PCR of 16S rRNA genes. *FEMS Microbiology Ecology* 39, 23-32.

Shah J., 2003. The salicylic acid loop in plant defense. *Current Opinion in Plant Biology* 6, 365- 371.

Shah J., 2009. Plants under attack: systemic signals in defence. *Current Opinion in Plant Biology* 12, 459-464.

Shan L., Oh H.S., Chen J., Guo M., Zhou J., Alfano J.R., Collmer A., Jia X., Tang X., 2004. The HopPtoF locus of *Pseudomonas syringae* pv. tomato DC3000 encodes a type III chaperone and a cognate effector. *Molecular Plant-Microbe Interactions* 17, 447-455.

Sharathchandra R.G., Niranjan Raj S., Shetty N.P., Amruthes K.N., Shekar Shetty H., 2004. A chitosan formulation Elexa™ induces mildew disease resistance and growth promotion in pearl millet. *Crop Protection* 23, 881-888.

Sharifi-Tehrani A., Zala M., Natsch A., Moënne-Loccoz Y., Défago G., 1998. Biocontrol of soil-borne fungal plant diseases by 2,4-diacetylphloroglucinol-producing fluorescent pseudomonads with different restriction profiles of amplified 16S rDNA. *European Journal of Plant Pathology* 104, 631-643.

Sharma V.K., Nowak J., 1998. Enhancement of verticillium wilt resistance in tomato transplants by *in vitro* co-culture of seedlings with a plant growth promoting rhizobacterium (*Pseudomonas* sp. Strain PsJN). *Canadian Journal of Microbiology* 44, 528-536.

Shen D.K., Quenee L., Bonnet M., Kuhn L., Derouazi M., Lamotte D., Toussaint B., Polack B., 2008. Orf1/SpcS chaperones ExoS for type three secretion by *Pseudomonas aeruginosa*. *Biomedical and Environmental Sciences* 21, 103-109.

Shirasu K., Nakajima H., Rajasekhar K., Dixon R.A., 1997. Salicylic acid potentiates an agonistdependent gain control that amplifies pathogen signals in the activation of defense mechanisms. *The Plant Cell* 9, 261-270.

Shoda M., 2000. Bacterial control of plant diseases. *Journal of Bioscience and Bioengineering* 89, 515-521.

Shoebitz M., Ribaudo C.M., Pardo M.A., Cantore M.L., Ciampi L., Cura J.A., 2009. Plant growth promoting properties of a strain of *Enterobacter ludwigii* isolated from *Lolium* perenne rhizosphere. *Soil Biology and Biochemistry* 41, 1768-1774.

Shoresh M., Yedidia I., Chet I., 2005. Involvement of jasmonic acid/ethylene signalling pathway in the systemic resistance induced in cucumber by *Trichoderma asperellum* T203. *Phytopathology* 95, 76-84.

Siddiqui I.A., Shaukat S.S., 2003 Suppression of root-knot disease by *Pseudomonas fluorescens* CHAO in tomato: importance of bacterial secondary metabolite, 2,4-diacetylphloroglucinol. *Soil Biology and Biochemistry* 35, 1615-1623.

Siddiqui Y., Meon S., 2009. Effect of seed bacterization on plant growth response and induction of disease resistance in chilli. *Agricultural Sciences in China* 8, 963-971.

Siddiqui Z.A., 2005. PGPR: prospective biocontrol agents of plant pathogens. *In: PGPR: biocontrol and biofertilization,* (Z.-A Siddiqui, eds), Springer, The Netherlands, 111-142.

Siemens J., Keller I., Sarx J., Kunz S., Schuller A., Nagel W., Schmülling T., Parniske M., Müller L., 2006. Transcriptome analysis of *Arabidopsis* clubroots indicate a key role for cytokinins in disease development. *Molecular Plant-Microbe Interactions* 19, 480-494.

Silver A.C., Kikuchi Y., Fadl A.A., Sha J., Chopra A.K., Graf J., 2007. Interaction between innate immune cells and a bacterial type III secretion system in mutualistic and pathogenic associations. *Proceedings of the National Academy of Sciences of the USA* 104, 9481-9486.

Singh B.K., Dawson L.A., McDonald C.A., Buckland S.M., 2009. Impact of biotic and abiotic interaction on soil microbial communities and functions: A field study. *App. Soil Ecol.* 41, 239-248.

Singh B.K., Millard P., Whiteley A.S., Murrell J.C., 2004. Unravelling rhizosphere-microbial interactions: opportunities and limitations. *Trends Microbiol* 12, 386-393.

Singh B.K., Munro S., Potts J., Millard P., 2007. Influence of grass species and soil type on rhizosphere microbial community structure in grassland soils. *Appl. Soil Ecol.* 36, 147-155.

Singh B.K., Nazarie L., Munro S., Anderson I., Campbell C.D., 2006. Use of multiplexterminal restriction fragment lenght polymorphism for rapid and simultaneous analysis of different components of the soil microbial community. *Appl Environ Microbiol.* 72, 7278-7285.

Singh B.K., Nunan N., Ridgway K.P., Mc Nicol J., Young J.P.Y., Daniell T.J., Prosser J., Millar P., 2008. Relationship between assemblages of mycorrhizal fungi and bacteria on grass roots. *Environmental Microbiology* 10, 534-541.

Singh B.K., Tate K.R., Kolipaka G., Hedley C.B., Macdonald C.A., Millard P., Murrell J.C., 2007. Effect of afforestation and reforestation of pastures on the activity and population dynamics of methanotrophic bacteria. *Appl Environ Microbiol.* 73, 5153-5161.

Six J., Elliot E.T., Paustian K., 1999. Aggregate and soil organic matter dynamics under conventional and no-tillage systems. . *Soil Sci Soc Am J.* 63, 1350-1358.

Six J., Elliot E.T., Paustian K., 2000. Soil macroaggregate turnover and microaggregate formation: a mechanism for C sequestration under no-tillage agriculture. *Soil Biol Biochem* 32, 2099-2103.

Slaughter R., Hamiduzaman M.M., Gindro K., Neuhaus J-M., Mauch-Mani B., 2008. Betaaminobutyric acid-induced resistance in grapevine against downy mildew: involvement of pterostilbene. *European Journal of Plant Pathology* 122, 185-195.

Slaughter R., Mauch-Mani B., Marouf E., Gindro K., Neuhaus J-M., 2009. Beta-aminobutyric acid-induced resistance in grapevine. What's up in viticulture ? COST 858 Viticulture final meeting, Bordeaux, October 27-30, 2009, 50p.

Smith S.E, Read D.J., 2008. Mycorrhizal symbiosis. 3ème edition, Academic Press, New-York, Etats-Unis, 787p.

Söderberg K.H., Bååth E., 1998. Bacterial activity along a young barley root measured by the thymidine and leucine incorporation techniques. *Soil Biology and Biochemistry* 30, 1259-1268.

Sørensen J., Sessitsch A., 2006. Plant-associated bacteria-lifestyle and molecular interactions. *In: Modern Soil Microbiology,* (van Elsas J.D., Trevors J.T. and Jansson J.K., eds), 2nd edition, CRC Press, Taylor and Francis Group, Boca Raton, United States of America, 211-236.

Sorg I., Cornelis G.R., 2009. The type III secretion system. *In: Bacterial secreted proteins: secretory mechanisms and role in pathogenesis*,(K. Wooldridge, eds), Caister Academic Press, Norfolk, Royaume-Uni, 93-116.

Soylu E.M., Soylu S., Mansfield J.W., 2004. Ultrastructural characterisation of pathogen development and host responses during compatible and incompatible interactions between *Arabidopsis thaliana* and *Peronospora parasitica. Physiological and Molecular Plant Pathology* 65, 67-78.

Soylu S., Keshavarzi M., Brown I., Mansfield J.W., 2003. Ultrastructural characterisation of interactions between *Arabidopsis thaliana* and *Albugo candida. Physiological and Molecular Plant Pathology* 63, 201-211.

Spaepen S., Vanderleyden J., Okon Y., 2009. Plant growth-promoting actions of rhizobacteria. *Advances in Botanical Research* 51, 283-320.

Spaepen S., Vanderleyden J., Remans R., 2007. Indole-3-acetic acid in microbial and microorganism-plant signaling. *FEMS Microbiology Reviews* 31, 425-448.

Spehn E.M., Scherer-Lorenzen M., Schmid B., Hector A., Caldeira M.C., Dimitrakopoulos P.G., Finn J.A., Jumpponen A., O'Donnovan G., Pereira J.S., Schulze E.D., Troumbis A.Y., Körner C., 2002. The role of legumes as a component of biodiversity in a cross-European study of grassland biomass nitrogen. *OIKOS* 98, 205-218.

Speth E.B., Lee Y.N., He S.Y., 2007. Pathogen virulence factors as molecular probes of basic plant cellular functions. *Current Opinion in Plant Biology* 10, 580-586.

Spiers A.J., Buckling A., Rainey P.B., 2000. The causes of *Pseudomonas* diversity. *Microbiology* 146, 2345-2350.

Spoel S.H., Johnson J.S., Dong X., 2007. Regulation of tradeoffs between plant defenses against pathogens with different life-styles. *Proceedings of The National Academy of Science USA* 104, 18842-18847.

Spoel S.H., Koornneef A., Claessens S.M.C., Korzelius J.P., Van Pelt J.A., Mueller M.J., Buchala A.J., Métraux J-P., Brown R., Kazan K., van Loon L.C., Dong X., Pieterse C.M.J., 2003. NPR1 modulates cross-talk between salicylate- and jasmonate-dependent defense pathways through a novel function in the cytosol. *The Plant Cell* 15, 760-770.

Sprent J.I., James E.K., 1995. N_2-fixation by endophytic bacteria: questions of entry and operation. In: *Azospirillum VI and Related Microorganisms* (I. Fendrik, M. del Gallo, J. Vanderleyden, M. de Zamaroczy, eds), Springer, Berlin, Germany, 15-30.

Sprent J.I., 2001. Nodulation in Legumes. Royal Botanic Gardens, Kew, Royaume-Uni.

Stange Jr R.R., Ralph J., Peng J.P., Sims J.J., Midland S.L., McDonald R.E., 2001. Acidolysis and hot water extraction provide new insights into the composition of the induced 'lignin'like' material from squash fruit. *Phytochemistry* 57, 1005-1011.

Staskawicz B.J., Dahlbeck D., Keen N., 1984. Cloned avirulence gene of *Pseudomonas syringae* pv. *glycinea* determines race-specific incompatibility on *Glycine max*. *Proceedings of the National Academy of Sciences of the USA* 81, 6024-6028.

Staswick P.E., Yuen G.Y., Lehman C.C., 1998. Jasmonate signaling mutants of *Arabidopsis* are susceptible to the soil fungus *Pythium irregulare*. *The Plant Journal* 15, 747-754.

Steenhoudt O., Vanderleyden J., 2000. *Azospirillum*, a free-living nitrogenfixing bacterium closely associated with grasses: genetic, biochemical and ecological aspects. *FEMS Microbiology Reviews* 24, 487-506.

Stein E., Molitor A., Kogel K.H., Waller F., 2008. Systemic resistance in *Arabidopsis* conferred by the mycorrhizal fungus *Piriformospora indica* requires jasmonic acid signalling and cytoplasmic function of NPR1. *Plant Cell Physiology* 49, 1747-1751.

Stein T., Hayen-Schneg N., Fendrik I., 1997. Contribution of BNF by *Azoarcus* sp. BH72 in *Sorghum vulgare*. *Soil Biol Biochem* 29, 969–971.

Stepanova A.N., Alonso J.M., 2005. Ethylene signalling and response pathway: a unique signalling cascade with a multitude of inputs and outputs. *Physiologia Plantarum* 123, 195-206.

St-Geme J.W., Cutter D., 2000. The *Haemophilus influenzae* Hia adhesin is an autotransporter protein that remains uncleaved at the C terminus and fully cell associated. *Journal of Bacteriology* 182, 6005-6013.

Stirpe F., Barbieri L., Battelli M.G., Soria M., Lappi D.A., 1992. Ribosome-inactivating proteins from plants: present status and future prospects. *Biotechnology* 10, 405-412.

Sturz A.V., Christie B.R., Nowak J., 2000. Bacterial endophytes: potential role in developing sustainable systems of crop production. *Critical Review in Plant Science* 19, 1-30.

Sturz A.V., Christie B.R., 2003. Beneficial microbial allelopathies in the root zone: the management of soil quality and plant disease with rhizobacteria. *Soil and tillage research* 72, 107-123.

Sturz A.V., Nowak J., 2000. Endophytic communities of rhizobacteria and the strategies required to create yield enhancing associations with crops. *Applied and Soil Ecology* 15, 183-190.

Subramanian K.S., Santhanakrishnan P., Balasubramanian P., 2006. Responses of field grown tomato plants to arbuscular mycorrhizal fungal colonization under varying intensities of drought stress. *Scientia Horticulturae* 107, 245-253.

Sun Y., Cheng Z., Glick B.R., 2009. The presence of a 1-aminocyclopropane-1-carboxylate (ACC) deaminase deletion mutation alters the physiology of the endophytic plant growthpromoting bacterium *Burkholderia phytofirmans* PsJN. *FEMS Microbiology Letters* 296, 131-136.

Suryanarayanan T.S., Thirunavukkarasu N., Govindarajulu M.B., Sasse F., Jansen R., Murali T.S., 2009. Fungal endophytes and bioprospecting. *Fungal Biology Reviews* 23, 9-19.

Swift M.J., Heal O.W., Anderson J.M., 1979. Decomposition in Terrestrial Ecosystems. Blackwell, Oxford.

Sýkorová Z., Kurt Ineichen K., Andres Wiemken A., Redecker D., 2007. The cultivation bias: different communities of arbuscular mycorrhizal fungi detected in roots from the field, from bait plants transplanted to the field, and from a greenhouse trap experiment. *Mycorrhiza* 18, 1-14.

T

Taheri P., Tarighi S., 2009. Riboflavin induces resistance in rice against *Rhizoctonia solani via* jasmonate-mediated priming of phenylpropanoid pathway. *Journal of Plant Physiology* 167, 201- 208.

Takagi S., Kamei S., Yu M., 1988. Efficiency of iron extraction from soil by mugineic acid family phytosiderophores.- *Journal of Plant Nutrition* 11, 643-651.

Takagi S., Nomoto K., Takemoto T., 1984. -Physiological aspect of mugineic acid, a possible phytosiderophore of graminaceous plants.- *Journal of Plant Nutrition* 7, 469- 477.

Takagi S., 1976. Naturally occurring iron-chelating compounds in oat- and rice root washings. I. Activity measurement and preliminary characterization. *Soil Science and Plant Nutrition* 22, 423-433.

Tampakaki A.P., Fadouloglou V.E., Gazi A.D., Panopoulos N.J., Kokkinidis M., 2004. Conserved features of type III secretion. *Cellular Microbiology* 6, 805-816.

Tang K., Zhan J-.C, Yang H-R., Huang W-D., 2010. Changes of resveratrol and antioxidant enzymes during UV-induced plant defense response in peanut seedlings. *Journal of Plant Physiology* 167, 95-102.

Tang X., Xiao Y., Zhou J.M., 2006. Regulation of the type III secretion system in phytopathogenic bacteria. *Molecular Plant-Microbe Interactions* 19, 1159-1166.

Tarkka M.T., Sarniguet A., Frey-Klett P., 2009. Inter-kingdom encounters: recent advances in molecular bacterium–fungus interactions. *Current Genetics* 55, 233-243.

Tarlera S., Jangid K., Ivester A.H., Whitman W.B., Williams M.A., 2008. Microbial community succession and bacterial diversity in soils during 77,000 years of ecosystem development. *FEMS Microbiol Ecol.* 64, 129-140.

Tassoni A., Fornale S., Franceschetti M., Musiani F., Michael A.J., Perry B., Bagni N., 2005. Jasmonates and Na-orthovanadate promote resveratrol production in *Vitis vinifera* cv. Barbera cell cultures. *New Phytologist* 166, 895-905.

Tattersall D.B., van Heeswijck R., Hoj P.B., 1997. Identification and characterization of a fruitspecific, thaumatin-like protein that accumulates at very high levels in conjunction with the onset of sugar accumulation and berry softening in grapes. *Plant Physiology* 114, 759-769.

Taylor J, Harrier L.A., 2000. A comparison of nine species of arbuscular mycorrhizal fungi on the development and nutrition of micropropagated *Rubus idaeus* L. cv. Glen Prosen (Red Raspberry). *Plant and Soil* 225, 53-61.

Taylor J., Harrier L.A., 2001. A comparison of development and mineral nutrition of micropropagated *Fragaria* x *ananassa* cv. Elvira (strawberry) when colonised by nine species of arbuscular mycorrhizal fungi. *Applied Soil Ecology* 18, 205-215.

Theocharis A., 2010. Physiological responses of *Burkholderia phytofirmans* strain PsJN colonized plantlets of grapevine (*Vitis vinifera* L.) to low non-freezing temperatures. *Thèse de l'Université de Reims Champagne-Ardenne,* 226p.

Thioulouse J., Dray S., 2007. Interactive multivariate data analysis in R with the ade4 and ade4TkGUI packages. *Journal of Statistical Software* 22, 1-14.

Thomas P., 2004. Isolation of *Bacillus pumilus* from *in vitro* grapes as a long-term alcoholsurviving and rhizogenesis inducing covert endophyte. *Journal of Applied Microbiology* 97, 114-123.

Thomas P., 2006. Isolation of an ethanol-tolerant endospore-forming gram-negative *Brevibacillus* sp. as a covert contaminant in grape tissue cultures. *Journal of Applied Microbiology* 101, 764-774.

Thomashow L.S., 1996. Biological control of plant root pathogens. *Current Opinion in Biotechnology* 7, 343-347.

Thomashow M.F., 1999. Plant cold acclimation, freezing tolerance genes and regulatory mechanisms. *Annual Review of Plant Physiology and Plant Molecular Biology* 50, 571-599.

Thomma B.P.H.J., Eggermont K., Penninckx I.A.M.A., Mauch-Mani B., Vogelsang R., Cammue B.P.A., Broekaert W.F., 1998. Separate jasmonate-dependent and salicylate-dependent defense-response pathways in *Arabidopsis* are essential for resistance to distinct microbial pathogens. *Proceeding of The National Academy of Sciences USA* 95, 15107-15111.

Thomma B.P.H.J., Eggermont K., Tierens K.F.M., Broekaert W.F., 1999a. Requirement of functional *ethylene-insensitive 2* gene for efficient resistance of *Arabidopsis* to infection by *Botrytis cinerea. Plant Physiology* 121, 1093-1102.

Thomma B.P.H.J., Nelissen I., Eggermont K., Broekaert W.F., 1999b. Deficiency in phytoalexin production causes enhanced susceptibility of *Arabidopsis thaliana* to the fungus *Alternaria brassicicola. The Plant Journal* 19, 163-171.

Thomma B.P.H.J., Penninckx I.A.M.A., Broekaert W.F., Cammue B.P.A., 2001. The complexity of disease signaling in *Arabidopsis. Current Opinion in Immulogy* 13, 63-68.

Thompson J.D., Gibson T.J., Plewniak F., Jeanmougin F., Higgins D.G., 1997. The CLUSTAL-X windows interface: flexible strategies for multiple sequence alignment aided by quality analysis tools. *Nucleic Acids Research* 25, 4876-4882.

Thompson J.D., Higgins D.G., Gibson T.J., 1994. CLUSTAL W: improving the sensitivity of progressive multiple sequence alignment through sequence weighting, position-specific gap penalties and weight matrix choice. *Nucleic Acids Research* 22, 4673-4680.

Thoquet P., Ghérardi M., Journet E.P., Kereszt A., Ané J.M., Prosperi J.M., Huguet T., 2002. The molecular genetic linkage map of the model legume *Medicago truncatula*: an essential tool for comparative legume genomics and the isolation of agronomically important genes. *BioMed Central Plant Biology* 2, 1.

Thulke O.U., Conrath U., 1998. Salicylic acid has a dual role in the activation of defence-related genes in parsley. *The Plant Journal* 14, 35-42.

Thwaites R., Spanu P.D., Panopoulos N.J., Stevens C., Mansfield J.W., 2004. Transcriptional regulation of components of the type III secretion system and effectors in *Pseudomonas syringae* pv. phaseolicola. *Molecular Plant-Microbe Interactions* 17, 1250-1258.

Tiedje J.M., Assuming-Bremppong S., Nusslein K., Marsh T.L., Flynn S.J., 1999. Opening the black box of soil microbial diversity. *Appl. Soil Ecol.* 13, 109-122.

Timmusk S., Nicander B., Granhall U., Tillberg E., 1999. Cytokinin production by *Paenibacillus polymyxa. Soil Biol Biochem* 31, 1847–1852.

Timmusk S., Wagner E.G.H., 1999. The plantgrowth-promoting-rhizobacterium *Paenibacillus polymyxa* induces changes in *Arabidopsis thaliana* gene expression: a possible connection between biotic and abiotic stress responses. *Molecular Plant-Microbe Interactions* 12, 951-959.

Timonen S., Jørgensen K.S., Haahtela K., Sen R., 1998. Bacterial community structure at defined locations of *Pinus sylvestris-Suillus bovinus* and *Pinus sylvestris-Paxillus involutus* mycorrhizospheres in dry pine forest humus and nursery peat. *Canadian Journal of Microbiology* 44, 499-513.

Tisdall J.M., Oades J.M., 1982. Orgabic matter and water-stable aggregates in soils. *J Soil Sci.* 33, 141-163.

Tjamos S.E., Flemetakis E., Paplomatas E.J., Katinakis P., 2005. Induction of resistance to *Verticillium dahliae* in *Arabidopsis thaliana* by the biocontrol agent K-165 and pathogenesis-related proteins gene expression. *Molecular Plant-Microbe Interactions* 18, 555-561.

Todorovic C., Nguyen C., Robin C., Guckert A., 2001. Root and microbial involvement in the kinetics of 14C-partitioning to rhizosphere respiration after a pulse labelling of maize assimilates. *Plant Soil* 228, 179-189.

Toljander J.F., Artursson V., Paul L.R., Jansson J.K., Finlay R.D., 2006. Attachment of different soil bacteria to arbuscular mycorrhizal fungal extraradical hyphae is determined by hyphal vitality and fungal species. *FEMS Microbiology Letters* 254, 34-40.

Ton J., De Vos M., Robben C., Buchala A., Métraux J.P., van Loon L.C., Pieterse C.M.J., 2002. Characterization of *Arabidopsis* enhanced disease susceptibility mutants that are affected in systemically induced resistance. *The Plant Journal* 29, 11-21.

Ton J., Flors V., Mauch-Mani B., 2009. The multifaceted role of ABA in disease resistance. *Trends in Plant Science* 14, 310-317.

Ton J., Jakab G., Toquin V., Flors V., Iavicoli A., Maeder M.N., Métraux J.P., Mauch-Mani B., 2005. Dissecting the ß-aminobutyric acid-induced priming phenomenon in *Arabidopsis*. *The Plant Cell* 17, 987-999.

Ton J., Mauch-Mani B., 2004. Beta-aminobutyric acid-induced resistance against necrotrophic pathogens is based on ABA-dependent priming for callose. *Plant Journal* 38, 119-130.

Ton J., Pieterse C.M.J., van Loon L.C., 2006. The relationship between basal and induced resistance. *In: Arabidopsis. In: Multigenic and Induced Systemic*

Resistance in Plants, (S. Tuzun, E. Bent, eds), Springer Science+Business Media, New York, United States of America, 197-224.

Ton J., van der Ent S., van Hulten M., Pozo M., van Oosten V., van Loon L.C., Mauch-Mani B., Turlings T.C.J., Pieterse C.M.J., 2007. Priming as a mechanism behind induced resistance against pathogens, insects and abiotic stress. *In: Breeding for Inducible Resistance Against Pests and Diseases (Mauch-Mani B., Dicke M. and Schmidt A., eds), IOBC/WPRS Bulletin*, in press.

Torres M.A., Jones J.D.G., Dangl J.L., 2006. Reactive oxygen species signalling in response to pathogens. *Plant Physiology* 141, 373-378.

Tran Van V., Berge O., Balandreau J., Ngo Kê S., Heulin T., 1996. Isolement et activité nitrogénasique de *Burkholderia vietnamiensis*, bactérie fixatrice d'azote associée au riz (*Oryza sativa* L) cultivé sur un sol sulphate acide du Viêtnam. *Agronomie* 16, 479-491.

Tran Van V., Mavingui P., Berge O., Balandreau J., Heulin T., 1994. Promotion de croissance du riz inoculé par une bactérie fixatrice d'azote, *Burkholderia vietnamiensis*, isolée d'un sol sulfaté acide du Viêtnam. *Agronomie* 14, 697-707.

Trotel-Aziz P., Aziz A., Amborabe E., Kilani-Feki O., Vernet G., 2003. Biological control of *Botrytis cinerea* in vineyards (*Vitis vinifera* L.): evaluation of native endophytic bacteria of the Champagne Ardenne region. *Le Progrès Agricole et Viticole* 120, 279-280.

Trotel-Aziz P., Couderchet M., Vernet G., Aziz A., 2006. Chitosan stimulates defense reactions in grapevine leaves and inhibits development of *Botrytis cinerea. European Journal of Plant Pathology* 114, 405-413.

Trouvelot A., Kough J.L., Gianinazzi-Pearson V., 1986. Mesure du taux de mycorhization VA d'un système radiculaire. Recherche de méthodes d'estimation ayant une signification fonctionnelle. *In: Physiological and genetical aspects of mycorrhizae,* (V. Gianinazzi-Pearson, S. Gianinazzi, eds). INRA Presse, Paris, France, 217-221.

Trouvelot S., Varnier A-L., Allègre M., Mercier L., Baillieul F., Arnould C., Gianinazzi-Pearson V., Klarynski O., Joubert J-M., Pugin A., Daire X., 2008. A β-1, 3 glucan sulfate induces resistance in grapevine against *Plasmopara viticola* through priming of defense responses, including HR-like cell death. *Molecular Plant-Microbe Interactions* 21, 232-243.

Truman W., Bennett M.H., Kubigsteltig I., Turnbull C., Grant M., 2007. *Arabidopsis* systemic immunity uses conserved defense signalling pathways and is mediated by jasmonates. *Proceedings of The National Academy of Sciences USA* 104, 1075-1080.

Turner J.G., Ellis C., Devoto A., 2002. The jasmonate signal pathway. *The Plant Cell* 14, 153-164.

Tuzun S., Somanchi A., 2006. The possible role of PR proteins in multigenic and induced systemic resistance. *In: Multigenic and Induced Systemic Resistance in Plants,* (S. Tuzun, E. Bent, eds), Springer Science+Business Media, New York, United States of Amercia, 112-142.

U

Umemura K., Tanino S., Nagatsuka T., Koga J., Iwata M., Nagashima K., Amemiya Y., 2004. Cerebroside elicitor confers resistance to *Fusarium* disease in various plant species. *Phytopathology* 94, 813-819.

Uroz S., Calvaruso C., Turpault M.P., Pierrat J.C., Mustin C., Frey-Klett P. 2007., Mycorrhizosphere effect on the genotypic and metabolic diversity of the soil bacterial communities involved in mineral weathering in a forest soil. *Applied Environmental Microbiology* 73, 3019-3027.

V

Vallad G.E., Goodman R.M., 2004. Systemic acquired resistance and induced systemic resistance in conventional agriculture. *Crop Science* 44, 1920-1934.

Van Baarlen P., Woltering E.J., Staats M., Van Kan J.A.L., 2007. Histochemical and genetic analysis of host and non-host interactions of *Arabidopsis* with three *Botrytis* species: an important role for cell death control. *Molecular Plant Pathology* 8, 41-54.

Van der Ent S., Van Wees S.C., Pieterse C.M.J., 2009. Jasmonate signaling in plant interactions with resistance-inducing beneficial microbes. *Phytochemistry* 70, 1581-1588.

Van der Heijden M.G.A., Bakker R., Verwaal J., Scheublin T.R., Rutten M., van Logtestijn R., Staehelin C., 2006a. Symbiotic bacteria as a determinant of plant community structure and plant productivity in dune grassland. *FEMS Microbiology Ecology* 56, 178-187.

Van der Heijden M.G.A., Bardgett R.D., van Straalen N.M., 2008. The unseen majority: soil microbes as drivers of plant diversity and productivity in terrestrial ecosystems. *Ecology Letters* 11, 296-310.

Van der Heijden M.G.A., Klironomos J.N., Ursic M., Moutoglis P., Streitwolf-Engel R., Boller T., Wiemken A., Sanders I.R., 1998. Mycorrhizal fungal diversity determines plant biodiversity, ecosystem variability and productivity. *Nature* 396, 72-75.

Van der Heijden M.G.A., Streitwolf-Engel R., Riedl R., Siegrist S., Neudecker A., Ineichen K., Boller T., Wiemken A., Sanders I.R., 2006b. The mycorrhizal contribution to plant productivity, plant nutrition and soil structure in experimental grassland. *New Phytologist* 172, 739-752.

Van Dijk K., Tam V.C., Records A.R., Petnicki-Ocwieja T., Alfano J.R., 2002. The ShcA protein is a molecular chaperone that assists in the secretion of the HopPsyA effector from the type III (Hrp) protein secretion system of *Pseudomonas syringae*. *Molecular Microbiology* 44, 1469-1481.

Van Hulten M., Pelser M., van Loon L.C., Pieterse C.M.J., Ton J., 2006. Costs and benefits of priming for defense in *Arabidopsis*. *Proceedings of The National Academy of Sciences USA* 103, 5602-5607.

Van Loon L.C., Bakker P.A.H.M., Pieterse C.M.J., 1998. Systemic resistance induced by rhizosphere bacteria. *Annual Review of Phytopathology* 36, 453-483.

Van Loon L.C., Bakker P.A.H.M., van der Heijdt W.H.W., Wendehenne D., Pugin A., 2008. Early responses of tobacco suspensions cells to rhizobacterial elicitors of induced systemic resistance. *Molecular Plant-Microbe Interactions* 21, 1609-1621.

Van Loon L.C., Bakker P.A.H.M., 2004. Signalling in rhizobacteria-plant interactions. *In: Ecological Studies,* (de Kroon J. and Visser E.J.W., eds.), vol. 168, Root Ecology, Springer Verlag, Berlin, Germany, 287-330.

Van Loon L.C., Bakker P.A.H.M., 2005. Induced systemic resistance as a mechanism of disease suppression by rhizobacteria. *In: PGPR: Biocontrol and*

Biofertilization, (Z.-A. Siddiqui, eds.), Springer, Dordrecht, The Netherlands, 39-66.
Van Loon L.C., Geraats B.P.J., Linthorst H.J.M., 2006a. Ethylene as a modulator of disease resistance in plants. *Trends in Plant Science* 11, 184-191.
Van Loon L.C., Rep M., Pieterse C.M.J., 2006b. Significance of inducible defenserelated proteins in infected plants. *Annual Review of Phytopathology* 44, 135-162.
Van Loon L.C., Strien E.A., 1999. The families of pathogenesis-related proteins, their activities, and comparative analysis of PR-1 type proteins. *Physiological and Molecular Plant Pathology* 55, 85-97.
Van Loon L.C., van Kammen A., 1970. Polyacrylamide disc electrophoresis of the soluble leaf proteins from *Nicotiana tabacum* var. "Samsun" and "Samsun NN". II. Changes in protein constitution after infection with tobacco mosaic virus. *Virology* 40, 190-211.
Van Loon L.C., 1997. Induced resistance in plants and the role of pathogenesis-related proteins. *European Journal of Plant Pathology* 103, 753-765.
Van Loon L.C., 2007. Plant responses to plant growth-promoting rhizobacteria. *European Journal of Plant Pathology* 119, 243-254.
Van Oevelen S., De Wachter R., Vandamme P., Robbrecht E., Prinsen E., 2002. Identification of the bacterial endosymbiotionts in leaf galls of *Psychotria* (Rubiaceae, angiosperms) and proposal of 'Candidatus *Burkholderia kirkii*' (Proteobacteria beta). *International Journal of Systematic and Evolutionary Microbiology* 52, 2237-2240.
Van Peer R., Niemann G.J., Schippers B., 1991. Induced resistance and phytoalexin accumulation in biological control of *Fusarium* wilt of carnation by *Pseudomonas* sp. strain WCS417r. *Phytopathology* 81, 728-734.
Van Peer R., Schippers B., 1992. Lipopolysaccharides of plant-growth promoting *Pseudomonas* sp. strain WCS417r induce resistance in carnation to *Fusarium* wilt. *Netherland Journal of Plant Pathology* 98, 129-139.
Van Tuinen D., Jacquot E., Zhao B., Gollotte A., Gianinazzi-Pearson V., 1998. Characterization of root colonization profiles by a microcosm community of arbuscular mycorrhizal fungi using 255 rDNA targeted nested PCR. *Molecular Ecology* 17, 879-887.
Van Wees S., Pieterse C., Trijssenaar A., Van't Westende Y., Hartog F., van Loon L.C., 1997. Differential induction of systemic resistance in *Arabidopsis* by biocontrol bacteria. *Molecular Plant-Microbe Interactions* 10, 716-724.
Van Wees S.C.M., Glazebrook J. 2003. Loss of non-host resistance to *Arabidopsis NahG* to *Pseudomonas syringae* pv. *phaseolicola* is due to degradation products of salicylic acid. *The Plant Journal* 33, 733-742.
Van Wees S.C.M., Luijendijk M., Smoorenburg I., van Loon L.C., Pieterse C.M.J., 1999. Rhizobacteria-mediated induced systemic resistance (ISR) in *Arabidopsis* is not associated with a direct effect on expression of known defense-related genes, but stimulates the expression of the jasmonate-inducible gene *Atvsp* upon challenge. *Plant Molecular Biology* 41, 537-549.
Van Wees S.C.M., van der Ent S., Pieterse C.M.J., 2008. Plant immune responses triggered by beneficial microbes. *Current Opinion in Plant Biology* 11, 443-448.
Vandamme P., Goris J., Chen W.M., De Vos P., Willems A., 2002. *Burkholderia tuberum* sp. nov. and *Burkholderia phymatum* sp. nov., nodulate the roots of tropical legumes. *Systematic and Applied Microbiol*ogy 25, 507-512.

Vandamme P., Govan J., LiPuma J., 2007. Diversity and role of *Burkholderia* spp. *In: Burkholderia, molecular microbiology and genomics,* (Coenye T. and Vandamme P., eds), Horizon Bioscience, Norfolk, United Kingdom, 1-28.

Vandelle E., Poinssot B., Wendehenne D., Bentéjac M., Pugin A., 2006. Integrated signalling network involving calcium, nitric oxide, and active oxygen species but not mitogen-activated protein kinases in BcPG1-elicited grapevine defenses. *Molecular Plant-Microbe Interactions* 19, 429- 440.

Vansuyt G., Souche G., Straczek A., Briat J.F., Jaillard B., 2003. Flux of protons released by wild type and ferritin over-expressor tobacco plants: effect of phosphorus and iron nutrition. *Plant Physiology and Biochemistry* 41, 27-33.

Varin S., 2009. Plasticité fonctionnelle du trèfle blanc en réponse à la disponibilité en soufre. Spécialité : Physiologie, Biologie des Organismes, Populations (écologie fonctionnelle et biotechnologie), *Ecole Doctorale Normande de Chimie-Biologie, Thèse de doctorat de l'université de Caen.* 213p.

Varin S., Cliquet J.B., Personneni E., Avice J.C., Lemauviel-Lavenant S., 2010. How does sulphur availability modify N acquisition of white clover (*Trifolium repens* L.) ? *Journal of Experimental Botany* 61(1), 225-234.

Varnier A-L., Sanchez L., Vatsa P., Boudesocque L., Garcia-Brugger A., Rabenoelina F., Sorokin A., Renault J.H., Kauffmann S., Pugin A., Clément C., Baillieul F., Dorey S., 2009. Bacterial rhamnolipides are novel MAMPS conferring resistance to *Botrytis cinerea* in grapevine. *Plant, Cell and Environment* 32, 178-193.

Vega F.E., Simpkins A., Aime M.C., Posada F., Peterson S.W., Rehner S.A., Infante F., Castillo A., Arnold A.E., 2009. Fungal endophyte diversity in coffee plants from Colombia, Hawai'I, Mexico and Puerto Rico. *Fungal Ecology* 3, 122-138.

Vega F.E., Simpkins A., Aime M.C., Posada F., Peterson S.W., Rehner S.A., Infante F., Castillo A., Arnold A.E., 2009. Fungal endophyte diversity in coffee plants from Colombia, Hawai'I, Mexico and Puerto Rico. *Fungal Ecology* 3, 122-138.

Verberne M.C., Hoekstra J., Bol J.F., Linthorst H.J.M., 2003. Signaling of systemic acquired resistance in tobacco depends on ethylene perception. *Plant Journal* 35, 27-32.

Verhagen B.W.M., Glazebrook J., Zhu T., van Loon L.C., Pieterse C.M.J., 2004. The transcriptome of rhizobacteria-induced systemic resistance in *Arabidopsis*. *Molecular Plant-Microbe Interactions* 17, 895-908.

Verhagen B.W.M., Trotel-Aziz P., Couderchet M., Höfte M., Aziz A., 2010. *Pseudomonas* spp.- induced systemic resistance to *Botrytis cinerea* is associated with induction and priming of defence responses in grapevine. *Journal of Experimental Botany* 61, 249-260.

Verma S.C., Singh A., Chowdhury S.P., Tripathi A.K., 2004. Endophytic colonization ability of two deep-water rice endophytes, *Pantoea* sp. and *Ochrobacterium* sp. using green fluorescent protein reporter. *Biotechnology Letters* 26, 425-429.

Versalovic J., Schneider M., de Bruijn F.J., Lupski J.R., 1994. Genomic fingerprinting of bacteria using repetitive sequencebased polymerase chain reaction. *Methods in Molecular and Cellular Biology* 5, 25-40.

Verslues P.E., Zhu J-K., 2005. Before and beyond ABA: upstream sensing and internal signals that determine ABA accumulation and response under abiotic stress. *Biochemical Society Transactions* 33, 375-379.

Verville J.H., Hobbie S.E., Chapin F.S., Hooper D.U., 1998. Response of tundra Ch4 and Co2 flux to manipulation of temperature and vegetation. *Biogeochemestry.* 41, 215-235.

Vessey J.K., 2003. Plant growth-promoting rhizobacteria as biofertilizers. *Plant and Soil* 255, 571-586.

Vestergård M., Henry F., Rangel-Castro J.I., Michelsen A., Prosser J.I., Christensen S., 2008. Rhizosphere bacterial community composition responds to arbuscular mycorrhiza, but not to reductions in microbial activity induced by foliar cutting. *FEMS Microbiology Ecology* 64, 78-89.

Vigers A.J., Wiedemann S., Roberts W.K., Legrand M., Selitrenikoff C.P., Fritig B., 1992. Thaumatin-like pathogenesis-related protein are antifungal. *Plant Science* 83, 155-161.

Vijayan P., Shockey J., Lévesque C.A., Cook R.J., Browse J., 1998. A role for jasmonate in pathogen defense of *Arabidopsis. Proceeding of The National Academy of Sciences USA* 95, 7209-7214.

Vinatzer B.A., Jelenska J., Greenberg J.T., 2005. Bioinformatics correctly identifies many type III secretion substrates in the plant pathogen *Pseudomonas syringae* and the biocontrol isolate *P. fluorescens* SBW25. *Molecular Plant-Microbe Interactions* 18, 877-888.

Vincent J.M., 1970. A manual for the practical study of root-nodule bacteria. Blackwell Scientific Publications Ltd. Oxford, Royaume-Uni.

Vitousek P.M., Walker L.R., 1989. Biological Invasion by Myrica-faya in Hawaii-plant demography, nitrogen-fixation, ecostystem effects. *Ecological Monographs* 59, 247-265.

Vogel J.L., Balandreau J., Van Antwerpen T., Dana P., Cadet P., 2002. Isolation and characterization of sugarcane rhizobacteria and their effect on nematodes. *Proceedings of south african Sugar Technologists Association* 76, 305-309.

Vogelsang K.M., Reynolds H.L., Bever J.D., 2006. Mycorrhizal fungal identity and richness determine the diversity and productivity of a tallgrass prairie system. *New Phytologist* 172, 554-562.

Vong P.C., Piutti S., Bénizri E., Slezack-Deschaumes S., Robin C., Guckert A., 2007. Watersoluble carbon in roots of rape and barley. impacts on labile soil organic carbon, arylsulphatase activity and sulphur mineralization. *Plant Soil* 294, 19-29.

W

Walker T.S., Bais H.P., Grotewold E., Vivanco J.M., 2003. Root exudation and rhizosphere biology. *Plant Physiol* 132, 44-51.

Waller F., Ahatz B., Baltruschat H., Fodor J., Becker K., Fischer M., Heier T., Hückelhoven R., Neumann C., Von Wettstein D., Franken P., Kogel K.H., 2005. The endophytic fungus *Piriformospora indica* reprograms barley to saltstress tolerance, disease resistance, and higher yield. *Proceedings of the National Academy of Sciences USA* 102, 13386-13391.

Walley J.W., Coughlan S., Hudson M.E., Covington M.F., Kaspi R., Banu G., Harmer S.L., Dehesh K., 2007. Mechanical stress induces biotic and abiotic stress responses via a novel *cis*-element. *PLOS Genetics* 3, 1800-1812.

Wang B., Qiu Y.L., 2006. Phylogenetic distribution and evolution of mycorrhizas in land plants. *Mycorrhiza* 16, 299-363.

Wang D., Amornsiripanitch N., Dong X., 2006a. A genomic approach to identify regulatory nodes in the transcriptional network of systemic acquired resistance in plants. *PLOS Pathogens* 2, e123.

Wang D., Pajerowska-Mukhtar K., Culler A.H., Dong X., 2007. Salicylic acid inhibits pathogen growth in plants through repression of the auxin signaling pathway. *Current Biology* 17, 1784-1790.

Wang K., Conn K., Lazarovits G., 2006b. Involvement of quinolinate phosphoribosyl transferase in promotion of potato growth by a *Burkholderia* strain. *Applied and Environmental Microbiology* 72, 760-768.

Wang K.L-C., Li H., Ecker J.R., 2002. Ethylene biosynthesis and signaling networks. *The Plant Cell* 14, 131-151.

Wang Y., Ohara Y., Nakayashiki H., Tosa Y., Mayama S., 2005. Microarray analysis of the gene expression profile induced by the endophytic plant growth-promoting rhizobacteria *Pseudomonas fluorescens* FPT9601-T5 in *Arabidopsis*. *Molecular Plant- Microbe Interactions* 18, 385-396.

Ward J., Pei Z., Schroeder J., 1995. Roles of ion channels in initiation of signal transduction in higher plants. *Plant Cell* 7, 833-844.

Warmink J.A., Nazir R., van Elsas J.D., 2008. Universal and species-specific bacterial "fungiphiles" in the mycospheres of different basidiomycetous fungi. *Environmental Microbiology* 11, 300-312.

Warmink J.A., van Elsas J.D., 2008. Selection of bacterial populations in the mycosphere of *Laccaria proxima*: is type III secretion involved? *ISME Journal* 2, 887-900.

Warmink J.A., van Elsas J.D., 2009. Migratory response of soil bacteria to *Lyophyllum* sp. Strain Karsten in soil microcosms. *Applied and Environmental Microbiology* 75, 2820-2830.

Wasilewskaa A., Vlad F., Sirichandra C., Redko Y., Jammes F., Valon C., Frei dit Frey N., Leung J., 2008. An update on abscissic acid signalling in plants and more. *Molecular Plant* 1, 198-217.

Watt M., Hugenholtz P., White R., Vinall K., 2006. Numbers and locations of native bacteria on field-grown wheat roots quantified by fluorescence *in situ* hybridization (FISH). *Environmental Microbiology* 8, 871-884.

Wehling M.D., Guo M., Fu Z.Q., Alfano J.R., 2004. The *Pseudomonas syringae* HopPtoV protein is secreted in culture and translocated into plant cells via the type III protein secretion system in a manner dependent on the ShcV type III chaperone. *Journal of Bacteriology* 186, 3621-3630.

Wei C.F., Deng W.L., Huang H.C., 2005. A chaperone-like HrpG protein acts as a suppressor of HrpV in regulation of the *Pseudomonas syringae* pv. syringae type III secretion system. *Molecular Microbiology* 57, 520-536.

Wei W., Plovanich-Jones A., Deng W.L., Jin Q.L., Collmer A., Huang H.C., He S.Y., 2000. The gene coding for the Hrp pilus structural protein is required for type III secretion of Hrp and Avr proteins in *Pseudomonas syringae* pv. tomato. *Proceedings of the National Academy of Sciences of the USA* 97, 2247-2252.

Wei Z.M., Beer S.V., 1995. *hrp*L activates *Erwinia amylovora hrp* gene transcription and is a member of the ECF subfamily of sigma factors. *Journal of Bacteriology* 177, 6201-6210.

Wei Z.M., Laby R.J., Zumoff C.H., Bauer D.W., He S.Y., Collmer A., Beer S.V., 1992. Harpin, elicitor of the hypersensitive response produced by the plant pathogen *Erwinia amylovora*. *Science* 257, 85-88.

Welbaum G., Sturz A.V., Dong Z., Nowak J., 2004. Fertilizing soil microorganisms to improve productivity of agroecosystems. *Critical Review in Plant Science* 23, 175-193.

Weller D.M., Landa B.B., Mavrodi O.V., Schroeder K.L., de la Fuente L., Blouin-Bankhead S.B., Allende-Molar R., Bonsall R.F., Mavrodi D.V., Thomashow L.S., 2007. Role of 2,4-diacetylphloroglucinol-producing fluorescent *Pseudomonas* spp. in the defense of plant roots. *Plant Biology* 9, 4-20.

Weller D.M., Raaijmakers J.M., McSpadden Gardener B.B., Thomashow L.S., 2002. Microbial populations responsible for specific soil suppressiveness to plant pathogens. *Annual Review of Phytopathology* 40, 309-348.

Weller D.M., van Pelt J.A., Mavrodi D.V., Pieterse C.M.J., Bakker P.A.H.M., van Loon L.C., 2004. Induced systemic resistance (ISR) in *Arabidopsis* against *Pseudomonas syringae* pv. tomato by 2,4-diacetylphloroglucinol (DAPG)-producing *Pseudomonas fluorescens. In: Annual Meeting of The American Phytopathological Society* (94suppl.), S108.

Wendehenne D., Lamotte O., Frachisse J., Barbier-Brygoo H., Pugin A., 2002. Nitrate efflux is an essential component of the cryptogein signalling pathway leading to defense responses and hypersensitive cell death in tobacco. *Plant Cell* 14, 1937-1951.

West E.R., Cother E.J., Steel C.C., Ash G.J., 2010. The characterization and diversity of bacterial endophytes of grapevine. *Canadian Journal of Microbiology* 56, 209-216.

Whipps J.M., 1997. Developments in the biological control of soil-borne plant pathogens. *Advances in Botanical Research* 26, 1-133.

Whipps J.M., 2001. Microbial interactions and biocontrol in the rhizosphere. *Journal of Experimental Botany* 52, 487-511.

White R.E., 2006. Principles and practice of soil science. The soil as a natural resource. . *Fourth edn: Blackwell Publishing.*

Wijaya R., Neumann G.M., Condron R., Hugues A.B., Polya G.M., 2000. Defense proteins from seed of *Cassia fistula* include a lipid transfer protein homologue and a protease inhibitory plant defensin. *Plant Science* 6, 243-255.

Williams S.G., Varcoe L.T., Attridge S.R., Manning P.A., 1996. *Vibrio cholera* Hcp, a secreted protein coregulated with HlyA. *Infection and Immunity* 64, 283-289.

Wolf L., Rizzini L., Stracke R., Ulm R., Rensing S.A., 2010. The molecular and physiological responses of *Physcomitrella* to Ultraviolet-B Radiation. *Plant Physiology* 153(3), 1123-1134.

Woodward A.W., Bartel B., 2005. Auxin: regulation, action, and regulation. *Annals of Botany* 95, 707-735.

Wopperer J., Cardona S.T., Huber B., Jacobi C.A., Valvano M.A., Eberl L., 2006. A quorumquenching approach to investigate the conservation of quorum-sensing-regulated functions within the *Burkholderia cepacia* complex. *Applied and Environmental Microbiology* 72, 1579-1587.

X

Xiao F., Goodwin S.M., Xiao Y., Sun Z., Baker D., Tang X., Jenks M.A., Zhou J.M., 2004. *Arabidopsis* CYP86A2 represses *Pseudomonas syringae* type III genes and is required for cuticle development. *EMBO Journal* 23, 2903-2913.

Xiao H., Tattersall E.A., Siddiqua M.K., Cramer G.R., Nassuth A., 2008. *CBF4* is a unique member of the CBF transcription factor family of *Vitis vinifera* and *Vitis riparia*. *Plant Cell and Environment* 31, 1-10.

Xiao Y., Heu S., Yi J., Lu Y., Hutcheson S.W., 1994. Identification of a putative alternate sigma factor and characterization of a multicomponent regulatory cascade controlling the expression of *Pseudomonas syringae* pv. syringae Pss61 *hrp* and *hrm*A genes. *Journal of Bacteriology* 176, 1025-1036.

Xiong L., Zhu J-K., 2001. Abiotic stress signal transduction in plants: molecular and genetic perspectives. *Physiologia Plantarum* 112, 152-166.

Y

Yabuuchi E., Kosako Y., Oyaizu H., Yano I., Hotta H., Hshimoto Y., Ezaki T., Arakawa M., 1992. Proposal of *Burkholderia* gen. nov.; and transfer of seven species of the *Pseudomonas* homology group II to the new genus, with the type species *Burkholderia cepacia* (Palleroni and Holmes 1981) comb. nov. *Microbiology and Immunology* 36, 1251-1275.

Yahr T.L., Hovey A.K., Kulich S.M., Frank D.W., 1995. Transcriptional analysis of the *Pseudomonas aeruginosa* exoenzyme S structural gene. *Journal of Bacteriology* 177, 1169-1178.

Yahr T.L., Vallis A.J., Hancock M.K., Barbieri J.T., Frank D.W., 1998. ExoY, an adenylate cyclase secreted by the *Pseudomonas aeruginosa* type III system. *Proceedings of the National Academy of Sciences of the USA* 95, 13899-13904.

Yan Z., Reddy M.S., Ryu C.M., McInroy J.A., Wilson M., Kloepper J.W., 2002. Induced systemic protection against tomato late blight elicited by plant growth-promoting rhizobacteria. *Phytopathology* 92, 1329-1333.

Yang J., Kloepper J.W., Ryu C-M., 2009. Rhizopshere bacteria help plants tolerate abiotic stress. *Trends in Plant Science* 14, 1-4.

Yang Y., Shah J., Klessig D.F., 1997. Signal perception and transduction in plant defense responses. *Genes and Development* 11, 1621-1639.

Yen M.R., Peabody C.R., Partovi S.M., Zhai Y., Tseng Y.H., Saier M.H., 2002. Proteintranslocating outer membrane porins of Gram-negative bacteria. *Biochimica et Biophysica Acta* 1562, 6-31.

Yi H.C., Joo S., Nam K.H., Lee J.S., Kang B.G., Kim W.T., 1999. Auxin and brassinosteroid differentially regulate the expression of three members of the 1-aminocyclopropane-1- carboxylate synthase gene family in mung bean (*Vigna radiate* L.). *Plant Molecular Biology* 41, 443-454.

Yin H., Zhao X., Du Y., 2010. Oligochitosan: a plant diseases vaccine-A review. *Carbohydrate Polymers* 82, 1-8.

Young N.D., Mudge J.E., Ellis T.H.N., 2003. Legume genomes: more than peas in a pod. *Current Opinion in Plant Biology* 6, 199-204.

Youssef R.A., Chino M., 1989. Studies on the behavior of nutrients in the rhizosphere. I. Establishment of a new rhizobox system to study nutrient status in the rhizosphere. *Journal of Plant Nutrition* 10, 1185-1195.

Yu D., Chen C., Chen Z., 2001. Evidence for an important role of WRKY DNA binding proteins in the regulation of *NPR1* gene expression. *The Plant Cell* 13, 1527-1540.

Yu I.C., Parker J., Bent A.F., 1998. Gene-forgene disease resistance without the hypersensitive response in *Arabidopsis dnd1* mutant. *Proceedings of the National Academy of Sciences USA* 95, 7819-7824.

Yu M., Shen L., Fan B., Zhao D., Zheng Y., Sheng J., 2009. The effect of MeJA on ethylene biosynthesis and induced disease resistance to *Botrytis cinerea* in tomato. *Postharvest Biology and Technology* 54, 153-158.

Yuan J., He S.Y., 1996. The *Pseudomonas syringae* Hrp regulation and secretion system controls the production and secretion of multiple extracellular proteins. *Journal of Bacteriology* 178, 6399-6402.

Z

Zahavi T., Cohen L., Weiss B., Schena L., Daus A., Kaplunov T., Zutkhi J., Ben-Arie R., Droby S., 2000. Biological control of *Botrytis*, *Aspergillus* and *Rhizopus* rots on table and wine grapes in Israel. *Postharvest Biology and Technology* 20, 115-124.

Zeidler D., Zähringer U., Gerber I., Dubery I., Hartung T., Bors W., Hutzler P., Durner J., 2004. Innate immunity in *Arabidopsis thaliana*: lipopolysaccharides activate nitric oxide synthase (NOS) and induce defense gene. *Proceedings of the National Academy of Sciences USA* 101, 15811- 15816.

Zhang B., Ramonell K., Somerville S., Stacey G., 2002. Characterisation of early, chitin-induced gene expression in *Arabidopsis*. *Molecular Plant- Microbe Interactions* 15, 963-970.

Zhang Y., Yang X., Liu Q., Qiu D., Zhang Y., Zeng H., Yuan J., Mao J., 2010. Purification of novel protein elicitor from *Botrytis cinerea* that induces disease resistance and drought tolerance in plants. *Microbiological Research* 165, 142-151.

Zhao Z., Wang Q., Wang K., Brian K., Liu C., Gu Y., 2009. Study of the antifungal activity of *Bacillus vallismortis* ZZ185 *in vitro* and identification of its antifungal components. *Bioresource Technology* 101, 292-297.

Zheng Z., Abu Qamar S., Chen T., Tesfaye M., 2006. *Arabidopsis* WRKY33 transcription factor is required for resistance to necrotrophic fungal pathogens. *The Plant Journal* 48, 592-605.

Zhou J., Xia B., Treves D.S., Wu L.Y., Marsh T.L., O'Neill R.V., Palumbo A.V., Tiedje J.M., 2002. Spatial and resource factors influencing high microbial diversity in soil. *Appl Environ Microbiol.* 68, 326-334.

Zhu Y.J., Agbayani R., Jackson M.C., Tang C.S., Moore P.H., 2004. Expression of the grapevine stilbene synthase gene VST1 in papaya provides increased resistance against diseases caused by *Phytophthora palmivora*. *Planta* 220, 241-250.

Zimmerli L., Jakab C., Métraux J.P., Mauch-Mani B., 2000. Potentiation of pathogen-specific defense mechanisms in Arabidopsis by ßaminobutyric acid. *Proceedings of the National Academy of Sciences USA* 97, 12920-12925.

Zipfel C. 2009. Early molecular events in PAMPtriggered immunity. *Current Opinion in Plant Biology* 12, 414-420.

CHAPITRE 3

Les rhizobactéries promotrices de croissances des plantes : l'émergence & rôle potentiel dans l'agriculture

« Ce n'est pas la taille du Lion qui a faim qui importe, C'est la taille de la faim que le Lion peut avoir. » Hustle & Flow (film américain, 2005)

Résumé

Les Rhizobactéries promotrices de croissance des plantes (PGPR) sont des bactéries de la rhizosphère. Ce sont des ingénieurs de la rhizosphère. Elles peuvent améliorer la croissance des plantes par un large éventail de mécanismes tels que la solubilisation des phosphates, la production de sidérophores, la fixation biologique de l'azote, la production d'enzymes comme la 1-Aminocyclopropane-1-carboxylate deaminase (ACC), l'induction des effets de *quorum sensing* (QS), des signaux d'interférences et d'inhibitions de la formation de biofilm, la production de phytohormones, des activités antifongiques, la production de composés organiques volatils (COV), l'induction de la résistance systémique (ISR), l'induction de résistance acquise (SAR), la promotion de symbioses bénéfiques plantes-microorganismes et des interférences avec la production de toxines pathogènes, etc. La « potentialisation » par les PGPR dans l'agriculture est en constante augmentation. C'est-à-dire que l'utilisation des PGPR comme pseudo « vaccin » chez les plantes permet d'induire un ISR ou SAR. Elle offre une manière attrayante pour remplacer l'utilisation d'engrais chimiques, de pesticides. Les substances favorisant la croissance sont susceptibles d'être produites en grandes quantités par ces microorganismes de la rhizosphère qui influencent indirectement la morphologie générale des plantes.

Concernant notre compréhension de la diversité des PGPR de la rhizosphère ainsi que leur capacité de colonisation et leurs mécanismes d'actions, les progrès récents devraient favoriser leur application comme une composante fiable dans la gestion du système agricole durable. A ce jour, de nombreux progrès ont été réalisés dans le domaine d'exploitation des bactéries de la rhizosphère permettant l'amélioration d'une variété d'applications liées à l'activité agricole.

La majorité de ces progrès est issue d'études explorant leurs mécanismes d'action sur des plantes modèles. La multitude des effets de promotions de croissances de traits d'intérêts agronomiques est résumée et discutée dans cette synthèse. J'axe également cette synthèse principalement sur les résultats originaires d'analyses faisant intervenir les COV et l'absence de contacts plantes-bactéries.

Mots clefs : *ACC, désaminase, capacité de colonisation, symbiose plante-microorganisme, signal de « quorum sensing », interférence, rhizosphère bactérienne, génie rhizosphèrique.*

Abstract

Plant-Growth promoting rhizobacteria (PGPR) are bacteria inside the rhizosphere. These are engineer of rhizosphere. They can improve plant growth by a wide variety of mechanisms such as phosphate solubilization, siderophore production, biological nitrogen fixation, production of enzymes for example 1-aminocyclopropane-1-carboxylate deaminase (ACC), induction the effects of quorum sensing (QS), the interference and inhibition signals of biofilm formation, phytohormones production, antifungal activities, the production of volatile organic compounds (VOCs), induced systemic resistance (ISR), systemic acquired resistance (SAR), promotion of beneficial plant-microbe symbioses and interference with the production of pathogenic toxins, etc. The "potentiation" by PGPR in agriculture is increasing. In other words, the use of PGPR as a pseudo "vaccine" in plants can induce an ISR or SAR. It offers an attractive way to replace the use of chemical fertilizers and pesticides. The growth-promoting substances are likely to be produced in large quantities by these microorganisms in the rhizosphere, which indirectly influence the overall plant morphology.

Concerning to diversity of PGPR in the rhizosphere and their ability to colonize and mechanisms of action, recent advances should encourage their use as a reliable component in the management of durable agricultural system. To date, much progress has been made in exploitation fields of rhizobacteria for improving a variety of applications related to agricultural activity.

Most of this progress is results of studies exploring actions mechanisms on model plants. The multiple effects of growth promotion into traits of agronomic interest is summarized and discussed in this review. I also focused my bibliographic review on results from analyzes involving the VOCs and the absence of contact physics between plants-bacteria.

Key words: *ACC, deaminase, Colonization ability, Plant-microbe symbiosis, Quorum sensing signal interference, Rhizosphere bacteria, Rhizosphere engineering.*

Liste des abréviations

ACC : 1-Amino cyclopropane-1-carboxylate
ACC desaminase : 1-amino cyclopropane-1-carboxylique désaminase
ADN : Acide désoxyribonucléique
AFM : Métabolites anti-fongiques de l'anglais « *Anti-fungal metabolite* »
AHL : N-acyl homosérine lactones
AIA ou IAA : Acide indole-3-acétique
AM : champignons mycorhiziens arbusculaires
ARN : Acide ribonucléique
ATP : Adénosine triphosphate
BPC : Biphényles polychlorés
BYMV : Virus II de la mosaïque jaune du haricot de l'anglais « Bean yellow mosaic potyvirus »
Ca : Calcium
COV : Composés organiques volatils
CSI Central insecticide board
DAPG : 2,4-diacétylphloroglucinol
ELISA : Dosage d'immunoabsorption par enzyme liée de l'anglais « *Enzyme-Linked ImmunoSorbent Assay* »
Fe : fer
H_2PO^{4-} : Anion Phosphate soluble monobasique
HPO_4^{2-} : Anion phosphate soluble diabasique
ISR : Résistance Systémique Induite de l'anglais « *Induced Systemic Resistance* »
K : Potassium
Mg : Magnésium
MGM : Microorganismes génétiquement modifiés
MPS : Phosphate solubilizing microorganisms

N_2 : Diazote
OGM : Organismes génétiquement modifiés
P : Phosphate
PAL : phénylalanine ammonia-lyase
PCB : Polychlorinated biphenyls
PDI : Pourcentage d'incidence des maladies
PGPR Plant growth-promoting rhizobacteria
PO : Peroxydase
PPO : polyphénol oxydase
QS : Quorum sensing
RFLP : Restriction fragment length polymorphism
RZT : Root zone temperature
VOCs : Volatile organic compounds
YCF1 Yeast cadmium factor protein
Zn : Zinc

CHAPITRE 3

Les rhizobactéries promotrices de croissances des plantes : l'émergence & rôle potentiel dans l'agriculture

Introduction

Bien que les bactéries et leurs existences ne fussent pas connues jusqu'à la découverte des animaux microscopiques nommé « *animalcul* » par Anton von Leeuwenhoek (1683), leur utilisation pour stimuler la croissance des plantes a été exploitée depuis l'Antiquité. Dès les années 372-287 avant JC, Théophraste suggère qu'un mélange d'échantillons de sols différents permet de remédier à des défauts et améliore le coeur du sol par des ajouts (Tisdale & Nelson, 1975). Virgil a enregistré un établissement de légumineuses sur les terres cultivées et a démontré les effets bénéfiques de la culture de légumineuses (Chew, 2002). Ce type de culture accroît la fertilité du sol (Chew, 2002). Hellriegel & Wilfarth (1888) ont étudié la colonisation de la rhizosphère des racines de graminées et de légumineuses. Ils suggèrent que des bactéries du sol ont la capacité de convertir l'N_2 atmosphérique en formes utilisables par les plantes. Sur la base de leurs expériences sur les radis, Kloepper & Schroth (1978) introduisent le terme « rhizobactéries » au sein des communautés bactériennes du sol. Elle distingue les bactéries colonisant les racines des plantes, stimulant la croissance et réduisant l'incidence des maladies chez les plantes. Kloepper & Schroth (1981) appelle ces rhizobactéries bénéfique pour la croissance des plantes des « rhizobactéries promotrices de la croissance des plantes » (« ***Plant growth-promoting rhizobacteria*** » : **PGPR**). Ces PGPR sont définies comme la partie indispensable de la rhizosphère biologiquement active qui lorsque ces bactéries telluriques sont cultivées en association avec les plantes hôtes peuvent stimuler la croissance de l'hôte : « *PGPR can be defined as the indispensable part of rhizosphere biota that when grown in association with the host plants can stimulate the growth of the host* » (Kloepper & Schroth, 1981). Les PGPR seraient des rhizobactéries dont le succès d'établissement dans l'écosystème « sol » est important en raison de leur grande adaptabilité aux environnements variés. Leurs taux de croissance est plus rapide et une polyvalence biochimique est mise en avant pour métaboliser un large éventail de composés naturels et xénobiotiques. Cook (2002) considéré les PGPR comme un intervenant important dans la gestion des pratiques agricoles qui dispose d'un fort potentiel génétique innée. Le concept de PGPR a été confiné chez certaines souches bactériennes (Weller *et al.,* 2002 ; Vessey 2003). Pour être identifier comme PGPR, les bactéries doivent répondre au moins à deux des trois critères tels que : 1) la colonisation agressive, 2) la stimulation de la croissance des plantes et 3) la lutte biologique (Weller *et al.,* 2002 ; Vessey 2003).

Selon Whipps (2001), il y a trois catégories de base impliquant des interactions. Il identifie les interactions neutre, négatif ou positif. Ces trois cas existent généralement entre les rhizobactéries et plantes en pleine croissance. La plupart des rhizobactéries associées aux plantes sont des commensales. C'est-à-dire que les bactéries établissent une interaction anodine avec les plantes hôtes ne présentant pas d'effet visible sur la croissance et la physiologie générale de l'hôte (Beattie, 2006). Dans les interactions négatives, la rhizobactérie phytopathogène produit des substances phytotoxiques telles que le cyanure d'hydrogène ou l'éthylène. Ainsi, elle influense négativement la croissance et la physiologie des plantes. À l'encontre de ces bactéries nocives, il y a quelques PGPR qui peuvent induire une croissance positive de la plante. Les mécanismes directs induit sont la solubilisation des éléments nutritifs, la fixation d'azote, la production de régulateurs de croissance, etc, ou via des mécanismes indirects tels que la stimulation du développement des mycorhizes, l'exclusion compétitive d'agents pathogènes ou l'enlèvement de substances phytotoxiques via l'induction ou la stimulation des mécanismes de détoxications ou bien de détoxifications (Bashan & de Basan, 2010).

Toutefois, conformément à leur degré d'association avec les cellules racinaires de plantes, les PGPRs peuvent être classés en rhizobactéries extracellulaires favorisant croissance de la plante (ePGPR) et en rhizobactéries intracellulaires favorisant la croissance des plantes (iPGPR) (Martinez-Viveros *et al.,* 2010). Les ePGPRs peuvent exister dans la rhizosphère, sur le rhizoplan ou dans les espaces entre les cellules de cortex racinaire ; d'autre part, les iPGPRs sont généralement localisées à l'intérieur des structures spécialisées nodulaires (nodules) et à l'intérieur des cellules racinaires. Les genres bactériens tels que *Agrobacterium, Arthrobacter, Azotobacter, Azospirillum, Bacillus, Burkholderia, Caulobacter, Chromobacterium, Erwinia, Flavobacterium, Micrococcous, Pseudomonas* et *Serratia* appartient aux ePGPR (Gray & Smith, 2005). Les iPGPR comprennent les endophytes et des espèces de *Frankia* qui peuvent entrer en symbiose fixatrice de N_2 atmosphérique avec les plantes supérieures (Verma *et al.*, 2010). Les endophytes comprennent un large éventail de bactéries du sol comme *Allorhizobium, Azorhizobium, Bradyrhizobium, Mesorhizobium* et *Rhizobium* de la famille des *Rhizobiaceae* qui envahit généralement les systèmes racinaires des plantes cultivées (Wang & Martinez-Romero, 2000). Elles forment des nodules et stimulent la croissance des plantes soit directement, soit indirectement (Wang & Martinez-Romero, 2000).

Ce groupe de rhizobactéries est essentiellement à Gram-négatif et en forme de bacilles avec une proportion plus faible à Gram positif étant en bacilles, cocco-bacilles et pléomorphes. Des exemples peuvent être cités comme *Allorhizobium undicola* (de Lajudie *et al.*, 1998a), *Azorhizobium caulinodans* (Dreyfus *et al.*, 1988), *Bradyrhizobium japonicum* (Guerinot & Chelm, 1984), *Mesorhisobium chacoense* (Velazquez *et al.*, 2001), *Mesorhizobium plurifarium* (de Lajudie *et al.*, 1998b), *Rhizobium ciceri* (Nour *et al.*, 1994), *R. etli* (Segovia *et al.*, 1993), *Rhizobium fredii* (Scholla & Elkan, 1984), *Rhizobium galegae* (Lindstrom, 1989), *R. gallicum* (Amarger *et al.*, 1997), *Rhizobium giardinii* (Amarger *et al.*, 1997), *Sinorhizobium Arboris* (Nick *et al.*, 1999), *Sinorhizobium fredii* (Chen *et al.*, 1988) et *Sinorhizobium medicae* (Rome *et al.*, 1996). De nombreuses espèces de plantes forment des associations symbiotiques avec ces espèces rhizobacteriennes comprend *Acacia sp., Arachis hypogaea, Cajanus cajan, Cercis canadensis, Cicer arietinum, Glycine max, Lens culinaris, Lotus corniculatus, Medicago sativa, Phaseolus vulgaris, Pisum sativum* et *Trifolium sp* . (Verma *et al.*, 2010). En outre, chez plusieurs actinomycètes, il s'agit de l'une des composantes majeures des populations microbiennes de la rhizosphère. Elles sont également utiles en raison de leurs importants rôles écologiques dans le cycle des nutriments du sol (Halder *et al.*, 1991 ; Elliot & Lynch 1995) mais aussi dans l'activité de promotions de croissances des plantes (Merzaeva & Shirokikh, 2006). De nombreux rapports (Gomes *et al.*, 2000 ; Sousa *et al.*, 2008) sont disponibles sur les actinomycètes agent favorisant sur le potentiel de croissance de la plante (Bhattacharyya & Jha, 2012). Les souches d'Actinomycètes comme *Micromonospora* sp., *Streptomyces* spp. *Streptosporangium* sp. et *Thermobifida* sp., sont comptabilisés comme de très bon colonisateur de la rhizosphère des plantes. Ils présentent un immense potentiel en tant qu'agent de luttes biologiques contre une gamme de champignons pathogènes racinaires (Franco-Correa *et al.*, 2010). Les Streptomycètes rhizosphériques ont été signalés comme des agents de luttes biologiques potentiels contre *Fusarium* et *Armillaria* ou pourriture du pin et comme promoteur de croissance chez *Pinus taeda* (de Vasconcellos & Cardoso, 2009). Ces évidences sont maintenant disponibles : chez la tomate, à la suite des études sur les actinobactéries utilisées dans le contrôle de l'expansion de *Rhizoctonia solani* et *Pseudomonas solanacearum* (Sabaratnam & Traquair, 2002) et chez le bananier grâce à des études sur *Colletotrichum musae* (Taechowisan *et al.*, 2003). Les Actinomycètes des sols sont également une source importante de divers métabolites antimicrobiens (Terkina *et al.*, 2006). de Vasconcellos *et al.* (2010) ont isolés et examinés des actinobactéries antagonistes de la rhizosphère d'*Araucaria angustifolia* pour la production de métabolites actifs. Les métabolites, en particulier, de l'acide indole acétique (IAA) et la chitinase sont enregistrés comme responsable de la dégradation des différents complexes et relativement récalcitrants composés organiques présents dans le sol. Par exemple, Cao *et al.* (2004) ont enregistré une activité antagoniste de Streptomyces endophyte griseorubiginosus contre *Fusarium oxysporum f.* sp. *cubense*.

Chez les tomates et les poivrons, Mayak *et al.* (2004) ont étudié le rôle potentiel que confèrent des PGPR à la résistance au stress hydrique. Khalid *et al.* (2004) ont rapporté une très grande efficacité des *Pseudomonades fluorescentes* et des espèces de *Bacillus* à coloniser les racines et à augmenter la production de métabolites de croissance résultant de l'amélioration du rendement des cultures stratégiques. Les divers modes d'action de *Bacillus subtilis* de souche FZB24 contre les phytopathogènes ont été examinés par Kilian *et al.* (2000). Les auteurs suggèrent que la bactérie joue un rôle dans la vitalité des plantes. Selon Cakmakci *et al.* (2006), les populations rhizobactériennes du sol sont capables d'exercer des effets bénéfiques sur de nombreuses plantes comme le blé, la pomme de terre, maïs, herbes, pois et le concombre par une colonisation de la rhizosphère. Les applications de PGPR augmentent la nodulation et la fixation d'azote du soja (*Glycine max* (L.) Merr et ce sur une large plage de températures de la zone racine (RZTs : « *Root Zone Temperature* ») (Zhang *et al.,* 1996). Ainsi, il a été établi que l'inoculation de PGPRs peut augmenter la réponse à la nodulation, à l'azote absorption, à la croissance et aux rendements des plantes cultivées. En plus de cela, dans la dernière décennie, l'emploi des micro-organismes dans la « biotisation » de la rhizosphère lors de co-culture est également un autre domaine important de la recherche (Sekar & Kandavel, 2010). La « Biotization » est une réponse métabolique de matériels végétaux cultivés *in vitro* après inoculations de micro-organismes conduisant à des changements développementaux et physiologiques des propagules (Bhattacharyya & Jha, 2012). Chez les plantes, cette réponse provoque l'amélioration de la résistance aux stress biotiques et abiotiques. Ici, les plantules sont généralement co-cultivées avec des PGPR. Elles produisent plus de biomasse et de métabolites secondaires. Actuellement, des plantules *Origanum vulgare* L. co-cultivées avec des *Pseudomonas* spp., ont produit plus de composés phénoliques et de chlorophylles que le contrôle sans bactéries (Nowak, 1998).

Par ailleurs, il est bien reconnu que les PGPR peuvent maintenir la santé des racines, l'absorption des nutriments et une certaine tolérance aux stress environnementaux (Malhotra & Srivastava, 2009). Bien que, des traits spécifiques de la promotion de la croissance et du développement des plantes soient limités à un environnement donné et à des interactions plantes-microorganismes spécifiques. Plusieurs formulations de PGPR sont actuellement disponibles en tant que produits commerciaux. Elles sont utilisées pour la production agricole des cultures. Il semblerait qu'elles soient très efficaces. A ce jour, notre compréhension des PGPR a maintenant bien progressé d'un point de vue du niveau cellulaire, génomique et protéomique (Bhattacharyya & Jha, 2012).

Un grand nombre de souches de PGPR issu de différentes classes et de genres bactériens avec des traits multifonctionnels ont été décrits pour leur puissante application notamment lors de la stimulation des plantes lors des activités agricoles modernes. Cependant, il est important d'étudier en détail le potentiel de ce groupe de microorganismes rhizosphèriques et analyser leurs mécanismes d'actions impliqués lors de la production agricole durable. Nous devons également améliorer nos connaissances sur la sélection de souches microbiennes d'intérêt colonisant la rhizosphère. Cette compréhension permettra la mise en place de programmes de restaurations spécifiques des agroécosystèmes. Les PGPR peuvent promouvoir la croissance et le rendement des plantes cultivées par des mécanismes directs et indirects. Chez certaines espèces de PGPR, la stimulation de la croissance des plantes domine. Elle peut être associée à l'acquisition des ressources comme la fixation de l'azote, la solubilisation du phosphate et à la production de phytohormones comme l'auxine et lacytokinine et de stimulant volatils de la croissance tels que l'éthylène et le 2, 3-butanediol qui font partie des COV (Ryu *et al.,* 2003 ; Vessey, 2003).

La production de sidérophores lors de la colonisation rhizosphèrique a également été enregistré comme l'un des mécanismes important produit par certaines PGPR tels que *Bradyrhizobium japonicum, Rhizobium leguminosarum et Sinorhizobium meliloti* (Carson *et al.,* 2000 ; El-Tarabily & Sivasithamparam 2006). Par ailleurs, les chélateurs du fer (Schippers *et al.,* 1988), les antibiotiques (Weller, 1988) et le cyanure d'hydrogène (Stutz *et al.,* 1986) sont également susceptibles d'être produites par des souches PGPR. Ces composés participent énormément à la réduction des phytopathogènes et rhizobactéries délétères. Ils contribuent ainsi à l'amélioration de la santé des plantes en plus de la promotion de croissance induite par les PGPR.

Cependant, quel que soit le mécanisme de promotion de la croissance des plantes initié par les PGPR, il semble que ces bactéries doivent coloniser la rhizosphère ou la racine elle-même pour induire un effet (Glick, 1995). L'objectif de cette étude est d'examiner les connaissances actuelles sur le mécanisme connu, putatif et spéculatif de la promotion de croissance des plantes par les PGPR potentiellement exploitable dans le domaine de l'agriculture.

I. Production de régulateurs de croissances des végétaux

Les PGPR peuvent modifier l'architecture des racines et promouvoir le développement des plantes via la production de phytohormones différentes comme AIA, acide gibbérellique (GA) et les cytokinines (CK) (Kloepper *et al.,* 2007). Plusieurs PGPR ainsi que certains micro-organismes pathogènes, symbiotiques et libres dans la rhizosphère peuvent produire et libérer dans le sol de l'AIA et l'acide gibbérellique. Ainsi, ces microorganismes jouent un rôle important dans la contribution à l'augmentation de la surface racinaires et le nombre d'apex racinaires présent chez de nombreuses plantes (Han *et al.,* 2005). Spaepen *et al.* (2007) ont démontré que des rhizobactéries sont capables de synthétiser l'AIA à partir du tryptophane via des voies synthèses différentes. Or, le mécanisme général de synthèse de l'auxine est essentiellement concentré sur les voies tryptophane-indépendants. Par ailleurs, les bactéries phytopathogènes utilisent préférentiellement la voie de l'indole acétamide pour synthétiser AIA. Cette voie est principalement impliquée dans l'induction des tumeurs chez les plantes. Swain *et al.* (2007) rapportent un effet positif des souches productrices d'AIA sur leur hôte comme *Bacillus subtilis* sur *Dioscorea rotundata* L. Ils ont appliqué une suspension de *B. subtilis* sur la surface de la plante, ce qui a entraîné une augmentation du root/shoot ratio ainsi que le nombre de germes par rapport aux plantes non-inoculées. D'autres auteurs comme Ahmad *et al.* (2005) rapportent que la potentialité d'*Azotobacter* spp. à produire une quantité élevée d'AIA dans l'agriculture est comprise entre 7,3 et 32,8 $mg.mL^{-1}$. De même, l'importante croissance de plantules mutantes de maïs nains et de riz a été signalée comme promus par l'excrétion de substances par *Azospirillum* spp. comme des gibbérellines (Boiero *et al.,* 2007). Bhattacharyya & Jha DK (2012) présente dans leur tableau I quelques-unes des souches de PGPR productrices de différents régulateurs de croissance des plantes. D'après Ribaudo *et al.* (2006), la production d'éthylène, AIA pourraient augmenter la biomasse des racines, le nombre des poils racinaires et par conséquent la surface des racines des plants de tomates inoculées par des PGPR. Ce qui pourrait être valable chez d'autres végétaux. Les implications des cytokinines produites par des PGPR dans l'initiation des racines, la division cellulaire, l'hypertrophie des cellules et l'augmentation de la surface des racines des plantes cultivées à travers la formation accrue des racines latérales et adventives ont été observées par Werner *et al.* (2003).

Tableau I. Souches PGPR efficaces en tant que producteur phytohormones en nombre de plantes (Bhattacharyya & Jha, 2012).

Hormone produced	PGPR	Host	References
IAA	*Aeromonas veronii*	Rice	Mehnaz et al. (2001)
	Agrobacterium sp.	Lettuce	Barazani and Friedman (1999)
	Alcaligenes piechaudii	Lettuce	Barazani and Friedman (1999)
	Azospirillum brasilense	Wheat	Kaushik et al. (2000)
	Bradyrhizobium sp.	Radish	Antoun et al. (1998)
	Comamonas acidovorans	Lettuce	Barazani and Friedman (1999)
	Enterobacter cloacae	Rice	Mehnaz et al. (2001)
	Rhizobium leguminosarum	Radish	Antoun et al. (1998)
Cytokinin	*Paenibacillus polymyxa*	Wheat	Timmusk et al. (1999)
	Pseudomonas fluorescens	Soybean	Garcia de Salamone et al. (2001)
	Rhizobium leguminosarum	Rape & lettuce	Noel et al. (1996)
Gibberellin	*Bacillus* sp.	Alder	Gutierrez-Manero et al. (2001)

A ce jour, il est établi que les voies de production de ces phytostimulateurs menant à un développement global des plantes cultivées sont différemment régulées par des mécanismes de répressions cataboliques et régulateurs physiologiques lors de la formation de biofilm (Zaied *et al.,* 2009 ; Bhattacharyya & Jha, 2012). La solubilisation du phosphore est l'un des points essentiels et des plus importants lors de la nutrition des plantes. L'ironie du sort veut que les sols soient une grande réserve de phosphore total (P). Or, Le P disponibles pour les plantes est généralement une infime proportion de ce total. Cette faible disponibilité du phosphore pour les plantes est principalement due à une forme insoluble, tandis que les plantes ne peuvent absorber que deux formes solubles ioniques : le phosphate soluble monobasique ($H_2PO_4^-$) et le phosphate soluble diabasique (HPO_4^{2-}) (Verre, 1989). Plusieurs Micro-organismes capables de solubiliser le phosphate sont nommés : phosphate solubilizing microorganisms (MPS) sont maintenant enregistrées pour convertir la forme de phosphore insoluble sous forme soluble à travers une acidification. Une sécrétion d'acides organiques ou de protons (Richardson *et al.,* 2009) est réalisée et permet la mise en place de réactions de chélations et d'échanges ioniques (Hameeda *et al.,* 2008).

Les bactéries saprophytes et les champignons sont souvent signalés pour solubiliser le phosphate du sol via leurs mécanismes de la chélation (Whitelaw, 2000). Les ligands organiques exsudés par le système racinaire des plantes peuvent également modifier la concentration en P dans la solution du sol (Hinsinger, 2001). Selon Nahas (1996), la solubilisation du phosphate se fait à travers différents processus microbiens, y compris la production d'acides organiques et d'extrusions de protons dans la solution du sol. Dans certains cas, la solubilisation du phosphate est induite par la carence en phosphate elle-même (Gyaneshwar *et al.,* 1999). La figure 1 présente un aperçu général de la solubilisation du phosphore dans le sol (Khan *et al.,* 2009). Les genres bactériens comme *Azospirillum, Azotobacter, Bacillus, Beijerinckia, Burkholderia, Enterobacter, Erwinia, Flavobacterium, Microbacterium, Pseudomonas, Rhizobium* et *Serratia* sont signalés comme les bactéries intervenant de façon la plus importante dans la solubilisation du phosphate (Sturz & Nowak, 2000 ; Sudhakar *et al.,* 2000 ; Mehnaz & Lazarovits, 2006). Les rhizobactéries peuvent également solubiliser les sources de phosphore inorganiques, améliorer la croissance et le rendement des plantes cultivées. Par ailleurs, des exemples d'espèces microbiennes solubilisant largement le P sont rapportés comme associées à un grand nombre de cultures agricoles tel la pomme de terre, la tomate, le blé, le radis (Bhattacharyya & Jha, 2012). Les rhizobactéries sont *Azotobacter chroococcum* (Kumar & Narula, 1999), *Bacillus circulans* et *Cladosporium herbarum* (Singh & Kapoor, 1999), *Bradyrhizobium japonicum* (Antoun *et al.,* 1998), *Enterobacter agglomerans* (Kim *et al.,* 1998), *Pseudomonas chlororaphis* et *P. putida* (Cattelan *et al.,* 1999) et *Rhizobium leguminosarum* (Chabot *et al.,* 1998). La capacité des PGPR pour solubiliser le phosphate minéral est d'un immense intérêt pour les microbiologistes agricoles, car elles peuvent améliorer la disponibilité du phosphore pour la croissance des plantes de manières efficaces. Ces PGPR sont également réputées pour solubiliser les phosphates précipités. Cela représente un mécanisme d'intérêt et possible pour induire une promotion de la croissance des végétaux dans des conditions de terrain (Verma *et al.,* 2001). La synthèse d'acides organiques par des microorganismes rhizosphèriques semble une des causes de la re-solubilisation de sources de phosphores inorganiques.

Figure 1. Représentation schématique de la solubilisation du phosphore dans le sol par rhizobactérie (Khan *et al.*, 2009).

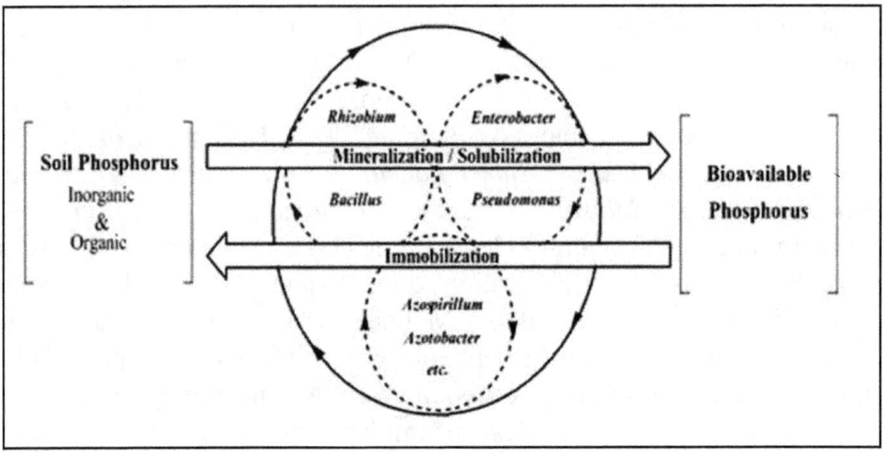

II. PGPR comme biofertilisants

Les « Biofertilisants » sont des substances, préparés à partir de micro-organismes vivants. Lorsqu'ils sont appliqués aux semences ou sur des surfaces de plantes adjacentes au sol, ils peuvent coloniser la rhizosphère ou les parties intérnes de la plante et favorisent ainsi la croissance des racines (Bhattacharyya & Jha, 2012). Le terme « biofertilisant » ne devrait pas être utilisé de façon interchangeable avec des engrais verts, fumier, plante intercalaire ou compléments organiques aux engrais chimiques (Bhattacharyya & Jha, 2012). Il est intéressant de savoir que certaines espèces PGPR favorisent la croissance végétale en agissant en tant qu'engrais biologiques et biopesticides. Actuellement, des souches de *Burkholderia cepacia* semblent biocontrôler *Fusarium* spp., Tandis qu'elle stimule la croissance du maïs via la production de sidérophores dans de mauvaises conditions nutritionnelles en fer (Bevivino *et al.*, 1998). A*llorhizobium, Azorhizobium, Bradyrhizobium, Mesorhizobium, Rhizobium* et *Sinorhizobium* sont signalés comme des souches de PGPR à forte capacité d'action comme biofertilisants (Vessey, 2003). La relation entre les PGPR et leurs hôtes peuvent être classés en deux niveaux de complexités de bases : (1) rhizosphérique (externe à la racine) et (2) endophytique (interne à la plante).

En relation rhizosphèrique, les PGPR colonisent la rhizosphère, la surface de la racine ou même dans les espaces intercellulaires superficielles des racines des végétaux (McCully, 2001). Les paramétres environnementaux qui affectent la capacité des souches de PGPR à coloniser la rhizosphère sont : i) principalement les changements des propriétés physico-chimiques du sol rhizosphèrique tels que le pH du sol, pression de l'eau & potentielle hydrique et pression partielle d'O_2 ; ii) et les taux d'exsudation des plantes par rapport à la masse du sol enraciné (Griffiths *et al.,* 1999).

En relation endophytique, les PGPR résident dans les espaces internes apoplastiques de la plante hôte. Il existe des preuves directes de l'existence des endophytes dans ces espaces intercellulaires apoplastiques du parenchyme (Dong *et al.,* 1997) et des vaisseaux xylèmiques (James *et al.,* 2001). Les meilleurs exemples sont sité dans des études sur les légumineuses en synbioses avec *rhizobium* (Vessey, 2003). Ainsi, les moyens fonctionnels par lesquels les PGPR améliorent l'état nutritionnel des plantes hôtes et de ce fait agir comme biofertilisants peuvent être classés en cinq zones distinctes. Nous avons : 1) la fixation biologique du N_2 ; 2) l'augmentant de la disponibilité des éléments nutritifs au sein de la rhizosphère ; 3) l'augmentation de la surface des racines ; 4) l'amélioration des symbioses bénéfiques de l'hôte ; 5) et enfin les combinaisons de tous les modes d'action. Toutefois, le degré d'intimité entre les PGPR et la plante-hôte peut varier en fonction du mécanisme de colonisation de la plante par la PGPR.

III. Interférences du signal de détections-sensibilités nommé « *Quorum Sensing* » et de l'inhibition de la formation de biofilm

Le *quorum sensing* (QS) est un mécanisme de régulation génétique qui contrôle les fonctions de la communauté microbienne. Ces fonctions sont d'importance médicale, agricole et industrielle. La découverte de signalisation d'un QS microbien conduit à l'identification de nombreux mécanismes d'interférences enzymatiques et non enzymatiques (Zhang & Dong, 2004). La connaissance de ces mécanismes pourrait conduire à éteindre la signalisation de QS microbiens (Zhang & Dong, 2004) et permettre l'inhibition de la formation de biofilm (Ren *et al.,* 2001). L'activation d'un QS est médiée par une petite molécule auto-inductrice (AI). Cet auto-inducteur est responsable de la communication entre les cellules et l'action coordonnée de nombreuses bactéries, y compris PGPR (Ren *et al.,* 2001 ; Zhang & Dong, 2004 ; Bhattacharyya & Jha, 2012). Des signaux auto-inducteurs sont fréquemment rapportés par exemple les N-acyl homosérine lactones (AHL) (von Bodman *et al.,* 2003). Par ailleurs, une demi-douzaine d'autres molécules, y compris le dicétopipérazines présent chez plusieurs bactéries Gram-négatives (Holden *et al.,* 1999) ont également été impliqués dans des mécanismes de signalisations dépend de la densité cellulaire par exemple le furanosyl borate diester chez *Vibrio harveyi* (Chen *et al.*, 2002) et c-butyrolactone chez *Streptomyces* (Yamada & Nihira, 1998).

Les recherches concernant les mécanismes de signalisations d'interférences de type QS pourraient élargir considérablement la portée de la recherche en biotechnologie moderne des points de vues agro-écologique & Permaculture et médicale.

IV. La production de l'ACC désaminase et de la réglementation du niveau de l'éthylène dans les plantes

Bien que l'éthylène soit essentiel à la croissance et au développement normal des plantes, à forte concentration, il peut être toxique. Cette phytohormone induit la défoliation et d'autres processus cellulaires qui peuvent conduire à une diminution des performances des cultures. Desbrosses *et al.* (2009) ont prouvé que grâce à leur activité 1-amino cyclopropane-1-carboxylique désaminase (ACC-desaminase), les PGPR peuvent dévier l'ACC enrôlée dans la voie de biosynthèse de l'éthylène au sein du système racinaire d'*Arabidopsis thaliana* L. Col-0. Ainsi, les rhizobactéries aident à diminuer l'accumulation de forts niveaux d'éthylène et à rétablir un système racinaire sain nécessaire pour faire face aux stress environnementaux. Le principal mécanisme inclut la destruction de l'éthylène par l'intermédiaire d'une enzyme ACC désaminase.

Il existe un certain nombre de publications présentant l'activité ACC désaminase chez les bactéries de la rhizosphère comme *Achromobacter, Azospirillum, Bacillus, Enterobacter, Pseudomonas et Rhizobium* par exemple les travaux de Ghosh *et al.* (2003), Govindasamy *et al.* (2008), Duan *et al.* (2009). La plupart des études démontrent la production du gène ACC désaminase chez des plantes traitées par des PGPR en conditions de stress environnementaux. Grichko & Glick (2001) ont inoculés des graines de tomates avec *Enterobacter cloacae* et *Pseudomonas putida*. Ils ont enregistré une expression et une activité de l'ACC désaminase associées à une augmentation de la résistance de la plante. Lors de l'élongation des racines de *Brassica campestris* par stimulation bactérienne, Ghosh *et al.* (2003) ont enregistré une activité ACC désaminase chez trois espèces de Bacillus à savoir : *Bacillus circulans* DUC1, *Bacillus firmus* DUC2 et *Bacillus globisporus* DUC3. Mayak *et al.* (2004) ont observé également cette activité avec des plants de tomates.

Reed & Glick (2005) rapporte qu'en condition environnementale de stress hydrique et salin, *Achromobacter piechaudii* permet une augmentation significative du poids frais et sec des plantes inoculées. Cette augmentation est similaire pour la matière sèche des racines et parties aériennes chez le colza (*Brassica napus*) dont les graines ont été inoculées avec une bactérie productrice du gène ACC désaminase comme *Pseudomonas asplenii* (Reed & Glick, 2005). Le tableau II proposé par Bhattacharyya & Jha (2012) présente les changements morphologiques de certaines espèces végétales après l'inoculation avec PGPR contenant le gène de l'ACC désaminase.

Tableau II. Modifications morphologiques des plantes provoquées par des souches PGPR contenant le gène de l'ACC désaminase (Bhattacharyya & Jha, 2012).

Plant species	PGPR strains	Morphological changes	References
Brassica campestris	*Methylobacterium fujisawaense*	Bacterium promoted root elongation in canola	Madhaiyan et al. (2006)
B. campestris	*Bacillus circulans DUC1, B. firmus DUC2, B. globisporus* DUC3	Bacterial inoculation enhanced root and shoot elongation	Ghosh et al. (2003)
B. napus	*Alcaligenes* sp. *Bacillus pumilus, Pseudomonas* sp. *Variovorax paradoxus*	Inoculated plant demonstrated more vigorous growth than the uninoculated (control)	Belimov et al. (2001)
B. napus	*Enterobacter cloacae*	Significant increases in root and shoot lengths were observed	Saleh and Glick (2001)
Dianthus caryophyllus L.	*Azospirillum brasilense* Cd1843	Inoculated cuttings produced longest roots	Li et al. (2005)
Glycine max	*Pseudomonas cepacia*	Rhizobacterium caused an early soybean growth	Cattelan et al. (1999)
Pisum sativum L.	*Rhizobium leguminosarum bv. viciae* 128C53 K	Bacterium enhanced nodulation in plants	Ma et al. (2003)
Vigna radiata L.	*Pseudomonas* sp. *Bradyrhizobium* sp.	Bacterium promoted nodulation in mung bean	Shaharoona et al. (2006)
V. radiata L.	*Pseudomonas putida*	The ethylene production was inhibited in inoculated cuttings	Mayak et al. (1999)
Zea mays L.	*Enterobacter sakazakii* 8MR5, *Pseudomonas* sp. 4MK38, *Klebsiella oxytoca* 10MKR7	Inoculation increased agronomic parameters of maize	Babalola et al. (2003)
Zea mays L.	*Pseudomonas* sp.	Bacterium caused root elongation in maize	Shaharoona et al. (2006)

La modification génétique des souches de PGPR exprimant le gène ACC désaminase est utile dans la cadre de la lutte biologique face aux diverses maladies des plantes. Les PGPR contenant une ACC désaminase peuvent stimuler la croissance des plantes en particulier en réponse à une multitude de conditions de stress environnementaux biotiques et abiotiques tels que la salinité, la sécheresse, l'exploitation forestière de l'eau, la température, la pathogénicité et la présence de contaminants (Saleem *et al.,* 2007). Dans le canola, l'ACC désaminase présente chez ces bactéries conféré une certaine tolérance aux teneurs en sel et permet une meilleure croissance des plantes à la suite d'une diminution de la synthèse de l'éthylène induite par le sel (Cheng *et al.,* 2007). Récemment, une souche bactérienne, *Pseudomonas fluorescens* TDK1 productrice de l'ACC désaminase a été signalé pour améliorer la résistance physiologique et le rendement global de l'arachide contrairement aux plantes inoculés avec des souches de *Pseudomonas* dépourvus d'activité ACC désaminase (Govindasamy *et al.,* 2008). Bien que des efforts soient faits pour introduire des gènes d'ACC désaminase dans les plantes permettant une croissance optimale, les modifications génétiques ne sont pas encore faisables sur toutes espèces végétales. Ces transformants ne sont pas encore réalisés à cause de nombreux handicaps tels que les droits de propriétés et les accords commerciaux internationaux sur les organismes génétiquement modifiés (OGM) et les limites de la technologie des ADN-recombinants (Govindasamy *et al.,* 2008 ; Bhattacharyya & Jha, 2012).

V. La production de composés organiques volatils (COV)

La découverte de la production de composés organiques volatils (COV) par les rhizobactéries constitue un mécanisme important pour la stimulation de la croissance des plantes par ces microorganismes. Ryu *et al.* (2003) a enregistré que quelques souches de PGPR à savoir *Bacillus subtilis* GB03, *B. amyloliquefaciens* IN937a et *Enterobacter cloacae* JM22 émettent un mélange de composants volatils stimulants, en particulier, le butane-2,3-diol et l'acétoïne. Ces composés favorisent la croissance *d'Arabidopsis thaliana* L. Col-0. Ryu *et al.* (2003) suggèrent que la synthèse des COV bioactifs est un phénomène souche spécifique. Dans certaines cultures comme le tabac, la carotte, le maïs et le riz, la formation d'acétoïne par les enzymes est identifiée plus tôt dans le temps (Forlani *et al.,* 1999). Bien que certaines fonctions au sein des végétaux ne soient pas correctement mises en place durant cette période. Il est maintenant établi que les COV produits par les souches de rhizobactéries peuvent agir en tant que molécules de signalisations (Ryu *et al.,* 2003). La médiation des interactions plantes-microorganismes via des volatils produits par des PGPR colonisant les racines sont générées à des concentrations en COV suffisantes pour déclencher des réactions chez la plante hôte (Ryu *et al.,* 2003). Farmer (2001) a identifié des volatils de plantes de faibles poids moléculaire tels que les terpènes, le jasmonate et des composants volatils issus des feuilles vertes. Ces COV issus de végétaux sont des molécules de signalisations puissantes pour les organismes vivants positionnés dans différents niveaux trophiques. Ils sont souvent retrouvés dans les huiles essentielles (HE) utilisées dans la lutte biologique. Toutefois, afin d'acquérir une appréciation claire des mécanismes de signalisations impliquant les COV chez les plantes, nous devons nous inscrire dans des axes de recherches étudiants la défense des plantes en ciblant l'intervention des composantes les plus volatiles au sein de système plantes-rhizobactéries.

VI. Ingénierie de la rhizosphère ou Génie rhizosphèrique

Les populations microbiennes présents dans la rhizosphère sont extrêmement vulnérable aux interactions entre les plantes et l'environnement « sol ». « L'Ingénierie rhizosphèrique ou Génie Rhizosphèrique » implique la sélection de populations microbiennes bénéfiques par la rhizosphère des plantes et les plantes elles-mêmes. A ce jour, les chercheurs ont réussi à sélectionner des populations de souches productrices d'antibiotiques pour certaines espèces de cultures ou cultivars. Ces bactéries jouent un rôle majeur dans les sols et permettent une suppression naturelle des pathogènes du sol comme des effets antifongiques (Ryan *et al.,* 2009). Les polluants organiques persistants tels que les biphényles polychlorés (BPC ; ou « *polychlorinated biphenyls* » : PCBs) sont un problème mondial. L'exploitation des microorganismes racinaires associés à une approche de génie rhizosphérique pourrait appauvri avec succès les niveaux de PCB (Narasimhan *et al.,* 2003). Une utilisation des métabolites secondaires des plantes peut également être envisagée telles que la phénylpropanoïdes (Narasimhan *et al.,* 2003). Lugtenberg *et al.* (2001) a développé une technologie similaire au cours de leur recherche sur la croissance des microbes disposant d'une capacité à métaboliser les nutriments « exotiques » exsudée par les plantes. L'un des premiers succès de cette technologie est basée sur le partitionnement favorable des opines « exotiques » produits par les plantes transgéniques présentent comme éléments nutritifs. Oger *et al.* (1997) ont montré que cela conduit à l'amélioration de la croissance et la compétitivité des souches métabolisantes en comparaison avec les microorganismes incapables de métaboliser ces opines.

En définitive, l'Ingénierie ou génie rhizosphèrique réduit notre dépendance à l'égard des produits phytotechniques et agrochimiques en remplaçant leurs fonctions par des microorganismes bénéfiques, biostimulants, biodégradables ou par des plantes transgéniques (Ryan *et al.,* 2009). Lors de conditions limitantes nutritionnelles dans la rhizosphère, il est maintenant possible de créer des biais nutritionnels qui peuvent être particulièrement efficace pour l'identification des populations microbiennes utiles. Les avancées technologiques dans le domaine de la biologie moléculaire en microbiologies ont été principalement axées sur l'exploitation fonctionnelle. Elle a permis de parvenir à une connaissance complète des substances chimiques complexes et des interactions biologiques qui se produisent souvent dans la rhizosphère. Elle a également veillé à ce que les stratégies visant à façonner la rhizosphère soient sûres et respectueuse de l'environnement présent dans les agroécosystèmes agricoles.

Par exemple, les plantes sont génétiquement modifiées pour modifier le pH rhizosphère et aussi libérer les composés d'amélioration de la disponibilité des éléments nutritifs. Les chercheurs ont mis en place une stratégie d'amélioration génétique visant à protéger les plantes contre les stress biotiques et abiotiques et à encourager la prolifération des micro-organismes bénéfiques. La stimulation de la croissance est médiée directement par l'acquisition améliorée des éléments nutritifs et la modulation de la synthèse de phytohormones. Alors, que dans le cas d'une stimulation indirecte, Ryan *et al.* (2009) indique que cela implique une induction d'antagonisme chez les plantes. En culture *in vitro,* Sundheim *et al.* (1988) a observé que la mise en place d'une procédure d'ingénierie rhizosphèrique à l'aide de la souche *Pseudomonas* exprimant gène de la chitinase de *Serratia marcescens* permet de contrôler plus efficacement le *Fusarium oxysporum* f. sp. *redolens* et *Gaeumannomyces graminis* var. *tritici*. Récemment, des expériences de ciblages sur une souche de PGPR productrice de DAPG nommé *Pseudomonas fluorescens* (phlD) montrent que les espèces végétales peuvent enrichir de manière différentielle et soutenir certaines populations microbiennes (De la Fuente *et al.,* 2006) et des génotypes bien spécifiques (Landa *et al.,* 2006) dans la rhizosphère. Notz *et al.*

(2001) ont identifié une corrélation significative entre l'accumulation DAPG par *Pseudomonas fluorescens* CHA0 avec l'expression de gène *phlA* de biosynthèse de la DAPG. Ils ont observé que l'expression génétique est significativement plus élevée dans la rhizosphère des monocotylédones que dicotylédones. Bien que le mécanisme exacte ne soit pas totalement compris. Di Gregorio *et al.* (2006) a remarqué qu'une application combinée du Triton X-100 et des inoculations de *Sinorhizobium* sp. Pb002 améliorer la phytoextraction du plomb par *Brassica juncea* dans un sol amendé d'EDTA.

VII. PGPR comme éliciteurs biotiques

Les éliciteurs sont des produits chimiques ou « Biofacteurs » issus de diverses sources. Chez les plantes, elles peuvent déclencher des réactions physiologiques, morphologiques et l'accumulation de phytoalexines. Ils peuvent être d'origines différentes : 1) des éliciteurs abiotiques tels que les ions métalliques ou des composés minéraux ; ou 2) des éliciteurs biotiques essentiellement issus des champignons, des bactéries, des virus, de constituant de la paroi cellulaire des végétaux et de produits chimiques.

Chez les plantes, ces composés sont libérés en raison de la réaction hostile contre les agents phytopathogènes ou les attaques des herbivores. Il a maintenant été observé que le traitement des plantes avec des éliciteurs biotiques provoque une série de réactions de défenses chez ces organismes. Cette défense intègre en plus l'accumulation de toute une gamme de molécules végétales bioactives défensives telles que les phytoalexines.

Ainsi, la sollicitation biologique est utilisée pour induire l'expression des gènes responsables de la synthèse de métabolites antimicrobiens. On parle de « potentialisation » ou vaccination ». Les microorganismes de la rhizosphère sont connus pour agir comme éliciteurs biotiques. Chez les végétaux, ils peuvent induire la synthèse de composés secondaires (Sekar & Kandavel, 2010). La perception du signal est la première étape engagée vers la voie de transduction du signal des éliciteurs biotiques dans les plantes. L'acide jasmonique et son ester méthylique sont des transducteurs de signal très connu et présent dans un large éventail de cultures de cellules végétales. Ils semblent s'accumuler rapidement lorsque les cultures en suspension de *Rauvolfia canescens* L. et *Eschscholtzia californica Cham.* sont traitées avec un éliciteur issu de levures (Roberts & Shuler, 1997). Certaines PGPR sont rapportés comme des éliciteurs biotiques.

Bhattacharyya & Jha (2012) les illustre dans le tableau III. L'Ajmalicine, la serpentine, picrocrocine, crocétine, hyoscyamine et de scopolamine, le safranal et tanshinone sont des métabolites importants produits par certaines espèces de PGPR. Ces composés provoquent des réactions physiologiques et morphologiques dans les plantes cultivées.

Tableau III Espèces PGPR utilisées comme éliciteurs biotiques pour obtenir une réponse de la plante (Bhattacharyya & Jha, 2012).

PGPR species	Plant	Metabolite induced in plant	Sample references
Pseudomonas fluorescens	*Catharanthus roseus* (L.) G. Don	Ajmalicine	Jaleel et al. (2007)
P. fluorescens	*Catharanthus roseus* (L.) G. Don	Serpentine	Jaleel et al. (2009)
P. putida and *P. fluorescens*	*Hyoscyamus niger* L	Hyoscyamine and Scopolamine	Ghorbanpour et al. (2010)
Bacillus subtilis	*Crocus sativus* L	Picrocrocin, Crocetin and Safranal compounds	Sharaf-Eldin et al. (2008)
B. cereus	*Salvia miltiorrhiza* Bunge	Tanshinone	Zhao et al. (2010)

VIII. L'induction de la résistance aux maladies systémiques

L'application de mélanges de différentes souches de PGPR aux graines ou chez certaines plantes conduit à une résistance systémique induite (ISR) accrue et plus efficace contre plusieurs agents pathogènes (Ramamoorthy *et al.,* 2001). La diversité d'organismes non-pathogènes comme les souches de PGPR ont la capacité d'induire une résistance aux maladies systémiques dans le « soi » des plantes contre les agents phytopathogènes à large spectre (Kloepper *et al.,* 2004 ; Elbadry *et al.,* 2006). Chez la fève *Vicia faba* L., l'induction de la résistance aux maladies systémiques contre le virus de la mosaïque jaune du haricot (Virus II du haricot : BYMV) par l'intermédiaire de la technique de bactérisation des semences utilisant *Pseudomonas fluorescens* et *Rhizobium leguminosarum* a été étudiée par Elbadry *et al.* (2006). Ils ont isolé des souches de PGPR à partir des racines de la fève. Ils ont par la suite examiné isolément ou en combinaison l'induction de la résistance dans la fève contre BYMV. Chez les plantes traitées par *Pseudomonas fluorescens* et *Rhizobium leguminosarum* en comparaison aux plantes non bacterisées, les résultats montrent une réduction significative et marquée du pourcentage d'incidence des maladies (PDI) associé à une réduction de la concentration du virus quantifiés par ELISA. Un autres cas a été étudié par Liu *et al.* (1995), il illustre l'induction de la résistance systémique par la souche *Pseudomonas putida* 89B-27 et la souche *Serratia marcescens* 90-166 contre la fusariose du concombre issue d'une contamination par *Fusarium oxysporum* f.sp. *cucumerinum*. Les résultats sont similaires à ceux anoncés précédemment. Alstroem (1991) ont observé une protection systémique induit par des PGPR contre des maladies bactériennes. Ils indiquent que les grains de haricots traités avec *Pseudomonas fluorescens* sont protégés contre la maladie causée par *Pseudomonas syringae* pv. *phaseolicola*. Kloepper *et al.* (1993) traite des graines de concombre avec des souches de rhizobactéries comme *Pseudomonas putida* 89B-27 et *Serratia marcescens* 90-166 pour obtenir des résultats analogues d'ISR.

De plus, ils ont enregistré une baisse significative de l'incidence du flétrissement dû aux bactéries. Des enquêtes similaires sur le traitement des graines de concombres contre la maladie de la « tache angulaire » causée par *Pseudomonas syringae* pv. *Lachrymans* ont présentées les mêmes faits. Wei *et al.* (1996) ont également testé une batterie de souches de PGPR comme *Pseudomonas putida* 89B-27, *Flavomonas oryzihabitans* RIN-5, *Serratia marcescens* 90-166 et de *Bacillus pumilus* RIN-7. La comparaison entre des graines inoculées avec des souches de PGPR et des plants non inoculés, montre une protection systémique plus importante associée à une réduction du diamètre totale des lésions. Pieterse *et al.* (2001) ont étudié *Pseudomonas fluorescens.* Cette souche à renforcer la capacité défensive des plantes contre un large spéctre de pathogènes foliaires (Figure. 2). Sur la base de ces expériences, ces auteurs concluent que *Pseudomonas fluorescens* souche WCS417r pourrait susciter une résistance aux maladies systémiques chez les végétaux par une variété de voies de transduction du signal telles qu'une signalisation SA-indépendante JA-éthylène dépendante, l'expression des gènes liés à une ISR, à une signalisation dépendante de NPR-1, etc. Récemment, une étude particulière Choudhary & Johri (2009) sur les interactions entre *Bacillus spp.* et les plantes montre la mise en place d'une ISR particulière provoquées par plusieurs souches de *Bacillus* comme *B. amyloliquefaciens*, *B. subtilis*, *B. pasteurii*, *B. cereus*, *B. pumilus*, *B. mycoides* et *B. sphaericus*. Ryu *et al.* (2004) ont actuellement enregistrées une réduction significative de l'incidence des maladies sur une diversité d'hôtes. L'initiation de la résistance par les souches est démontrée à la fois lors d'essai en serre et sur le terrain. Ces observations sont validées chez de nombreux végétaux comme la tomate, le poivron, le melon, la pastèque, la betterave à sucre, le tabac et le concombre. D'après Bharathi (2004), les souches PGPR peuvent induire ce type de résistance systémique chez les plantes grâce à l'activation de différents systèmes de défenses liés à des enzymes spécifiques comme les chitinases, b-1,3-glucanase, peroxydase (PO), la phénylalanine ammonia-lyase (PAL) et la polyphénol oxydase (PPO).

Figure 2. Implication possible de l'acide jasmonique (JA), l'acide salicylique (SA) et de l'éthylène produite par *Pseudomonas fluorescens* WCS417r qui permet de médier une résistance systémique induite (ISR) chez *Arabidopsis* (Adapté de Pieterse *et al.,* 2001 ; Bhattacharyya & Jha, 2012).

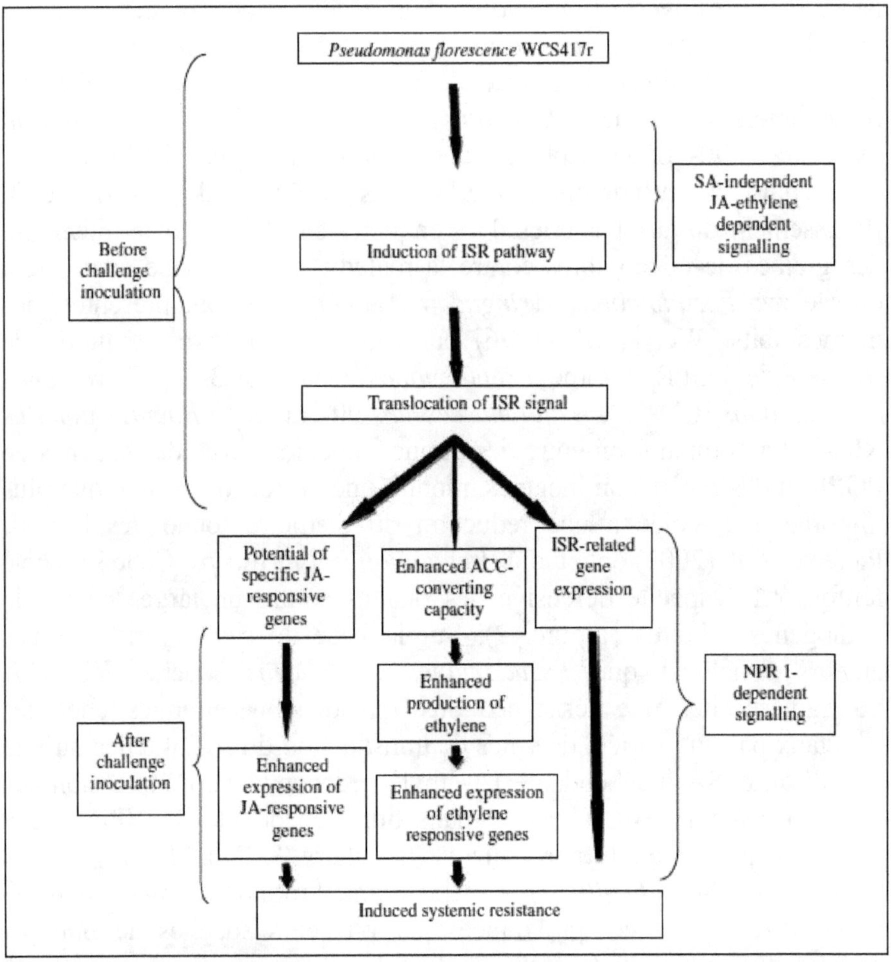

IX. La fixation de l'azote

L'azote (N) est l'un des principaux éléments nutritifs des plantes. Il devient un facteur limitant dans les agroécosystèmes en raison de lourdes pertes par lessivage. De nombreuses souches de PGPR comme *Azoarcus* sp., *Beijerinckia* sp., *Klebsiella pneumoniae*, *P. agglomerans* et *Rhizobium* sp. sont connues pour disposer de la fonction de fixation du N_2 atmosphérique dans le sol (Antoun *et al.,* 1998 ; Riggs *et al.,* 2001) et de le rendre disponible pour les plantes. Parmar & Dadarwal (1999) ont enregistré que *Pseudomonas fluorescens* peut promouvoir la nodulation du pois chiche et à permit de mettre en évidence le rôle de ce groupe de microorganismes fixateurs du N_2 dans la rhizosphère. Récemment, Minorsky (2008) fait état d'une PGPR de souche *Pseudomonas fluorescens* B16. Cette bactérie présente une vigeure de colonisation des racines de tomates importante. Elle provoque l'amélioration de la hauteur du couvert des plants, le nombre de fleurs et le poids total du fruit. En remplacement de l'utilisation d'engrais azotés, une enquête similaire sur les *rhizobiums* a été faite par Vessey (2003). Ils ont démontré une claire amélioration du rendement des cultures après une inoculation de rhizobactéries dans les sols agricoles. Une liste des espèces de PGPR avec leur capacité de fixation du N_2 atmosphérique chez différentes plantes hôtes est illustrée dans le tableau IV de Bhattacharyya & Jha (2012). Les PGPR peuvent fixer N_2 atmosphérique soit de manière symbiotique ou non symbiotique. La fixation efficaces du N_2 de manière symbiotique par les légumineuses à la suite d'une inoculation de PGPR est bien connues (Dobereiner 1997 ; Barea *et al.,* 2005 ; Esitken *et al.,* 2006). Diverses espèces de rhizobactéries comme *Azotobacter* spp., *Bacillus* spp. *Beijerinckia* spp. ont la capacité de fixer du N_2 atmosphérique symbiotiquement. Cependant, le processus de fixation symbiotique du N_2 est limité seulement aux cultures de légumineuses et aux arbres et arbustes divers qui forment des racines actinorrhizal avec *Frankia.* D'autre part, la fixation non symbiotique N_2 biologique est essentiellement réalisée par des microorganismes libre diazotrophes, appartenant par exemple aux genres *Azoarcus* (Reinhold-Hurek *et al.,* 1993), *Azospirillum* (Bashan & de Basan, 2010), *Burkholderia* (Estrada de los Santos *et al.,* 2001), *Gluconacetobacter* (Fuentes-Ramirez *et al.,* 2001) et *Pseudomonas* (Mirza *et al.,* 2006). Par ailleurs, les inoculations combinées d'espèces rhizobactériennes permettant l'amélioration de la qualité des sols font le fruit de puissantes recherches actuelles dans le domaine de l'agriculture.

Pour l'instant, les inoculations combinées de *Bradyrhizobium* sp., et de *Pseudomonas striata* établissent une nodulation renforcée chez le soja permettant un meilleur un rendement de fixation du N_2 (Dubey, 1996).

Tableau IV. Espèces de PGPR et leurs capacités à fixer le N_2 atmosphérique dans certaines plantes (Bhattacharyya & Jha, 2012).

PGPR	Relationship to host	Host crops	Sample references
Azospirillum sp.	Rhizospheric	Maize	Garcia de Salamone et al. (1996)
		Rice	Malik et al. (1997)
		Wheat	Boddey et al. (1986)
Azoarcus sp.	Endophytic	Kallar grass	Hurek et al. (2002)
		Sorghum	Stein et al. (1997)
Azotobacter sp.	Rhizospheric	Maize	Pandey et al. (1998)
		Wheat	Mrkovacki and Milic (2001)
Bacillus polymyxa	Rhizospheric	Wheat	Omar et al. (1996)
Burkholderia sp.	Endophytic	Rice	Baldani et al. (2000)
Gluconacetobacter sp.	Endophytic	Sorghum	Isopi et al. (1995)
		Sugarcane	Boddey et al. (2001)
Herbaspirillum sp.	Endophytic	Rice	James et al. (2002)
		Sorghum	James et al. (1997)

X. Amélioration de la croissance

L'utilisation d'applications de souches de PGPR dans l'agriculture est une issue potentielle pour augmenter les rendements agricoles et permettre de régler en partie la demande internationale en nourriture. Elle permettrait également d'améliorer la qualité de l'environnement. Même si leurs utilisations sont remises en cause à la suite de nombreux problèmes d'ordre hygiénique et de maladies nosocomiales (Figure. 3). Les PGPR sont continuellement exploitées pour améliorer la croissance des plantes, l'émergence des semences et les rendements globaux de différentes cultures aux seins des agroécosystèmes (Minorsky, 2008). L'inoculation des espèces de PGPR pourrait augmenter les attributs vitaux de croissances comme la surface foliaire, la teneur en chlorophylle et par conséquent, la biomasse totale des plantes. Ceci est montré par Baset Mia *et al.* (2010) sur des cultures hydroponiques de plantules de bananes. Dobbelaere *et al.* (2001) ont évalué l'effet de l'inoculation *Azospirillum* sp. sur la croissance de certaines plantes importantes en agricultures. Ils ont observé une augmentation significative du poids sec du système racinaire et des parties aériennes des plantes inoculées par des PGPR. Les résultats de leur étude dévoilent un meilleur développement et un épanouissement certain des plantes. Esitken *et al.* (2003) ont étudié les applications foliaires de microorganismes rhizobactériens sur des mûriers et de l'abricot. Ils ont observé un meilleur développement de la surface foliaire totale et une production de chlorophylle plus importantes chez les plantes inoculées. Plusieurs souches de PGPR comme *Achromobacter xylosoxidans*, *Bacillus subtilis*, *B. licheniformis*, *B. pumilus*, *Brevibacterium halotolerans* et *Pseudomonas putida* sont identifiés comme ayant un rôle crucial dans l'élongation cellulaire, l'augmentation de l'activité ACC désaminase et la promotion de croissance des plantes (Sgroy *et al.,* 2009). La Longueur totale, la surface et le volume des racines de tomates et de concombres sont augmentées après une inoculation de suspensions bactériennes contenant *Pseudomonas fluorescens* 92rk et P190r (Saravanakumar & Samiyappan, 2007). Chez racines de maïs et de plantules de blé, Baset Mia *et al.* (2010) montrent que les PGPR induisent des changements dans les couches externes du cortex racinaire à la suite des divisions accrues de cellules. Avant la plantation, la bactérisation des graines de plantes de grandes cultures et de plantes ornementales avec un mélange de PGPR et *Rhizobactérie* entraînent une croissance améliorée et une résistance aux maladies accrue (Zehnder *et al.,* 2001). Khalid *et al.* (2004) a observé les réactions de croissances du blé après l'inoculation avec des rhizobactéries. Ces chercheurs suggèrent que la croissance du blé dépend essentiellement d'un certain nombre de facteurs tels que le génotype de la plante, la nature des *inocula* PGPR ainsi que les conditions environnementales de cultures.

Figure 3. Articles médiatiques résumant les problèmes et avantages issus de l'application de la bactérie PGPR *E.coli* lors d'applications agronomiques (Varin, 2015).

28/06/2011 - ***News letter campagne environnement*** **- S. Ay crédit photo : Anne Delettre.**

12/07/2011 - ***Le Monde ; Le devoir Libre pensée 2002 – 2011.***

Par ailleurs, il existe également des rapports concernant des études sur l'inoculation des racines de pommiers avec *Bacillus* M3 et *Microbacterium* FS01. Ces études révèlent une croissance et le rendement significatifs des arbres (Karlidag *et al.,* 2007). Les pommiers présenteraient des mécanismes de croissances améliorés qui renonceraient de manières importantes la production via la synthèse de régulateurs de croissances et une meilleure mobilisation des nutriments disponibles grâce aux PGPR. Ahanthem & Jha (2007) ont observé la réaction des cultures de riz à une inoculation de champignons mycorhiziens arbusculaires (AM) et de PGPR présent naturellement dans les sols. L'inoculation est faite pour différente teneur en d'azote du sol. Les chercheurs ont enregistré une biomasse aérienne maximale, la teneur en phosphore et en azote des plantules de riz inoculés avec *Azotobacter chroococcum* en combinaison avec *Glomus* sp. Les études des interactions entre *Acaulospora* et

Azospirillum et leurs effets synergiques sur la croissance du riz à différentes sources et régimes en phosphore dans le sol de culture ont également été faites par Ahanthem & Jha (2008). Les résultats indiquent une influence certaine des *inocula* microbiens. Une réduction de 50% de la demande d'engrais inorganique est ainsi démontrée par Ahanthem & Jha (2008).

XI. La Rhizo-remédiation

L'application de PGPR dans les technologies de rhizo-remédiation est maintenant considérée comme efficace. L'inoculation de souches PGPR aide de manière remarquable à l'amélioration de la croissance des plantes et leur développement dans des conditions agroclimatiques contaminés. Les Rhizobactéries peuvent aider directement la rhizoremediation en produisant de l'AIA, en fournissant un taux de fixation biologique de l'azote amélioré, une solubilisation du P plus poussé et une excrétion de sidérophores (Denton, 2007). Les souches de PGPR comme *Pseudomonas* et *Acinetobacter* améliorent l'absorption de Fe, Zn, Mg, Ca, K et P dans les agrosysthèmes (Esitken *et al.*, 2006). Les PGPR associé aux champignons mycorhizens sont maintenant utilisés dans les cultures sur sols pauvres pour augmenter la solubilité des métaux lourds et d'accroître les chances de succès de la rhizoremediation. Par ailleurs, des enquêtes sur l'application de souches de PGPR permettant de diminuer la toxicité biodisponible présente dans un environnement est démontré. Ces bactéries permettent une meilleure croissance et un meilleur développement des végétaux sur des sols contaminés aux métaux lourds. Elles permettent de valoriser le recyclage des nutriments et le maintien de la structure du sol, de détoxiquer et détoxifier les produits chimiques et de lutte contre les ravageurs (Denton, 2007). Des études sur certaines rhizobactéries impliquées dans l'absorption de Ni par la plante *Alyssum murale* indiquent que ce groupe de bactéries peut libérer le métal de sa phase non-soluble en diminuant le pH de l'environnement proche de la plante (Zhuang *et al.*, 2007).

XII. Effets des PGPR sur la croissance des racines

Le traitement des graines, des boutures ou plantules de certaines plantes avec des bactéries non pathogènes tels *que Agrobacterium*, *Alcaligenes*, *Bacillus*, *Pseudomonas*, *Streptomyces* induit une formation de racines (Esitken *et al.*, 2003). Ce phénomène de rhizogenèse pourrait être attribué à la production d'auxines, l'inhibition de la synthèse de l'éthylène et la minéralisation plus efficace des éléments nutritifs par PGPR (Steenhoudt & Vanderleyden, 2000). Plus vraisemblablement, les PGPR sont signalés par leur immense potentiel de modifications de plusieurs voies hormonales. Les changements au sein de ces voies expliqueraient les différents bouleversements morphologiques dans les plantes comme un taux d'allongement accru des racines latérales qui induit une architecture du système de racine plus ramifiée chez les plantes cultivées dans ces conditions (Kapulnik *et al.,* 1985).

Toutefois, si l'on tient compte des interactions entre les différentes voies de signalisations hormonales chez les plantes. Il est difficile de déterminer la voie exacte d'élicitation de la racine primaire et de l'amélioration du système racinaire par les PGPR. La promotion de croissances et les effets de PGPR sur l'architecture et la croissance des racines de boutures d'*Actinidia deliciosa* a été examiné par Erturk *et al.* (2010). *Bacillus* RC23, *Bacillus* RC03, *B. megaterium* RC01, *B. subtilis* OSU142, *B. simplex* RC19, *Comamonas acidovorans* RC41 et *Paenibacillus polymyxa* RC05 sont enregistrées comme des PGPR à succès expérimentaux. Toutes les bactéries ont été testées pour leur activité de l'AIA. Parmi les traitements rhizobactériens, les ratios les plus élevés d'enracinement sont obtenus à 47,50% pour les boutures de tiges traitées avec *Bacillus* RC03 et *B. simplex* RC19. Par ailleurs, 42,50% des boutures de tiges de bois franc traité avec *Bacillus* RC03. Les résultats suivants suggèrent que la potentialité des souches de PGPR en remplacement de l'utilisation des auxines de synthèses lors de la production en pépinière est possible. De plus, afin d'établir les voies de signalisations impliquées dans le contrôle du développement des plantes, Desbrosses *et al.* (2009) a étudié l'interaction PGPR-*Arabidopsis.* Ils ont observé un mécanisme indépendant de l'éthylène et de l'auxine. La régulation de l'allongement de la chevelure racinaire d'*Arabiopsis* est d'un grand intérêt. Car, à plusieurs reprises chez *Arabidopsis*, les mutants présentant des phénotypes à poils absorbants anormaux ont conduit à l'isolement de mutants altérés dans la réponse à l'éthylène ou à l'auxine. Finalement, les chercheurs ont conclu que la base génétique aussi déclenchée permet l'allongement de la chevelure racinaire à la suite de l'inoculation de bactéries. Cette base qui pourrait être un outil efficace pour démêler les mécanismes impliqués dans le contrôle de l'allongement du système racinaire.

XIII. Maintien de la fertilité des sols et de l'absorption des nutriments

Les PGPR peuvent changer la physiologie des plantes, certaines propriétés nutritionnelles et physiques du sol rhizosphèrique. Elles peuvent indirectement influer sur les patrons de colonisations des micro-organismes du sol en agissant sur certaines régions particulières. L'inoculation de rhizobactéries améliore l'absorption des éléments nutritifs comme Ca, K, Fe, Cu, Mn et Zn chez les plantes grâce à la stimulation des ATPase à pompes à protons (Mantelin & de la Touraine, 2004). Des études sont disponibles sur les combinaisons d'inoculants de *Bacillus* et de *Microbacterium* qui améliorent l'absorption des éléments minéraux chez les plantes inoculés (Karlidag *et al.,* 2007). Cette augmentation de l'absorption des nutriments par les plantes pourrait s'expliquée par la production d'acides organiques importante par les plantes et les PGPR. Ainsi, cette excrétion diminue le pH du sol de la rhizosphère facilitant l'absorption des nutriments par la plante, maintien de la fertilité des sols par les isolats de rhizobactéries et accroître la disponibilité des nutriments pour les plantes (Phillips, 1980 ; Forde 2000 ; Glass *et al.,* 2002). La solubilisation des nutriments des formes insolubles est l'un des critères essentiels pour faciliter le transport de la plupart de ces nutriments (Glick, 1995).

XIV. Résistance au stress hydrique

Le stress hydrique limite la croissance des plantes et la productivité des cultures agricoles, en particulier dans les zones arides et semi-arides. L'inoculation de plantes avec PGPR peut améliorer la tolérance à la sécheresse (Figueiredo *et al.,* 2008). Cet ajustement pourrait être dû à la production d'AIA, de cytokinines, d'antioxydants et d'ACC désaminase. L'inoculation des semences de *Phragmites australis* avec *Pseudomonas asplenii* améliore la germination et protège les plantes face à une inhibition de la croissance (Bashan *et al.,* 2008). Les PGPR sont également signalés comme étant bénéfique pour les plantes comme les tomates et les poivrons cultivés sur des sols déficients en eau. Ces bactéries confèrent une certaine résistance aux conditions de stress hydrique (Aroca & Ruiz-Lozano, 2009). La mise en place de projet de recherche sur les mécanismes de tolérance aux facteurs de stress spécifiques impliquant des PGPR permettrait d'améliorer nos connaissances sur l'utilisation de ces rhizobactéries en agriculture. Leur utilisation pourrait fournir une tolérance induite systémique au stress hydrique et contribuer à la protection des cultures face à ces contraintes nutritionnelles.

XV. Activité antagoniste des PGPR

Les Rhizobactéries peuvent inhiber la croissance de différents phytopathogènes à l'aide d'une variété de réponses comme la compétition pour les nutriments et l'espace vitale, la limitation de l'offre disponible en certains éléments tel le Fe via des producteurs de sidérophores, la production d'enzymes lytiques et des mécanismes d'antibiose (Jing *et al.,* 2007). Cette dernière est une interaction biologique entre deux ou plusieurs organismes qui portent préjudice à : au moins l'un d'entre eux ; ou bien une association antagoniste entre un organisme et les substances métaboliques produites par un autre partenaire. Parmi les PGPR, *Pseudomonas fluorescents* est largement étudié pour son large spectre d'activité antagoniste via-à-vis de nombreux phytopathogènes. Han *et al.* (2005) rapportent que la souche de *Delftia tsuruhatensis* HR4 supprime la croissance des pathogènes de plantes diverses comme *Pyricularia oryzae*, *Rhizoctonia solani* et *Xanthomonas oryzae*. L'introduction d'antagonistes microbiens par les déchets urbains et agricoles est considérée comme les moyens les plus efficaces dans les suppressions d'agents pathogènes racinaires chez l'avocat et les agrumes (Sultana *et al.,* 2006). Récemment, dans des conditions de stress en fer, différentes souches de PGPR sont signalés comme productrices de sidérophores par exemple *Rhizobium meliloti* (Arora *et al.,* 2001). Par conséquent cela ajoute un avantage d'exclusion de l'agent pathogène *Macrophomina phaseolina* qui provoque la pourriture du charbon de bois chez l'arachide. Les applications utilisant *Pseudomonas aeruginosa* en combinaison avec une plante médicinale commune *Launaea nudicaulis* semblent prometteur pour un contrôle efficace de l'infection des racinaire du haricot mungo par des champignons (Mansoor *et al.,* 2007).

XVI. PGPR comme agent de lutte biologique

La compétition pour les nutriments, l'exclusion de niche écologique, la mise en place de résistance systémique induite et la production de métabolites anti-fongiques (AFM) est le moyen le plus probable responsable de l'activité de biocontrôles des PGPR (Bloemberg & Lugtenberg, 2001). La plupart des PGPRs sont enregistrés pour produire ce type d'antifongiques, dont les phénazines, pyrrolnitrine, le 2,4-diacétylphloroglucinol (DAPG), le pyoluteorin, le viscosinamide et tensin sont les classes les plus fréquemment détectés. A ce jour, parmi les PGPR, *Pseudomonas* est le meilleur agent de luttes biologiques caractérisées au niveau moléculaire. La souche de *P. fluorescens* WCS374 est enregistrée pour supprimer la fusariose chez le radis et conduit à une augmentation moyenne de 40% du rendement (Bakker *et al.*, 2007). Chin-A-Woeng *et al.* (2001) ont démontré que des gènes individuels sont responsables de la présence de groupes fonctionnels dépendant tels que les génes *phzO* et *phzH* pour le composé phénazine. Plus récemment, des informations sur la biosynthèse de pyoluteorin dans *Pseudomonas fluorescens* Pf-5 et 2,4-diacétylphloroglucinol dans *P. fluorescens* Q2-87 ont été identifiées (Kidarsa *et al.*, 2011). L'activité de biocontrôles de *Streptomyces* spp. est signalée par Kumar *et al.* (2009). Il indique la potentialité énorme que peut avoir les PGPR comme alternative dans le contrôle des maladies des plantes agricoles vis-à-vis des fongicides classiques. Une liste des souches de PGPR exploitées comme agents de luttes biologiques contre un grand nombre de phytopathogènes et d'insectes affectant les plantes cultivées est présentée dans le tableau V établi par Bhattacharyya & Jha (2012). *Azospirillum*, *Azotobacter*, *Bacillus*, *Enterobacter*, *Paenibacillus*, *Pseudomonas* et *Streptomyces* sont enregistrées en tant qu'agent rhizobactériens à action puissante contre les agents pathogènes tel que le virus de la marbrure de la tomate, le virus de la nécrose du tabac, *Rhizoctonia bataticola*, *Myzus persicae*, *Acyrthosiphon kondoi*, *Fusarium avenaceum*.

Tableau V. PGPR utilisées comme agents de lutte biologique contre différentes maladies, les pathogènes et les insectes qui affectent différentes cultures végétales (Bhattacharyya & Jha, 2012).

PGPRs	Crops	Disease/pathogen/insect	Sample references
Bacillus amyloliquefaciens	Tomato	*Tomato mottle virus*	Murphy et al. (2000)
Pseudomonas fluorescens	Tobacco	*Tobacco necrosis virus*	Park and Kloepper (2000)
Bacillus pumilus SE 34	Tobacco	Blue mold	Zhang et al. (2003)
Pseudomonas sp.	Groundnut	*Rhizoctonia bataticola*	Gupta et al. (2002)
Streptomyces marcescens 90–116	Tobacco	Blue mold	Zhang et al. (2003)
Bacillus sp.	Cucumber	Cotton aphids	Stout et al. (2002)
Bacillus licheniformis	Pepper	*Myzus persicae*	Lucas et al. (2004)
Bacillus cereus MJ-1	Red pepper	*Myzus persicae*	Joo et al. (2005)
Pseudomonas sp.	White clover *Medicago*	*Acyrthosiphon kondoi*	Kempster et al. (2002)
Paenibacillus polymyxa E681	Sesame	Fungal disease	Ryu et al. (2006)
Enterobacter sp.	Chickpea	*Fusarium avenaceum*	Hynes et al. (2008)
Azospirillum brasilense	*Prunus cerasifera* L.	Rhizosphere fungi	Russo et al. (2008)
Pseudomonas aeruginosa	Mung bean	Root rot	Siddiqui et al. (2001)
Bacillus subtilis G803	Pepper	*Myzus persicae*	Kokalis-Burelle et al. (2002)
Bacillus amyloliquefaciens	Bell pepper	*Myzus persicae* Sluzer	Herman et al. (2008)

En outre, des expériences faites par Kalita *et al.* (2009) sur le double effet de champignons-PGPR et sur *Fusarium oxysporum* f. sp., montrent un fletricement de l'aubergine. Les souches de PGPR telles qu'*Azotobacter* sp. *Azospirillum* sp. et *Pseudomonas fluorescens* et des champignons mycorhiziens comme *Glomus fasciculatum*, *G. mossae* et *Gigaspora margarita* sont comptabilisés et semblent être des microorganismes prometteurs pour supprimer la maladie du flétrissement de l'aubergine en condition *in vitro.* Des *inocula* microbiens sont utilisés comme *inoculum* composite exhibant un maximum d'efficacité pour la suppression des maladies et permettant une augmentation des caractéristiques de la plante comme la teneur en chlorophylle, le nombre total de feuilles, la hauteur des pousses. Ils facilitent ainsi le rendement des cultures lors d'inoculations individuelles.

Cependant, l'application de ces souches de PGPR n'a pas d'incidence sur les populations de bactéries de la rhizosphère bénéfiques autochtone, y compris les *Pseudomonas fluorescens* et les souches bactériennes productrices de sidérophores (Bhattacharyya & Jha, 2012).

XVII. Sélections et caractérisations de souches de PGPR

Dans l'agriculture, les souches de PGPR ont diverses applications par exemple l'horticulture et la sylviculture. C'est en Union soviétique dans les années 1958 que le processus d'application des rhizobactéries dans le sol et sur les parties de plantes ont été lancées pour la première fois (Suslow *et al.,* 1979). L'objectif de ce programme était l'éradication des agents pathogènes comme les bactériens et les champignons (Suslow *et al.,* 1979) bien qu'à cette époque la sélection efficace des souches de PGPR était très compliquée. Les souches spécifiques de PGPR sont initialement sélectionnées parmi plusieurs centaines de racines colonisées par des bactéries. Les souches sont isolées à partir de racines excisées de plantes cultivées en milieu spécifiques. Les éventuels PGPR sont ensuite sélectionnés pour leur capacité à inhiber la croissance des phytopathogènes ou divers groupes bactériens et champignons de la rhizosphère en culture *in vitro*. Des cultures pures de souches de rhizobactéries antagonistes sont projetées lors d'essais en serre. Des lots tests de semences ou de plantes sont ensuite traités avec une suspension bactérienne à 10^8 ufc.mL^{-1} et planté dans des pots de répétitions.

Pendant l'expérience, ces PGPR ont augmenté significative la production de racines ou le développement des plantules ou les deux simultanément. Ces bactéries ont été ensuite sélectionnées pour des tests supplémentaires dans le domaine agricole. Récemment, des sélections de souches de PGPR utilisé lors de techniques de dépistages de masses (Compant *et al.,* 2005). Ici, des « screening » de nouveaux isolats sont réalisées en fonction de caractéristiques physiologiques, nutritionnels et biochimiques comme présentés dans le « *Bergey's Manual of Determinative Bacteriology* » (Holt *et al.,* 1994). Bien que les tests d'homologie génétique par l'ADN et l'ARN sont considérés comme des outils fiables pour la caractérisation des souches de PGPR à effet important sur les plantes hôtes (Bashan *et al.,* 1993).

De nos jours, l'application de la technique d'analyse des profils protéiques (Maiti *et al.,* 2009) s'est avéré utile pour les brevetages industriels des procédés. Le polymorphismes de longueur des fragments de restrictions (« *Restriction fragment length polymorphism* » : RFLP) (Osborn *et al.,* 2000) utilisant une sonde de séquence ciblé et un modèle de digestion enzymatique par endonucléase de restriction sont utiles pour mettre en place une identification spécifique et systèmatique des souches de PGPR. Cependant, l'analyse chromatographique en phase gazeuse des acides gras cellulaires est également très utile et s'est avéré être assez précis pour identifier les souches bactériennes les plus efficaces (Sasser, 1990).

XVIII. La commercialisation des PGPR

Le succès et la commercialisation de souches de PGPR dépendent des liens établis entre les organisations scientifiques et les industries. Selon Nandakumar *et al.* (2001) différentes étapes sont employer et à prévoir dans le processus de commercialisation, notamment : 1) l'isolement des souches antagonistes, 2) le dépistage, 3) les tests en pot et la détermination de leur efficacité sur le terrain, 4) la production de masse et de développement de la formulation, 5) des méthodes de fermentation, 6) la viabilité de la formulation, 7) les tests de toxicologies, 8) les liens industriels et 9) le contrôle de la qualité.

Ainsi, l'isolement d'une souche efficace est le critère prioritaire pour obtenir le meilleur développement agricole. En général, la sélection et l'identification est faite à partir de la suppression d'agents pathogènes présent dans le sol soit par la technique de dilution en boite de Pétri ou à partir des structures fongiques cultivé issu du sol (Nakkeeran *et al.*, 2005). La sélection de la souche démontrant le plus grand antagonisme est réalisée par criblages de ces actions antimicrobiennes contre les agents pathogènes transmis par le sol à l'exception de l'agent pathogène cible. Les plantes, les agents pathogènes et les antagonistes sont ensuite co-exposés à des conditions environnementales contrôlées. Les antagonistes prometteurs sont testés pour leur efficacité lors d'essais aux champs à côté des fongicides chimiques Standard qui sont recommandés (Pengnoo *et al.,* 2000).

La production de masse de ces PGPR est réalisé à travers : des techniques de bioréactions « ou de fermentation » en milieu liquides (Manjula & Podile, 2001), semi-solide et solide (Lewis, 1991). En outre, le succès commercial de souches PGPR exige : 1) la demande du marché économique et un marché viable, 2) une action sur un large spectre et une cohérence d'action, 3) une sécurité et une stabilité, 4) une durée de conservation, 5) un faible coût d'investissement et, 6) une disponibilité des matériaux sur le marché. Ainsi, l'exigence de l'entreprise est une demande de brevet exploitant la souche judicieusement identifiée. Le contrôle qualité est une étape cruciale pour conserver la confiance des agriculteurs concernant l'efficacité réelle de la souche antagoniste.

L'investigation et recherche réalisé en Chine, en Russie et plusieurs autres pays occidentaux ont maintenant prouvé l'utilisation potentielle des PGPR permettant une gestion des maladies végétales. Le premier produit commercialisé est *Bacillus subtilis*. Cette bactérie a permis l'élaboration d'un produit développé aux États-Unis en 1985. Au Etats-Unis, 60-75% du coton, de l'arachide, du soja, du maïs, des légumes et des céréales à petits grains sont traités avec un produit commercial de *B. subtilis*, ce qui entraine unc plus grande vigueur et « fitness » des plantes contre les agents pathogènes telluriques telles que *Fusarium* et *Rhizoctonia* (Nakkeeran *et al.,* 2005). En Chine, les PGPR ont été appliquées avec succès pendant plus de deux décennies sur une surface d'environ 20 millions d'hectares de plantes différentes cultivées à but commercial. En raison de la forte potentialité de *Bacillus* spp., plus de 20 produits commerciaux différents utilisant cette bactérie sont disponibles et vendus en Chine afin d'atténuer les maladies transmises par le sol (Backman *et al.,* 1997). En outre, *Bacillus* spp. et certains autres souches de PGPR, appartenant aux genres *Agrobacterium* comme *Azospirillum*, *Bulkholderia*, *Pseudomonas* et S*treptomyces,* sont également utilisés pour la production de plusieurs produits commerciaux. Ces produits sont généralement appliqués contre plusieurs agents pathogènes cibles comme *Botrytis cinerea*, *Penicillium* spp., *Mucor pyroformis*, *Geotrichum candidum*, *Erwinia amylovora*, et des bactéries induissant la rouille, *Fusarium* sp., *Rhizoctonia* sp., *Pythium* sp., *Phytophthora* sp., and *P. tolassii* (Nakkeeran *et al.,* 2005).

A ce jour, les souches de PGPR les plus importantes ainsi que leurs produits commerciaux tels que formulés par Chet & Chernin (2002) et Glick *et al.* (1999) sont représentés dans le tableau VI émis par (Bhattacharyya & Jha, 2012).

Tableau VI. Présentations des produits commerciaux développés en utilisant différentes souches PGPR (Bhattacharyya & Jha, 2012).

PGPR	Products	Intended crop
Agrobacterium radiobacter	Diegall, Galltrol-A, Nogall, Norbac 84 C	Fruit, nut, ornamental nursery stock and trees
Azospirillum brasilense	Azo-Green	Turf and forage crops
Bacillus subtilis	Epic, HiStick N/T, Kodiak, Rhizo-Plus, Serenade, Subtilex	Barley, beans, cotton, legumes peanut, pea, rice and soybean
B. amyloliquefaciens GB99	Quantum 4000	Broccoli, cabbage, cantaloupe, cauliflower, celery, cucumber, lettuce, ornamentals, peppers, tomato and watermelon
Burlkholderia cepacia	Blue Circle, Deny, Intercept	Alfalfa, barley, beans, clover, cotton, maize, peas, sorghum, vegetables and wheat
Pseudomonas fluorescens	BlightBan A506, Conquer, Victus	Almond, apple, cherry, mushroom, peach, pear, potato, strawberry and tomato
P. syringae	Bio-save10	Citrus and pome fruit
Streptomyces griseovirdis K61	Mycostop	Field, ornamental and vegetable crops

Depuis les PGPR ont leur propre potentialitée à contrôler les maladies végétales et de lutte antiparasitaire. Ces produits commerciaux tels que Diegall®, Galltrol-A®, Zea-Nit®, Epic®, Quantum 4000®, Victus®, Mycostop®, Bactogreen® (Figure 9-chapitre précédant) sont enregistrés pour des utilisations pratiques de la communauté agricole. Par ailleurs, la potentialité des *inocula* de PGPR pour l'amélioration des plantes agricoles dans les pays en développement ne peuvent pas être ignorés ou en conditions de cultures extrêmes. En Inde, plus de 40 intervenants venant de différentes provinces se sont inscrits pour mettre en place un programme de production de masse de PGPR avec le Conseil central en insecticides (« *Central Insecticide Board* » : CSI), Faridabad, Haryana et grâce à la collaboration de la Tamil Nadu Agricultural University, Coimbatore, India (Bhattacharyya & Jha, 2012).

XIX. Perspectives et défis futurs

Les Inoculants de PGPR peuvent remplir diverses interactions bénéfiques avec les plantes. Ils pourront conduire à la mise œuvre de solutions prometteuses pour l'agriculture durable et respectueuse de l'environnement. Les applications sur sol rhizosphèrique issu des cultures agricoles disposant des populations bactériennes souhaitables sont très prometteuses à la fois dans le cadre du laboratoire et des expérimentations en serre. En outre, une meilleure compréhension du fonctionnement et de la façon par laquelle les PGPR permettent la promotion de la croissance des plantes sont essentielles. Ces connaissances pourront conduire à une large exploitation des biofertilisants, réduire les effets environnementaux négatifs que peuvent subir les agroécosystèmes fournissant la production alimentaire et les fibres végétales nécessaires à l'humanité. Un effort d'améliorations génétiques des PGPR ayant pour but d'assainir les sols complexes contaminés (Denton, 2007 ; Bhattacharyya & Jha, 2012) et d'accroître ainsi la productivité des plantes cultivées dans l'agriculture est une autre idée intéressante pour la recherche dans les dix prochaines années. Bien que les microorganismes génétiquement modifiés (MGM) face partie des OGM. Leur exploitation devra faire le fruit d'une réglementation et d'un cadrage d'utilisation technologique. Le problème des OGM ne fait que commencer et la question suivante se pose : Comment contrôlé ces OGM au sein du sol ? L'utilisation de ces PGPR-MGM est donc un sujet à polémique écologique, économique, politique et technologique à ne pas négliger.

La mise en place de nouvelles techniques de biochimies et biologies moléculaires mieux contrôler évitant les problèmes actuelles : 1) des gènes de sélections permettant des résistances aux antibiotiques, 2) les problèmes de gènes « sauteurs » issus de l'exploitation des transposons, plasmides et phages, 3) et de l'utilisation de zones d'insertions mieux contrôlé reste à faire. C'est-à-dire, outre la maîtrise de la zone d'insertion, la maîtrise du nombre d'insertion et des modifications physiologiques et génétiques collatérales induites par l'introduction du gène d'intéret sont à prendre en compte et à améliorer lors d'axe de recherche d'un point de vue mondiale. La production de chromosomes ou gènes de synthèses par manipulateurs atomiques et moléculaires est fortement envisageable depuis l'avènement de la fabrication des nanocomposants issus de deux technologies : 1) Soit en partant de matériaux et on le sculpte, c'est la méthode "top-down" (descendante). Elle a été utilisée pendant près de 30 ans pour fabriquer tout matériau électronique ; 2) Soit on assemble la matière, atome par atome, c'est la méthode "bottom-up" (ascendante). C'est la manière dont procède la nature. L'utilisation du « Bottom-up » est conseillée en complément des technologies de biochimies et génétiques moléculaires et doit être améliorée pour ce type d'application biotechnologique. Le génie génétique a donc de nouvelles technologies à mettre en place.

Par ailleurs, les communautés rhizobactériennes peuvent être spécifiquement (« *Rhizo-engineering* ») conçues pour cibler divers polluants contaminant des sites industriels ou autres. Elles permettraient de mettre en place des systèmes de rhizoremediations personnalisés (Wu *et al.*, 2006) en plus de la phyto-remédiation. Les progrès récents de la biologie moléculaire et la biotechnologie dans la compréhension des interactions avec les rhizobactéries permettant la nodulation des plantes cultivées à un endroit approprié et localisé encouragent la recherche des mécanismes de fonctionnement relatif aux PGPR et à la colonisation de la rhizosphère (Bhattacharyya & Jha, 2012). Les résultats d'études réalisées à partir de plantes génétiquement modifiées d'*Arabidopsis thaliana* L. après inoculation avec des populations rhizobactériennes sont désormais disponibles pour éliminer des métaux lourds contaminants comme le plomb et le cadmium. Cependant, les applications combinées de plantes transgèniques avec des PGPR montrent un autre avenir prometteur (Ali & Hj, 2010) dans la promotion de technologies permettant la rhizo-remédiation. Des efforts ont donc été concentrés sur la production de plantes transgéniques qui peuvent accroître l'efficacité d'assainissement des sols en exprimant une protéine particulière issue de PGPR (Zhuang *et al.*, 2007).

Farwell *et al.* (2007) ont comparé la croissance d'un canola et colza *Brassica napus* transgénique et de leurs homologues naturels inoculés avec la souche PGPR *Pseudomonas putida* UW4. Les premiers ont améliorés significativement leurs croissances. Par ailleurs, la relation symbiotique de *Pseudomonas putida* avec les graines de tournesol et la synthéses de phytochélatines a été étudiée par Wu *et al.* (2006). Les auteurs montrent que la souche peut protéger les plants de tournesol contre les effets toxiques du cadmium jusqu'à des concentrations ce 300 µM. Ainsi, la biotechnologie peut être appliquée pour améliorer l'efficacité de souches PGPR par transgénèse et permettre une amélioration des rendements agricoles non négligeables. Toutefois, la technologie moderne basée sur les transformations exploitant le gène de la 1-aminocyclopropane-1-carboxylique désaminase stimule directement la croissance des plantes en clivant le précurseur immédiat de l'éthylène végétale à l'intérieur de la bactérie *Pseudomonas fluorescens* CHAO. Non seulement cela augmente la croissance des plantes, mais aussi la propriété de contrôles biologiques « accélérée » par les espèces de PGPR sélectionnées (Holguin & Glick, 2001). Le « bricolage » ou amélioration génomique des souches PGPR d'origine naturelle avec des gènes efficaces (Nakkeeran *et al.*, 2005) pourrait conduire à l'expression accentuée de produits génomiques atténuants l'attaque des ravageurs et des maladies sur les cultures de pleins champs. D'après Nakkeeran *et al.* (2005) et Bhattacharyya & Jha, (2012), une seule bactérie avec plusieurs modes d'action facilitera une meilleure mise en place. Cela serait également plus profitable aux producteurs. Bien qu'écologiquement cela semble peu réalisable d'un point de vue écologique ou de l'écologie fonctionnelle comme le montre les problèmes issue de la faible diversité écologique entraînés par les monocultures ou « dessert vert » sur les communautés d'insectes utiles comme les abeilles nécessaires à la polinisation. Ainsi, le succès futur des industries productrices d'inoculants microbiens, en particulier de PGPRs, dépendra : 1) de la gestion de l'entreprise innovante, 2) la commercialisation des produits, 3) de la vulgarisation et 4) la recherche approfondie. Enfin, une optimisation technologique plus poussée est nécessaire pour une meilleure bioréaction (« fermentation ») et obtention efficaces de processus de formulations des souches de PGPR (Bhattacharyya & Jha, 2012) permettant une introduction dans l'agriculture moderne d'après-guerre qui devra être de l'agro-écologie intensive durable

(Parmentier, 2009, 2011 ; Griffon, 2013) sur base permacultural pour de grandes échelles ou de la permaculture aux niveaux domestiques et maraîchers.

Conclusion

La présente synthèse expose le développement et les formulations de PGPR utilisables lors de la promotion biologique des différentes caractéristiques de la croissance des plantes. La plupart des PGPR ont augmenté de façon significative la hauteur de la plante, la longueur des racines et de la production de matières sèches dans les différentes cultures agricoles comme la pomme de terre, tomate, maïs, blé, etc. Le développement de formulations stables de PGPR antagonistes applicables dans des agroécosystèmes durables est établi comme une approche alternative prometteuse en remplacement de l'utilisation des engrais chimiques.

Par ailleurs, les PGPR sont une protection pour les milieux naturels et les ressources biologiques en jouant un rôle important dans le système de lutte antiparasitaire intégrée (LAI). En plus de cela, certaines souches de PGPR ont la possibilité d'activer certaines voies métaboliques comme la voie des octadecanoïdes, shikimate et des terpénoïdes (Gouws, 2009) qui à son tour assiste la production de COV chez les plantes hôtes. Ces COV sont principalement retrouvés dans les huilles essentielles (HE) de ces mêmes végétaux. Ces huilles sont également utilisées en protection biologique intégrée (PBI). Conformément à leurs modes d'actions, les PGPR peuvent être classés comme biofertilisants et biopesticides et phytostimulateurs. Certaines bactéries ont des applications qui se chevauchent.

Néanmoins, le dépistage des stratégies de sélection des meilleures souches de rhizobactéries au sein de la rhizosphère. Nécessite des connaissances plus complètes sur un plan écologique bien que l'implication du gène de l'ACC désaminase, de sidérophores, de la phosphase, des phytohormones comme AIA, cytokinine, gibbérellines, semblent responsables de l'amélioration de la croissance, du rendement, l'absorption des nutriments des plantes cultivées dans les différents agro-écosystèmes.

Ainsi, il devient de plus en plus évident que la plupart des souches de PGPR favorisent la croissance des plantes par plusieurs mécanismes. Bien que la plupart des études se concentrent actuellement sur les mécanismes individuels. Elles n'ont pas encore été en mesure de classer et d'évaluer les contributions relatives des différents processus responsables de la réussite de ce phénomène de promotion de la croissance des végétaux.

Cependant, pour une mise en place et exploitation commerciale, des essais sur le terrain soigneusement contrôlées avec des plantes cultivées inoculés avec des rhizobactéries sont nécessaires.

RÉFÉRENCES BIBLIOGRAPHIQUES

Les références citées dans les articles de ce manuscrit ne sont pas reprises dans cette bibliographie.

A

Ahanthem S., Jha D.K., 2007. Response of rice crop inoculated with arbuscular mycorrhizal fungi and plant growth promoting rhizobacteria to different soil nitrogen concentrations. *Mycorrhiza News* 18(4), 15-20.

Ahanthem S., Jha D.K., 2008. Interactions between *Acaulospora* and *Azospirillum* and their synergistic effect on rice growth at different sources and regimes of soil phosphorus. *Mycorrhiza News* 20(2), 6-12.

Ahmad F., Ahmad I., Khan M.S. 2005. Indole acetic acid production by the indigenous isolates of *Azotobacter* and fluorescent *Pseudomonas* in the presence and absence of tryptophan. *Turk J Biol* 29, 29-34.

Ali K., Hj S.Z. 2010. Phytoremediation of heavy metals with several efficiency enhancer methods. *Afr J Biotechnol* 9(25), 3689-3698.

Alstroem S. 1991. Induction of disease resistance in common bean susceptible to halo blight bacterial pathogen after seed bacterization with rhizosphere pseudomonads. *J Gen Appl Microbiol* 37(6), 495-501.

Amarger N., Macheret V., Laguerre G. 1997. *Rhizobium gallicum* sp. nov. and *Rhizobium giardinii* sp. nov., from *Phaseolus vulgaris* nodules. *Int J Syst Bacteriol* 47(4), 996-1006.

Andrews J.H., Harris R.F. 2000. The ecology and biogeography of microorganisms on plant surfaces. *Annu Rev Phytopathol* 38, 145-180.

Antoun H., Beauchamp C.J., Goussard N., Chabot R., Lalande R. 1998. Potential of Rhizobium and *Bradyrhizobium* species as plant growth promoting rhizobacteria on non-legumes: Effect on radishes (*Raphanus sativus* L.). *Plant Soil* 204, 57-67.

Ardakani S.S., Heydari A., Tayebi L., Mohammedi M. 2010. Promotion of cotton seedlings growth characteristics by development and use of new bioformulations. *Int J Bot* 6(2), 95-100.

Aroca R., Ruiz-Lozano J.M. 2009. Induction of plant tolerance to semi-arid environments by beneficial soil microorganisms-a review. *In: Climate change*, (E. Lichtouse, eds), Vol 2, intercropping, pest control and beneficial microorganisms, sustainable agriculture reviews. Springer, The Netherlands, 121-135.

Arora N.K., Kang S.C., Maheshwari D.K. 2001. Isolation of siderophore- producing strains of *Rhizobium meliloti* and their biocontrol potential against *Macrophomina phaseolina* that causes charcoal rot of groundnut. *Curr Sci* 81(6), 673-677.

B

Babalola O.O., Osir E.O., Sanni A.I., Odhaimbo G.D., Bulimo W.D. 2003. Amplification of 1-aminocyclopropane-1-carboxylic (ACC) deaminase from plant growth promoting rhizobacteria in Striga- infested soils. *Afr J Biotechnol* 2(6), 157-160.

Backman P.A, Wilson M., Murphy J.F. 1997. Bacteria for biological control of plant diseases. *In: Environmentally safe approaches to crop disease control,* (N.-A. Rechcigl, J.-E. Rechcigl, eds), Lewis Publishers, Boca Raton, FL, 95-109.

Bakker P.A.H.M., Pieterse C.M.J., van Loon L.C. 2007. Induced systemic resistance by fluorescent *Pseudomonas* spp. *Phytopathology* 97(2), 239-243.

Baldani V.L., Oliveira E., Balota E., Baldani J.I., Kirchhof G., Döbereiner J. 1997. *Burkholderia brasilensis* sp. nov., uma species de bacteria diazotrofica endofitica. *Anais da Academia Brasileira de Ciências*, 69, 116.

Baldani V.L.D., Baldani J.I., Dobereiner J. 2000. Inoculation of rice plants with the endophytic diazatrophs *Herbaspirillum seropedicae* and *Burkholderia* spp. *Biol Fertil Soils* 30, 485-491.

Barazani O., Friedman J. 1999. Is IAA the major root growth factor secreted from plant-growth-mediating bacteria? *J Chem Ecol* 25(10), 2397-2406.

Barea J.M., Pozo M.J., Azcon R., Aguilar C.A. 2005. Microbial cooperation in the rhizosphere. *J Exp Bot* 56(417), 1761-1778.

Baset Mia M.A., Shamsuddin Z.H., Wahab Z., Marziah M. 2010. Effect of plant growth promoting rhizobacterial (PGPR) inoculation on growth and nitrogen incorporation of tissue-cultured musa plantlets under nitrogen-free hydroponics condition. *Aust J Crop Sci* 4(2), 85-90.

Bashan Y., de-Bashan L.E. 2010. Chapter two—How the plant growth-promoting bacterium *Azospirillum* promotes plant growth-a critical assessment. *Adv Agron* 108, 77-136.

Bashan Y., Holguin G., Lifshitz R. 1993. Isolation and characterization of plant growth-promoting rhizobacteria. *In: Methods in plant molecular biology and biotechnology,* (B.-R. Glick, J.-E. Thompson, eds), CRC Press, BocaRaton, FL, 331-345.

Bashan Y., Puente M.E., de-Bashan L.E., Hernandez J.P. 2008. Environmental uses of plant growth-promoting bacteria. *In: Plant-microbe interactions,* (E.-A. Barka, C. Clement, eds), Trivandrum, Kerala, India, 69-93.

Beattie G.A. 2006. Plant-associated bacteria: survey, molecular phylogeny, genomics and recent advances. *In: Plant-associated bacteria,* (S.-S. Gnanamanickam, eds) Springer, The Netherlands, 1-56.

Belimov A.A., Safronova V.I., Sergeyeva T.A., Egorova T.N., Matveyeva V.A., Tsyganov V.E., Borisov A.Y., Tikhonovich I.A., Kluge C., Preisfeld A., Dietz K.J., Stepanok V.V. 2001. Characterization of plant growth promoting rhizobacteria isolated from polluted soils and containing 1-aminocyclopropane-1-carboxylate deaminase. *Can J Microbiol* 47, 642-652.

Benizri E., Baudoin E., Guckert A. 2001. Root colonization by inoculated plant growth-promoting rhizobacteria. *Biocontrol Sci Technol* 11(5), 557-574.

Bevivino A., Sarrocco S., Dalmastri C., Tabacchioni S., Cantale C., Chiarini L. 1998. Characterization of a free-living maize rhizosphere population of *Burkholderia cepacia:* effect of seed treatment on disease suppression and growth promotion of maize. *FEMS Microbiol Ecol* 27(3), 225-237.

Bharathi S. 2004. Development of botanical formulations for the management of major fungal diseases of tomato and onion. PhD Thesis, Tamil Nadu Agricultural University, Coimbatore, India, 152p.

Bhattacharyya P.N., Jha D.K. 2012. Plant growth-promoting rhizobacteria (PGPR): emergence in agriculture. *World J Microbiol Biotechnol* 28, 1327-1350.

Bloemberg G.V., Lugtenberg B.J.J. 2001. Molecular basis of plant growth promotion and biocontrol by rhizobacteria. *Curr Opin Plant Biol* 4, 343-350.

Boddey R.M., Baldani V.L.D., Baldani J.I., Dobereiner J. 1986. Effect of inoculation of *Azospirillum* spp. on nitrogen accumulation by fieldgrown wheat. *Plant Soil* 95(1), 109-121.

Boddey R.M., Polidoro J.C., Resende A.S., Alves B.J.R., Urquiaga S. 2001. Use of the 15N natural abundance technique for the quantification of the contribution of N_2 fixation to sugar cane and other grasses. *Aust J Plant Physiol* 28, 889-895.

Boiero L., Perrig D., Masciarelli O., Penna C., Cassan F., Luna V. 2007. Phytohormone production by three strains of *Bradyrhizobium japonicum* and possible physiological and technological implications. *Appl Microbiol Biotechnol* 74, 874-880.

Bringhurst R.M., Cardon Z.G., Gage D.J. 2001. Galactosides in the rhizosphere: utilization by *Sinorhizobium meliloti* and development of a biosensor. *Proc Natl Acad Sci USA* 98, 4540-4545.

C

Cakmakci R., Donmez F., Aydin A., Sahin F. 2006. Growth promotion of plants by plant growth-promoting rhizobacteria under greenhouse and two different field soil conditions. *Soil Biol Biochem* 38(6), 1482-1487.

Cao L., Qiu Z., Dai X., Tan H., Lin Y., Zhou S. 2004. Isolation of endophytic actinomycetes from roots and leaves of banana (*Musa acuminata*) plants and their activities against *Fusarium oxysporum f.* sp. cubense. *World J Microbiol Biotechnol* 20, 501-504.

Cardoso E.J.B.N., Freitas S.S. 1992. A rizosfera. *In: Microbiologia do solo,* (E.-J.-B.-N. Cardoso, S.-M. Tsai, P.-C.-P. Neves, eds), Sociedade Brasileira de Ciencia do Solo, Campinas, 41-57.

Carson K.C., Meyer J.M., Dilworth M.J. 2000. Hydroxamate siderophores of root nodule bacteria. *Soil Biol Biochem* 32, 11-21.

Castro R.O., Cantero E.V., Bucio J.L. 2008. Plant growth promotion by *Bacillus megaterium* involves cytokinin signalling. *Plant Signal Behav* 3(4), 263-265.

Castro R.O., Cornejo H.A.C., Rodriguez L.M., Bucio J.L. 2009. The role of microbial signals in plant growth and development. *Plant Signal Behav* 4(8), 701-712.

Cattelan A.J., Hartel P.G., Fuhrmann J.J. 1999. Screening for plant growth-promoting rhizobacteria to promote early soybean growth. *Soil Sci Soc Am J* 63, 1670-1680.

Chabot R., Beauchamp C.J., Kloepper J.W., Antoun H. 1998. Effect of phosphorus on root colonization and growth promotion of maize by bioluminescent mutants of phosphate-solubilizing *Rhizobium leguminosarum* biovar phaseoli. *Soil Biol Biochem* 30, 1615-1618.

Chandler D., Davidson G., Grant W.P., Greaves J., Tatchell G.M. 2008. Microbial biopesticides for integrated crop management: an assessment of environmental and regulatory sustainability. *Trends Food Sci Tech* 19, 275-283.

Chen W.X., Yan G.H., Li J.L. 1988. Numerical taxonomic study of fast growing soybean rhizobia and a proposal that *Rhizobium fredii* be assigned to *Sinorhizobium* gen. *nov. Int J Syst Bacteriol* 38(4), 392-397.

Chen X., Schauder S., Potier N., Van Dorsselaer A., Pelczer I., Bassler B.L., Hughson F.M. 2002. Structural identification of a bacterial quorum-sensing signal containing boron. *Nature* 415, 545-549.

Cheng Z., Park E., Glick B.R. 2007. 1-Aminocyclopropane-1-carboxylate deaminase from *Pseudomonas putida* UW4 facilitates the growth of canola in the presence of salt. *Can J Microbiol 53*(7), 912-918.

Chet I., Chernin L. 2002. Biocontrol, microbial agents in soil. *In: Encyclopedia of environmental microbiology,* (G. Bitton, eds), Willey, New York, USA, 450-465.

Chew K. 2002. Georgics. Hackett Publishing Company, Indianapolis, USA, p 152.

Chin-A-Woeng T.F., Thomas-Oates J.E., Lugtenberg B.J., Bloemberg G.V. 2001. Introduction of the phzH gene of Pseudomonas chlororaphis PCL1391 extends the range of biocontrol ability of phenazine-1-carboxylic acid producing *Pseudomonas* spp. *strains. Mol Plant Microbe Interact* 14(8), 1006-1015.

Choudhary D.K., Johri B.N. 2009. Interactions of *Bacillus* spp. And plants-with special reference to induced systemic resistance (ISR). *Microbiol Res* 164, 493-513.

Compant S., Duffy B., Jerzy N., Clement C., Barka E.A. 2005. Use of plant growth-promoting bacteria for biocontrol of plant diseases: principles, mechanisms of Action, and future prospects. *Appl Environ Microbiol* 71(9), 4951-4959.

Cook R.J. 2002. Advances in plant health management in the twentieth century. *Annu Rev Phytopathol* 38, 95-116.

D

Damayanti T.A., Pardede H., Mubarik N.R. 2007. Utilization of rootcolonizing bacteria to protect hot-pepper against Tobacco Mosaic Tobamovirus. *Hayati J Biosci* 14(3), 105-109.

De La Fuente L., Landa B.B., Weller D.M. 2006. Host crop affects rhizosphere colonization and competitiveness of 2, 4-diacetylphloroglucinol- producing *Pseudomonas fluorescens. Phytopathology* 96, 751-762.

de Lajudie P., Laurent-Fulele E., Willems A., Torck U., Coopman R., Collins M.D., Kersters K., Dreyfus B., Gillis M. 1998a. *Allorhizobium undicola* gen. nov., sp. nov., nitrogen-fixing bacteria that efficiently nodulate *Neptunia natans* in Senegal. *Int J Syst Bacteriol* 48, 1277-1290.

de Lajudie P., Willems A., Nick G., Moreira F., Molouba F., Hoste B., Torck U., Neyra M., Collins M.D., Lindström K., Dreyfus B., Gillis M. 1998b. Characterization of tropical tree rhizobia and description of *Mesorhizobium plurifarium* sp. *nov. Int J Syst Bacteriol* 48, 369-382.

de Vasconcellos R.L.F., Cardoso E.J.B.N. 2009. Rhizospheric streptomycetes as potential biocontrol agents of *Fusarium* and *Armillaria pine* rot and as PGPR for *Pinus taeda. Biocontrol* 54, 807-816.

de Vasconcellos R.L.F., da Silva M.C.P., Ribeiro C.M., Cardoso E.J.B.N. 2010. Isolation and screening for plant growth-promoting (PGP) actinobacteria from *Araucaria angustifolia* rhizosphere soil. *Sci Agric* 67, 743-746.

Denton B. 2007. Advances in phytoremediation of heavy metals using plant growth promoting bacteria and fungi. *MMG 445 Basic Biotechnol* 3, 1-5.

Desbrosses G., Contesto C., Varoquaux F., Galland M., Touraine B. 2009. PGPR-*Arabidopsis* interactions is a useful system to study signalling pathways involved in plant developmental control. *Plant Signal Behav* 4, 321-323.

Dey R., Pal K.K., Bhatt D.M., Chauhan S.M. 2004. Growth promotion and yield enhancement of peanut (*Arachis hypogaea* L.) by application of plant growth-promoting rhizobacteria. *Microbiol Res* 159, 371-394.

Di Gregorio S., Barbafieri M., Lampis S., Sanangelantoni A.M., Tassi E., Vallini G. 2006. Combined application of Triton X-100 and *Sinorhizobium* sp. Pb002 inoculum for the improvement of lead phytoextraction by *Brassica juncea* in EDTA amended soil. *Chemosphere* 63, 293-299.

Dobbelaere S., Croonenborghs A., Thys A., Ptacek D., Vanderleyden J., Dutto P., Labandera-Gonzalez C., Caballero-Mellado J., Aguirre J.F., Kaûlnik Y., Brener S., Burdman S., Kdouri D., Sarig S., Okon Y. 2001. Responses of agronomically important crops to inoculation with *Azospirillum*. *Aust J Plant Physiol* 28, 871-879.

Dobereiner J. 1997. Biological nitrogen fixation in the tropics: social and economic contributions. *Soil Biol Biochem* 29(5), 771-774.

Dong Z., McCully M.E., Canny M.J. 1997. Does *Acetobacter diazotrophicus* live and move in the xylem of sugarcane stems? Anatomical and physiological data. *Ann Bot* 80, 147-158.

Dreyfus B., Garcia J.L., Gillis M. 1988. Characterization of *Azorhizobium caulinodans* gen. nov., sp. nov., a stem-nodulating nitrogen-fixing bacterium isolated from Sesbania rostrata. *Int J Syst Bacteriol* 38, 89-98.

Duan J., Muller K.M., Charles T.C., Vesely S., Glick B.R. 2009. 1-Aminocyclopropane-1-carboxylate (ACC) deaminase genes in rhizobia from Southern Saskatchewan. *Microb Ecol* 57, 423-436.

Dubey S.K. 1996. Combined effect of *Bradyrhizobium japonicum* and phosphate-solubilizing *Pseudomonas striata* on nodulation, yield attributes and yield of rainfed soybean (Glycine max) under different sources of phosphorus in Vertisols. *Ind J Microbiol* 33, 61-65.

E

Elbadry M., Taha R.M., Eldougdoug K.A., Gamal-Eldin H. 2006. Induction of systemic resistance in faba bean (*Vicia faba* L.) to bean yellow mosaic potyvirus (BYMV) via seed bacterization with plant growth promoting rhizobacteria. *J Plant Dis Protect* 113(6), 247-251.

Elliot L.F., Lynch J.M. 1984. *Pseudomonas* as a factor in the growth of winter wheat (*Triticum aestivum* L.) *Soil Biol Biochem* 16, 69-71.

Elliot LF, Lynch JM. 1995. The international workshop on establishment of microbial inocula in soils: cooperative research project on biological resource management of the organization for economic cooperation and development (OECD). *Am J Alt Agric* 10, 50-73.

El-Tarabily K.A., Sivasithamparam K. 2006. Non-streptomycete actinomycetes as biocontrol agent of soil-borne fungal plant pathogens and as plant growth promoters. *Soil Biol Biochem* 38, 1505-1520.

Erturk Y., Ercisli S., Haznedar A., Cakmakci R. 2010. Effects of plant growth promoting rhizobacteria (PGPR) on rooting and root growth of kiwifruit (*Actinidia deliciosa*) stem cuttings. *Biol Res* 43, 91-98.

Esitken A., Karlidag H., Ercisli S., Turan M., Sahin F. 2003. The effect of spraying a growth promoting bacterium on the yield, growth and nutrient element composition of leaves of apricot (*Prunus armeniaca* L. cv. Hacihaliloglu). *Aust J Agric Res* 54(4), 377-380.

Esitken A., Pirlak L., Turan M., Sahin F. 2006. Effects of floral and foliar application of plant growth promoting rhizobacteria (PGPR) on yield, growth and nutrition of sweet cherry. *Sci Hort* 110, 324-327.

Estrada de los Santos P., Bustillos-Cristales M.R., Caballero-Mellado J. 2001. *Burkholderia*, a genus rich in plant-associated nitrogen fixers with wide environmental and geographic distribution. *Appl Environ Microb* 67, 2790-2798.

F

Farmer E.E. 2001. Surface-to-air signals. *Nature* 411, 854-856.

Farwell A.J., Vesely S., Nero V., Rodriguez H., McCormack K., Shah S., Dixon D.G., Glick B.R. 2007. Tolerance of transgenic canola plants (*Brassica napus*) amended with plant growth-promoting bacteria to flooding stress at a metal-contaminated field site. *Environ Pollut* 147, 540-545.

Figueiredo M.V.B., Burity H.A., Martinez C.R., Chanway C.P. 2008. Alleviation of drought stress in the common bean (*Phaseolus vulgaris* L.) by co-inoculation with *Paenibacillus polymyxa* and *Rhizobium tropici*. *Appl Soil Ecol* 40, 182-188.

Forde B.G. 2000. Nitrate transporters in plants: structure, function and regulation. *Biochim Biophys Acta* 1465, 219-235.

Forlani G.M., Mantelli M., Nielsen E. 1999. Biochemical evidence for multiple acetoin-forming enzymes in cultured plant cells. *Phytochemistry* 50, 255-262.

Franco-Correa M., Quintana A., Duque C., Suare C., Rodriguez M.X., Barea J.M. 2010. Evaluation of actinomycete strains for key traits related with plant growth promotion and mycorrhiza helping activities. *Appl Soil Ecol* 45, 209-217.

Fuentes-Ramirez L.E., Bustillos-Cristales R., Tapia-Hernandez A., Jiménez-Salgado T., Wang E.T., Martinez-Romero E., Caballero-Mellado J. 2001. Novel nitrogen-fixing acetic acid bacteria, *Gluconacetobacter johannae* sp. nov. and *Gluconacetobacter azotocaptans* sp. nov., associated with coffee plants. *Int J Syst Evol Micr* 51, 1305-1314.

G

Garcia de Salamone I.E., Dobereiner J., Urquiaga S., Boddey R.M. 1996. Biological nitrogen fixation in *Azospirillum* strain-maize genotype associations as evaluated by the ^{15}Nisotope dilution technique. *Biol Fertil Soils* 23, 249-256.

Garcia de Salamone I.E., Hynes R.K., Nelson L.M. 2001. Cytokinin production by plant growth promoting rhizobacteria and selected mutants. *Can J Microbiol* 47, 404-411.

Ghorbanpour M.N.M., Hosseini S., Rezazadeh M., Omidi K.K., Etminan A. 2010. Hyoscyamine and scopolamine production of black henbane (*Hyoscyamus niger*) infected with *Pseudomonas putida* and *P. fluorescens* strains under water deficit stress. *Planta Med* 76(12), 167.

Ghosh S., Penterman J.N., Little R.D., Chavez R., Glick B.R. 2003. Three newly isolated plant growth-promoting bacilli facilitate the seedling growth of canola, Brassica campestris. *Plant Physiol Biochem* 41, 277-281.

Glass A.D.M., Britto D.T., Kaiser B.N., Kinghorn J.R., Kronzucker H.J., Kumar A., Okamoto M., Rawat S., Siddiqi M.Y., Unkles S.E., Vidmar J.J. 2002. The

regulation of nitrate and ammonium transport systems in plants. *J Exp Bot* 53, 855-864.
Glass A.D.M. 1989. Plant nutrition: an introduction to current concepts. Jones and Bartlett Publishers, Boston, 234p.
Glick B.R., Patten C.L., Holguin G., Penrose D.M. 1999. Biochemical and genetic mechanisms used by plant growth-promoting bacteria. Imperial College Press, London.
Glick B.R. 1995. The enhancement of plant growth by free living bacteria. *Can J Microbiol* 41, 109-117.
Gomes R.C., Semedo L.T.A.S., Soares R.M.A., Alviano C.S., Linhares L.F., Coelho R.R.R. 2000. Chitinolytic activity of actinomycetes from a cerrado soil and their potential in biocontrol. *Lett Appl Microbiol* 30, 146-150.
Gouws L.M. 2009. The molecular analysis of the effects of lumichrome as a plant growth promoting substance. Dissertation, University of Stellenbosch, South Africa.
Govindasamy V., Senthilkumar M., Gaikwad K., Annapurna K. 2008. Isolation and characterization of ACC deaminase gene from two plant growth-promoting rhizobacteria. *Curr Microbiol* 57(4), 312-317.
Gray E.J., Smith D.L. 2005. Intracellular and extracellular PGPR: commonalities and distinctions in the plant-bacterium signalling processes. *Soil Biol Biochem* 37, 395-412.
Grichko V.P., Glick B.R. 2001. Amelioration of flooding stress by ACC deaminase-containing plant growth-promoting bacteria. *Plant Physiol Bioch* 39, 11-17.
Griffiths B.S., Ritz K., Ebblewhite N., Dobson G. 1999. Soil microbial community structure: Effects of substrate loading rates. *Soil Biol Biochem* 31, 145-153.
Griffon M. 2013. Qu'est-ce que l'agriculture écologiquement intensive? Collection Matière à débattre et décider, Edition Quae. 222p.
Guerinot M.L., Chelm B.K. 1984. Isolation and expression of the *Bradyrhizobium japonicum* adenylate cyclase gene (cya) in *Escherichia coli. J Bacteriol* 159, 1068-1071.
Gupta C.P., Dubey R.C., Maheshwari D.K. 2002. Plant growth enhancement and suppression of *Macrophomina phaseolina* causing charcoal rot of peanut by fluorescent *Pseudomonas*. *Biol Fertl Soils* 35, 399-405.
Gutierrez-Manero F.J., Ramos-Solano B., Probanza A., Mehouachi J., Tadeo F.R., Talon M. 2000. The plant-growth promoting rhizobacteria *Bacillus pumilus* and *Bacillus licheniformis* produce high amounts of physiologically active gibberellins. *Physiol Plantarum* 111, 206-211.
Gyaneshwar P., Parakh L.J., Archana G., Poole P.S., Collins M.D., Hutson R., Kumar G.N. 1999. Involvement of a phosphate starvation inducible glucose dehydrogenase in soil phosphate solubilization by *Enterobacter asburiae*. *FEMS Microbiol Lett* 171, 223-229.

H

Haas D., Defago G. 2005. Biological control of soil-borne pathogens by fluorescent *pseudomonas*. *Nat Rev Microbiol* 3, 307-319.
Halder A.K., Mishra A.K., Chakarbartty P.K. 1991. Solubilization of inorganic phosphates by *Bradyrhizobium*. *Ind J Exp Biol* 29, 28-31.

Hameeda B., Harini G., Rupela O.P., Wani S.P., Reddy G. 2008. Growth promotion of maize by phosphate-solubilizing bacteria isolated from composts and macrofauna. *Microbiol Res* 163, 234-242.

Han J., Sun L., Dong X., Cai Z., Sun X., Yang H., Wang Y., Song W. 2005. Characterization of a novel plant growth-promoting bacteria strain *Delftia tsuruhatensis* HR4 both as a diazotroph and a potential biocontrol agent against various plant pathogens. *Syst Appl Microbiol* 28(1), 66-76.

Hayat R., Ali S., Amara U., Khalid R., Ahmed I. 2010. Soil beneficial bacteria and their role in plant growth promotion: a review. *Ann Microbiol* 60(4), 579-598.

Hellriegel H., Wilfarth H. 1888. Untersuchungen uber die Stickstoffnahrung der Gramineen und Leguminosen. Beilageheft zu der Zeitschrift des Vereins fur Rubenzucker, Industrie Deutschen Reichs, 234 p.

Herman M.A.B., Nault B.A., Smart C.D. 2008. Effects of plant growthpromoting rhizobacteria on bell pepper production and green peach aphid infestations in New York. *Crop Prot* 27, 996-1002.

Herschkovitz Y., Lerner A., Davidov Y., Rothballer M., Hartmann A., Okon Y., Jurkevitch E. 2005. Inoculation with the plant-growthpromoting rhizobacterium *Azospirillum brasilense* causes little disturbance in the rhizosphere and rhizoplane of maize (*Zea mays*). *Microb Ecol* 50(2), 277-288.

Hiltner L. 1904. Uber neuere Erfahrungen und Probleme auf dem Gebiet der Bodenbakteriologie und unter besonderer Berucksichtigung der Grundungung und Brache. *Arbeiten der Deutschen Landwirtschaftlichen Gesellschaft* 98, 59-78.

Hinsinger P. 2001. Bioavailability of soil inorganic P in the rhizosphere as affected by root induced chemical changes: a review. *Plant Soil* 237, 173-195.

Holden M.T.G., Chhabre S.R., de Nys R., Stead P., Bainton N.J., Hill P.J., Manefiel M., Kumar N., Labatte M., England D., Rice S., Givskov M., Salmond G.P.C., Stewart G.S.A.B., Bycroft B.W., Kjelleberg S., Williams P. 1999. Quorum-sensing cross-talk: isolation and chemical characterization of cyclic dipeptides from *Pseudomonas aeruginosa* and other gram-negative bacteria. *Mol Microbiol* 33, 1254-1266.

Holguin G., Glick B.R. 2001. Expression of the ACC Deaminase Gene from Enterobacter cloacae UW4 in Azospirillum brasilense. *Microb Ecol* 41(3), 281-288.

Holt J.G., Krieg N.R., Sneath P.H.A., Staley J.T., Williams S.T. 1994. Bergey's manual of determinative bacteriology, 9th edn. Williams and Wikins co, Baltimore, USA, 566p.

Hurek T., Handley L.L., Reinhold-Hurek B., Piche Y. 2002. Azoarcus grass endophytes contribute fixed nitrogen to the plant in an unculturable state. *Mol Plant Microbe Interact* 15, 233-242.

Hynes R.K., Leung G.C., Hirkala D.L., Nelson L.M. 2008. Isolation, selection, and characterization of beneficial rhizobacteria from pea, lentil and chickpea grown in western Canada. *Can J Microbiol* 54, 248-258.

I

Isopi R., Fabbri P., Del-Gallo M., Puppi G. 1995. Dual inoculation of *Sorghum bicolor* (L.) Moench ssp. bicolor with vesicular arbuscular mycorrhizas and *Acetobacter diazotrophicus. Symbiosis* 18, 43-55.

J

Jaleel C.A., Manivannan P., Kishorekumar A., Gopi R., Somasundaram R., Panneerselvam R. 2007. *Pseudomonas fluorescens* enhances biomass yield and ajmalicine production in *Catharanthus roseus* under water deficit stress. *Colloids Surf B Biointerfaces* 60, 7-11.

Jaleel C.A., Gopi R., Gomathinayagam M., Panneerselvam R. 2009. Traditional and non-traditional plant growth regulators alter phytochemical constituents in *Catharanthus roseus*. *Process Biochem* 44, 205-209.

James E.K., Gyaneshwar P., Mathan N., Barraquio W.L., Reddy P.M., Iannetta P.P.M., Olivares F.L., Ladha J.K. 2002. Infection and colonization of rice seedlings by the plant growth-promoting bacterium *Herbaspirillum seropedicae* Z67 *Mol Plant Microbe Interact* 15, 894-906.

James E.K., Olivares F.L., Baldani J.I., Dobereiner J. 1997. *Herbaspirillum*, an endophytic diazotroph colonizing vascular tissue in leaves of *Sorghum bicolor* L. Moench. *J Exp Bot* 48, 785-797.

James E.K., Olivares F.L., de Oliveira A.L.M., dos Reis F.B., da Silva L.G., Reis V.M. 2001. Further observations on the interaction between sugar cane and *Gluconacetobacter diazotrophicus* under laboratory and greenhouse conditions. *J Exp Bot* 52, 747-760.

Jing Y.D., He Z.L., Yang X.E. 2007. Role of soil rhizobacteria in phytoremediation of heavy metal contaminated soils. *J Zhejiang Univ Sci* 8(3), 192-207.

Joo G.J., Kin Y.M., Kim J.T., Rhee I.K., Kim J.H., Lee I.J. 2005. Gibberellins-producing rhizobacteria increase endogenous gibberellins content and promote growth of red peppers. *J Microbiol* 43(6), 510-515.

Joshi P., Bhatt A.B. 2011. Diversity and function of plant growth promoting rhizobacteria associated with wheat rhizosphere in North Himalayan region. *Int J Environ Sci* 1(6), 1135-1143.

K

Kalita R.B., Bhattacharyya P.N., Jha D.K. 2009. Effects of plant growth promoting rhizobacteria and arbuscular mycorrhizal fungi on *Fusarium oxysporum* causing brinjal wilt. *JAPS* 4, 29-35.

Kapulnik Y., Okon Y., Henis Y. 1985. Changes in root morphology of wheat caused by *Azospirillum* inoculation. *Can J Microbiol* 31, 881-887.

Karlidag H., Esitken A., Turan M., Sahin F. 2007. Effects of root inoculation of plant growth promoting rhizobacteria (PGPR) on yield, growth and nutrient element contents of leaves of apple. *Sci Hort* 114(1), 16-20.

Kaushik R., Saxena A.K., Tilak K.V.B.R. 2000. Selection of Tn5:lacZ mutants isogenic to wild type *Azospirillum brasilense* strains capable of growing at sub-optimal temperature. *World J Microbiol Biotechnol* 16, 567-570.

Kaymak H.C. 2011. Potential of PGPR in Agricultural Innovations. *In: Maheshwari DK (ed) Plant growth and health promoting bacteria. Microbiol monographs. Springer, Berlin* 18, 45-79.

Kempster V.N., Scott E.S., Davies K.A. 2002. Evidence for systemic, cross-resistance in white clover (*Trifolium repens*) and annual medic (*Medicago truncatula* var truncatula) induced by biological and chemical agents. *Biocontrol Sci Technol* 12(5), 615-623.

Khalid A., Arshad M., Zahir Z.A. 2004. Screening plant growthpromoting rhizobacteria for improving growth and yield of wheat. *J Appl Microbiol* 96(3), 473-480.

Khan A.A., Jilani G., Akhtar M.S., Naqvi S.M.S., Rasheed M. 2009. Phosphorus solubilizing bacteria: occurrence, mechanisms and their role in crop production. *J Agric Biol Sci* 1, 48-58.

Kidarsa T.A., Goebel N.C., Zabriskie T.M., Loper J.E. 2011. Phloroglucinol mediates cross-talk between the pyoluteorin and 2, 4 diacetylphloroglucinol biosynthetic pathways in *Pseudomonas fluorescens* Pf-5. *Mol Microbiol* 81(2), 395-414.

Kilian M., Steiner U., Krebs B., Junge H., Schmiedeknecht G., Hain R. 2000. FZB24 *Bacillus subtilis*-mode of action of a microbial agent enhancing plant vitality. *Pflanzenschutz Nachr Bayer* 1, 72-93.

Kim K.Y., Jordan D., McDonald G.A. 1998. Effect of phosphatesolubilizing bacteria and vesicular-arbuscular mycorrhizae on tomato growth and soil microbial activity. *Biol Fertil Soils* 26, 79-87.

Kloepper J.W., Gutierrez-Estrada A., Mclnroy J.A. 2007. Photoperiod regulates elicitation of growth promotion but not induced resistance by plant growth-promoting rhizobacteria. *Can J Microbiol* 53(2), 159-167.

Kloepper J.W., Ryu C.M., Zhang S. 2004. Induced systemic resistance and promotion of plant growth by *Bacillus* spp. *Phytopathology* 94(11), 1259-1266.

Kloepper J.W., Schroth M.N. 1978. Plant growth-promoting rhizobacteria on radishes. *In: Proceedings of the 4th international conference on plant pathogenic bacteria,* Gilbert-Clarey, Tours, 879-882.

Kloepper J.W., Schroth M.N. 1981. Relationship of in vitro antibiosis of plant growth promoting rhizobacteria to plant growth and the displacement of root microflora. *Phytopathology* 71, 1020-1024.

Kloepper J.W., Tuzun S., Liu L., Wei G. 1993. Plant growth-promoting rhizobacteria as inducers of systemic disease resistance. *In: Pest management: biologically based technologies,* (R.-D. Lumsden, J.-L. Waughn, eds), American Chemical Society Books, Washington, DC, 156-165.

Kokalis-Burelle N., Mahaffee W.F., Rodriguez- Kabana R., Kloepper J.W., Bowen K.L. 2002. Effects of Switchgrass (*Panicum virgatum*) rotations with peanuts (*Arachis hypogaea*) on nematode population and soil microflora. *Journal of Nematology*, 34, 98-105.

Kokalis-Burelle N., Vavrina C.S., Rosskopf E.N., Shelby R.A. 2002. Field evaluation of plant growth-promoting rhizobacteria amended transplant mixes and soil solarization for tomato and pepper production in Florida. *Plant Soil* 238, 257-266.

Kumar A., Salini P., Shrivastava J.N. 2009. Production of peptide antifungal antibiotic and biocontrol activity of *Bacillus subtilis*. *Ind J Exp Biol* 47, 57-62.

Kumar V., Narula N. 1999. Solubilization of inorganic phosphates and growth emergence of wheat as affected by *Azotobacter chroococcum* mutants. *Biol Fertil Soils* 28, 301-305.

L

Landa B.B., Mavrodi O.V., Schroeder K.L., Allende-Molar R., Weller D.M. 2006. Enrichment and genotypic diversity of phlD-containing *fluorescent Pseudomonas* spp., in two soils after a century of wheat and flax monoculture. *FEMS Microbiol Ecol* 55, 351-368.

Lewis J.A. 1991. Formulation and delivery system of biocontrol agents with emphasis on fungi Beltsville symposia in agricultural research. *In: The rhizosphere and plant growth,* (D.-L. Keister, P.-B. Cregan, eds), vol 14, The Series Beltsville Symposia in Agricultural Research (BARC), Beltsville, Maryland, 279-287.

Li Q., Saleh-Lakha S., Glick B.R. 2005. The effect of native and ACC deaminase-containing *Azospirillum brasilense* Cd1843 on the rooting of carnation cuttings. *Can J Microbiol* 51, 511-514.

Lindstrom K. 1989. *Rhizobium galegae*, a new species of legume root nodule bacteria. *Int J Syst Bacteriol* 39, 365-367.

Liu L., Kloepper J.W., Tuzun S. 1995. Induction of systemic resistance in cucumber against Fusarium wilt by plant growth promoting rhizobacteria. *Phytopathology* 85, 695-698.

Lucas G.J.A., Probanza A., Ramos B., Palomino M.R., Gutierrez Manero F.J. 2004. Effect of inoculation of *Bacillus licheniformis* on tomato and pepper. *Agronomie* 24, 169-176.

Lugtenberg B., Kamilova F. 2009. Plant growth-promoting rhizobacteria. *Annu Rev Microbiol* 63, 541-556.

Lugtenberg B.J., Chin-A-Woeng T.F., Bloemberg G.V. 2002. Microbe- plant interactions: principles and mechanisms. *Antonie Leeuwenhoek* 81, 373-383.

Lugtenberg B.J., Dekkers L., Bloemberg G.V. 2001. Molecular determinants of rhizosphere colonization by *Pseudomonas*. *Annu Rev Phytopathol* 39, 461-490.

M

Ma W., Guinel F.C., Glick B.R. 2003. *Rhizobium leguminosarum Bovver viciae* 1-aminocyclopropane-1-carboxylate deaminase promotes nodulation of pea plants. *Appl Environ Microbiol* 69, 4396-4402.

Ma W., Zalec K., Glick B.R. 2001. Biological activity and colonization pattern of the bioluminescence-labeled plant growth-promoting bacterium *Kluyvera ascorbata* SUD165/26. *FEMS Microbiol Ecol* 35, 137-144.

Madhaiyan M., Poonguzhali S., Ryu J., Sa T. 2006. Regulation of ethylene levels in canola (*Brassica campestris*) by 1-aminocyclopropane 1-carboxylate deaminase-containing *Methylobacterium fujisawaense*. *Planta* 224, 268-278.

Maiti B., ShekarM,Khusiramani R., Karunasagar I., Karunasagar I. 2009. Evaluation of RAPD-PCR and protein profile analysis to differentiate *Vibrio harveyi* strains prevalent along the southwest coast of India. *J Genet* 88(3), 273-279.

Malhotra M., Srivastava S. 2009. Stress-responsive indole-3-acetic acid biosynthesis by *Azospirillum brasilense* SM and its ability to modulate plant growth. *Eur J Soil Biol* 45, 73-80.

Malik K.A., Bilal R., Mehnaz S., Rasul G., Mirza M.S., Ali S. 1997. Association of nitrogen-fixing, plant promoting rhizobacteria (PGPR) with kallar grass and rice. *Plant Soil* 194, 37-44.

Manjula K., Podile A.R. 2001. Chitin-supplemented formulations improve biocontrol and plant growth promoting efficiency of *Bacillus subtilis* AF1. *Can J Microbiol* 47(7), 618-625.

Mansoor F., Sultana V., Haque S.E. 2007. Enhancement of biocontrol potential of *Pseudomonas aeroginosa* and *Paecilomyces lilacinus* against root rot of

mungbean by a medicinal plant *Launaea nudicaulis* L. *Pak J Bot* 39(6), 2113-2119.
Mantelin S., Touraine B. 2004. Plant growth-promoting bacteria and nitrate availability: impacts on root development and nitrate uptake. *J Exp Bot* 55, 27-34.
Martinez-Viveros O., Jorquera M.A., Crowley D.E., Gajardo G., Mora M.L. 2010. Mechanisms and practical considerations involved in plant growth promotion by rhizobacteria. *J Soil Sci Plant Nutr* 10, 293-319.
Mayak S., Tirosh T., Glick B.R. 1999. Effect of wild-type and mutant plant growth-promoting rhizobacteria on the rooting of mung been cuttings. *J Plant Growth Regul* 18, 49-53.
Mayak S., Tirosh T., Glick B.R. 2004. Plant growth-promoting bacteria confer resistance in tomato plants to salt stress. *Plant Physiol Biochem* 42(6), 565-572.
McCully M.E. 2001. Niches for bacterial endophytes in crop plants: a plant biologist's view. *Aust J Plant Physiol* 28, 983-990.
Mehnaz S., Lazarovits G. 2006. Inoculation effects of *Pseudomonas putida, Gluconacetobacter azotocaptans*, and *Azospirillum lipoferum* on corn plant growth under greenhouse conditions. *Microb Ecol* 51(3), 326-335.
Mehnaz S., Mirza M.S., Haurat J., Bally R., Normand P., Bano A., Malik K.A. 2001. Isolation and 16S rRNA sequence analysis of the beneficial bacteria from the rhizosphere of rice. *Can J Microbiol* 472, 110-117.
Merzaeva O.V., Shirokikh I.G. 2006. Colonization of plant rhizosphere by actinomycetes of different genera. *Microbiology* 75, 226-230.
Minorsky P.V. 2008. On the inside. *Plant Physiol* 146, 323-324.
Mirza M.S., Mehnaz S., Normand P., Prigent-Combaret C., Moënne-Loccoz Y., Bally R.., Malik K.A. 2006. Molecular characterization and PCR detection of a nitrogen fixing *Pseudomonas* strain promoting rice growth. *Biol Fertil Soils* 43, 163-170.
Mishra M., Kumar U., Mishra P.K., Prakash V. 2010. Efficiency of plant growth promoting rhizobacteria for the enhancement of *Cicer arietinum* L. growth and germination under salinity. *Adv Biol Res* 4(2), 92-96.
Montesinos E. 2003. Plant-associated microorganisms: a view from the scope of microbiology. *Int Microbiol* 6, 221-223.
Mrkovacki N., Milic V. 2001. Use of *Azotobacter chroococcum* as potentially useful in agricultural application. *Ann Microbiol* 51, 145-158.
Murphy J.F., Zehnder G.W., Schuster D.J., Sikora E.J., Polston J.E., Kloepper J.W. 2000. Plant growth-promoting rhizobacterial mediated protection in tomato against tomato mottle virus. *Plant Dis* 84, 779-784.

N

Nahas E. 1996. Factors determining rock phosphate solubilization by microorganisms isolated from soil. *World J Microbiol Biotechnol* 12, 567-572.
Nakkeeran S., Fernando W.G.D., Siddiqui Z.A. 2005. Plant growth promoting rhizobacteria formulations and its scope in commercialization for the management of pests and diseases. *In: PGPR: biocontrol and biofertilization,* (Z.-A. Siddiqui, eds), Springer, Dordrecht, 257-296.
Nandakumar R., Babu S., Viswanathan R., Sheela J., Raguchander T., Samiyappan R. 2001. A new bio-formulation containing plant growth promoting

rhizobacterial mixture for the management of sheath blight and enhanced grain yield in rice. *Biocontrol* 46(4), 493-510.

Narasimhan K., Basheer C., Bajic V.B., Swarup S. 2003. Enhancement of plant-microbe interactions using a rhizosphere metabolomicsdriven approach and its application in the removal of polychlorinated biphenyls. *Plant Physiol* 132, 146-153.

Narula N., Deubel A., Gans W., Behl R.K., Merbach W. 2006. Paranodules and colonization of wheat roots by phytohormone producing bacteria in soil. *Plant soil Environ* 52(3), 119-129.

Nick G., de Lajudie P., Eardly B.D., Suomalainen S., Paulin L., Zhang X., Gillis M., Lindström K. 1999. *Sinorhizobium arboris* sp. nov. and *Sinorhizobium kostiense* sp. nov., isolated from leguminous trees in Sudan and Kenya. *Int J Syst Bacteriol* 49, 1359-1368.

Noel T.C., Sheng C., Yost C.K., Pharis R.P., Hynes M.F. 1996. *Rhizobium leguminosarum* as a plant growth-promoting rhizobacterium: direct growth promotion of canola and lettuce. *Can J Microbiol* 42, 279-283.

Notz R., Maurhofer M., Schnider-Keel U., Duffy B., Haas D., Defago G. 2001. Biotic factors affecting expression of the 2, 4-diacetylphloroglucinol biosynthesis gene phlA in *Pseudomonas fluorescens* biocontrol strain CHA0 in the rhizosphere. *Phytopathology* 91, 873-881.

Nour S.M., Fernandez M.P., Normand P., Cleyet-Marel J.C. 1994. *Rhizobium ciceri* sp. nov., consisting of strains that nodulate chickpeas (*Cicer arietinum* L.). *Int J Syst Bacteriol* 44, 511-522.

Nowak J. 1998. Benefits of in vitro ''biotization'' of plant tissue cultures with microbial inoculants. *In Vitro Cell Dev Biol Plant* 34, 122-130.

O

Oger P., Petit A., Dessaux Y. 1997. Genetically engineered plants producing opines alter their biological environment. *Nat Biotechnol* 15, 369-372.

Omar M.N.A., Mahrous N.M., Hamouda A.M. 1996. Evaluating the efficiency of inoculating some diazatrophs on yield and protein content of 3 wheat cultivars under graded levels of nitrogen fertilization. *Ann Agric Sci* 41, 579-590.

Osborn A.M., Moore E.R., Timmis K.N. 2000. An evaluation of terminal-restriction fragment length polymorphism (T-RFLP) analysis for the study of microbial community structure and dynamics. *Environ Microbiol* 2(1), 39-50.

P

Pandey A., Sharma E., Palni L.M.S. 1998. Influence of bacterial inoculation on maize in upland farming systems of the Sikkim Himalaya. *Soil Biol Biochem* 30, 379-384.

Park K.S., Kloepper J.W. 2000. Activation of PR-1a promoter by rhizobacteria that induce systemic resistance in tobacco against *Pseudomonas syringae* pv. *tabaci*. *Biol Control* 18, 2-9.

Parmar N., Dadarwal K.R. 1999. Stimulation of nitrogen fixation and induction of flavonoid like compounds by rhizobacteria. *J Appl Microbiol* 86, 36-44.

Parmentier B. 2009. Nourrir l'humanité: Les grands problèmes de l'agriculture mondiale au XXIème Siècle. *Edition La Découverte, 2007, 2009.* 293p.

Parmentier B. 2011. Manger tous et bien. *Edition du Seuil, 2011,* 333p.

Pathma J., Kennedy R.K., Sakthivel N. 2011. Mechanisms of fluorescent *pseudomonas* that mediate biological control of phytopathogens and plant growth promotion of crop plants. *In: Bacteria in agrobiology: plant growth responses,* (D.-K. Maheshwari, eds), Springer, Berlin, 77-105.

Pengnoo A., Kusongwiriyawong C., Nilratana L., KanjanamaneesathianM. 2000. Greenhouse and field trials of the bacterial antagonists in pellet formulations to suppress sheath blight of rice caused by *Rhizoctonia solani. Biocontrol* 45(2), 245-256.

Phillips D.A. 1980. Efficiency of symbiotic nitrogen fixation in legumes. *Annu Rev Plant Physiol* 31, 29-49.

Pieterse C.M.J., Va Pelt J.A., Van Wees S.C.M., Ton J., Leon-Kloosterziel K.M., Keurentjes J.J.B., Verhagen B.W.M., Knoester M., Van der Sluis I., Bakker P.A.H.M., Van Loon L.C. 2001. Rhizobacteria-mediated induced systemic resistance: triggering, signaling and expression. *Eur J Plant Pathol* 107(1), 51-61.

R

Ramamoorthy V., Viswanathan R., Raguchander T., Prakasam V., Samiyappan R. 2001. Induction of systemic resistance by plant growth promoting rhizobacteria in crop plants against pests and diseases. *Crop Prot* 20, 1-11.

Reed M.L., Glick B.R. 2005. Growth of canola (*Brassica napus*) in the presence of plant growth-promoting bacteria and either copper or polycyclic aromatic hydrocarbons. *Can J Microbiol* 51, 1061-1069.

Reinhold-Hurek B., Hurek T., Gillis M., Hoste B., Vancanneyt M., Kersters K., De Ley J. 1993. *Azoarcus gen.* nov., nitrogen-fixing Proteobacteria associated with roots of Kallar grass (*Leptochloa fusca* (L.) Kunth), and description of two species, *Azoarcus indigens* sp. nov. and *Azoarcus communis* sp. nov. *Int J Syst Bacteriol* 43, 574-584.

Ren D., Sims J.J., Wood T.K. 2001. Inhibition of biofilm formation and swarming of *Escherichia coli* by (5Z)-4-bromo-5-(bromomethylene)- 3-butyl-2(5H)-furanone. *Environ Microbiol* 3(11), 731-736.

RibaudoC., Krumpholz E., Cassan F., Bottini R., Cantore M., Cura A. 2006. *Azospirillum* sp. promotes root hair development in tomato plants through a mechanism that involves ethylene. *J Plant Growth Regul* 24, 175-185.

Richardson A.E., Barea J.M., McNeill A.M., Prigent-Combaret C. 2009. Acquisition of phosphorus and nitrogen in the rhizosphere and plant growth promotion by microorganisms. *Plant Soil* 321, 305-339.

Riggs P.J., Chelius M.K., Iniguez A.L., Kaeppler S.M., Triplett E.W. 2001. Enhanced maize productivity by inoculation with diazotrophic bacteria. *Aust J Plant Physiol* 28, 829-836.

Roberts SC, Shuler ML. 1997. Large scale plant cell culture. *Curr Opin Biotechnol* 8, 154-159.

Rome S, Fernandez MP, Brunel B, Normand P, Cleyet-Marel JC. 1996. *Sinorhizobium medicae* sp. nov., isolated from annual *Medicago* spp. *Int J Syst Bacteriol* 46, 972-980.

Russo A., Vettori L., Felici C., Fiaschi G., Morini S., Toffanin A. 2008. Enhanced micropropagation response and biocontrol effect of *Azospirillum brasilense* Sp245 on *Prunus cerasifera* L. clone Mr.S 2/5 plants. *J Biotechnol* 134, 312-319.

Ryan P.R., Dessaux Y., Thomashow L.S., Weller D.M. 2009. Rhizosphere engineering and management for sustainable agriculture. *Plant Soil* 321, 363-383.

Ryu C.M., Farag M.A., Hu C.H., Reddy M.S., Wei H.X., Paré P.W., Kloepper J.W. 2003. Bacterial volatiles promote growth in *Arabidopsis. Proc Natl Acad Sci USA* 100, 4927-4932.

Ryu C.M., Farag M.A., Hu C.H., Reddy M.S., Kloepper J.W., Paré P.W. 2004. Bacterial volatiles induce systemic resistance in *Arabidopsis. Plant Physiol* 134, 1017-1026.

Ryu C.M., Kim J., Choi O., Kim S.H., Park C.S. 2006. Improvement of biological control capacity of *Paenibacillus polymyxa* E681 by seed pelleting on sesame. *Biol Control* 39, 282-289.

S

Sabaratnam S., Traquair J.A. 2002. Formulation of a Streptomyces biocontrol agent for the suppression of Rhizoctonia damping-off in tomato transplants. *Biol Control* 23, 245-253.

Saleem M., Arshad M., Hussain S., Bhatti A.S. 2007. Perspective of plant growth promoting rhizobacteria (PGPR) containing ACC deaminase in stress agriculture. *J Ind Microbiol Biotechnol* 34(10), 635-648.

Saleh S.S., Glick B.R. 2001. Involvement of gacS and rpoS in enhancement of the plant growth-promoting capabilities of *Enterobacter cloacae* CAL2 and *Pseudomonas putida* UW4. *Can J Microbiol* 47, 698-705.

Saravanakumar D., Samiyappan R. 2007. ACC deaminase from *Pseudomonas fluorescens* mediated saline resistance in groundnut (*Arachis hypogea*) plants. *J Appl Microbiol* 102(5), 1283-1292.

Sasser M. 1990. Identification of bacteria through fatty acid analysis. *In: Methods in phytobacteriology*, (Z. Klement, K. Rudolph, D. Sands, eds), Akademiai Kiato, Budapest, 199-204.

Schippers B., Lynch J.M., Neuenschwander P., Deacon J.W., Hemming B.C., Lucas J.A., Defago G. 1988. Biological control of pathogens with rhizobacteria. *Philos Trans R Soc B-Biol Sci* 318, 283-293.

Scholla M.H., Elkan G.H. 1984. *Rhizobium fredii* sp. nov., a fastgrowing species that effectively nodulates soybeans. *Int J Syst Bacteriol* 34, 484-486.

Segovia L., Young J.P.W., Matinez-Romero E. 1993. Reclassification of American *Rhizobium leguminosarum* Biovar Phaseoli type I strains as *Rhizobium etli* sp. *nov. Int J Syst Bacteriol* 43, 374-377.

Sekar S., Kandavel D. 2010. Interaction of plant growth promoting rhizobacteria (PGPR) and endophytes with medicinal plants- new avenues for phytochemicals. *J Phytol* 2, 91-100.

Sgroy V., Cassan F., Masciarelli O., Del Papa M.F., Lagares A., Luna V. 2009. Isolation and characterization of endophytic plant growth-promoting (PGPB) or stress homeostasis-regulating (PSHB) bacteria associated to the halophyte *Prosopis strombulifera. Appl Microbiol Biotechnol* 85, 371-381.

Shaharoona B., Arshad M., Zahir Z.A., Khalid A. 2006. Performance of *Pseudomonas* spp. containing ACC-deaminase for improving growth and yield of maize (*Zea mays* L.) in the presence of nitrogenous fertilizer. *Soil Biol Biochem* 38, 2971-2975.

Sharaf-Eldin M., Elkholy S., Fernandez J.A., Junge H., Cheetham R., Guardiola J., Weathers P. 2008. *Bacillus subtilis* FZB24 affects flower quantity and quality of Saffron (*Crocus sativus*). *Planta Med* 74, 1316-1320.

Siddiqui I.A., Ehteshamul-Haque S., Shaukat S.S. 2001. Use of rhizobacteria in the control of root rot-root knot disease complex of mungbean. *J Phytopathol* 149, 337-346.

Singh S., Kapoor K.K. 1999. Inoculation with phosphate-solubilizing microorganisms and a vesicular-arbuscular mycorrhizal fungus improves dry matter yield and nutrient uptake by wheat grown in a sandy soil. *Biol Fertil Soils* 28, 139-144.

Somers E., Vanderleyden J., Srinivasan M. 2004. Rhizosphere bacterial signalling: a love parade beneath our feet. *Crit Rev Microbiol* 30, 205-240.

Sousa C.S., Soares A.C.F., Garrido M.S. 2008. Characterization of streptomycetes with potential to promote plant growth and biocontrol. *Sci Agric* 65, 50-55.

Spaepen S., Vanderleyden J., Remans R. 2007. Indole-3-acetic acid in microbial and microorganism-plant signaling. *In: FEMS microbiol rev.*, (F. Unden, eds), Blackwell Publishing Ltd., New York, 1-24.

Steenhoudt O., Vanderleyden J. 2000. *Azospirillum,* a free-living nitrogen-fixing bacterium closely associated with grasses: genetic, biochemical and ecological aspects. *FEMS Microbiol Rev 24*, 487-506.

Stein T., Hayen-Schneg N., Fendrik I. 1997. Contribution of BNF by *Azoarcus* sp. BH72 in *Sorghum vulgare*. *Soil Biol Biochem* 29, 969-971.

Stout M.J., Zehnder G.W., BaurM.E. 2002. Potential for the use of elicitors of plant defence in arthropode management programs. *Arch Insect Biochem Physiol* 51, 222-235.

Sturz A.V., Nowak J. 2000. Endophytic communities of rhizobacteria and the strategies required to create yield enhancing associations with crops. *J Appl Soil Ecol* 15, 183-190.

Stutz E.W., Defago G., Kern H. 1986. Naturally occurring fluorescent *pseudomonas* involved in suppression of black root rot of tobacco. *Phytopathology* 76, 181-185.

Sudhakar P., Chattopadhyay G.N., Gangwar S.K., Ghosh J.K. 2000. Effect of foliar application of *Azotobacter, Azospirillum* and *Beijerinckia* on leaf yield and quality of mulberry (*Morus alba*). *J Agric Sci* 134, 227-234.

Sultana V., Ara J., Parveen G., Haque S.E., Ahmad V.U. 2006. Role of Crustacean chitin, fungicides and fungal antagonists on the efficacy of *Pseudomonas aeruginosa* in protecting Chilli from root rot. *Pak J Bot* 38(4), 1323-1331.

Sundheim L., Poplawsky A.R., Ellingboe A.H. 1988. Molecular cloning of two chitinase genes from *Serratia marcescens* and their expression in *Pseudomonas* species. *Physiol Mol Plant Pathol* 33, 483-491.

Suslow T.V., Kloepper J.W., Schroth M.N., Burr T.J. 1979. Beneficial bacteria enhance plant growth. *Calif Agric* 33, 15-17.

Swain M.R., Naskar S.K., Ray R.C. 2007. Indole-3-acetic acid production and effect on sprouting of yam (*Dioscorea rotundata* L.) minisetts by *Bacillus subtilis* isolated from culturable cowdung microflora. *Pol J Microbiol* 56, 103-110.

T

Taechowisan T., Peberdy J.F., Lumyong S. 2003. Isolation of endophytic actinomycetes from selected plants and their antifungal activity. *World J Microbiol Biotechnol* 19, 381-385.

Terkina I.A., Parfenova V.V., Ahn T.S. 2006. Antagonistic activity of actinomycetes of Lake Baikal.*Appl Biochem Microbiol* 42, 173-176.

Timmusk S., Nicander B., Granhall U., Tillberg E. 1999. Cytokinin production by *Paenibacillus polymyxa.* Soil Biol Biochem 31, 1847-1852.

Timmusk S., Wagner E.G.H. 1999. The plant growth- promoting-rhizobacterium *Paenibacillus polymyxa* induces changes in *Arabidopsis thaliana* gene expression: a possible connection between biotic and abiotic stress responses. *Molecular Plant-Microbe Interactions*, 12, 951-959.

Tisdale S.L., Nelson W.L. 1975. Soil fertility and fertilizers, 3rd edn. Macmillan Publishing, New York, 694 p.

Trivedi P., Pandey A., Palni L.M.S. 2005. Carrier-based preparations of plant growth-promoting bacterial inoculants suitable for use in cooler regions. *World J Microbiol Biotechnol* 21, 941-945.

V

Van Loon L.C. 2007. Plant responses to plant growth-promoting rhizobacteria. *Eur J Plant Pathol* 119, 243-254.

Velazquez E., Igual J.M., Willems A., Fernandez M.P., Munoz E., Mateos P.F., Abril A., Toro N., Normand P., Cervantes E., Gillis M., Martinez-Molina E. 2001. *Mesorhizobium chacoense* sp. nov., a novel species that nodulates *Prosopis alba* in the Chaco Arido region (Argentina). *Int J Syst Evol Microbiol* 51, 1011-1021.

Verma J.P., Yadav J., Tiwari K.N., Singh L., Singh V. 2010. Impact of plant growth promoting rhizobacteria on crop production. *Int J Agric Res* 5, 954-983.

Verma S.C., Ladha J.K., Tripathi A.K. 2001. Evaluation of plant growth promoting and colonization ability of endophytic diazotrophs from deep water rice. *J Biotechnol* 91, 127-141.

Vessey J.K. 2003. Plant growth promoting rhizobacteria as biofertilizers. *Plant Soil* 255, 571-586.

von Bodman S.B., Bauer W.D., Coplin D.L. 2003. *Quorum-sensing* in plant-pathogenic bacteria. *Annu Rev Phytopathol* 41, 455-482.

W

Wang E.T., Martinez-Romero E. 2000. *Sesbania herbacea-Rhizobium huautlense* nodulation in flooded soils and comparative characterization of *S. herbacea*-nodulating rhizobia in different environments. *Microb Ecol* 40, 25-32.

Wei L., Kloepper J.W., Tuzun S. 1996. Induced systemic resistance to cucumber diseases and increased plant growth by plant growth promoting rhizobacteria under field conditions. *Phytopathology* 86, 221-224.

Weller D.M., Raaijmakers J.M., Gardener B.B., Thomashow L.S. 2002. Microbial populations responsible for specific soil suppressiveness to plant pathogens. *Annu Rev Phytopathol* 40, 309-348.

Weller D.M. 1988. Biological control of soil borne plant pathogens in the rhizosphere with bacteria. *Annu Rev Phytopathol* 26, 379-407.

Werner T., Motyka V., Laucou V., Smets R., Onckelen H.V., Schmulling T. 2003.Cytokinin-deficient transgenic *Arabidopsis* plants show multiple developmental alterations indicating opposite functions of cytokinins in the regulation of shoot and root meristem activity. *Plant Cell* 15, 2532-2550.

Whipps J.M. 2001. Microbial interactions and biocontrol in the rhizosphere. *J Exp Bot* 52, 487-511.

Whitelaw M.A. 2000. Growth promotion of plants inoculated with phosphate-solubilizing fungi. *Adv Agron* 69, 99-151.

Wu C.H., Wood T.K., Mulchandani A., Chen W. 2006. Engineering plant-microbe symbiosis for rhizoremediation of heavy metals. *Appl Environ Microbiol* 72(2), 1129-1134.

Y

Yamada Y., Nihira T. 1998. Microbial hormones and microbial chemical ecology. *In: Comprehensive natural products chemistry,* (D.-H.-R. Barton, K. Nakanishi, eds), Vol. 8, Elsevier Sciences, Amsterdam, 377-413.

Z

Zahir Z.A., Muhammad A., Frankenberger W.T. 2004. Plant growth promoting rhizobacteria: applications and perspectives in agriculture. *Adv Agron* 81, 97-168.

Zaied K.A., El-Diasty Z.M., El-Rhman M.M.A., El-Sanossy A.S.O. 2009. Effect of horizontal DNA transfer between *Azotobacter* strains on protein patterns of *Azotobacter* transconjugants and biochemical traits in bioinoculated Okra (*Abelmoschus Esculentus,* L.). *Aust J Basic Appl Sci* 3(2), 748-760.

Zehnder G.W., Murphy J.F., Sikora E.J., Kloepper J.W. 2001. Application of rhizobacteria for induced resistance. *Eur J Plant Pathol* 107, 39-50.

Zhang F., Dasthi N., Hynes R.K., Smith D.L. 1996. Plant growth promoting rhizobacteria and Soybean [*Glycine max* (L.) Merr.] nodulation and nitrogen fixation at suboptimal root zone temperatures. *Ann Bot* 77, 453-459.

Zhang H., Sekiguchi Y., Hanada S., Hugenholtz P., Kim H., Kamagata Y., Nakamura K. 2003. *Gemmatimonas aurantiaca* gen. nov., sp. nov., a Gram-negative, aerobic, polyphosphate accumulating microorganism, the first cultured representative of the new bacterial *phylum Gemmatimonadetes* phyl. nov. *Int J Syst Evol Microbiol* 53, 1155-1163.

Zhang L.H., Dong Y.H. 2004. Quorum sensing and signal interference: diverse implications. *Mol Microbiol* 53, 1563-1571.

Zhao J., Zhou L., Wub J. 2010. Promotion of *Salvia miltiorrhiza* hairy root growth and tanshinone production by polysaccharide- protein fractions of plant growth-promoting rhizobacterium *Bacillus cereus. Process Biochem* 45, 1517-1522.

Zhuang X., Chen J., Shim H., Bai Z. 2007. New advances in plant growth-promoting rhizobacteria for bioremediation. *Environ Int* 33(3), 406-413.

REMERCIEMENTS

J'espère que par un exposé assez détaillé du concept de la Plasticité dans le monde du vivant (Tomes I, II) dans le contexte des changements globaux, des mécanismes et techniques de génie rhizosphèrique (ou rhizo-ingénieries) (Tomes II, III) et de production des composés organiques volatils d'origines microbiennes intervenant dans les dialogues moléculaires (Tomes III, IV) exploitant ce concept dans un cadre Agro-écologique, Agroforestier et Permacultural, de ses avantages et des problèmes rencontrés pour le développement et l'évolution de notre société, j'ai œuvré pour une plus grande diffusion, à la base, de ce moyen de production d'énergie, d'alimentation et d'amélioration de la santé publique qui sauvegarde à la fois la qualité de l'environnement, la fertilité des sols et notre santé, trois conditions nécessaires pour permettre aux générations futures de mieux manger et vivre avec plus d'autonomie dans un contexte de changements climatiques globaux.

Que toutes les personnes ou organismes, qui par leur apport précieux de compétences ont contribué à ce travail qui sans eux n'aurait eu aucune chance d'aboutir, reçoivent ici l'expression de ma plus profonde gratitude. Et, plus particulièrement, mes parents et les équipes belges au sein de laquelle deux ans de collaboration et les équipes françaises au sein de laquelle plus de quatre ans de collaborations ont pour une grande part permis mon travail de recherche sur la plasticité & acquisition des nutriments (principalement le fruit de mon travail de technicien-ingénieur, thèse et chercheur contractuel ; livre tome I, II, III) et d'autre part sur les composés organiques volatils (fruit de mon travail de chercheurs contractuel post doctorant présenté dans ce mémoire ; tomes III, IV et technologique).

Si des critiques sont à formuler ou des informations complémentaires à apporter sur ce qui sera dit plus loin, qu'elles m'arrivent sans crainte, elles seront les bienvenues, la qualité d'un travail de cette importance ne pouvant qu'être améliorée par une critique collective. Encore merci !

Ainsi, mon dernier souhait serait que toutes les remarques sur le contenu actuel du dossier seront les bienvenues. Soyez-en remercié à l'avance.

Sébastien Varin.

Les Flux d'informations, de matières et d'énergies au sein de l'organisme :

Livre 1 : Plasticité & Instabilité Développementale – Concept en biologie : exemple des végétaux *(Plasticity & Developmental instability – Concept in Biology: Plant example).*

Livre 2 : Ontogénèse et Variations Génétiques de l'Architecture du système racinaire des mono et dicotylédones modèles
(Ontogenesis and Genetic Variations in root system architecture of mono and dicotyledonous models).

L'Environnement et ces Flux d'informations :

Livre 3 : Rhizobactéries & PGPR émettrices de Composés Organiques Volatils et implication Agro-Ecologique
(Rhizobacteria & PGPR emitting the Volatile Organic Compounds and Implication in Agro-Ecology).

Livre 4 : Implication des Bactéries Solvantogénes et Rhizobactéries émettrices de COV dans les Changements Globaux et La Plasticité
(Implication of Solvantogenic Bacteria and Rhizobacteria emitting the VOCs in Global Changes and Plasticity).

LISTE DES ABRÉVIATIONS

A

ABA : Acide abscissique
ABE : Acétone, Butanol, Ethanol
ACC : 1-Aminocyclopropane-1-carboxylate
ACC desaminase : 1-amino cyclopropane-1-carboxylique désaminase
acd : Accelerated cell death
ACGIH : American Conference of Governmental Industrial Hygienists
ACR : Aldéhyde/cétone réductases
ADH : Alcool déshydrogénase
ADN : Acide Desoxyribonucleique
ADNc : Acide Desoxyribonucleique complémentaire
ADP : Adénosine diphosphate
AFM :Anti-fungal metabolite ou Métabolites anti-fongiques
AFNOR : Agence Française pour la Normalisation
AFP : Anti-Freeze Proteins
AGI : *Arabidopsis* Genome Initiative
AHLs N-acyl homoserine lactones
AIA : Acide indole-3-acétique (auxine)
Al : Aluminium
AM : champignons mycorhiziens arbusculaires
ANOVA : Analysis of variance
ARF : Auxin-Responsive Factors
ARN : Acide Ribonucléique
ARNm : Acide Ribonucléique messager
ASTM : American Society for Testing and Materials
At : Arabidopsis thaliana L.
ATP : Adénosine-5'-triphosphate
Aux : Auxine voir AUX/IAA
avr : Protéine d'avirulence

B

BABA : Acide DL-3-amino-n-butyrique ou acide β-amino butyrique
BCA : Bio Control Agent
Bd : Brachypodium distachyon (L.)
BL : Brassinolide
BPC : Biphényles polychlorés

BR : Brassinostéroïdes
BRX : BREVIS RADIX
BTH : Acide benzo-(1,2,3)-thiadiazole-7- carbothioïque
BYMV : Bean yellow mosaic potyvirus ou Virus II de la mosaïque jaune du haricot

C

C : Carbone
^{11}C : Isotope stable 11 du carbone
^{13}C : Isotope stable 13 du carbone
^{14}C : Isotope stable 14 du carbone
Ca^{2+} : Ion calcium
$CaCO_3$: Carbonate de calcium
CARB : California Air Resources Board
CAS : Chemical Abstract Service
CBF : Cold Binding Factor
CCME : Conseil canadien des ministres de l'environnement
CDK : kinases cycline-dépendantes
CH_4 : Méthane radicalaire avec électron libre
CIRC : Centre international de Recherche sur le Cancer
CK : Cytokinines
CL_{50} : Concentration létale 50
CLV : CLAVATA
CO : Monoxyde de carbone
CO_2 : Dioxyde de carbone
CO_2 : Dioxyde de carbone radicalaire avec électron libre
CO_2 : Dioxyde de carbone radicalaire avec électron libre
CoA : Co-enzyme A
Col : Columbia
COLIPA : Association Européenne des produits cosmétiques et des parfums
COV : Composé Organiques Volatiles
COVM : Composé Organique Volatiles d'origines Microbiennes ou MVOCs
CS : Character stat
CSA : Cambridge Scientific Abstracts
CSI Central insecticide board
CT : X-ray computed tomography
CTFA : Cosmetics, Toiletries and Fragrances Association
Cu : Cuivre
CV : Coefficient de variation

D

d : Variation infinitésimale
Δ : Variation
DAMPs : Dammage-Associated Molecular Pattern
DAPG : 2,4-diacetylphloroglucinol
DL_{50} : Dose létale 50
DMS : Diméthyle sulfure organique
DMS : Disulfure de diméthyle

DMSP : Diméthylpropionate
dnd : defense, no death
DNPH 2,4-dinitrophenyl hydrazine
DOVE-MO : Database Of Volatiles Emitted by MicroOrganisms - base de données des substances volatiles émises par les micro-organismes
DSEO : Dose sans effet observable ou NOEL
DSSS : Dimethyltrisulfide

E

E : Environnement
EDS : Enhanced disease suceptibility
ELISA : Enzyme-Linked Immunosorbent Assay
EMS : Méthane-sulfonate d'éthyle
EPA : Agence de protection de l'environnement
ePGPR : PGPRs extracellulaires
ESPI : Environmentally Standardized Plasticity Index
EST : *expressed sequence tag*
ET : Ethylene
ETI : Effector-Triggered Immunity-Immunité secondaire
ETS : Effector-Triggered Susceptibility

F

FAO : Food and Agricultural Organization
Fe : Fer
FID : Flame ionisation detector-Détecteur à ionisation de flamme
FNRS : Fonds de la Recherche Scientifique

G

G : Génotype
GA : Gibbérelline ou acide gibbérellique
GC : Gas chromatography-Chromatographie en phase Gazeuse à haute résolution
GC/MS : Chromatographie en gazeuse couplée à de la spectrométrie de masse ou Gaz Chromatography/Mass Spectrometry
Glc : Glucose
::GUS : Transposon associé à un gène rapporteur GUS

H

H^+ : Ion proton
H_2 : Dihydrogène
H_2O : Eau
H_2O_2 : Peroxyde d'hydrogène radicalaire avec electron libre
H_2O_2 : Peroxyde d'hydrogène
H_2PO^{4-} : Anion Phosphate soluble monobasique
H_2S : Sulfure d'hydrogène
HCN : Cyanure
HCO_3^- : Ion bicarbonate radicalaire avec électron libre

$HO_2^{\cdot-}$: Radicalhydroperoxyle radicalaire avec électron libre
HPO_4^{2-} : Anion phosphate soluble diabasique radicalaire avec électron libre

I

IAA ou AIA : acide 3-indole acétique
IARC International Agency for Research on Cancer
IBE : Isopropanol, Butanol, Ethanol
IFRA : International Fragrance Association
IL : couche intérieure
INA : Acide 2,6- dichloroisonicotinique
INRA : Institut National de la Recherche Agronomique (France)
iPGPR : PGPRs intracellulaires
ISR Induced systemic resistance
ISR : Resistance Systémique Induite
IST : Information Scientifique et Technique
IUPAC : International Union of Pure and Applied Chemistry

J

JA : Acide jasmonique ou jasmonate

K

K : Potassium
K^+ : Cation Potassium
KOH : Hydroxyde de potatium (Patasse)

L

LAR : Leaf Area Ratio-Rapport de Surface Foliaire
LC50 : Lethal concentration for 50 % of the animals at single exposure
LCLo : Lowest observed lethal concentration
LD50 : Lethal dose for 50 % of the exposed animals at single administration
LEP : Limites d'exposition professionnelle
LMR : Leaf Mass Ratio-Rapport de Biomasse Foliaire
LOEL : Lowest observed effect level
LOX : Lipoxygenase
LPS : Lipopolysaccharides
LR : Lateral Root-racines latérales
LRP ou PRL : Lateral Root Primordium -tissus
LTP : Lipid Transfer Protein

M

MAK Maximale Arbeitsplatz-Konzentration
MAMPs : Microbial-Associated Molecular Pattern
MAP : Mitogen-Activated Protein
MAPK : Mitogen-activated protein kinase
MAPKKK : MAPK kinase kinase

MAPKs : Mitogen-Activated Protein Kinases
MeJA : Methyljasmonate (en solution aqueuse) ou acide méthyl jasmonique
MELISA : Dosage des lymphocytes mémoire d'une Immunostimulation
Mg : Magnésium
Mg^{2+} : Anion Magnésium
MGM : Microorganismes génétiquement modifiés
Mn : Manganèse
MO : Matière Organique
MOS : Matière Organique du Sol
MP : MONOPTEROS
MPS : Phosphate solubilizing microorganisms
MR-VP : Méthyl-Rouge-Voges-Proskauer
MS : Mass spectrometry-spectrométrie de masse
MS : Murashige & Skoog
MVOCs : Microbial Volatile Organic Compounds

N

N : Azote
N_2 : Diazote
N_2 : Diazote avec un électron libre forme radicalaire
NADH : Nicotinamide Adénine Dinucléotide
NADP : Nicotinamide Adénine Dinucléotide Phosphate oxydé
NADPH : Nicotinamide Adénine Dinucléotide Phosphate réduit
NahG : Salicylate hydroxylase
NaOH : Hydroxyde de sodium (soude)
NAR : Net Assimilation Rate-Taux d'Assimilation Net
NCMS : National Center for Manufacturing Sciences
NH_3 : Ammoniac radicalaire avec électron libre
NH_4^+ : Ammonium radicalaire avec électron libre
NH_4^+ : Cation ammonium
NH_4OH : Hydroxyde d'azote
NO : Monoxyde d'azote
NO_3^- : Anion nitrate radicalaire avec électron libre
NO_3^-: Ion nitrate
NO_3^{2-} : nitrate radicalaire avec électron libre
NOEL : de l'anglais *No Observed Effect Level* ou DSEO
NoR : Norme de réaction
NO_x : Oxydes d'azote
NPA : Acide **N**-(1-naphtyl) **p**htal**a**mique
NPR-1 : Non-expressor of PR-1
NTP : United States National Toxicology Program
NUE : Nitrogen Use Efficiency

O

O_3 : Ozone
OEL Occupational exposure limit
OGM : Organismes génétiquement modifiés
OH^- : Ions hydroxyle

$OH^{.}$: Radicalhydroxyle
OL : Couche extérieure
ONU : Organisation des Nations Unies
OPDA : Acide 12-oxo-phytodiènoïque

P

P : Phosphate
PAL Phenylalanine ammonia-lyase
PAMPs : Pathogenic-Associated Molecular Pattern
Pb : Plomb
PCBs Polychlorinated biphenyls
PCR : Polymerase Chain Reaction
PDI : Pourcentage d'incidence des maladies
pdr : A phosphate deficiency response
PEG : Poly Ethylène Glycol
PEP : Phosphoénolpyruvate
PGPB : Plant Growth Promoting Bacterium
PGPF : Plant Growth Promoting Fungus
PGPM : Plant Growth Promoting Microorganism
PGPR : Plant Growth Promoting Rhizobacteria - Rhizobactéries promotrice de croissance des plantes
PGPY : Plant Growth Promoting Yeast
Pi : phosphate inorganique
PID : PINOID
PLT : PLETHORA
PMN : Polymorphonuclear neutrophil
PNN : Polynucléaires neutrophiles
PO Peroxidise
PO : Peroxydase
Po : Plasticité ontogénétique
PO_4^{2-} : Phosphates inorganiques radicalaire avec électron libre
PO_4^{3-}: Phosphate
PP : Pyrophosphate
Pp : Plasticité phénotypique
Ppm : Parties par millions
PPO : Polyphénol oxydase
PR : Pathogenesis Related
PRRs : Pattern-Recognition Receptor
PTI : PAMP Triggered Immunity-Immunité primaire
PTR-MS : Réactions transfert de proton/spectrométrie de masse
PYG : Peptone-Yeast-Glucose

Q

QC : Centre quiescent
QS Quorum sensing
QTL : Quantitative Trait Locus
QTLs : Quantitative trait loci
QTN : Quantitative Trait Nucleotide

R

r : Taux de croissance
R : Protéine de résistance
RD50 : Concentration associated with a 50 % decrease in the respiratory rate
RDPI : Relative Distance Plasticity Index
RFLP Restriction fragment length polymorphism
RGR : Relative Growth Rate-taux de croissance relatif
RH : Réaction d'hypersensibilité
RIL : Recommended indoor air level-niveau d'air intérieur recommandé
RMN : Résonance magnétique nucléaire
RN : Register Number
ROS : Reactive Oxygen Species-espèce reactive de l'oxygène
RRLC : Rapid resolution liquid chromatography-chromatographie liquide à haute résolution rapide
RSA : Root System Architecture-architecture du système racinaire
RZT Root zone temperature

S

S : Soufre
SA : Acide salicylique
SAR : Resistance Systèmique Acquise
SAUR : Small auxin up RNA
SESI-MS : pulvérisation secondaire d'électrons permettant la ionisation/spectrométrie de masse
SID : Salicylic-acid-induction deficient
SIFT-MS : Sélection de flux d'ions tube/spectrométrie de masse
SLA : Specific Leaf Area-Surface Foliaire Spécifique
SO_4^{2-}: Sulfate
SO_x : Oxydes de soufre radicalaire avec électron libre
SPAK : *Self-Pruning associated k inase*
SPME : Solid phase microextraction - Micro-extraction en phase solide
SRL : Specific Root Length- longueur racinaire spécifique
STEL : Short-term exposure limit
STM : SHOOTMERISTEMLESS
STS : Stilbène synthase
SO_4^{2-}: Sulfate

T

t : Temps
TDM : Tomodensitométrie
TLV®: Threshold limit value
TOXNET : Bases de données toxicologie et santé environnementale
TWA : Time weighted average

U

Ulg : Université de Liégé
UNESCO :
UV : Radiation Ultra Violette

V

V : Variance
VE : Variation d'origine environnementale
VG : Variation d'origine génétique
VLE : Valeurs limites d'exposition
VLEP : Valeur limites d'exposition professionnelle ou Occupational exposure limits OEL
VOC : Volatile Organique Compounds

W

W : Poids sec ou masse sèche
WHO : Organisation mondiale de la Santé
WUS : WUSCHEL

Y

y : Correspond à un trait
YCF1 : Yeast cadmium factor protein

Z

Zn : Zinc

TABLE DES MATIÈRES

L'Harmattan Italia
Via Degli Artisti 15; 10124 Torino
harmattan.italia@gmail.com

L'Harmattan Hongrie
Könyvesbolt ; Kossuth L. u. 14-16
1053 Budapest

L'Harmattan Kinshasa
185, avenue Nyangwe
Commune de Lingwala
Kinshasa, R.D. Congo
(00243) 998697603 ou (00243) 999229662

L'Harmattan Congo
67, av. E. P. Lumumba
Bât. – Congo Pharmacie (Bib. Nat.)
BP2874 Brazzaville
harmattan.congo@yahoo.fr

L'Harmattan Guinée
Almamya Rue KA 028, en face
du restaurant Le Cèdre
OKB agency BP 3470 Conakry
(00224) 657 20 85 08 / 664 28 91 96
harmattanguinee@yahoo.fr

L'Harmattan Mali
Rue 73, Porte 536, Niamakoro,
Cité Unicef, Bamako
Tél. 00 (223) 20205724 / +(223) 76378082
poudiougopaul@yahoo.fr
pp.harmattan@gmail.com

L'Harmattan Cameroun
TSINGA/FECAFOOT
BP 11486 Yaoundé
699198028/675441949
harmattancam@yahoo.com

L'Harmattan Côte d'Ivoire
Résidence Karl / cité des arts
Abidjan-Cocody 03 BP 1588 Abidjan 03
(00225) 05 77 87 31
etien_nda@yahoo.fr

L'Harmattan Burkina
Penou Achille Some
Ouagadougou
(+226) 70 26 88 27

L'Harmattan Sénégal
10 VDN en face Mermoz, après le pont de Fann
BP 45034 Dakar Fann
33 825 98 58 / 33 860 9858
senharmattan@gmail.com / senlibraire@gmail.com
www.harmattansenegal.com

Achevé d'imprimer par Corlet Numérique - 14110 Condé-sur-Noireau
N° d'Imprimeur : 136568 - Dépôt légal : mars 2017 - *Imprimé en France*

www.ingramcontent.com/pod-product-compliance
Lightning Source LLC
LaVergne TN
LVHW011437061026
849535LV00004BA/838
* 9 7 8 2 3 4 3 1 0 0 4 4 9 *